Andreas Heinemann, Christoph A. Kern
Übungen im Bürgerlichen Recht
De Gruyter Studium

JURA
JURISTISCHE AUSBILDUNG

———

ÜBUNGEN

Herausgegeben von
Professor Dr. Nikolaus Bosch, Bayreuth
Professor Dr. Martin Eifert, Berlin
Professor Dr. Thorsten Kingreen, Regensburg
Professor Dr. Nina Nestler, Bayreuth
Professor Dr. Jens Petersen, Potsdam
Professor Dr. Anne Röthel, Hamburg
Professor Dr. Michael Stürner, Konstanz

Andreas Heinemann, Christoph A. Kern

Übungen im Bürgerlichen Recht

2., neu bearbeitete Auflage

DE GRUYTER

Dr. Andreas Heinemann, o. Professor an der Universität Zürich, Lehrstuhl für Handels-, Wirtschafts- und Europarecht

Dr. Christoph A. Kern, Professor an der Universität Heidelberg, Lehrstuhl für Bürgerliches Recht und Prozessrecht

ISBN 978-3-11-059078-4
e-ISBN (PDF) 978-3-11-059179-8
e-ISBN (EPUB) 978-3-11-059253-5

Library of Congress Control Number: 2019950363

Bibliografische Information der Deutschen Nationalbibliothek
Die Deutsche Nationalbibliothek verzeichnet diese Publikation in der Deutschen Nationalbibliografie; detaillierte bibliografische Daten sind im Internet über http://dnb.dnb.de abrufbar.

© 2019 Walter de Gruyter GmbH, Berlin/Boston
Einbandabbildung: Jack Hollingsworth/Photodisc/thinkstock
Druck und Bindung: CPI books GmbH, Leck

www.degruyter.com

Autorenverzeichnis

Andreas Duttig, Dr. iur., Rechtsreferendar und Akademischer Mitarbeiter am Institut für ausländisches und internationales Privat- und Wirtschaftsrecht (Prof. Kern) der Ruprecht-Karls-Universität Heidelberg, vormals Assistant diplomé am Lehrstuhl für deutsches Recht der Université de Lausanne (Fall 9)

Andreas Heinemann, Dr. iur., Dipl.-Ök., DIAP (ENA, Paris), o. Prof. an der Universität Zürich, vormals Inhaber des Lehrstuhls für deutsches Recht der Université de Lausanne (Methodik der zivilrechtlichen Fallbearbeitung)

Christoph A. Kern, Dr. iur., LL.M. (Harvard), o. Prof. an der Ruprecht-Karls-Universität Heidelberg und Kodirektor des Instituts für ausländisches und internationales Privat- und Wirtschaftsrecht, vormals Lehrstuhlinhaber und nunmehr professeur remplaçant am Lehrstuhl für deutsches Recht der Université de Lausanne (Methodik der Fallbearbeitung, Fälle 2, 3, 6 – 8, 10, 12 – 15)

Neil C. Kranzhöfer, ref. iur., Assistant diplomé am Lehrstuhl für deutsches Recht der Université de Lausanne (Fälle 4, 11, 13, 14)

Thomas Ramsauer, Dr. iur., Bundesministerium des Innern, für Bau und Heimat, Berlin, vormals Assistant diplomé am Lehrstuhl für deutsches Recht der Université de Lausanne (Fälle 1 und 16)

Christian Uhlmann, Ass. iur., Akademischer Mitarbeiter am Institut für ausländisches und internationales Privat- und Wirtschaftsrecht (Prof. Kern) der Ruprecht-Karls-Universität Heidelberg (Fälle 5, 7)

https://doi.org/10.1515/9783110591798-001

Vorwort

„Übung macht den Meister." So leitete Andreas Heinemann das Vorwort zur ersten Auflage des vorliegenden Bandes ein, und dieser Satz gilt selbstverständlich noch immer. Wer üben will, braucht Übungsmaterial, braucht Anregungen und Herausforderungen. All dies will der Band auch in seiner zweiten Auflage bieten. Er enthält wiederum sechzehn Übungsfälle, die durch alle Bücher des BGB führen. Da Rechtsprobleme im wirklichen Leben nicht die Grenzen der einzelnen Bücher und Sachmaterien achten, sind auch in den Fällen Probleme aller Bücher miteinander verbunden. Jeder Fall weist dennoch einen Schwerpunkt auf, und die Reihenfolge der Fälle orientiert sich am Aufbau des BGB. Einen genaueren Überblick bieten die Auflistungen der Einzelprobleme, die jedem Fall vorangestellt und am Ende in einem Register gesammelt sind. So kann der Band von vorne bis hinten durchgearbeitet, aber auch gezielt nach bestimmten Fragestellungen durchsucht werden.

Wer üben will, braucht aber nicht nur Übungsmaterial, sondern muss auch wissen, was genau es zu üben gilt und worauf besonders zu achten ist. Dieses Wissen will der Einleitungsteil über die Methodik der Fallbearbeitung vermitteln, ergänzen oder auffrischen. Er richtet sich – wie auch die Übungsfälle – an fortgeschrittene Studierende. Natürlich bringen fortgeschrittene Studierende schon aus den Anfangssemestern methodisches Rüstzeug mit. Warum dann noch ein Methodikteil für fortgeschrittene Studierende? Aus einer ganzen Reihe von Gründen: Am Anfang werden die Grundlagen geschaffen, der Feinschliff fehlt aber noch. Ohne Vergewisserung über die Methodik können sich leicht Unsauberkeiten einschleichen, die sich bei „kleinen" Fällen kaum bemerkbar machen, aber später im Examen und in der Praxis Schwierigkeiten bereiten können. Ohne rechtzeitiges Einüben einer Methodik, die auch völlig unbekannte Probleme handhabbar macht, ist das Zivilrecht ein Gebiet, das sich kaum beherrschen lässt; wer nach einem erfolgreichen Start ins Studium glaubt, man müsse nur noch einige weitere Schemata kennen und dann alle Probleme auswendig lernen, wird sicher scheitern. Das Nachdenken über die richtige Methodik kann daher den Erfolg dauerhafter und nachhaltiger fördern als eine weitere Falllösung.

Damit ist ein weiterer wichtiger Punkt angesprochen: Das Buch soll in allen seinen Teilen zum eigenen Nachdenken anregen. Sowohl über Fragen der Methodik als auch über die richtige rechtliche Lösung der Übungsfälle kann man vielfach streiten. Nicht immer gibt es also ein eindeutiges „Richtig" oder „Falsch". Und auch wenn alle Autoren dieses Bandes sich nach bestem Wissen und Gewissen bemüht haben, keine Fehler zu machen und nichts zu übersehen, so kann doch nicht ausgeschlossen werden – ja ist sogar wahrscheinlich –, dass dies nicht

https://doi.org/10.1515/9783110591798-002

überall gelungen ist. Hiervon abgesehen, verlangt juristisches Arbeiten zwar die Beherrschung bestimmter Techniken und den möglichst fehlerfreien Umgang mit detaillierten rechtlichen Regeln, aber es beschränkt sich nicht darauf. Vielmehr muss immer gefragt werden, ob ein Ergebnis plausibel, eine Wertung nachvollziehbar ist. Gute Juristinnen und Juristen zeichnen sich daher durch die Fähigkeit aus, die existierenden Regeln und ihre Anwendung auf eine rationale Weise hinterfragen zu können. Der Band darf und sollte also, wie jeder juristische Text, durchaus mit kritischer Distanz gelesen werden.

Den größten Gewinn aus diesem Band ziehen fortgeschrittene Studierende ab dem vierten Fachsemester, die sich auf die Übungen im Bürgerlichen Recht für Fortgeschrittene (bzw. ihre Äquivalente) und die zivilrechtlichen Examensarbeiten vorbereiten. Alle Fälle wurden im akademischen Unterricht getestet, die meisten in den „Übungen im Bürgerlichen Recht für Fortgeschrittene" der Universität Lausanne. Die Studierenden aus Deutschland, die für ein oder zwei Semester nach Lausanne kommen, können dort ihre Kenntnisse im deutschen Recht in Übungen und Wiederholungskursen vertiefen und zugleich das schweizerische und internationale Recht am schönen Genfer See kennenlernen. Denjenigen, die die hier versammelten Fälle als Klausuren und Hausarbeiten gelöst und mit ihren Ideen zur Qualität beigetragen haben, gilt ein herzlicher Dank. Besonders herzlich zu danken ist Andreas Heinemann, der diesen Band in der ersten Auflage konzipiert und dort die Methodik der Fallbearbeitung verfasst hat. Auf Konzept und Methodikteil der ersten Auflage und einigen der dortigen Fälle baut diese zweite Auflage auf. Dank gilt auch Dr. Valesca Profehsner, Simone Slawik, Dominik Mohr, Johannes Kist, Larissa Hautschek, Anna Schwarz und Charlotte Währisch für Durchsicht und Unterstützung.

Alle Autoren wünschen Ihnen, den Leserinnen und Lesern, dass das Arbeiten mit diesem Band Freude bereitet, Ihre Erwartungen erfüllt und Ihnen das Zivilrecht weiter erschließt. Ihre Kritik ist willkommen, Ihr Lob spornt uns an. Und wir würden uns besonders freuen, Sie in Lausanne begrüßen zu dürfen.

Heidelberg/Lausanne, im Mai 2019
Christoph A. Kern

Inhalt

1. Teil **Methodik der zivilrechtlichen Fallbearbeitung**

2. Teil **Übungsfälle**

Abkürzungsverzeichnis

(Auf die Aufschlüsselung der geläufigen Abkürzungen für Standardliteratur wurde verzichtet; insofern sei verwiesen auf *Kirchner/Böttcher*, Abkürzungsverzeichnis der Rechtssprache, 9. Aufl. 2018)

a.A.	andere(r) Auffassung
a.a.O.	am angegebenen Ort
a.E.	am Ende
a.F.	alter Fassung
Alt.	Alternative
AktG	Aktiengesetz
Aufl.	Auflage
BAG	Bundesarbeitsgericht
BAGE	Bundesarbeitsgericht, Entscheidungen
BGB	Bürgerliches Gesetzbuch
BGBl.	Bundesgesetzblatt
BGH	Bundesgerichtshof
BGHZ	Bundesgerichtshof, Entscheidungen in Zivilsachen
BT-Drucks.	Bundestags-Drucksache
bzw.	beziehungsweise
CISG	UN-Kaufrecht
d.h.	das heißt
EBV	Eigentümer-Besitzer-Verhältnis
ErbbauRG	Erbbaurechtsgesetz
etc.	et cetera
FamFG	Gesetz über das Verfahren in Familiensachen und in den Angelegenheiten der freiwilligen Gerichtsbarkeit
Fn.	Fußnote
GBO	Grundbuchordnung
gem.	gemäß
ggf.	gegebenenfalls
grds.	grundsätzlich
GoA	Geschäftsführung ohne Auftrag
HGB	Handelsgesetzbuch
h.L.	herrschende Lehre
h.M.	herrschende Meinung
Hs.	Halbsatz
i.d.R.	in der Regel
i.H.v.	in Höhe von
i.S.d.	im Sinne der/des
i.S.v.	im Sinne von
i.V.m.	in Verbindung mit
lit.	litera
m.w.N.	mit weiteren Nachweisen
N.B.	Nota Bene

https://doi.org/10.1515/9783110591798-003

Nr.	Nummer
o.	oben
r+s	recht und schaden
RGZ	Reichsgericht, Entscheidungen in Zivilsachen
Rn.	Randnummer
Rspr.	Rechtsprechung
S.	Satz, Seite
s.	siehe
s.o.	siehe oben
s.u.	siehe unten
StGB	Strafgesetzbuch
StVG	Straßenverkehrsgesetz
st. Rspr.	ständige Rechtsprechung
u.a.	unter anderem
Var.	Variante
v.	von
vgl.	vergleiche
z.B.	zum Beispiel
ZGS	Zeitschrift für das gesamte Schuldrecht
ZPO	Zivilprozessordnung

Literaturverzeichnis

Die Literatur zum Bürgerlichen Recht ist unüberschaubar (zum Schuldrecht s. beispielsweise die Übersicht in *Fikentscher/Heinemann*, Schuldrecht, § 3). Die folgende Auflistung beschränkt sich auf die wichtigsten in diesem Band zitierten Lehrbücher und Kommentare.

Baumbach/Hopt, Handelsgesetzbuch, Kommentar, 38. Aufl. 2018

Baur/Stürner, Sachenrecht, 18. Aufl. 2009

Bülow/Artz, Verbraucherprivatrecht, 6. Aufl. 2018

Beck'scher Onlinekommentar BGB, 2019

Beck'scher Online-Großkommentar BGB, 2019

Bork, Allgemeiner Teil des Bürgerlichen Gesetzbuchs, 4. Aufl. 2016

Brox/Walker, Allgemeines Schuldrecht, 43. Aufl. 2019

Brox/Walker, Besonderes Schuldrecht, 43. Aufl. 2019

Dethloff, Familienrecht, 32. Aufl. 2018

Erman, Bürgerliches Gesetzbuch, Handkommentar, 15. Aufl. 2017

Fikentscher/Heinemann, Schuldrecht, 11. Aufl. 2017

Frank/Helms, Erbrecht, 7. Aufl. 2018

Grigoleit/Auer, Schuldrecht III Bereicherungsrecht, 2. Aufl. 2016

Grigoleit/Herresthal, BGB Allgemeiner Teil, 3. Aufl. 2015

Grigoleit/Riehm, Schuldrecht IV Delikts- und Schadensrecht, 2. Aufl. 2017

Jauernig, Bürgerliches Gesetzbuch, Kommentar, 17. Aufl. 2018

Kegel/Schurig, Internationales Privatrecht, 9. Aufl. 2004

Köhler, BGB Allgemeiner Teil, 42. Aufl. 2018

Larenz/Canaris, Lehrbuch des Schuldrechts, Bd. II/2: Besonderer Teil/2. Halbband, 13. Aufl. 1994

Leipold, BGB I – Einführung und Allgemeiner Teil, 9. Aufl. 2017

Leipold, Erbrecht, 21. Aufl. 2016

Looschelders, Schuldrecht Allgemeiner Teil, 16. Aufl. 2018

Looschelders, Schuldrecht Besonderer Teil, 13. Aufl. 2018

Lüke, Sachenrecht, 4. Aufl. 2018

Medicus/Petersen, Allgemeiner Teil des BGB, 11. Aufl. 2016

Medicus/Petersen, Bürgerliches Recht, 26. Aufl. 2017

Medicus/Lorenz, Schuldrecht I, Allgemeiner Teil, 21. Aufl. 2015

Medicus/Lorenz, Schuldrecht II, Besonderer Teil, 18. Aufl. 2018

Münchener Kommentar zum Bürgerlichen Gesetzbuch, 7. Aufl. 2015 ff., 8. Aufl. 2018 ff.

NomosKommentar BGB, Bd. 1, 3. Aufl. 2016; Bd. 2/1, 3. Aufl. 2016; Bd. 3, 4. Aufl. 2016

Oechsler, Vertragliche Schuldverhältnisse, 2. Aufl. 2017

Oetker/Maultzsch, Vertragliche Schuldverhältnisse, 5. Aufl. 2018

Palandt, Bürgerliches Gesetzbuch, 78. Aufl. 2019

Prütting, Sachenrecht, 36. Aufl. 2017

Schulze, Bürgerliches Gesetzbuch, Handkommentar, 10. Aufl. 2019

Schwab, Familienrecht, 26. Aufl. 2018

Soergel, Bürgerliches Gesetzbuch, Kommentar, 13. Aufl. 1999 ff.

Stadler, Allgemeiner Teil des BGB, 19. Aufl. 2017

Staudinger, J. von Staudingers Kommentar zum Bürgerlichen Gesetzbuch

https://doi.org/10.1515/9783110591798-004

Vieweg/Werner, Sachenrecht, 8. Aufl. 2018

Wandt, Gesetzliche Schuldverhältnisse, 9. Aufl. 2019

Wellenhofer, Sachenrecht, 33. Aufl. 2018

Wieling, Sachenrecht, 5. Aufl. 2007

Wolff/Raiser, Sachenrecht, 10. Aufl. 1957

Wolf/Neuner, Allgemeiner Teil des Bürgerlichen Rechts, 11. Aufl. 2016

___

1. Teil **Methodik der zivilrechtlichen Fallbearbeitung**

1. Kapitel Allgemeine Grundlagen

Es reicht nicht aus, das Recht zu kennen, man muss es auch auf den konkreten Fall anwenden können. Die **methodischen Fertigkeiten** sind Gegenstand dieses Buchs. Auch was die materiell-rechtlichen Kenntnisse betrifft, werden hier wichtige, examensrelevante Probleme thematisiert. Dies kann aber die gründliche Auffrischung des Gelernten nicht ersetzen. Wiederholung ist dabei die beste Lernmethode. Der erste Reflex sollte nicht der Erwerb neuer Studienliteratur sein. Vielmehr sollte man zunächst die Lehrbücher und das Material wiederholt durcharbeiten, mit dem man bereits zuvor gearbeitet hat. Denn so prägen sich die Grundstrukturen besser ein. Diese Strukturkenntnisse lassen sich dann ergänzen, indem man – nicht flächendeckend, sondern gezielt – Verweisen auf einschlägige Gerichtsentscheidungen und vertiefende Literatur nachgeht. Lernerfolg erzielt man nicht dadurch, dass man möglichst viele Bücher zum selben großen Rechtsgebiet nacheinander oder nebeneinander durchliest, sondern nur durch problemorientiertes Arbeiten, bei dem man exemplarische Schwerpunkte setzt.

Dabei sei ein Werk hervorgehoben: Der Klassiker zur Wiederholung des materiellen Rechts ist seit fünfzig Jahren das von *Dieter Medicus* begründete und von *Jens Petersen* fortgeführte Buch „Bürgerliches Recht" (derzeit in der 26. Auflage von 2017). Es setzt allerdings gefestigte zivilrechtliche Kenntnisse voraus, sollte also erst zur Hand genommen werden, wenn die Grundstrukturen bekannt sind. Zur „flächendeckenden" Ergänzung und Vertiefung sehr hilfreich sind auch die Bände aus der Reihe „Prüfe dein Wissen", die den Stoff im Spiel von Frage und Antwort portionieren und die Angst nehmen, prüfungsrelevante Probleme übersehen zu haben. Die Einzelprobleme sollten aber nicht so, wie sie in den Bänden stehen, auswendig gelernt werden. Vielmehr ist es ratsam, sich stets mit einer kurzen Lösungsskizze klarzumachen, an welcher Stelle in einer gutachtlichen Prüfung das jeweilige Einzelproblem auftritt. Ergänzend bietet sich – insbesondere zur Vorbereitung auf mündliche Prüfungen – die Lektüre einer Ausbildungszeitschrift an: Zeitschriften sind aktueller als Bücher; Aufsätze gehen stärker in die Tiefe, und Ausbildungszeitschriften legen einen Schwerpunkt auf die fallmäßige Anwendung des Stoffs.

Ein Wort noch zum Lesen juristischer Texte: Ein Rechtsgebiet, das – wie das deutsche Bürgerliche Recht – auf einer Kodifikation beruht, kann nur verstanden werden, wenn man auch beim Lernen stets von der kodifizierten Norm ausgeht. Das bedeutet, dass man jeden – ja, jeden – Artikel oder Paragraphen, der in einem Lehrbuch oder einem Aufsatz zitiert wird, tatsächlich an der entsprechenden Stelle auch nachschlagen sollte. Ein solches Vorgehen kostet viel Zeit – aber diese Zeit ist gut investiert! Denn im fortlaufenden Text klingt oft alles einfach und

https://doi.org/10.1515/9783110591798-005

logisch. Daher übersieht man leicht, dass jede Aussage Interpretation ist und auch das Gegenteil vertreten werden könnte. In der Prüfung wie in der Praxis hat man jedoch oft nur den Gesetzestext zur Hand. Wer zugleich mit dem Lehrbuch oder Aufsatz auch das Gesetz gelesen hat, dabei vielleicht sogar gestockt und sich gewundert hat, erinnert sich beim Lesen des vertrauten Gesetzestexts viel eher an das Gelernte als derjenige, der zum ersten Mal einen Paragraphen vor sich sieht und nun versuchen muss, den Gesetzestext mit dem Gelernten zu verbinden.

Juristische Fähigkeiten werden im Studium wie im wirklichen Leben typischerweise anhand praktischer Fälle abgeprüft. Bewährt hat sich dabei ein Vorgehen, das durchaus als „Kunst" im weiteren Sinne verstanden werden kann, ist es doch ein Produkt hoher Kultur. Diese Kunst der zivilrechtlichen Fallbearbeitung besteht aus mehreren **Arbeitsschritten:**

- Erschöpfende Auswertung des Sachverhalts
- Erfassung der Fallfrage
- Herausarbeitung der Rechts-, insbesondere der Anspruchsbeziehungen
- Skizzierung der rechtlichen Lösung
- Angemessene Schwerpunktsetzung
- Adäquate sprachliche Gestaltung

Diese Arbeitsschritte sollen im Folgenden systematisch erläutert werden.[1]

---

[1] Die Darstellung ist auf die zivilrechtliche Falllösung beschränkt. Allgemein zum juristischen Arbeiten bis hin zum Verfassen einer Dissertation s. *Möllers*, Juristische Arbeitstechnik und wissenschaftliches Arbeiten, 9. Aufl. 2018.

2. Kapitel Auswertung des Sachverhalts

Lesen Sie den Sachverhalt langsam, genau und unvoreingenommen! Unvoreingenommen bedeutet: Wenn Ihnen etwas am Sachverhalt (oder der dahinterstehenden Konstellation) bekannt vorkommt, machen Sie sich zunächst einmal frei von dem Gefühl, das Ergebnis zu kennen! In diesem Stadium handelt es sich lediglich um ein Vorurteil. Der Fall möchte vielleicht auf etwas ganz anderes hinaus und wandelt Vorbekanntes in einem entscheidenden Punkt ab. Es wäre fatal, sich in einem so frühen Stadium der Fallintention zu entziehen und etwas in den Sachverhalt hineinzulegen, was dort gar nicht vorhanden ist (sog. „Sachverhaltsquetsche").

A Sachverhaltsskizze

Wenn Sie mit der ersten Lektüre des Sachverhalts fertig sind, lesen Sie ihn ein zweites Mal. Parallel hierzu sollte man eine Skizze des Sachverhalts anfertigen. Sie soll **Transparenz** schaffen, indem ein Überblick über die beteiligten Personen und die zwischen ihnen bestehenden rechtlichen Beziehungen gegeben wird. Diese Skizze sollte ständig vor Augen liegen. Man läuft dann nicht mehr Gefahr, die beteiligten Personen zu vertauschen. Solche Verwechslungen sind einer der häufigsten Fehler in Übungsarbeiten (übrigens nicht nur, wenn mehr als zwei Personen beteiligt sind). Es empfiehlt sich, den Anspruchsteller links und die Anspruchsgegner rechts anzuordnen und die Art der zwischen ihnen bestehenden rechtlichen Beziehung durch Pfeile mit einer Paragraphennummer zu verdeutlichen.

Beispielsweise ist in Fall 12 die Vindikation des E gegen A zu prüfen. Der streitgegenständliche Oldtimer war von E über L zu A gelangt, dann aber von A zunächst an B zur Sicherheit übereignet worden, der ihn wiederum der C weiterübereignet hatte. Nach Rückzahlung des besicherten Darlehensanspruchs hatte C den Oldtimer wieder dem A zurückübereignet. Das Geschehen wird plastisch, wenn man wie folgt skizziert:

https://doi.org/10.1515/9783110591798-006

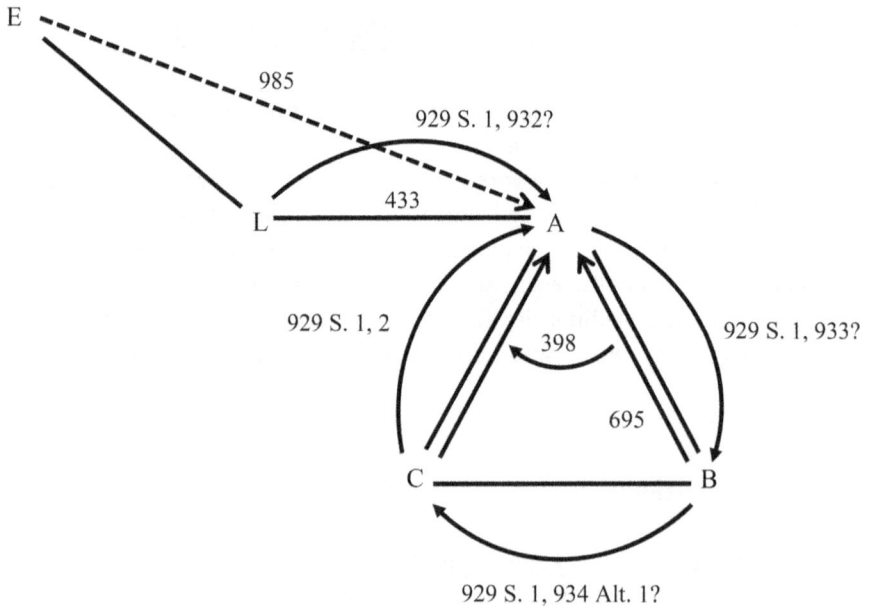

Die Skizze stößt die Bearbeiter geradezu darauf, dass die Übereignungen „im Kreis", also die Übereignungen A – B – C – A, eine besondere Rolle bei der Falllösung spielen müssen. Ein solcher Rückerwerb des ursprünglich Nichtberechtigten A war, wenn man den Umweg über C einmal außen vor lässt, in der Sicherungsübereignung als nichtakzessorischer Kreditsicherheit von vornherein angelegt. Dass zusätzlich noch C involviert war, musste die Chancen für den gutgläubigen Erwerb vor „Rückkehr" des Eigentums zu A erhöhen. Die Skizze erschließt also die wichtigsten Probleme des Falls.

Das Beispiel verdeutlicht auch, dass mithilfe unterschiedlicher Pfeilarten graphisch zum Ausdruck gebracht werden kann, um was für eine Art von Beziehung es sich handelt und welcher Anspruch zu prüfen ist. So ist hier die einzig zu prüfende Vindikation gestrichelt dargestellt, während alle anderen Pfeile eine durchgehende Linie aufweisen. Die geraden Pfeile stehen für Ansprüche; die gebogenen Pfeile bringen Übertragungsakte zum Ausdruck. Des Weiteren kann etwa ein Sicherungsrecht mit Doppelpfeil, der gesicherte Anspruch mit einem einfachen Pfeil ausgedrückt werden. Auch ist es sinnvoll, derartige Skizzen immer nach derselben Methode anzufertigen, also etwa immer die gleiche Art von Pfeilen zu verwenden. Ziel muss sein, dass Sie mit einem kurzen Blick auf Ihre Skizze erkennen können, wie der Fall liegt.

Je mehr Personen im Sachverhalt verkommen und je komplizierter die rechtlichen Beziehungen zwischen ihnen sind, desto hilfreicher sind solche Skizzen. Auch dies macht Fall 12 mit seinen fünf Personen und den am Ende im Kreis angeordneten Übereignungen deutlich. Für weitere Ansprüche und Fallabwandlungen lässt sich die Skizze leicht erweitern. So kann es nützlich sein, Geldbeträge für die Höhe der geltend gemachten Ansprüche einzutragen oder andere Personen hinzuzufügen. Spielen Kalenderdaten oder die Reihenfolge bestimmter Vorgänge eine Rolle, so kann es auch sinnvoll sein, die Ereignisse unterhalb der Skizze tabellarisch aufzulisten oder in einen Zeitstrahl einzutragen. Werden vom Anspruchsgegner verschiedene Einwendungen oder Einreden vorgebracht, können auch sie auf demselben Papier aufgelistet werden.

Nach Anfertigung der Skizze sollten Sie einen genauen Überblick über den Sachverhalt erlangt und sich die Personen und das Geschehen eingeprägt haben. Sie sollten nun in ihm „leben".

B Die Psychologie des Falls

Die Verinnerlichung des Geschehens ist nur der erste Schritt bei der Sachverhaltsauswertung. Auf einer zweiten Stufe sollten Sie ein Gefühl dafür entwickeln, warum der Aufgabensteller gerade diese Angaben gemacht hat. Bei der Erfassung des Sachverhalts müssen Sie also Psychologe sein und sich in den Kopf Ihres „Gegenübers" hineinversetzen. Manche Angaben mögen bloßes „Beiwerk" sein, das den Sachverhalt lebendiger gestalten soll. Im Übrigen gilt aber die **Grundregel**, dass jede Information im Sachverhalt ihren rechtlichen Sinn haben sollte. Mit anderen Worten: Haben substantielle Aussagen des Sachverhalts für Ihren Lösungsweg keine Bedeutung, könnten Sie etwas übersehen haben, und Sie sollten noch einmal nachkontrollieren.

Erleichtert wird die Erfassung der Fallintention, wenn der Aufgabensteller seine Ziele offenlegt. Dies kann einerseits durch Fallabwandlungen geschehen: Wenn bestimmte Fallelemente variiert werden, dann scheinen sie ja für die Lösung unmittelbar relevant zu sein. Vor allem aber kann das Vorbringen der Parteien für Transparenz sorgen: Eine Partei erhebt Vorwürfe, eine andere verteidigt sich mit bestimmten Argumenten. Sie müssen davon ausgehen, dass dies nicht nur „Gerede" ist, sondern Ihnen ganz im Gegenteil bei der richtigen Schwerpunktsetzung helfen soll. Der Aufgabensteller erwartet offensichtlich von Ihnen Ausführungen zu den Argumenten der Parteien. Dass Sie auf das Parteivorbringen besonderes Augenmerk legen sollten, ist übrigens keineswegs nur eine Frage der Klausurtaktik, sondern die Einübung einer juristischen Grundfertigkeit: Von

Richtern und Anwälten wird erwartet, dass sie auf das Vorbringen der Parteien bzw. ihres Mandanten eingehen.

Beispiele für Parteivorbringen: In Fall 1 bezweifelt der Verkäufer, dass ein wirksamer Kaufvertrag zustande gekommen sei. Da er u. a. geltend macht, die Einstellung eines Angebots bei einer Internetauktionsfirma sei nur ein „Inserat" und Internetauktionen seien das reinste „Roulette", ist es zwingend erforderlich, dass man sich mit der rechtsgeschäftlichen Qualität der „Internetseite" sowie mit der Frage auseinandersetzt, ob eine solche Auktion ein „Spiel" darstellt, das nach § 762[1] nur Naturalobligationen hervorbringen kann.

In Fall 2 hat sich die Gläubigerin eigenmächtig das unter Eigentumsvorbehalt veräußerte Fahrzeug geholt und veräußert; wegen der Differenz zwischen Veräußerungserlös und Restschuld nimmt sie den Schuldner in Anspruch. Dieser ist entrüstet und meint, wenn F sich den Wagen geholt habe, sei es ungerecht zu verlangen, dass er weiter zahlen müsse. Wenn er den Wagen los sei, müsse doch wohl das gesamte Geschäft rückabgewickelt werden. Dieses Vorbringen soll die Bearbeiter darauf stoßen, sich mit § 449 II BGB auseinanderzusetzen.

Beispiel für relevante Sachverhaltsangaben: In Fall 6 wird berichtet, dass T bei seiner Bergfahrt von der Aussicht so abgelenkt ist, dass er in einer Rechtskurve leicht fahrlässig nicht scharf genug einschlägt, und dabei erwähnt, dass ihm dies auch sonst öfters passiert. Diese Information kann nicht nur „Plauderei" sein. Der Bearbeiter soll zu der Erkenntnis geführt werden, dass die *diligentia quam in suis* (§ 277) an irgendeiner Stelle der Lösung eine Rolle spielen muss. § 346 III 1 Nr. 3 kann also nicht mehr übersehen werden.

Parteivorbringen, das von der Gegenpartei nicht bestritten wird, ist als wahr zu unterstellen (s. § 138 III ZPO). Spricht der Sachverhalt dagegen davon, dass eine bestimmte Tatsache nicht festgestellt werden konnte, greifen die Regeln über die Beweislast ein. Sie treffen eine Aussage darüber, wer das Risiko zu tragen hat, dass der Sachverhalt nicht aufgeklärt werden kann. Bisweilen existieren besondere Regeln: Aus der negativen Formulierung in § 280 I 2 folgt beispielsweise, dass bei einer Pflichtverletzung das Vertretenmüssen des Schuldners vermutet wird (s. z. B. auch §§ 286 IV, 309 Nr. 12, 311a II 2, 476, 619a, 891, 1006, 1362[2]). Ansonsten gilt die allgemeine (ungeschriebene[3]) Regel, dass jede Partei die Beweislast für die Tatbestandsmerkmale der ihr günstigen Norm trägt, der Anspruchsteller also für die Tatbestandsmerkmale der Anspruchsgrundlage, der Anspruchsgegner für die Tatbestandsmerkmale der rechtshindernden und -vernichtenden Einwendungen sowie der Einreden.

---

1 Alle Paragraphenhinweise ohne Gesetzesangabe beziehen sich auf das BGB.

2 Vermutungen sind widerlegbar, sofern nicht das Gesetz ein anderes vorschreibt, § 292 ZPO.

3 Eine ausdrückliche Regel in diesem Sinn findet sich in Art. 8 des schweizerischen Zivilgesetzbuchs: „Wo das Gesetz es nicht anders bestimmt, hat derjenige das Vorhandensein einer behaupteten Tatsache zu beweisen, der aus ihr Rechte ableitet."

Präzisierung: Die Regeln über das Nichtbestreiten und die Beweislast gelten nur für *Tatsachen*. Bloße *Meinungen* oder *rechtliche Argumente* der Parteien sind dagegen immer kritisch zu durchleuchten und auf ihre Stichhaltigkeit zu überprüfen. Oft legt es die Existenz solcher Argumente nahe, bei der betreffenden Frage einen Schwerpunkt zu setzen.

C Erfassen der Fallfrage

In einer Anspruchsklausur existieren zwei verschiedene Arten von Fallfragen. Wird gefragt „Wie ist die Rechtslage?", sind alle ernsthaft in Betracht kommenden Ansprüche zwischen allen Personen zu prüfen, wobei sich eine engere Eingrenzung aus dem Zusammenhang, insbesondere dem Parteivorbringen, ergeben kann. Die Beziehungen zwischen den Akteuren des Sachverhalts sind in **Zwei-Personen-Verhältnisse** zu zerlegen. Die jeweiligen Ansprüche sind dann getrennt zu prüfen. Eine Ausnahme besteht dann, wenn sich die Ansprüche zwischen zwei oder mehreren Personenpaaren im Wesentlichen gleich verhalten. Dann können diese Ansprüche auch zusammen behandelt werden.

Häufig kommt es vor, dass nicht nach einer Gesamtbegutachtung des Falls gefragt wird, sondern **spezielle Fallfragen** gestellt werden. Dann ist nur auf diese Fragen einzugehen. Ausführungen zu nicht gestellten Fragen sind nicht nur überflüssig, sondern falsch. Sehr oft wird nur nach den Ansprüchen bestimmter Personen gegen bestimmte andere gefragt. Dann sind nur diese Personenverhältnisse zu prüfen. Oder es werden nur gewisse Anspruchsziele thematisiert: „Kann A von B Schadensersatz verlangen?", „Kann A von B Herausgabe des Autos verlangen?", „Kann A von B Berichtigung des Grundbuchs verlangen?". Dann dürfen nur diese Ziele und die hierzu passenden Anspruchsgrundlagen geprüft werden. Auch der Richter darf nicht über das hinausgehen, was von den Parteien verlangt wird (*ne ultra petita*). Teilweise wird sogar die Prüfung nur einer einzigen Anspruchsgrundlage verlangt, etwa „Kann A bei B den Pkw vindizieren?" (Fall 12). In diesem Fall soll nur der Anspruch aus § 985 geprüft werden – dem freilich Einwendungen oder Einreden entgegenstehen können, die zu anderen Anspruchsgrundlagen führen.

Es kommt seltener vor, dass nicht nach Ansprüchen, sondern ganz allgemein nach Rechtsverhältnissen gefragt wird: „Wer ist Eigentümer des Grundstücks?", „Wer ist Erbe geworden?", etc. Dann ist nicht eine Prüfung im Anspruchsaufbau vorzunehmen, sondern genau diese Frage zu beantworten (zu anderen Klausurtypen s. unten 6. Kapitel).

Hinweis: Ein Sachverhalt enthält bisweilen nicht nur eine Fallfrage, sondern auch einen Bearbeitervermerk. Dieser Vermerk kann die Fallfrage einschränken, Präzisierungen zum Sachverhalt enthalten oder darauf hinweisen, dass bestimmte rechtliche Aspekte zu beachten oder – umgekehrt – außer Betracht zu bleiben haben. In jedem Fall ist dem Bearbeitervermerk größte Aufmerksamkeit entgegen zu bringen, da er i. d. R. äußerst wichtige Angaben enthält.

3. Kapitel Rechtliche Bewertung

A Ausgangspunkt

Nachdem der Sachverhalt vollständig analysiert und internalisiert und die Fallfragen erfasst sind, beginnt der Entwurf einer Lösungsskizze. Die Grundfrage bei einer Anspruchsklausur lautet: **„Wer will was von wem woraus?"** Es ist also zu klären, was welcher Anspruchsteller von welchem Anspruchsgegner verlangen und auf welche Anspruchsgrundlage(n) er sich dabei berufen kann.

I Wer von wem?

Ist nur der Anspruch einer Person gegen eine andere zu prüfen, stellen sich keine besonderen Aufbauprobleme, was die Reihenfolge der Personen betrifft. Sind dagegen mehrere Anspruchspaarungen zu untersuchen, stellt sich die Frage, mit welchem Zwei-Personen-Verhältnis begonnen werden soll. Hier gibt es keine verbindlichen Vorgaben. Als Faustregel gilt der Grundsatz, dass die Ansprüche derjenigen Personen zuerst zu prüfen sind, die dem zentralen Geschehen am nächsten stehen. Auch kann die Chronologie der Ereignisse eine bestimmte Reihenfolge nahelegen.

> **Beispiel:** In Fall 10 sind mit dem Eigentümer T, dem sich Vertretungsmacht für T anmaßenden Fahrer F des T und dem nichtsahnenden Erwerber B drei Personen beteiligt. T kann Ansprüche gegen B haben, insbesondere wenn der von F vollmachtslos in seinem Namen abgeschlossene Kaufvertrag wirksam ist. Konnte F den T weder beim Kaufvertrag noch bei der Übereignung vertreten, könnte B Ansprüchen des T ausgesetzt sein und daher seinerseits den F in Anspruch nehmen wollen. Schließlich könnte auch T Ansprüche gegen seinen treulosen Fahrer F zustehen.
>
> In solchen Fällen gibt der Aufgabensteller oft vor, in welcher Reihenfolge die Ansprüche behandelt werden sollen (so in Fall 10). Fehlt es an einer ausdrücklichen Vorgabe, so empfiehlt es sich, die Ansprüche in der Reihenfolge zu prüfen, die die Fallfrage nahelegt. Denn die Reihenfolge der Ansprüche oder auch der Personen in der Fallfrage ist in aller Regel nicht zufällig gewählt, sondern will die Bearbeiter in eine bestimmte Richtung lenken.

II Was?

Von entscheidender Bedeutung für den Fortgang der Prüfung ist die Frage, *was* diese Personen voneinander verlangen. Verlangen sie die Zahlung des Kaufpreises, Schadensersatz, Herausgabe einer Sache oder die Abgabe einer Willenser-

https://doi.org/10.1515/9783110591798-007

klärung? Wenn allgemein nach der Rechtslage gefragt ist, sind alle sinnvollen Anspruchsziele zu prüfen. Sind spezifische Fallfragen gestellt, darf nur auf die hier erwähnten Anspruchsziele eingegangen werden. Dies kann die Zahl der zu prüfenden Anspruchsnormen erheblich eingrenzen.

III Woraus?

Auf welche **Anspruchsgrundlage** kann der Anspruchsteller seinen Anspruch stützen? Diese Frage steht im Mittelpunkt der Falllösung und bedarf näherer Betrachtung.

B Anspruchsgrundlagen

I Begriff

Der „Anspruch" ist in § 194 I legaldefiniert als das „Recht, von einem anderen ein Tun oder Unterlassen zu verlangen". Normen, die einer Person einen Anspruch in diesem Sinn einräumen, nennt man Anspruchsgrundlagen. Sie sind nicht an einer Stelle aufgelistet, sondern über das gesamte BGB (und andere Gesetze) verstreut. Anspruchsgrundlagen haben einen **Tatbestand** und eine **Rechtsfolge**. Der Tatbestand enthält die Voraussetzungen für die Anwendung der Vorschrift; er kann aus einem oder mehreren Tatbestandsmerkmalen bestehen. Die Rechtsfolge ist die rechtliche Konsequenz, die aus dem Vorliegen der Tatbestandsmerkmale folgt.

> **Beispiel:** Die ersten beiden Anspruchsgrundlagen des BGB finden sich in § 12 S. 1 und 2. Es handelt sich um Anspruchsgrundlagen, da die Vorschriften dem Namensberechtigten unter bestimmten Voraussetzungen das Recht geben, von einem anderen „Beseitigung der Beeinträchtigung" bzw. „Unterlassung" zu verlangen (s. noch einmal die Definition des Anspruchs in § 194 I).
> Die Vorschriften verfügen über Tatbestand und Rechtsfolge, bei § 12 S. 1 sind dies:
> *Tatbestand:* „Wird das Recht zum Gebrauch eines Namens dem Berechtigten von einem anderen bestritten oder wird das Interesse des Berechtigten dadurch verletzt, dass ein anderer unbefugt den gleichen Namen gebraucht, [...]".
> *Rechtsfolge:* „so kann der Berechtigte von dem anderen Beseitigung der Beeinträchtigung verlangen."

> **Hinweis:** Verkürzend wird bisweilen formuliert, dass eine Rechtsfolge nur dann ausgelöst wird, wenn *alle* Tatbestandsmerkmale der Anspruchsgrundlage vorliegen. Wie § 12 S. 1 zeigt, trifft diese Aussage aber dann nicht zu, wenn die Norm lediglich *alternatives* Vorliegen der

Tatbestandsmerkmale verlangt. Der Beseitigungsanspruch besteht nach dem ausdrücklichen Wortlaut von § 12 ja bereits dann, wenn ein Bestreiten des Namensrechts *oder* unbefugter Namensgebrauch vorliegt. § 12 ist allerdings eine Ausnahme. In der Regel, nämlich wenn eine Vorschrift nichts anderes anordnet, stehen Tatbestandsmerkmale in kumulativem Verhältnis zueinander.

II Arten möglicher Anspruchsgrundlagen

Ansprüche können sich entweder aus **Rechtsgeschäft** oder aus **Gesetz** ergeben. Eine Zwischenstellung nehmen die vertragsnahen Anspruchsgrundlagen, insbesondere die *culpa in contrahendo* (§§ 280 I, 311 II, III, 241 II) ein. Obwohl sie aus Gesetz entstehen, sind auf sie die Regeln über rechtsgeschäftliche Sonderverbindungen anwendbar (z. B. die Haftung für Erfüllungsgehilfen gem. § 278).[1]

Bei den sich aus *Rechtsgeschäft* ergebenden Ansprüchen unterscheidet man zwischen einseitig und zweiseitig (bzw. mehrseitig) begründeten. Einseitig begründet werden z. B. die Ansprüche aus Stiftungsgeschäft (§§ 80 ff.), Auslobung (§ 657) oder Vermächtnis (§ 2174). Die zwei- oder mehrseitig begründeten Rechtsgeschäfte sind die Verträge. Sie können einseitig verpflichtend sein, wie z. B. das Schenkungsversprechen (§ 518) oder beide/alle Vertragsparteien verpflichten. Bei den gegenseitigen Verträgen stehen Leistung und Gegenleistung in einem synallagmatischen Verhältnis (*do ut des*, so die Mehrzahl der Vertragstypen im Besonderen Teil des Schuldrechts). Daneben gibt es die unvollkommen zweiseitigen Verträge ohne Synallagma, z. B. Auftrag oder Leihe.

Zur Terminologie: Da die vertraglichen Anspruchsgrundlagen gegenüber den einseitig begründeten ganz im Vordergrund stehen, spricht man häufig anstatt von „Ansprüchen aus Rechtsgeschäft" auch von „Ansprüchen aus Vertrag". Dieser Übung wird hier gefolgt.

Zahlreich sind auch die Ansprüche aus *Gesetz*. Die wichtigsten sind (neben den bereits erwähnten vertragsnahen Anspruchsgrundlagen) die Ansprüche aus GoA (§§ 677 ff.), die dinglichen Ansprüche (§§ 985 ff., 2018 ff.) sowie die Ansprüche aus ungerechtfertigter Bereicherung (§§ 812 ff.) und aus unerlaubter Handlung (§§ 823 ff. und die Spezialgesetze zur Gefährdungshaftung wie z. B. StVG oder ProdHaftG). Daneben bestehen zahlreiche andere gesetzliche Anspruchsgrund-

---

1 Es ist umstritten, ob diese Schuldverhältnisse eine dritte Kategorie darstellen, die selbständig neben den rechtsgeschäftlichen und gesetzlichen Schuldverhältnissen steht. S. hierzu und zur Unterteilung der Ansprüche aus Rechtsgeschäft und Gesetz *Fikentscher/Heinemann*, Schuldrecht, Rn. 52 f., 71 ff.

lagen mit speziellem Gegenstandsbereich: Haftung des Gastwirts (§§ 701 ff.), Pflicht zur Vorlegung von Sachen (§§ 809 ff.), Nachbarrecht (§§ 906 ff. bzw. § 242), Fund (§§ 965 ff.), familienrechtliche Unterhaltspflichten (§§ 1601 ff.) etc.

III Prüfungsreihenfolge

Anspruchsgrundlagen stehen nicht isoliert nebeneinander; häufig beeinflussen sie sich. Es ist deshalb wichtig, sie in der richtigen Reihenfolge zu prüfen. Zu beginnen ist mit den vertraglichen Ansprüchen; der wichtigste Merkspruch lautet deshalb: **„Vertrag vor Gesetz".** Im Einzelnen ist folgende Prüfungsreihenfolge zu wählen (s. auch Abbildung 1):

---

1. Vertragliche Anspruchsgrundlagen
2. Vertragsnahe Anspruchsgrundlagen
3. Anspruchsgrundlagen der GoA
4. Grundlagen der dinglichen Ansprüche
5. Bereicherungsrechtliche Anspruchsgrundlagen
6. Ansprüche aus Delikt und Gefährdungshaftung

---

1 Vorrang der vertraglichen Anspruchsgrundlagen

In einem System, das auf dem Prinzip der Privatautonomie basiert, müssen an erster Stelle die vertraglichen Vereinbarungen zwischen den Parteien stehen. Vertragliche Ansprüche sind deshalb an erster Stelle zu prüfen. Alle anderen Anspruchsgruppen werden durch die Existenz eines Vertrags berührt oder können zumindest hierdurch beeinflusst werden. Soweit vertragliche Bindungen bestehen, kann nämlich keine GoA vorliegen, da ja dann eine „Berechtigung" i.S.v. § 677 besteht. Aus dem Vertrag kann sich ein Recht zum Besitz i.S.v. § 986 ergeben, welches den Herausgabeanspruch aus § 985 und Ansprüche aus EBV grundsätzlich ausschließt. Bereicherungsrechtliche Ansprüche kommen nicht in Frage, da es im Geltungsbereich eines Vertrags am Merkmal „ohne rechtlichen Grund" mangelt. Schließlich können deliktsrechtliche Ansprüche durch vertragliche Abreden modifiziert oder ausgeschlossen werden, z.B. durch vertragstypische (s. z.B. §§ 521, 599, 690, 708) oder besonders vereinbarte Haftungserleichterungen (soweit sie auch die Ansprüche aus unerlaubter Handlung umfassen) oder durch besondere Abmachungen über die Verjährung.

Auf die vertraglichen folgen die vertragsnahen Ansprüche, insbesondere die Haftung aus *culpa in contrahendo* (§§ 280 I, 311 II, III, 241 II): Auch die besonderen Abreden bei Vertragsverhandlungen können die deliktische Haftung modifizieren, selbst wenn der angestrebte Vertrag letztlich nicht wirksam zustande kommt.

2 Geschäftsführung ohne Auftrag

Aus berechtigter GoA (§§ 677, 683) kann ein Recht zum Besitz i.S.v. § 986, ein Rechtsgrund i.S.d. Bereicherungsrechts oder ein Rechtfertigungsgrund folgen, welcher deliktsrechtliche Ansprüche ausschließt. Die Haftungserleichterung in § 680 kann auch konkurrierende deliktsrechtliche Ansprüche erfassen. Ansprüche aus GoA sind deshalb vor den dinglichen, bereicherungsrechtlichen und deliktsrechtlichen Ansprüchen zu prüfen. Häufig übersehen wird die angemaßte Eigengeschäftsführung, § 687 II: Die hieraus folgenden Ansprüche finden auch neben Ansprüchen aus EBV Anwendung (s. hierzu Fälle 10 und 11).

3 Dingliche Ansprüche

Die dinglichen Ansprüche sind vor dem Bereicherungs- und Deliktsrecht zu prüfen, weil beispielsweise die Folgeansprüche im EBV (§§ 987 ff.) die Haftung nach den allgemeinen Vorschriften ausschließen oder zumindest modifizieren können. So haftet gem. § 993 I Hs. 2 der nichtberechtigte, unverklagte und gutgläubige (Eigen-)Besitzer nicht auf Schadensersatz; außerdem muss er nach § 993 I Hs. 1 nur die Übermaßfrüchte nach Bereicherungsrecht herausgeben, andere Nutzungen nur bei Unentgeltlichkeit des Besitzes, § 988.

4 Bereicherungs- und Deliktsrecht

Zwischen Bereicherungs- und Deliktsrecht besteht kein logischer Vorrang. Die Prüfungsreihenfolge zwischen beiden Normgruppen ist also frei wählbar. Da die Kondiktion im Gegensatz zum Deliktsrecht kein Verschulden voraussetzt, liegt es aber nahe, mit den bereicherungsrechtlichen Ansprüchen zu beginnen.

5 Details zur Prüfungsfolge

Innerhalb der genannten Normgruppen können mehrere Anspruchsgrundlagen in Frage kommen. Bei den vertraglichen Anspruchsgrundlagen unterscheidet man beispielsweise die **primären** Ansprüche (auf Erfüllung) von den **sekundä-**

ren Ansprüchen, die bei Verletzung der Primärpflichten entstehen (z. B. Ansprüche auf Schadensersatz oder aus Rücktritt), und den sogenannten Schutzpflichten. Im Deliktsrecht haben die Tatbestände der Gefährdungshaftung (z. B. § 7 I StVG) niedrigere Anforderungen als die Ansprüche aus § 823 I oder II und § 826, da auch ohne Verschulden gehaftet wird. Es liegt deshalb nahe, die Gefährdungshaftung an erster Stelle zu prüfen (s. die Prüfungsreihenfolge in Fall 6). Zwingend ist dies allerdings nicht.

6 Auswahl der fallrelevanten Anspruchsgrundlagen

Die beschriebene Prüfungsreihenfolge dient der gedanklichen Strukturierung. Die Auflistung aller existierenden Normgruppen soll als Merkposten dienen, damit keine einschlägigen Anspruchsgrundlagen übersehen werden. Es wäre aber verkehrt, alle hierbei angestellten Überlegungen zu Papier zu bringen. In die Falllösung gehört nur die Prüfung derjenigen Ansprüche, die sinnvollerweise in Betracht kommen. Platz und Zeit dürfen nicht durch nutzlose Ausführungen verschwendet werden. Für die angemessene Auswahl muss man ein „Gefühl" entwickeln, das man nur durch ausreichende Fallpraxis erwirbt. Dieses Buch möchte auch dabei helfen.

Ansonsten gilt der Grundsatz, dass **alle relevanten Anspruchsgrundlagen** zu bearbeiten sind, selbst wenn man für ein Anspruchsziel bereits die Voraussetzungen einer bestimmten Anspruchsgrundlage bejaht hat.[2] Liegen die Voraussetzungen mehrerer Anspruchsgrundlagen für dasselbe Anspruchsziel vor, wird es aber häufig sinnvoll sein, nicht alle in gleicher Ausführlichkeit zu behandeln.

---

2 Das deutsche Recht hat sich für den Grundsatz der Anspruchshäufung (*cumul*) entschieden. Das französische Recht geht dagegen vom Grundsatz des *non-cumul* aus und spricht sich für die Spezialität der Vertragshaftung im Verhältnis zur deliktischen Haftung aus, s. näher *Fikentscher/ Heinemann*, Schuldrecht, Rn. 1545.

7 Prüfungsschema

Aus den Ausführungen ergibt sich das allgemeine Prüfungsschema in Abbildung 1.

Abbildung 1: Allgemeines Prüfungsschema

I. **Vertragliche Anspruchsgrundlagen**
1. Primäre Ansprüche (Erfüllung)
   a) Hauptleistungspflichten
   b) Nebenleistungspflichten (besondere Vorschriften oder allgemein aus § 242)
      (Vorbereitung, Durchführung und Sicherung der Hauptleistung, z. B. Aufklärung, Verpackung, Mitwirkung, etc.)
   c) Schutzpflichten, § 241 II
      (die selbständige Klagbarkeit ist streitig, s. *Fikentscher/Heinemann*, Schuldrecht, Rn. 40)
2. Sekundäre Ansprüche (auf Schadensersatz, auf Rückgewähr nach Rücktritt etc.)
   a) Besonderes Leistungsstörungsrecht
      - Gewährleistung: Kauf, Tausch, Schenkung, Miete, Pacht, Leihe, Werk- und Reisevertrag
   b) Allgemeines Leistungsstörungsrecht
      (Unmöglichkeit, Verzögerung, andere Pflichtverletzungen)
      - §§ 280 ff.: Schadensersatz, Aufwendungsersatz
      - §§ 346, 323 ff.: Rücktritt
      - § 313: Störung der Geschäftsgrundlage
   c) Schuldrechtliche Surrogate: z.B. §§ 255, 285
   d) Rückabwicklung nach verbraucherrechtlichem Widerruf
II. **Vertragsnahe Anspruchsgrundlagen**
1. §§ 122, 179
2. § 280 I i.V.m. §§ 311 II, 241 II (*culpa in contrahendo*)
III. **Geschäftsführung ohne Auftrag (GoA)**
1. Berechtigte GoA (§ 683)
2. Unberechtigte GoA (§ 684) und Geschäftsanmaßung (§ 687 II)
IV. **Dingliche Ansprüche**
1. Dingliche Herausgabeansprüche (§§ 985, 861, 1007, 2018)
2. Folgeansprüche (§§ 987 ff., 2019 ff.)
3. Beseitigung und Unterlassung (§§ 1004, 862)
4. Beschränkte dingliche Rechte (z. B. § 1147)
   (Nutzungs-, Verwertungs- und Erwerbsansprüche)
V. **Bereicherungsrechtliche Ansprüche (§§ 812 ff.)**
VI. **Ansprüche aus Delikt und Gefährdungshaftung**
   (§§ 823 ff., StVG, ProdHaftG, andere Spezialgesetze)

IV Besondere Anspruchsziele, insbesondere Herausgabeansprüche

Das allgemeine Prüfungsschema ist auf alle geltend gemachten Anspruchsziele anwendbar. Wird **Aufwendungs-** oder **Verwendungsersatz** verlangt, sind also zunächst vertragliche Anspruchsgrundlagen zu prüfen (z. B. §§ 304, 536a II, 670, 693), bevor auf GoA (§§ 683 S. 1, 684 S. 2), dingliche Ansprüche (§§ 994 ff.) oder Bereicherungsrecht (Aufwendungskondiktion) eingegangen wird. Derselbe Weg ist für **Unterlassungsansprüche** zu wählen: Bevor auf die §§ 12, 862, 1004 (auch in Form des „negatorischen" oder „quasinegatorischen" Anspruchs[3]) zugesteuert wird, ist zunächst zu untersuchen, ob sich nicht aus dem Vertrag Unterlassungspflichten ergeben, z. B. aus den §§ 541, 590a oder allgemein aus der Vereinbarung einer Unterlassungspflicht, § 241 I 2. Dabei ist zu beachten, dass jede Verpflichtung zu positiver Leistung gleichzeitig die Verbindlichkeit beinhaltet, alles zu unterlassen, was den Leistungserfolg stören könnte. **Schadensersatzansprüche** können aus allen genannten Normgruppen resultieren, auch aus Bereicherungsrecht, s. §§ 819, 818 IV, 292, 989.

Am häufigsten werden Fehler bei der Prüfung von **Herausgabeansprüchen** gemacht. § 985 ist hier offenbar so dominant, dass die soeben geschilderte Prüfungsreihenfolge oft missachtet wird und zutreffende Anspruchsgrundlagen – vor allem § 346 I – vergessen werden. In Abbildung 2 findet sich deshalb ein Prüfungsschema, das die allgemeinen Grundsätze auf die Herausgabeansprüche anwendet.

V Ansprüche aus eigenem und aus abgetretenem Recht

Normalerweise werden Ansprüche geltend gemacht, welche in der Person des Anspruchstellers entstanden sind. Forderungen können aber auch übertragen werden mit der Folge, dass nicht aus eigenem, sondern aus (ursprünglich) fremdem Recht vorgegangen wird. Die Übertragung erfolgt entweder durch (verfügenden) Vertrag, nämlich durch Abtretung (§§ 398 ff.), oder aber durch gesetzlichen Forderungsübergang („Legalzession"), vgl. § 412. Beispiele für gesetzlichen Forderungsübergang sind die §§ 268 III, 426 II, 774 I BGB, § 86 VVG, § 116 SGB X.

> **Zum Fallaufbau:** Werden nicht eigene, sondern abgetretene Rechte geltend gemacht, ist im Gutachten etwa wie folgt zu formulieren: „A könnte gegen C einen Anspruch auf Zahlung von 1.000,– Euro haben, wenn dem B ein solcher Anspruch gegen C zustand und B diesen An-

---

3 S. *Fikentscher/Heinemann*, Schuldrecht, Rn. 1724; *Medicus/Lorenz*, Schuldrecht II, § 89 Rn. 4.

spruch wirksam an A abgetreten hat, § 398 S. 2." Entsprechend diesem Obersatz ist dann zunächst der Anspruch des B gegen C und sodann das Vorliegen einer wirksamen Abtretung von B an A zu prüfen.

Ausnahmsweise besteht auch die Möglichkeit, ein fremdes Recht im eigenen Namen geltend zu machen, obwohl es nicht übertragen wurde. Man spricht dann von **Prozessstandschaft.** Beispiele für *gesetzliche* Prozessstandschaft sind die §§ 1368, 1422, 1629 III. *Gewillkürte* Prozessstandschaft, also die rechtsgeschäftliche Ermächtigung zur Geltendmachung eines fremden Rechts im eigenen Namen, ist nach ständiger Rechtsprechung nur zulässig, wenn der Ermächtigte hieran ein eigenes schutzwürdiges Interesse hat.

Abbildung 2: Prüfungsschema Herausgabeansprüche

1. **Ansprüche aus Vertrag:** z. B. Miete, § 546; Leihe, § 604; Auftrag, § 667; Verwahrung, § 695; nach Rücktritt, § 346 I
2. **GoA:** §§ 681 S. 2, 667 (auch über § 687 II)
3. **§ 985 (Vindikation):** Eigentümer gegen nichtberechtigten Besitzer (ebenso: § 1065: Rechte des Nießbrauchers; § 1227: Rechte des Pfandgläubigers; § 11 I 1 ErbbauRG: Erbbaurecht)
4. **Erbschaftsanspruch, § 2018:** Erbe gegen Erbschaftsbesitzer
5. **§§ 861, 869:** possessorischer Besitzschutz
6. **§ 1007 I, II:** petitorischer Besitzschutz
7. **§ 812 (Kondiktion):** Besitz- und Eigentumskondiktion
8. **§§ 823 I, II, 826 i.V.m. § 249 S. 1:** deliktischer Herausgabeanspruch

C Anspruchsaufbau

I Allgemeines

Die Prüfung eines Anspruchs erfolgt in einer Art Ping-Pong-Spiel aus Anspruchsgrundlage, Einwendungen und Gegeneinwendungen, das seine Ursache im römischen Recht mit seinen *actiones* und *exceptiones* hat. Verbreitet ist ein Aufbau in drei Schritten, nämlich:

1. Anspruch entstanden?
2. Anspruch nicht wieder untergegangen?
3. Anspruch durchsetzbar?

Bei Frage 1 ist zu untersuchen, ob alle Tatbestandsmerkmale der Anspruchsgrundlage vorliegen; außerdem dürfen keine rechtshindernden Einwendungen gegeben sein. Eigentlich wäre hier also eine Trennung in zwei Nummern genauer, zumal dann die Darlegungs- und Beweislast im Gutachten deutlicher sichtbar wären; in der materiellrechtlichen Prüfung ist dies indes unüblich. Frage 2 betrifft das Vorliegen rechtsvernichtender Einwendungen, Frage 3 die Existenz von Einreden.

Zur Terminologie: *Einreden* sind Gegenrechte, welche den Anspruch in seinem Bestand nicht berühren, dem Begünstigten aber ein Leistungsverweigerungsrecht einräumen. Einreden werden nur berücksichtigt, wenn der Begünstigte sich auf sie beruft. Man unterscheidet die *dilatorischen* (aufschiebenden) von den *peremptorischen* (dauernden) Einreden.

Einwendungen beseitigen dagegen den Anspruch: Die rechtshindernden Einwendungen verhindern bereits das Entstehen des Anspruchs. Die rechtsvernichtenden Einwendungen bringen den Anspruch nachträglich zu Fall. Einwendungen sind im Prozess von Amts wegen zu berücksichtigen, wenn ihre tatsächlichen Voraussetzungen von irgendeiner Partei, und sei es vom demjenigen, der den Anspruch geltend macht (im Normalfall der Leistungsklage zugleich der Kläger), in den Prozess eingeführt worden sind.

Zu den drei Schritten bei der Prüfung einer Anspruchsgrundlage s. Abbildung 3, welche auch die wichtigsten Einwendungen und Einreden enthält.

Hinweis: Es kann erforderlich sein, der Prüfung einer Anspruchsgrundlage den allgemeinen Punkt „Anwendbarkeit" voranzustellen. Dies ist dann erforderlich, wenn Spezialnormen existieren, welche die Anwendbarkeit der betreffenden Anspruchsgrundlage ausschließen könnten. Die „Anwendbarkeit" ist aber auch bereits dann zu problematisieren, wenn mehrere Anspruchsgrundlagen in Betracht kommen und sich die Frage stellt, welcher von diesen der geltend gemachte Anspruch richtigerweise unterstellt werden sollte.

Beispiel: In Fall 10 stellt sich gleich mehrmals die Frage der Anwendbarkeit. Zum einen ist zu überlegen, ob neben § 179 I eine Haftung des *falsus procurator* auch aus den allgemeinen Regeln folgen kann, zum anderen stellen sich die bekannten Fragen nach dem Verhältnis von Vertrag und Geschäftsführung ohne Auftrag und dem Verhältnis der Regeln über das Eigentümer-Besitzer-Verhältnis zum Bereicherungsrecht.

Abbildung 3: Übersicht Anspruchsaufbau

I. **Anspruch entstanden?**
    1. **Tatbestand der Anspruchsgrundlage**
    2. **Keine rechtshindernden Einwendungen, z.B.**
        - §§ 105, 108: Geschäftsunfähigkeit, beschränkte Geschäftsfähigkeit
        - §§ 116 S. 2, 117 I, 118: Willensmängel
        - § 125: Formmangel
        - §§ 134, 138: Rechts- oder Sittenwidrigkeit

- § 139: Teilnichtigkeit
- § 158 I: Nichteintritt einer aufschiebenden Bedingung
- § 311b II, IV: Verträge über künftiges Vermögen oder den Nachlass eines Dritten zu Lebzeiten
- § 344: Vertragsstrafe für unwirksames Leistungsversprechen
- § 142 I: Nichtigkeit aufgrund einer Anfechtung (str., nach a.A. rechtsvernichtende Einwendung)
- Keine anfängliche Unmöglichkeit, vgl. § 275 I

II. **Anspruch nicht wieder untergegangen?**
(keine rechtsvernichtenden Einwendungen)
1. **Erfüllung (oder Erfüllungssurrogate), §§ 362 ff.**
2. **Vertrag**
   a) § 397: Erlass
   b) § 311 I: Aufhebungsvertrag
   c) § 398: Abtretung (sowie Legalzession)
   d) §§ 414 ff.: Schuldübernahme
3. **Einseitige Willenserklärung**
   a) § 346: Rücktritt (die Kündigung beseitigt dagegen nur die zukünftigen Leistungspflichten)
   b) §§ 355 ff.: Widerrufsrecht bei Verbraucherverträgen
   c) § 389: Aufrechnung
4. **Tatsächliches Ereignis**
   a) § 158 II: Eintritt einer auflösenden Bedingung
   b) §§ 275 I, 326 I: nachträgliche Unmöglichkeit
   c) § 313: Störung der Geschäftsgrundlage (hier in erster Linie allerdings Anpassung des Vertrags!)
5. **§ 242: Verbot unzulässiger Rechtsausübung (Schrankenfunktion)**

III. **Anspruch durchsetzbar?**
(keine rechtshemmenden Einwendungen, d. h. keine Einreden)
1. **Peremptorische Einreden**
   a) § 214 I: Verjährung
   b) §§ 438 IV, V, 634a IV, V: Mängeleinrede
   c) § 821: Einrede der Bereicherung
   d) § 853: Arglisteinrede
2. **Dilatorische Einreden**
   a) §§ 273 f., 1000 S. 1: Zurückbehaltungsrecht (Klage wird nicht abgewiesen, sondern Verurteilung Zug um Zug, § 274)
   b) §§ 320–322: Einrede des nicht erfüllten Vertrags (Verurteilung Zug um Zug, § 322)
   c) Stundung

II Subsumtion

1 Details zur Vorgehensweise

Wie bereits ausgeführt, haben Anspruchsgrundlagen einen Tatbestand und eine Rechtsfolge (s. o. B. I.). Beim ersten Prüfungsschritt in Abbildung 3 („Tatbestand der Anspruchsgrundlage") sind alle Tatbestandsmerkmale der einschlägigen Anspruchsgrundlage zu prüfen. Dies geschieht idealtypisch nach folgendem Muster:

1. Tatbestandsmerkmale aufzählen
2. Tatbestandsmerkmale definieren (wenn erforderlich)
3. Lebenssachverhalt unter die Tatbestandsmerkmale subsumieren

Beispiel 1: „A könnte gegen B einen Anspruch auf Zahlung des Kaufpreises i.H.v. 5.000,– Euro aus einem Kaufvertrag, § 433 II, haben. Dann müsste zwischen A und B ein wirksamer Kaufvertrag zustande gekommen sein" (ein vertraglicher Primäranspruch hat nur ein Tatbestandsmerkmal, nämlich den Abschluss des entsprechenden Vertrags). Es folgt eine Auswertung des Sachverhalts im Hinblick auf den Abschluss eines solchen Vertrags.

Beispiel 2: „A könnte gegen B einen Anspruch auf Aufwendungsersatz aus §§ 677, 683 S. 1, 670 haben. Dies setzt zunächst eine Geschäftsbesorgung des A i.S.v. § 677 voraus. Der Begriff der Geschäftsbesorgung wird denkbar weit ausgelegt. Er umfasst jedes aktive Handeln mit wirtschaftlichen Folgen, gleich ob rechtsgeschäftlicher, rechtsgeschäftsähnlicher oder auch rein tatsächlicher Art." Es folgt die Subsumtion der Sachverhaltsangaben unter diese (weite) Definition der Geschäftsbesorgung.

Optionen: Es ist Ermessenssache, ob man zu Beginn zunächst alle Tatbestandsmerkmale aufzählt, bevor in die Einzelprüfung eingestiegen wird, oder ob man auf eine solche Gesamtaufzählung verzichtet und direkt mit der Prüfung des ersten Tatbestandsmerkmals beginnt. Der Vorteil einer Gesamtaufzählung besteht darin, dass dann später weniger leicht einzelne Merkmale vergessen werden.

Beim dritten Schritt, nämlich der **Subsumtion** des Sachverhalts unter die Tatbestandsmerkmale, ist zweierlei gefragt. Erstens kann ein Sachverhalt nicht die Fülle des tatsächlichen Geschehens vollständig wiedergeben, sondern muss sich auf eine Skizze der Ereignisse beschränken. Vermisst man Angaben im Sachverhalt, so darf man davon ausgehen, dass sie für die Intention des Falls unerheblich sind. Im Übrigen ist der Sachverhalt lebensnah auszulegen. Zweitens muss die Subsumtion konsequent sein. War es erforderlich, ein Tatbestandsmerkmal zu definieren, so ist genau unter diese Definition zu subsumieren. Ein häufiger Fehler besteht darin, dass zwar definiert wird, dann aber Argumente gebracht werden, die sich nicht nachvollziehbar auf diese Definition beziehen.

Beispiel: Nach § 323 II Nr. 2 ist die Fristsetzung beim relativen Fixgeschäft entbehrlich. Die Voraussetzungen der Vorschrift sind dahingehend zu präzisieren, dass ein relatives Fixgeschäft nur dann vorliegt, wenn das Geschäft mit der Einhaltung des Termins „stehen und fallen" soll. Es wäre falsch, wenn man nun nicht den Sachverhalt nach Angaben absucht, welche für diese Anforderung relevant sind, sondern nur etwas zur Vereinbarung eines Leistungstermins schreibt.

2 Keine Generalsubsumtion

Unter Subsumtion versteht man die Zuordnung eines Lebenssachverhalts zu einem Tatbestandsmerkmal. An dieser Stelle zahlt sich das genaue Studium des Sachverhalts aus. Von entscheidender Bedeutung ist dabei folgende Präzisierung: Nicht unter den „Tatbestand", sondern unter die „Tatbestandsmerkmale" ist zu subsumieren. Die sog. Generalsubsumtion ist unzulässig. Vielmehr ist in Bezug auf jedes Tatbestandsmerkmal festzustellen, ob es in der Realität erfüllt ist.

Beispiel: Der gutgläubige Erwerb beweglicher Sachen ist nach einer häufig verwendeten Formulierung bei Abhandenkommen ausgeschlossen. Es wäre aber eine unzulässige Generalsubsumtion, ohne präzisen Verweis auf die Norm pauschal „das Abhandenkommen" zu prüfen. Denn § 935, in dem es um den gutgläubigen Erwerb abhanden gekommener Sachen geht, hat zwei Absätze, und Absatz 1 hat zwei Sätze. § 935 I 1 behandelt das Abhandenkommen beim Eigentümer, § 935 I 2 das Abhandenkommen beim unmittelbaren Fremdbesitzer. Ob der Ausschluss gutgläubigen Erwerbs auch auf andere Konstellationen auszudehnen ist, muss ggf. diskutiert werden. § 935 II schränkt den Anwendungsbereich im Interesse des Verkehrsschutzes des § 935 I wieder ein. Praktisch wichtig ist dies vor allem Geld. Nur wer § 935 II gelesen hat, entdeckt in Fall 11 die zu erörternde Frage, ob eine Sammlermünze Geld i.S.d. § 935 II darstellt.

3 Reihenfolge der Tatbestandsmerkmale

Im Mittelpunkt der Methode der zivilrechtlichen Fallbearbeitung steht üblicherweise die Reihenfolge der Anspruchsgrundlagen („Vertrag vor Gesetz"). Ein Wort ist aber auch zur Reihenfolge der Tatbestandsmerkmale innerhalb einer Anspruchsgrundlage zu verlieren. Häufig haben sie ihrerseits eine logische Reihenfolge, so dass der Gang der Prüfung zwingend festgelegt ist. Bei einem Anspruch aus § 823 I ist beispielsweise die Rechtswidrigkeit zwingend nach dem haftungsbegründenden Tatbestand und vor dem Verschulden zu prüfen, da das Urteil der Rechtswidrigkeit nur über ein tatbestandsgemäßes Verhalten gefällt werden kann, ein Verschulden aber nur geprüft werden kann, wenn überhaupt ein rechtswidriges Delikt begangen wurde. Zu beachten ist dabei, dass in der zivilrechtlichen Prüfung anders als im Strafrecht kein „subjektiver Tatbestand" zu prüfen ist; der Vorsatz ist also ebenso wie die – gesamte – Fahrlässigkeit allein im Verschulden zu prüfen.

In anderen Fällen stehen Tatbestandsmerkmale nicht in einem fest gefügten Verhältnis zueinander. Dann kann man bei der Prüfung die Reihenfolge frei wählen. Um kein Tatbestandsmerkmal zu vergessen, folgt man bei komplizierten Normen am besten der Reihenfolge des Gesetzes.

Beispiel: Bei der Vindikation sind das Eigentum des Anspruchstellers, der Besitz des Anspruchsgegners und das Fehlen eines Rechts des Anspruchsgegners zum Besitz zu prüfen.

Üblicherweise wird man die Tatbestandsmerkmale in dieser Reihenfolge prüfen. Aus dramaturgischen Gründen kann man aber auch die Merkmale vertauschen, beispielsweise wenn der Besitz des Anspruchsgegners schnell bejaht werden kann, das Eigentum des Anspruchstellers aber komplexere Überlegungen erforderlich macht.

4 Historischer Aufbau

Bisweilen kann die Prüfung eines einzigen Tatbestandsmerkmals mehrere Seiten in Anspruch nehmen. Dies kommt häufig bei dem soeben genannten Beispiel vor, nämlich dem Tatbestandsmerkmal „Eigentum" in § 985. Ist die betreffende Sache Gegenstand mehrerer Transaktionen oder anderer relevanter Vorgänge gewesen, kann der Überblick leicht verloren gehen. Eine sichere Ausgangsbasis verschafft man sich in diesem Fall durch einen *historischen* (auch: *chronologischen*) Aufbau. Dieser Aufbau ist auch praktisch, wenn schon die Fallfrage auf die Feststellung des Eigentums begrenzt ist, es sich also nicht um eine Anspruchsklausur handelt.

Es empfiehlt sich, den ersten Satz einer solchen historischen Prüfung immer mit demselben Wort zu beginnen; eingebürgert hat sich dabei das Wort „ursprünglich", auch wenn genauso gut andere Worte wie „anfänglich" verwendet werden können. Der erste Satz lautet dann etwa: „Ursprünglich war X Eigentümer des Fahrzeugs". Damit ist die Prüfung richtig aufgegleist. Wer ursprünglich Rechtsinhaber war, ist dem Sachverhalt zu entnehmen; nur wenn der Sachverhalt ausdrücklich festhält, dass sich die Rechtsinhaberschaft nicht klären ließ, ist auf die Vermutungen der §§ 891 I, 1006 zurückzugreifen – sagt der Sachverhalt ausdrücklich, X sei Eigentümer, darf also nicht „Wissen abgeladen" werden, indem § 1006 I 1 zitiert wird, weil X auch Besitzer war. Ursprünglicher Rechtsinhaber muss keineswegs derjenige sein, der jetzt einen Anspruch geltend macht; vielmehr kann ebenso gut wie der Rechtsverlust des Anspruchstellers (Ist X noch Eigentümer?) auch der Rechtserwerb des Anspruchsstellers (Ist X Eigentümer geworden?) oder gar eine Kombination aus beidem abgeprüft werden.

Ist der erste Satz einmal formuliert, stellt man sich als Bearbeiter die Frage „Was geschah dann?", liest den Sachverhalt weiter und überlegt, ob das berichtete Geschehen oder ein Teil davon auf die Rechtsinhaberschaft von Einfluss sein könnte. Dies setzt voraus, dass man die Regeln über Erwerb und Verlust des in

Rede stehenden Rechts – Eigentum, beschränkte dingliche Rechte, Forderungen, Mitgliedschaftsrechte und sonstige Rechte – kennt. Niedergeschrieben wird dann – getreu dem Gutachtenstil – nicht etwa ein Bericht über das Geschehen, sondern als Obersatz die Hypothese eines Rechtserwerbs bzw. Rechtsverlust nach bestimmten Vorschriften. Eine mögliche Fortsetzung unseres Beispiels wäre also etwa: „X könnte sein Eigentum durch Übereignung des Autos an die Y gem. § 929 S. 1 verloren haben. Dann müssten sich die beiden über den Eigentumsübergang geeinigt haben, X müsste der Y das Fahrzeug übergeben haben und X müsste Berechtigter gewesen sein". Es folgt die Subsumtion, die dann auf die im Sachverhalt berichteten Ereignisse insoweit zugreift, als sie Tatbestandsmerkmale des Erwerbs- oder Verlusttatbestands erfüllen oder erfüllen könnten. In dieser Form wird ein Sachverhaltskomplex nach dem anderen abgearbeitet, bis alle Fallereignisse, welche die rechtliche Zuordnung der Sache möglicherweise verändert haben, untersucht wurden.

> Ein **Beispiel** für eine besonders umfangreiche Prüfung des Tatbestandsmerkmals „Eigentum" findet sich in Fall 11.

III Einwendungen und Einreden

Liegt ein Tatbestandsmerkmal nicht vor, ist zunächst zu überlegen, ob dieses Tatbestandsmerkmal möglicherweise durch ein anderes Tatbestandsmerkmal „ersetzt" werden kann. So ist etwa Tatbestandsmerkmal eines Anspruchs auf Nutzungsherausgabe im Eigentümer-Besitzer-Verhältnis gem. § 987 I die Rechtshängigkeit (§§ 253, 261 ZPO) der Vindikation. Gem. § 990 I ist der Anspruch aus § 987 aber auch dann gegeben, wenn der Besitzer bei Besitzerwerb bösgläubig war (§ 932 II) oder nachträglich, aber vor dem Ziehen der in Rede stehenden Nutzungen, positive Kenntnis von seinem fehlenden Besitzrecht erlangt hat. Ist ein Tatbestandsmerkmal weder gegeben noch durch ein anderes Tatbestandsmerkmal ersetzbar, ist die Prüfung der Anspruchsgrundlage beendet: Der betreffende Anspruch ist nicht gegeben. Liegen dagegen alle nötigen Tatbestandsmerkmale vor, sind (in der Reihenfolge von Abbildung 3) Überlegungen zu den Einwendungen und Einreden anzustellen.

Bei den Einwendungen wird viel falsch gemacht. Als Grundregel gilt: Es ist mit derjenigen Norm zu beginnen, die direkt den Anspruch tangiert, also die interessierende Rechtsfolge anordnet („Wirknorm"). Bei einem Verstoß gegen ein gesetzliches Verbot ist dies nicht das Verbotsgesetz, sondern § 134. Bei der Anfechtung ist dies nicht § 119 oder § 123, sondern § 142 I, welcher die Nichtigkeitsfolge ausspricht; bei der Aufrechnung nicht § 387, sondern § 389 usw. Da zunächst als Zwischenergebnis das Bestehen des Anspruchs bejaht wurde, entspricht es der Logik der Abfolge, mit derjenigen Norm zu beginnen, die dieses Zwischenergebnis zu Fall bringt. Im Obersatz steht also die Wirknorm.

Beispiel Anfechtung: Geht es um eine Anfechtung, liest man häufig: „A könnte seine Willenserklärung aber wegen arglistiger Täuschung (§ 123) angefochten haben." Richtig muss es dagegen heißen: „Die Willenserklärung des A könnte aber gem. § 142 I infolge einer Anfechtung nichtig sein."[4] Erst danach folgt, wie es § 142 I verlangt: „Dann müsste die Willenserklärung des A anfechtbar und von A angefochten worden sein." Die Anfechtbarkeit wiederum setzt voraus, dass ein Anfechtungsgrund besteht und die Anfechtungsfrist im Moment der Anfechtung noch nicht abgelaufen war; die Anfechtung selbst erfolgt gem. § 143 I durch (einfache, formlose) Erklärung gegenüber dem richtigen Anfechtungsgegner, den § 143 II-IV festlegen.

Wurde die Anfechtung noch nicht erklärt, ist bei einer Klausur, die nach einem bestimmten Anspruch fragt, allenfalls ein kurzer Hinweis auf die Anfechtungsmöglichkeit zulässig. Lautet die Frage dagegen „Wie ist die Rechtslage?" oder wird gefragt, was der Bearbeiter oder die Bearbeiterin empfiehlt („Anwaltsklausur"), sind nähere Ausführungen zur Möglichkeit der Anfechtung geboten. Der einleitende Satz könnte dann lauten: „A könnte seine Willenserklärung gem. § 142 I durch Anfechtung vernichten." Und weiter: „Dann müsste die Willenserklärung des A anfechtbar sein, was das Vorliegen eines Anfechtungsgrunds und den Nichtablauf der Anfechtungsfrist voraussetzt."

Beispiel Aufrechnung: Bei der Aufrechnung darf nicht mit dem Satz begonnen werden: „F könnte gegen den Anspruch des G aber aufrechnen." Richtig ist vielmehr: „Der Anspruch des G könnte aber gem. § 389 infolge einer Aufrechnung erloschen sein." Sodann folgt: „Dann müsste F eine gleichartige, fällige und durchsetzbare Forderung gegen G gehabt haben, die Forderung des G müsste erfüllbar sein, und F müsste dem G die Aufrechnung erklärt haben."

Wurde nach dem Sachverhalt die Aufrechnung noch nicht erklärt, sollte – je nach Fallfrage (s. soeben) auf die Möglichkeit der Aufrechnung hingewiesen werden. Der einleitende Satz könnte dann lauten: „F könnte den Anspruch des G aber gem. § 389 durch Aufrechnung zum Erlöschen bringen." Und: „Dann müsste F eine gleichartige, fällige und durchsetzbare Forderung gegen G haben, die Forderung des G müsste erfüllbar sein, und F müsste dem G die Aufrechnung erklären."

Beispiel Gesetzliches Verbot: Falsch wäre der folgende Einstieg: „Der Vertrag könnte aber gegen das Verbot wettbewerbsbeschränkender Vereinbarungen in § 1 GWB verstoßen." Richtig ist demgegenüber: „Der Vertrag könnte gem. § 134 BGB i.V.m. § 1 GWB nichtig sein." Es folgt die Prüfung, ob § 1 GWB ein Verbotsgesetz i.S.v. § 134 ist (ja, jedenfalls in Bezug auf

---

4 Auch im Zusammenhang mit Verträgen ist nach h.M. nicht der Vertrag insgesamt, sondern lediglich die eigene, mit einem Willensmangel behaftete Willenserklärung anzufechten mit der Folge, dass es mangels übereinstimmender Willenserklärungen an einem wirksamen Vertrag fehlt.

Ausführungs-, nicht aber für Folgeverträge), und ob die Voraussetzungen von § 1 GWB *in concreto* gegeben sind.

Entsprechendes gilt für die Einreden. Immer wieder findet man in Fallbearbeitungen den Satz: „Die Forderung des A gegen den B könnte aber gem. den §§ 195, 199 verjährt sein." Der Gesetzgeber macht das Auffinden der Wirknorm hier aber ganz leicht: § 214 trägt die Überschrift „Wirkung der Verjährung". Also muss § 214 – richtig: § 214 I – im Obersatz stehen. Korrekt wäre also: „Der Forderung des A könnte aber gem. § 214 I die rechtshemmende Einrede der Verjährung entgegenstehen." oder auch „B könnte aber gem. § 214 I berechtigt sein, die Leistung zu verweigern." Sodann: „Dann müsste, wie von B mit Schreiben vom 10.10.2019 geltend gemacht, Verjährung eingetreten sein. Der Eintritt der Verjährung könnte sich aus den §§ 195, 199 ergeben." Es folgt die Prüfung der Verjährungsvorschriften.

Ratschlag: Ist man sich unsicher, wie man den Einstieg in die Prüfung einer Einwendung oder Einrede sprachlich fassen soll, wählt man am besten die Formulierung des Gesetzes. Vergleichen Sie doch die vorstehende Formulierung zur Anfechtung mit dem Wortlaut von § 142 I.
Wie formuliert man die rechtsvernichtende Einwendung der nachträglichen Unmöglichkeit? Unter Verwendung des Wortlauts von § 275 I ergibt sich: „Der Anspruch des X gegen Y auf Übereignung und Übergabe des Fahrzeugs aus dem Kaufvertrag, § 433 I 1, könnte gem. § 275 I wegen Unmöglichkeit ausgeschlossen sein. Dann müsste dem Y die Übereignung und Übergabe des Fahrzeugs unmöglich sein." Es folgt die Prüfung der Unmöglichkeit.

D Lösungsskizze

Wie soll man all diese Überlegungen zu Papier bringen? Es ist nicht möglich, sofort nach der Auswertung des Sachverhalts mit der Niederschrift des Gutachtens zu beginnen. Erforderlich ist ein Zwischenschritt, nämlich die **Skizzierung des rechtlichen Lösungswegs.** Es handelt sich dabei um eine Gliederung, deren Überschriften durch die zu prüfenden Zwei-Personen-Verhältnisse, die Anspruchsziele und die hierfür einschlägigen Anspruchsgrundlagen gebildet werden. Unter den Anspruchsgrundlagen werden die Tatbestandsmerkmale aufgelistet, es folgen die Voraussetzungen einschlägiger Einwendungen und Einreden. Das Vorliegen oder Nichtvorliegen der Tatbestandsmerkmale (oder der Voraussetzungen von Einwendungen und Einreden) kann mit (+) oder (–) gekennzeichnet werden. So bekommt man einen guten Überblick über die einzelnen Prüfungsschritte und die Gesamtlösung. Eine Gliederung sollte so ausführlich sein, dass sie alle entscheidenden Gedanken stichpunktartig enthält und keine wichtigen Punkte auf den Moment der Niederschrift verlagert. Bei der Niederschrift sollte man sich also darauf beschränken können, die Gliederung stilistisch korrekt – im ersten Examen im Gutachtenstil, im zweiten Examen ggf. auch im Urteilsstil – auszuformulieren.

E Kritische Gesamtbetrachtung

Nach Fertigstellung der Lösungsskizze und vor Beginn der endgültigen Niederschrift sollte man sich einen Moment Zeit für die folgende Frage nehmen: **Ist das gefundene Ergebnis stimmig?** Sachverhalt und Lösung werden also noch einmal aus der Vogelperspektive betrachtet. Passen die Einzelergebnisse zueinander oder stört etwas? Könnte ich diese Lösung einem Nichtjuristen als richtig vermitteln? Dieser Arbeitsschritt ist die letzte Gelegenheit, das Grundkonzept zu ändern. Hat man mit der Niederschrift erst einmal begonnen, ist es meist zu spät, die Lösung noch einmal grundlegend umzustellen.

> **Beispiel 1:** In Fall 12 führt die Anwendung der §§ 929, 932 ff. dazu, dass A, der zunächst grob fahrlässig das fehlende Eigentum seines Verkäufers L verkannt hatte und daher nicht gutgläubig erwerben konnte, nach der Beendigung der Sicherungsübereignung Eigentümer wird, weil zwischendurch C das Eigentum von B gutgläubig erworben hatte und daher als Berechtigte dem A zurückübertragen konnte. Seine frühere Bösgläubigkeit spielt dann keine Rolle mehr. Es spricht einiges dafür, dieses Ergebnis jedenfalls dann nicht hinzunehmen, wenn die Rückübereignung an den früheren Nichtberechtigten in den Rechtsbeziehungen der Beteiligten bereits angelegt war.

> **Beispiel 2:** In Fall 13 führt die Anwendung des § 774 I 1 i.V.m. §§ 1153, 401 I zu dem Ergebnis, dass die zahlende Bürgin in Höhe der gesamten gesicherten Forderung gegen den vom Hauptschuldner verschiedenen Eigentümer, der zur Sicherung derselben Verbindlichkeit des Hauptschuldners an seinem Grundstück eine Hypothek bestellt hatte, einen Anspruch auf Duldung der Zwangsvollstreckung hat. Hätte indes der Eigentümer gezahlt, so wäre gem. § 1143 I 1 i.V.m. § 401 I die Bürgschaft übergegangen, sodass er von der Bürgin in voller Höhe Regress verlangen könnte. Dass es darauf ankommen soll, wer zuerst zahlt, erscheint aber unbefriedigend. Dies wirft die Frage auf, ob und ggf. wie die gesetzliche Lösung zu korrigieren ist.

Zur kritischen Gesamtbetrachtung gehört es auch, jetzt **noch einmal den Sachverhalt vollständig durchzulesen.** Wurden alle wichtigen Informationen verwertet? Die erneute Lektüre des Sachverhalts unmittelbar vor der Niederschrift der Lösung hilft auch bei der Subsumtion: Auf den Korrektor macht es einen hervorragenden Eindruck, wenn die Sachverhaltsangaben aufgegriffen und intensiv in die Lösung eingebracht werden.

Eine Gesamtbetrachtung hilft auch weiter, wenn man ins Stocken geraten und sich nicht darüber klar ist, wie es weiter gehen soll. Ausgangspunkt ist die Antwort auf die Frage: Welches Ergebnis wäre vernünftig? Deckt sich dies nicht mit dem gefundenen Ergebnis, ist zu überlegen, wo in der Lösungsskizze die Weichen anders gestellt werden können – und meist auch müssen.

4. Kapitel Schwerpunktsetzung und sprachliche Gestaltung

A Schwerpunktsetzung

Gute Arbeiten zeichnen sich durch eine gelungene Schwerpunktsetzung aus. Nicht alle Elemente der Lösung sind gleich wichtig. Im Gegenteil: Zu einer Falllösung gehören auch immer viele banale Punkte. Man darf sie nicht vollständig unterschlagen, sollte sich hierbei aber kurz fassen. Hierdurch werden Platz und Zeit für die eigentlichen Probleme des Falls gespart.

Häufig hat ein Fall ein bis drei eigentliche Problemschwerpunkte. Parteivorbringen kann ein Indiz hierfür sein. Wichtig ist, dass man den Schwerpunkt identifiziert und juristisch richtig einordnet. Sodann sollte man die dahinterstehenden Fragen intensiv diskutieren und hierbei auf alle Argumente Pro und Contra eingehen. Durch eine Abwägung sollte man schließlich zu seiner eigenen Lösung gelangen.

Kürzer kann man sich allerdings fassen, wenn ein Meinungsstreit für das Ergebnis des konkreten Falls nicht ausschlaggebend ist. Er kann (und sollte) dann offen gelassen werden. Auch die Gerichte lassen Rechtsfragen offen, wenn sie nicht entscheidungsrelevant sind. Allerdings muss zuvor klar herausgearbeitet sein, warum eine Frage nicht entscheidungsrelevant ist; insbesondere darf in einem Gutachten – anders als in einem Urteil – die Prüfung weiterer Anspruchsgrundlagen nicht etwa deshalb ganz weggelassen werden, weil sich das Begehren schon aus einer anderen Anspruchsgrundlage ergebe.

Beispiel: In Fall 6 braucht der Streit, wie § 346 II 2 Hs. 1 zu verstehen ist, nicht entschieden zu werden. Denn nach beiden vertretenen Ansichten besteht ein Gegenanspruch jedenfalls in einer Höhe, die ausreicht, um die zu prüfende Hauptforderung durch Aufrechnung zum Erlöschen zu bringen.

Ratschlag: Stößt man bei der gutachtlichen Lösung auf einen Meinungsstreit oder entdeckt man – wenn der Streit nicht bekannt ist – verschiedene Lösungsmöglichkeiten, ist folgendes Vorgehen angezeigt:

Zunächst wird die erste Meinung bzw. Möglichkeit samt der für sie sprechenden Argumente kurz skizziert. Sodann wird diese Position auf den konkreten Fall angewendet, also unter Zugrundelegen dieser Lösung zumindest das in Frage stehende Tatbestandsmerkmal zu Ende geprüft, sodass ein klares Ergebnis formuliert werden kann. Auf die gleiche Weise verfährt man mit der zweiten Meinung bzw. Möglichkeit und ggf. mit weiteren Meinungen bzw. Möglichkeiten.

https://doi.org/10.1515/9783110591798-008

Danach vergleicht man die jeweiligen Ergebnisse und stellt fest, ob sie übereinstimmen oder voneinander abweichen. Nur im letzteren Fall sind die unterschiedlichen Standpunkte zu diskutieren und ist die Streitfrage (möglichst mit eigenen Argumenten) zu entscheiden.

Die sofortige Anwendung der Meinung bzw. Möglichkeit auf den konkreten Fall wird oft unterlassen. Stattdessen findet man abstrakte, lehrbuchartige Ausführungen zu einem Meinungsstreit ohne Bezug zum Fall. Dies ist ein methodischer Fehler, der nicht etwa dadurch aufgewogen wird, dass die abstrakten Ausführungen eindrucksvolles Wissen demonstrieren. Auswendig gelernte und reproduzierte Meinungsstreitigkeiten bringen also keine Punkte – und dies völlig zu Recht, da man auch in der Praxis von einer Juristin oder einem Juristen keine schöngeistigen Betrachtungen, sondern Antworten auf konkrete Fragen einschließlich der denkbaren Konsequenzen bei Unsicherheit erwartet.

B Gutachtenstil

Im Gutachtenstil wird zu Beginn eine Frage aufgeworfen („A könnte gegen B einen Anspruch auf Zahlung von 4.000,– Euro aus einem Werkvertrag, § 631 I, haben."), die am Ende beantwortet wird, z.B.: „Somit hat A gegen B keinen Anspruch auf Zahlung von 4.000,– Euro aus einem Werkvertrag." Der **letzte Satz** bei der Prüfung einer Anspruchsgrundlage muss also exakt auf den **ersten Satz** reagieren und ihn bejahen oder verneinen, ausnahmsweise auch modifiziert (etwa Zug um Zug oder weniger als die begehrte Summe) bestätigen. Im Urteilsstil ist die Reihenfolge genau umgekehrt, hier steht das Ergebnis am Anfang und wird im Folgenden begründet, z.B.: „A kann von B die Zahlung von 4.000,– Euro aus einem Werkvertrag verlangen. Die Parteien haben nämlich einen Werkvertrag geschlossen, [...]".

Die Fallbearbeitungen in der universitären Ausbildung sind im Gutachtenstil zu halten. Der methodische Weg soll den tatsächlichen Gedankengang widerspiegeln. Dieser führt von einer Frage, ggf. mit nachfolgender Definition, über die Subsumtion zum Ergebnis – und zwar bei jedem Gedankenschritt. In der Anspruchsklausur werden also von der Anspruchsgrundlage ausgehend die **Tatbestandsmerkmale**, die **Einwendungen** und die **Einreden** geprüft, um am Ende festzustellen, ob die untersuchte Rechtsfolge (zumindest teilweise) eingetreten ist oder nicht. Auch für jedes einzelne Tatbestandsmerkmal der Anspruchsgrundlage, der Einwendungen oder Einreden gilt die Reihenfolge Frage – Definition – Subsumtion – Ergebnis, wobei das Ergebnis hier immer ein Zwischenergebnis ist. Da sich die Zwischenergebnisse und das Gesamtergebnis jeweils aus den vorstehenden Ausführungen ergeben, sind für das Gutachten die Verbindungswörter „somit", „mithin", „also", „deshalb", „folglich", „infolgedessen", „daher" und „demnach" typisch. Für den Urteilsstil sind hingegen die Wörter „weil", „da" oder

„denn" kennzeichnend. Die Frage sollte dabei so konkret wie möglich aufgeworfen werden. Schreiben Sie also nicht „Fraglich ist, wie es sich auswirkt, dass ... (z.B. dass V versehentlich 400 statt 4.000 geschrieben hat)", sondern „Das Angebot des A könnte jedoch gem. § 142 I wegen Anfechtung gem. § 119 I Alt. 2 unwirksam sein". Die Formulierung „Fraglich ist, ..." sollte im Gutachten vermieden werden; richtigerweise wird sogleich die im Raum stehende Rechtsfolge im Konjunktiv in den Obersatz genommen.

Auch wenn die Fälle im Gutachtenstil zu bearbeiten sind, können im Interesse der richtigen Schwerpunktsetzung Ausnahmen angezeigt sein. Unproblematisches kann schnell im Urteilsstil abgehandelt werden. Vor einem vorschnellen Übergang in den Urteilsstil ist aber zu warnen, da so leicht Probleme übersehen oder die eigentliche Subsumtion vergessen werden.

Beispiel: Ist ein Anspruch aus Leistungskondiktion zu prüfen (§ 812 I 1 Alt. 1) und besteht kein Zweifel am Vorliegen einer „Leistung", so kann auf die Definition („Leistung ist jede bewusste, zweckgerichtete Mehrung fremden Vermögens") verzichtet werden. Es reicht dann eine Feststellung im Urteilsstil, etwa „ Das B-Museum hat den Besitz an der Münze erlangt, indem L ihr diese zwecks Erfüllung seiner vermeintlichen Besitzverschaffungspflicht aus dem Mietvertrag, § 535 I 1, übergab. Es handelt sich hierbei mithin um eine Leistung i.S.d. § 812 I 1 Alt. 1" (s. Fall 11).

Auf weitere abstrakte Ausführungen zum Gutachtenstil soll verzichtet werden. Die Falllösungen dieses Buchs sind konsequent im Gutachtenstil gehalten (mit Einsprengseln im Urteilsstil für Unproblematisches). Beim Durcharbeiten der Fälle sollte man auch auf die stilistische Grundanlage achten.

C Sprache und Argumentationstechnik

Die Regeln über den Aufbau und die Prüfungsfolge geben dem juristischen Gutachten eine **klare Struktur.** Bei der Ausformulierung des Gutachtens geht es darum, diese Struktur in einer Sprache von ebensolcher Klarheit auszufüllen. Auch schwierige Zusammenhänge sollten einfach ausgedrückt werden. Die Sätze sollten deshalb **kurz** gehalten werden. Nur ausnahmsweise sollte ein Satz über mehr als einen Haupt- und einen Nebensatz verfügen. Es versteht sich von selbst, dass Fehler in Orthographie und Interpunktion keinen guten Eindruck auf den Korrektor machen. Was die äußere Gestaltung betrifft, sollte man auch in einer Klausur durch Gliederungsnummern, Überschriften und freie Zeilen zwischen den einzelnen Teilen für Übersichtlichkeit sorgen.

Ratschlag: Auf die Präsentation haarsträubender Beispiele für sprachliche Missgriffe aus der Übungspraxis wird hier verzichtet. Obwohl die Sprache das wichtigste Arbeitsmittel des Juristen ist, sind hier die größten Defizite festzustellen. Ein aufmerksamer Umgang mit der Sprache sei deshalb empfohlen. Nicht nur diejenigen, die entsprechende Korrekturbemerkungen bekommen, sollten ein Stilbuch durcharbeiten. Verbreitet sind *Göttert*, Kleine Schreibschule für Studierende (2. Aufl. 2002), oder *Schneider*, Deutsch für Profis (13. Aufl. 2001). Ein Klassiker, gegen dessen Autor allerdings Vorwürfe mangelnder Redlichkeit und einer unrühmlichen Vergangenheit im Raum stehen (vgl. *Reuschel*, Tradition oder Plagiat?, 2014), ist *Ludwig Reiners*, Stilfibel (dtv-Taschenbuch, zuletzt 5. Aufl. 2015). Speziell für die juristische Fachsprache s. *Hattenhauer*, Stilregeln für Juristen, JA Sonderheft für Erstsemester 2006, 43–46; *Schmuck*, Deutsch für Juristen, 4. Aufl. 2016); *Schnapp*, Stilfibel für Juristen, 2004; *Walter*, Kleine Stilkunde für Juristen, 3. Aufl. 2017; *ders.*, Über den juristischen Stil, Jura 2006, 344–348.

Was die Argumentationstechnik betrifft, so ist die wichtigste Argumentationsgrundlage der Sachverhalt. Die Elemente des Sachverhalts sind konsequent zur Begründung von Normmerkmalen heranzuziehen. Entstehen Auslegungsschwierigkeiten, sollte man seine Souveränität im Umgang mit dem **klassischen Auslegungskanon** unter Beweis stellen und Ausführungen zum Wortlaut, zur Geschichte (in der Klausur nur begrenzt möglich), zur systematischen Stellung und zur Teleologie der Norm machen. In Einzelfällen kann auch die verfassungs- und die unionsrechtskonforme Auslegung einschlägig sein. Wichtig ist z. B. die Ausstrahlungswirkung der Grundrechte in die zivilrechtlichen Generalklauseln und die Heranziehung von EG- bzw. EU-Richtlinien für das Verständnis des einschlägigen nationalen Rechts.

In die Auslegung können sehr verschiedene **Argumente** eingebracht werden, z. B. die Interessen der Parteien, der Schutzzweck der Norm, Effizienzgesichtspunkte im Sinne der ökonomischen Analyse des Rechts (str.), rechtsvergleichende Erkenntnisse (str.), die Praktikabilität der befürworteten Lösung oder allgemeine Rechtsprinzipien wie z. B. Privatautonomie, Minderjährigenschutz, Rechtssicherheit, Verbraucherschutz, der sachenrechtliche Prioritätsgrundsatz oder die Verhinderung von Gesetzesumgehungen. Wenn die Auslegung zu dem Ergebnis führt, dass die betreffende Norm auf den Fall nicht direkt anwendbar ist, kommt immer noch eine **analoge Anwendung** in Betracht. Lücken im Gesetz können allerdings auch nur scheinbare sein und somit zu einem **Umkehrschluss** (*argumentum e contrario*) veranlassen: Auf den konkreten Fall soll eben nicht die gesetzliche Regelung Anwendung finden. Zur Nichtanwendung einer tatbestandlich einschlägigen Norm führt die **teleologische Reduktion**, die immer dann erforderlich ist, wenn der Wortlaut einer Norm weiter als ihr Sinn und Zweck reicht. Analogie, Umkehrschluss und teleologische Reduktion bedürfen besonders sorgfältiger Begründung unter intensiver Auseinandersetzung mit Sinn und Zweck der einschlägigen Norm.

Ratschlag: Für die Falllösung sind solide Kenntnisse der juristischen Methodenlehre erforderlich. Selbst wer – wie gewiss jede Leserin und jeder Leser dieses Buchs – Grundkenntnisse hat, sollte diese Grundkenntnisse gelegentlich durch die Lektüre geeigneter Texte auffrischen und vertiefen. Beispielhaft seien hier genannt *Adomeit/Hähnchen*, Rechtstheorie mit Juristischer Methodenlehre, 7. Aufl. 2018, Teil II; *Kramer*, Juristische Methodenlehre, 5. Aufl. 2016; *Larenz/Canaris*, Methodenlehre der Rechtswissenschaft, 3. Aufl. 1995; *Pawlowski*, Einführung in die Juristische Methodenlehre, 2. Aufl. 2000; *Rüthers*, Rechtstheorie, 10. Aufl. 2018, §§ 20 ff.; *Schapp*, Methodenlehre des Zivilrechts, 1998; *Zippelius*, Juristische Methodenlehre, 11. Aufl. 2012.

Eine gute, die verschiedenen Aspekte des Falls aufgreifende Argumentation führt zu Spitzenresultaten – wie sie auch in der Praxis dazu führen kann, die Rechtsentwicklung zu prägen. Entscheidend ist hierfür die Fähigkeit, den Sachverhalt realitätsnah zu erfassen und sich in die Absichten der Parteien hineinzuversetzen. Bilden Sie sich eine Meinung und bringen Sie sie dann unter Auseinandersetzung mit den Gegenargumenten zu Papier! Es gibt häufig breite Auslegungsspielräume. Ihre Aufgabe besteht darin, eine **vertretbare Lösung** vorzuschlagen und hierzu eine stimmige **Begründung** vorzulegen.

5. Kapitel Klausuren und Hausarbeiten

Klausuren sind so konzipiert, dass sie allein unter Zuhilfenahme des Gesetzes gelöst werden können. Allgemeine zivilrechtliche Kenntnisse werden erwartet, Spezialwissen wird aber nicht vorausgesetzt. Im Gegensatz hierzu wird bei Hausarbeiten eine umfassende Einarbeitung in die relevante Rechtsprechung und Literatur sowie eine eigenständige Auseinandersetzung hiermit erwartet.

A Klausuren

Die wichtigste organisatorische Anforderung in einer Klausur ist das richtige **Zeitmanagement.** Die vorbereitenden Arbeitsschritte (Lektüre des Sachverhalts, Lösungsskizze etc.) sind mit der Niederschrift der Lösung in das richtige Verhältnis zu setzen. Ein Patentrezept für die richtige Zeiteinteilung gibt es nicht; dies hängt auch davon ab, wie leicht einem die Formulierung im Gutachtenstil von der Hand geht und – nicht zu unterschätzen – wie schnell man Schreiben kann. Mehr als die Hälfte der Bearbeitungszeit sollte aber nicht auf die vorbereitenden Schritte verwandt werden. Im Optimalfall nimmt man nach ungefähr einem Drittel der Bearbeitungszeit das Gutachten in Angriff, bei einer dreistündigen Klausur also nach einer Stunde, bei einer fünfstündigen Examensklausur nach circa anderthalb bis zwei Stunden. Sonst ist die Gefahr sehr hoch, dass man in Zeitnot gerät und entweder nicht fertig wird oder aber aufgrund der flüchtigen Bearbeitung der Schlusspassagen wertvolle Punkte verschenkt.

Das Erstellen einer Lösungsskizze sowie das schnelle Formulieren im Gutachtenstil müssen geübt werden, und die beste Übung hierfür sind Klausuren. Selbst wenn die Note einer Klausur nicht immer den eigenen Hoffnungen entspricht, hat man mit jeder Klausur doch das Erstellen eines Schaubilds, die Erarbeitung der Lösungsskizze, das Formulieren und das Niederschreiben geübt. Je besser die Klausurtechnik beherrscht wird, desto mehr Zeit kann man in der Vorbereitung auf die rechtliche Vertiefung und in der Klausursituation auf die Arbeit mit dem Sachverhalt und die Argumentation verwenden.

Für die formale Gestaltung seien nochmals zwei Ratschläge gegeben: Auch in einer Klausur sollte man mit **Überschriften** und **freien Zeilen** arbeiten, um die Struktur der Lösung äußerlich kenntlich zu machen. Als Faustregel gilt: Je sauberer und übersichtlicher die Lösungsskizze, desto strukturierter die Niederschrift. Und wie bei jedem Text spielen auch in der Klausur – wie später in der juristischen Praxis – **Orthographie** und **Grammatik** eine Rolle. Wer nicht gut schreiben kann, wirkt auch dort nicht überzeugend, wo der Gedanke richtig ist.

https://doi.org/10.1515/9783110591798-009

Vor allem aber muss der Gedanke überhaupt ankommen. Dies bedeutet, dass massive orthographische und grammatikalische Fehler, die die Verständlichkeit beeinträchtigen, negativ ins Gewicht fallen, und dass in handschriftlichen Klausuren auf **Lesbarkeit** zu achten ist.

Hinweis: Das Arbeitspapier ist nur einseitig zu beschreiben. Ein Korrekturrand von ca. einem Drittel ist frei zu lassen. Die Seiten sind zu nummerieren. Klausurenpapier hilft bei der Einhaltung der Formalia. Im Staatsexamen wird meist durchgehend liniertes Papier gestellt; durch leichtes Falten kann aber ein einheitlicher Rand erreicht werden.

Anmerkung: In die Falllösungen dieses Buchs wurde beträchtliche Zeit investiert. Außerdem wurden alle Fälle mit Fußnoten versehen, welche das weiterführende Selbststudium erleichtern sollen. Selbstverständlich wird von den Bearbeitern in einer Klausur nicht erwartet, derart ausgefeilte Lösungen zu präsentieren. Fußnoten kommen in einer Klausur ohnehin nicht in Betracht. Erwartet wird vielmehr eine in sich stimmige Lösung mit vertretbaren Argumentationen. Der persönliche Lösungsweg des Bearbeiters kann dabei von der Musterlösung abweichen, manchmal sogar erheblich.

B Hausarbeiten

·I Formale Gestaltung

Für die formale Gestaltung einer Hausarbeit werden häufig genaue Vorgaben gemacht. Es mag überflüssig erscheinen, darauf hinzuweisen, dass diese Vorgaben einzuhalten sind. Die Übungspraxis zeigt aber, dass sogar die bei Hausarbeiten regelmäßig angeordnete **Seitenbegrenzung** oder **Begrenzung der Zeichenzahlen** (normalerweise zwischen 15 und 25 Seiten) immer wieder missachtet wird. Nichtberücksichtigung der überzähligen Seiten oder Punktabzug können die Folge sein, wenn nicht noch gravierendere Reaktionen vorgesehen sind.

Wenn nichts anderes angegeben ist, besteht eine Hausarbeit aus einem Deckblatt, dem Sachverhalt, einem Inhaltsverzeichnis, einem Literaturverzeichnis, ggf. einem Abkürzungsverzeichnis und der eigentlichen Falllösung. Häufig wird auch eine Deontologie-Erklärung verlangt, also die Bestätigung, dass man den Fall selbständig gelöst und nur die angegebenen Hilfsmittel benutzt hat; sie steht üblicherweise am Ende.

II Zitierregeln

Präsentiert man Gedanken anderer, ist die genaue **Fundstelle** in einer Fußnote anzugeben. Jegliche sonstige Benutzung fremder Gedanken ist auf dieselbe Weise zu belegen. Fremde Gedanken sind in eigener Formulierung wiederzugeben. Nur wenn es auf den genauen Wortlaut ankommt, darf die Referenzstelle wörtlich zitiert werden. In diesem Fall ist es obligatorisch, ein **wörtliches Zitat in Anführungszeichen** zu setzen. Selbst korrekte Anführungszeichen und Fußnoten erlauben es freilich nicht, dass ganze Passagen einer Hausarbeit eine Art Patchwork aus fremden Formulierungen darstellen.

Jedes Zitat ist unter Heranziehung der Originalfundstelle zu überprüfen. Blindzitate sind unwissenschaftlich, zudem häufig falsch. Zitate am Ende eines Satzes belegen den Inhalt des gesamten Satzes, Zitate nach einem Halbsatz belegen nur diesen. Fußnoten beginnen mit einem Großbuchstaben und enden mit einem Punkt. Das beliebte „vgl." sollte in einer Fußnote nur verwendet werden, wenn das Zitat die gemachte Aussage nicht belegt, sondern lediglich in einem nicht näher bestimmten Verhältnis zu ihr steht.

Es gibt keine einheitliche **Zitierweise**. An jeder Fakultät, manchmal auch an einzelnen Lehrstühlen existieren Merkblätter mit näheren Angaben. Ansonsten orientiert man sich an angesehenen juristischen (!) Büchern oder Zeitschriften bzw. den im Internet abrufbaren Formatvorgaben der Fachverlage für ihre Autoren. Wichtig ist, dass man in der gesamten Arbeit die einmal gewählte Zitierweise einheitlich durchhält. Kündigt man im Literaturverzeichnis eine bestimmte Zitierweise an, ist diese auch einzuhalten.

Ergibt sich eine Aussage bereits **aus dem Gesetzestext**, darf nur die gesetzliche Vorschrift, nicht aber eine Literaturstelle als Beleg angeführt werden. Gesetzesnormen sind genau zu zitieren, d.h. unter Angabe von Absatz, Satz, Halbsatz, Nummer, Alternative usw. Anders als in einer Monographie oder einem Lehrbuch sind in einer Hausarbeit weiterführende Hinweise in Fußnoten fehl am Platz. Denn die Hausarbeit soll selbst den Fall vollständig lösen. Fußnoten wie „Siehe allgemein zum Problem der Qualifikation im IPR auch ..." gehören also nicht in eine Hausarbeit.

III Herangehensweise

Was die Vorgehensweise bei der Lösung einer Hausarbeit betrifft, so empfiehlt es sich, den Fall zunächst klausurmäßig zu lösen, um einen ersten Eindruck zu erhalten. Auf diesem Weg erhält man die erste Struktur, die einen davor schützt, von dem später zu sichtenden Material „erschlagen" zu werden. Sodann sollte man ein oder zwei Standardwerke (Lehrbücher oder Kommentare) zur Hand nehmen, um sich über das Themenumfeld zu orientieren und einen ersten Einblick in die einschlägige Rechtsprechung und Literatur zu bekommen. Es folgt die ausführliche Literaturrecherche. Juristische Datenbanken können benutzt werden, hilfreich ist zusätzlich ein Blick in die Inhaltsverzeichnisse der letzten Jahrgänge einschlägiger Zeitschriften, insbesondere auch der Ausbildungszeitschriften. Die Literaturrecherche ist heute – auch dank der Möglichkeit einer allgemeinen Internetsuche – sehr einfach geworden. Umso schlechter ist der Eindruck, wenn sich im Literaturverzeichnis nur ein paar verbreitete Lehrbücher und Kommentare sowie drei alte Aufsätze befinden. Man sollte mit seinem Literaturverzeichnis demonstrieren, dass man auf dem aktuellen Stand ist. Es macht einen hervorragenden Eindruck, wenn auch Monographien und Zeitschriftenaufsätze aus den letzten zwölf Monaten vertreten sind. Da man davon ausgehen kann, dass die Autoren dieser Aufsätze die relevante Literatur aufgearbeitet haben, erlangt man hierdurch zugleich die Gewissheit, dass man nicht wichtige Literaturstellen oder Gerichtsentscheidungen übersehen hat.

In das Literaturverzeichnis sind sämtliche Aufsätze und Bücher aufzunehmen, die man in den Fußnoten zitiert hat. Umgekehrt dürfen im Literaturverzeichnis keine Werke erscheinen, die nicht in den Fußnoten auftauchen.

In Hausarbeiten wird eine sehr viel intensivere Diskussion der Fallprobleme erwartet. Die in diesem Buch vorgelegten Falllösungen wurden durchweg auf Hausarbeitsniveau ausgearbeitet, wobei die Fälle auch als Klausurfälle, dann mit entsprechend niedrigeren Anforderungen an die Lösung, gestellt werden könnten (und wurden).

Anmerkung: Der Unterschied zwischen klausur- und hausarbeitsmäßiger Bearbeitung kann am Beispiel von Fall 12 demonstriert werden. Nach der Fallfrage ist nur die Vindikation zu prüfen. In einer Klausur würde man sofort mit den Tatbestandsmerkmalen der §§ 985, 986 beginnen, also mit „Sache", „Besitz", „Eigentum" und „kein Recht zum Besitz". Die hier vorgelegte Lösung thematisiert aber zunächst die Frage nach der prinzipiellen Anwendbarkeit von § 985, wenn gleichzeitig vertragliche Rückgabeansprüche im Raum stehen. Solche weiterführenden Überlegungen finden ihren Platz typischerweise in einer (guten) Hausarbeit, nicht aber in einer Klausur. Angesichts des Umfangs von Fall 12 hätte man hierzu in einer Klausur auch gar keine Zeit.

Hinweis: Klausuren und Hausarbeiten sind normalerweise zu *unterschreiben*. Bei anonymer Korrektur ist meist anstelle einer Unterschrift die Matrikelnummer oder eine vorher zugeloste Nummer von Hand auszuschreiben; diese muss richtig und lesbar sein. Hausarbeiten sind außerdem rechtzeitig abzugeben bzw. abzusenden. **Fristversäumnis** führt oft dazu, dass die Arbeit gar nicht gewertet wird. Ob Fristversäumnis entschuldigt werden kann, entscheidet der Aufgabensteller; jedenfalls ist aber mit dem Antrag stets sogleich eine Begründung samt unterstützender Unterlagen (z. B. ärztliches Attest) einzureichen. War eine Bearbeitungsfrist sehr lang, ist die (angebliche) Krankheit aber erst unmittelbar vor Ende der Frist aufgetreten, kann die Vorlage des bisherigen Bearbeitungsstands verlangt werden, um zu prüfen, ob auch ohne Krankheit eine vollständige Bearbeitung überhaupt möglich gewesen wäre. Fristverlängerungen sollten so früh wie möglich, stets aber vor Ablauf der Bearbeitungsfrist, beantragt werden.

6. Kapitel Besondere Aufgabentypen

Die Juristenausbildungsordnungen formulieren häufig, die Kandidatinnen und Kandidaten sollten in der Ersten Juristischen Prüfung zeigen, dass sie das Recht mit Verständnis erfassen und anwenden können. Die **Bearbeitung konkreter Fälle** steht deshalb ganz im Vordergrund. Je nach Bundesland sind auch prozessuale Einkleidungen möglich, indem z. B. nach Zulässigkeit und Begründetheit einer Klage gefragt wird oder Rechtsbehelfe gegen Maßnahmen der Zwangsvollstreckung zu prüfen sind, die dann typischerweise im Rahmen der Begründetheit eine materiellrechtliche Prüfung verlangen. Da aber erst im Referendariat eine konsequent rechtspraktische Perspektive eingenommen wird, werden die prozessrechtlichen Aspekte in die Erste Juristische Prüfung eher als Zusatzfragen eingebracht.

Examensklausuren können in manchen Bundesländern auch die Behandlung theoretischer Themen zum Gegenstand haben. Bei solchen **Themenklausuren** zahlt es sich aus, wenn man nicht nur anwendungsorientiert studiert hat, sondern sich für den Stoff in seiner ganzen Breite begeistern konnte. Belohnt wird hier, wer gerne Vorlesungen besucht oder in großen Lehrbüchern und Kommentaren gerade auch die Grundlagenkapitel gelesen hat. Die Gliederung einer Themenklausur folgt eigenen Regeln. Die Grundstruktur besteht aus Einleitung, Hauptteil und Schluss. Die konkrete Ausformung des Hauptteils hängt vom gestellten Thema ab.

Klausuren mit rechtsgestaltenden oder -beratenden Elementen haben in den letzten Jahren immer stärkeres Gewicht erhalten (**„Anwaltsklausur"**). Meist wird um Empfehlungen gebeten. Sinnvoll ist dann die folgende Gliederung:

1. Sachziele: Kurze Schilderung dessen, was der Mandant oder die Mandantin begehrt, in allgemeinen Worten.
2. Rechtsziele: Kurze Konkretisierung des Begehrens auf gutachtlich prüfbare Rechtsfragen.
3. Rechtliche Würdigung: Ausführliches Gutachten, wie wenn die Fallfrage „wie ist die Rechtslage?" gelautet hätte.
4. Handlungs- bzw. Gestaltungsmöglichkeiten: Kurzes Aufgreifen der Ergebnisse des Gutachtens.
5. Handlungs- bzw. Gestaltungsempfehlung: Begründete Entscheidung zwischen verschiedenen Möglichkeiten.

https://doi.org/10.1515/9783110591798-010

Gelegentlich wird auch ein Vertragsentwurf verlangt; dies ist aber eher selten. Der Besuch einer einschlägigen Lehrveranstaltung ist – schon im Hinblick auf die spätere Praxis – eine gute Zeitanlage.

7. Kapitel Überblick über die Übungsfälle

Kein Fall ist wie der andere, auch im Examen wie im wirklichen Leben gibt es leichtere und schwierigere Fälle. Da dies bei der Bewertung berücksichtigt wird, fährt man mit einem schweren Fall nicht unbedingt schlechter. Bei einem leichten Fall können sich demgegenüber schon einzelne Fehler stark auf die Gesamtnote auswirken.

Die in den Fällen angesprochenen Probleme sind alle prüfungsrelevant, müssen aber keineswegs alle schon bekannt sein. Wer durch methodisch korrekte Falllösung ein Problem entdeckt, hat mehr geleistet als der, der es nur wiedererkennt; wer ein unbekanntes Problem mit überzeugenden Argumenten löst, hat mehr geleistet als der, der auswendig gelernte Argumente wiedergibt. Daher sind die Fälle alle auch in der einen oder anderen Weise originell; sie sollen für jede und jeden immer wieder eine kleine Herausforderung bieten.

Um die Einschätzung der Anforderungen zu erleichtern, seien den Fällen dieses Übungsbuchs die folgenden Schwierigkeitsstufen zugewiesen:

Fall 1:   Leicht
Fall 2:   Schwer
Fall 3:   Schwer
Fall 4:   Leicht
Fall 5:   Mittelschwer
Fall 6:   Mittelschwer
Fall 7:   Schwer
Fall 8:   Mittelschwer
Fall 9:   Leicht
Fall 10:   Mittelschwer
Fall 11:   Mittelschwer
Fall 12:   Mittelschwer
Fall 13:   Mittelschwer
Fall 14:   Schwer
Fall 15:   Leicht
Fall 16:   Mittelschwer

Die Fälle sind in zentralen zivilrechtlichen Materien angesiedelt, decken aber natürlich nicht alles ab. Jede Ausbildungszeitschrift kann zur Ergänzung herangezogen werden. Beim Arbeiten mit diesem Buch sollte zumindest jeweils der Sachverhalt genauestens gelesen und eine eigenständige Lösungsskizze angefertigt werden; wenigstens ab und an ist aber auch das Ausformulieren zu

https://doi.org/10.1515/9783110591798-011

Übungszwecken ratsam. In jedem Fall sollte die von uns vorgeschlagene Lösung erst nach dem eigenen Lösungsversuch gelesen werden; der genaue Vergleich bringt dann den größten Lernerfolg. Also los!

2. Teil **Übungsfälle**

Fall 1 Internetauktion

Vertragsschluss im Internet – Auslegung von Willenserklärungen – AGB – Stell-
vertretung – Unmöglichkeit – Stückschuld – Schadensersatz – Vorteilsausgleichung

Sachverhalt

BWL-Student V hat im Preisausschreiben ein Motorrad (neu) des Typs „Peter
Fonda" gewonnen (Marktwert 25.000,– Euro). Da ihm der Motorradführerschein
fehlt, beschließt er, das Motorrad umgehend zu veräußern, wofür ihm eine Internetauktion als zeitgemäße Lösung erscheint. Insbesondere hofft er, durch die
Preisbestimmung mittels gegenseitigen Überbietens einen guten Preis zu erzielen,
der möglicherweise sogar über dem Marktwert liegt. Als Verkaufsplattform wählt
er die Website der Internetauktionsfirma „X.de".

Eine Teilnahme ist dort Anbietern wie Käufern nur nach Anerkennung
(zweimaliges Anklicken am Ende der Seite) der Nutzungsbedingungen (NB)
möglich. Nr. 5 NB lautet: „Der Anbieter erklärt mit der Freischaltung seiner Angebotsseite sein Einverständnis mit dem höchsten wirksam abgegebenen Kaufgebot am Ende der Bietzeit". Der Anbieter kann einen Start- und einen Mindestpreis eingeben, unterhalb dessen die Ware nicht erworben werden kann, sowie
Bietschritte und Bietzeit frei wählen.

V richtet also eine Angebotsseite ein. Dort stellt er – neben der Angabe aller
technischen Details – ein Foto aus, das ihn und das Neufahrzeug bei der Preis-
verleihung zeigt, und berichtet von seinem Gewinn im Preisausschreiben. Um
möglichst viele Bieter anzulocken, wählt V als Startpreis 10,– Euro und verzichtet
auf einen Mindestpreis. Nach Hinzufügung weiterer Angaben schaltet er die Seite
frei.

Am Ende der Bietzeit stammt das 98. und höchste Kaufgebot von der K:
12.500,– Euro. V und K erhalten automatisch eine E-Mail der „X.de", in welcher
ihnen zum erfolgreichen Abschluss des Geschäfts gratuliert wird.

Bei V will sich keine rechte Freude über das Ergebnis der Auktion einstellen.
Er schreibt daher noch am selben Abend an die K, dass er nicht glaube, rechtlich
gebunden zu sein. Zum einen sei überhaupt gar kein Vertrag zustande gekommen.
Eine Internetauktion sei keine echte Versteigerung. Auch nach den allgemeinen
Regeln sei kein Vertrag zustande gekommen. Die Einrichtung der Angebotsseite
sei vielmehr als Inserat aufzufassen. Die Nutzungsbedingungen hielten einer
„AGB-Kontrolle" nicht stand. Unabhängig davon könne man doch wirklich nicht
annehmen, dass er ein so wertvolles Motorrad „zum Schleuderpreis" verkaufen

https://doi.org/10.1515/9783110591798-012

wolle. Im Übrigen handele es sich doch bei Internetauktionen um das reinste „Roulette", damit könne man auch gar nicht vor Gericht gehen.

Am nächsten Morgen warten weitere unangenehme Neuigkeiten auf die K: Wenige Stunden vorher, im Morgengrauen, war der bekannte Profifußballer F auf dem Heimweg von einer umfangreicheren Kneipentour mit seinem schweren Wagen infolge von alkoholbedingter Fahruntüchtigkeit vor dem Haus des V ins Schleudern geraten. Dabei hatte er unter anderem das dort ordnungsgemäß abgestellte und gesicherte Motorrad gerammt und vollkommen zerstört.

Für V ist die Sache mit der Zerstörung des Motorrads endgültig erledigt. Wenn K etwas wolle, solle sie sich an den F halten. K wendet ein, Motorräder des fraglichen Fabrikats seien nach wie vor am Markt erhältlich, V komme ihr nicht so einfach davon. Im Übrigen sei V der Einzige, der sich an den F wenden könne. F findet, dass V ihm eigentlich dankbar sein müsse.

Bearbeitervermerk: In einem Gutachten, das auf alle aufgeworfenen Rechtsfragen eingeht, sind die folgenden Fragen in der vorgegebenen Reihenfolge zu beantworten.

1. Kann K von V Übergabe und Übereignung eines neuen Motorrads „P.F." verlangen?
2. Kann K von V Schadensersatz statt der Leistung verlangen?
3. Hat K einen eigenen Schadensersatzanspruch gegen den F?
4. Kann V von F Schadensersatz verlangen? In welcher Höhe?
5. Kann K auf die Ansprüche des V gegen F zugreifen? Was kann dann V verlangen?

Auf eine mögliche Betriebsgefahr des Motorrads soll nicht eingegangen werden.

Gliederung der Lösung

Frage 1:
Anspruch des K gegen V auf Lieferung des Motorrads Zug um Zug gegen Zahlung von 12.500,– Euro aus Kaufvertrag, § 433 I 1
  I Anspruch entstanden
    1 Vertragsschluss
      a) Angebot
        aa) Rechtsbindungswille
        bb) Bestimmbarkeit
        cc) Unwirksamkeit gem. §§ 307 ff.
        dd) Zugang
        ee) Zwischenergebnis
      b) Annahme
        aa) Rechtsbindungswille

Frage 2:
Anspruch des K gegen V auf Schadensersatz statt der Leistung aus §§ 283, 280 I, III

Frage 3:
Anspruch des K gegen F auf Schadensersatz i.H.v. 12.500,– Euro (entgangener Gewinn) aus § 823 I

Frage 4:

Frage 5:

Lösung

Frage 1:
Anspruch der K gegen V auf Lieferung des Motorrads Zug um Zug gegen Zahlung von 12.500,– Euro aus Kaufvertrag, § 433 I 1

K könnte gegen V einen Anspruch auf Übergabe und Übereignung des Motorrads Zug um Zug gegen Zahlung des Kaufpreises i.H.v. 12.500,– Euro aus einem Kaufvertrag, § 433 I 1, haben.

I Anspruch entstanden

Der kaufvertragliche Primäranspruch des Käufers ist entstanden, wenn es zu einem auf entgeltliche Übergabe und Übereignung gerichteten Vertragsschluss kam und dem Vertrag keine Wirksamkeitshindernisse entgegenstehen.

1 Vertragsschluss

Verträge kommen zustande durch inhaltlich korrespondierend auf den Vertragsschluss gerichtete, mit Bezug aufeinander abgegebene Willenserklärungen. Diese Willenserklärungen können auch über das Internet abgegeben werden und zugehen.[1] In der Regel geschieht ein Vertragsschluss durch Angebot („Antrag") und Annahme nach §§ 145 ff.[2]

a) Angebot

Das Angebot könnte in der Freischaltung der Angebotsseite durch V liegen. Ein Angebot zum Vertragsschluss muss bestimmt oder bestimmbar und vom Willen getragen sein, eine endgültige Erklärung in der Rechtssphäre abzugeben (Rechtsbindungswille oder Rechtsfolgewille).[3]

---

1 S. dazu etwa *Leipold*, BGB I, § 10 Rn. 22; *Grigoleit/Herresthal*, BGB Allgemeiner Teil, Rn. 43 ff.
2 Bei Versteigerungen sieht § 156 zudem einen Vertragsschluss durch Gebot und Zuschlag vor. Ein Vertragsschluss nach § 156 scheidet vorliegend jedoch bereits deshalb aus, weil auf das Gebot der K kein Zuschlag erfolgt ist. Vielmehr ergibt sich aus dem oben geschilderten Ablauf, dass es sich hier – entgegen der Bezeichnung – nicht um eine klassische Versteigerung i.S.d. § 156 handelt. Insbesondere bestand zwischen sämtlichen Beteiligten zumindest dahingehend Einigkeit, dass es nach dem Ende der Bietzeit keines weiteren Aktes der X.de zum erfolgreichen Abschluss der Versteigerung bedürfe. Daher ist davon auszugehen, dass vorliegend die (dispositive) Vorschrift des § 156 für das Rechtsverhältnis der Parteien wirksam abbedungen wurde. Auch in dem vorliegender Klausur zugrunde liegenden Fall haben der BGH und die Instanzgerichte die Konstruktion eines Vertragsschlusses gem. § 156 abgelehnt; BGHZ 149, 129 (133) = NJW 2002, 363 (364); BGHZ 211, 331 (343 f.) = 2017, 468 (470 Rn. 34 f.); OLG Hamm, NJW 2001, 1142 (1143). Eine andere Ansicht wäre lediglich bei einer weiten Auslegung des Merkmals „Zuschlag" vertretbar; dazu etwa *Hollerbach*, DB 2000, 2001 (2005); *Rüfner* JZ 2000, 715 (718).
3 *Wolf/Neuner*, Allgemeiner Teil, § 37 Rn. 6.

aa) Rechtsbindungswille

Ob ein Verhalten als Ausdruck eines Rechtsfolgewillens und damit als Willenserklärung zu werten ist, ist durch Auslegung entsprechend §§ 133, 157 zu entscheiden.[4] Soweit dabei empfangsbedürftige Willenserklärungen im Raum stehen, kommt es darauf an, wie der Erklärungsempfänger das Verhalten nach Treu
und Glauben unter Berücksichtigung der Verkehrssitte verstehen durfte.[5]

Für die Auslegung des Parteiverhaltens könnten hier die Nutzungsbedingungen (NB) der „X.de" eine Rolle spielen. Da die Anerkennung der NB für alle
Teilnehmer zwingende Voraussetzung für die Teilnahme an Veranstaltungen von
„X.de" ist, könnte argumentiert werden, dass jeder Teilnehmer von einer entsprechenden Anerkennung der Bedingungen durch alle anderen Teilnehmer
ausgehen durfte. So haben die Parteien auch übereinstimmend jeweils gegenüber
„X.de" erklärt, dass sie im Verhältnis Antragender/Annehmender zu den Bedingungen von „X.de" kontrahieren wollen. Soweit diese Bedingungen Regelungen
hinsichtlich des Vertragsschlusses unter den Teilnehmern enthielten, könnte
daher gefolgert werden, jeder Teilnehmer dürfe aus der maßgeblichen Sicht des
objektiven Empfängerhorizontes davon ausgehen, dass den abgegebenen Erklärungen der in den NB beigemessene Erklärungswert zukommt.[6] Schließt man sich
vorstehender Argumentation an, so bilden die NB von „X.de" die Auslegungsgrundlage dafür, wie die Nutzer die jeweilig abgegebenen Erklärungen der Parteien nach dem objektiven Empfängerhorizont verstehen durften.[7]

Die demnach maßgebliche Klausel Nr. 5 der NB regelt, dass das „Kaufange-
bot" von den Bietern abgegeben wird und der Verkäufer durch das Freischalten
der Angebotsseite antizipiert das „Einverständnis" mit dem letzten innerhalb der

---

4 *Grigoleit/Herresthal*, BGB Allgemeiner Teil, Rn. 31; *Medicus/Petersen*, Bürgerliches Recht,
Rn. 45; *Wolf/Neuner*, Allgemeiner Teil, § 28 Rn. 18. Die Frage, ob überhaupt eine Willenserklärung
vorliegt, ist nicht Gegenstand von §§ 133, 157; diese setzen vielmehr voraus, dass es sich um eine
Willenserklärung bzw. einen Vertrag handelt. Für die Frage, ob überhaupt eine Willenserklärung
vorliegt, gelten diese Maßstäbe jedoch entsprechend. S. dazu etwa Jauernig/*Mansel*, vor §§ 116 –
144 Rn. 7 ff.
5 *Wolf/Neuner*, Allgemeiner Teil, § 28 Rn. 18, § 37 Rn. 6 ff.
6 So auch im Ausgangsfall das OLG Hamm, NJW 2001, 1142 (1143); vgl. auch BGH, NJW 2011, 2643
Rn. 15. Anders dagegen der BGH in BGHZ 149, 129 (134 f.) = NJW 2002, 363 (364), der nicht auf die
Geschäftsbedingungen des Auktionshauses, sondern auf eine gesonderte Erklärung des Verkäufers bei der Freischaltung der Angebotsseite abgestellt hat. Allerdings ist der Konstruktion des
BGH deutlich das Bemühen anzumerken, der Frage der Wirksamkeit der Geschäftsbedingungen
aus dem Weg zu gehen (zu dieser Frage s. sogleich unten); zur Kritik am Lösungsvorschlag des
BGH etwa *Lettl*, JuS 2002, 219 (221 f.).
7 Die NB werden hier nur für die Auslegung herangezogen. Diese setzt nicht zwingend voraus,
dass die NB wirksam sind. Daher brauchen an dieser Stelle die §§ 305 ff. nicht geprüft zu werden.

Bietzeit wirksam abgegebenen Gebot erklärt. Daraus ergibt sich auf der Grundlage obiger Argumentation, dass die Freischaltung der Angebotsseite die rechtlich verbindliche Erklärung auf Abschluss eines Kaufvertrags über den angebotenen Gegenstand enthält. Die Freischaltung der Angebotsseite erfüllte damit grundsätzlich unabhängig von ihrer Bezeichnung in den NB alle Voraussetzungen eines Angebots i.S.d. § 145.[8] Die Bezeichnung als vorweggenommene bindende Einverständniserklärung wäre somit lediglich als eine unschädliche „Falschbenennung" zu betrachten.[9]

Das Argument, das im Zweifel für die Annahme einer unverbindlichen „invitatio ad offerendum" spricht, dass nämlich der in seinen Kapazitäten eingeschränkte Warenanbieter keine rechtsverbindliche Erklärung abgeben wolle,[10] um nicht gegenüber allen potentiellen Auktionsteilnehmern rechtlich verpflichtet zu sein, hilft hier nicht weiter, da das Angebot insoweit beschränkt ist, als es nur durch das am Ende der Bietzeit abgegebene höchste Gebot angenommen werden konnte.[11]

Freilich ließe sich gegen vorstehende Ausführungen einwenden, dass beide Parteien davon ausgegangen sind, den Vertrag aus ihrer Sicht günstig abzuschließen. K habe daher nicht annehmen können, daß V sich zu einem Vertragsschluss mit einem Kaufpreis zur Hälfte des Listenpreises, also zu einem Verlustgeschäft, einverstanden erklären wollte. Dem ist aber entgegenzuhalten, daß V gerade eine Internetauktion als Verkaufsplattform benutzt hat und das Motorrad nicht zu einem Festpreis, sondern mit einem Startpreis von lediglich 10,– Euro anbot, was ihm die potentielle Möglichkeit verschaffte, einen größeren Bieterkreis zu erreichen. Aus der Sicht eines objektiven Erklärungsempfängers, der Kenntnis von der Möglichkeit der Festsetzung eines (weit höheren) Mindestgebotes hat, ist auf den Willen des Erklärenden zu schließen, mit jedem Gebot über dem festgelegten Startpreis einverstanden zu sein, selbst wenn dieses noch so niedrig liegt. Der geheim gehaltene Wille, das Motorrad erst ab Erreichen des Listenpreises verkaufen zu wollen, ist nach § 116 unbeachtlich.[12]

Schließlich könnte in Frage gestellt werden, ob sich V bei Abgabe seiner Willenserklärung und Freischaltung der Angebotsseite des verbindlichen Cha-

---

8 Vgl. auch *Köhler*, BGB Allgemeiner Teil, § 6 Rn. 13 a.E.
9 S. auch OLG Hamm, NJW 2001, 1142 (1143); allgemein zur Thematik der *falsa demonstratio* z.B. *Köhler*, BGB Allgemeiner Teil, § 9 Rn. 13; *Medicus/Petersen*, Bürgerliches Recht, Rn. 124; *Wolf/Neuner*, Allgemeiner Teil, § 35 Rn. 27 f.
10 S. näher *Stadler*, Allgemeiner Teil, § 19 Rn. 5 ff.
11 Ebenso OLG Hamm, NJW 2001, 1142 (1143); vgl. dazu auch *Grigoleit/Herresthal*, BGB Allgemeiner Teil, Rn. 43, 101.
12 So auch OLG Hamm, NJW 2001, 1142.

rakters seiner Erklärung bewusst war. Hier ist aber zu berücksichtigen, dass nach h.M. auch bei fehlendem Erklärungsbewusstsein eine Willenserklärung vorliegt, wenn der Erklärende bei Anwendung der im Verkehr erforderlichen Sorgfalt hätte erkennen und vermeiden können, dass seine Äußerung nach Treu und Glauben und der Verkehrssitte als Willenserklärung aufgefasst werden durfte.[13] Dies ist aber angesichts des oben Gesagten vorliegend der Fall. Ein möglicher Irrtum des V über die Rechtsverbindlichkeit seiner Erklärung ist demnach für das Vorliegen einer Willenserklärung unbeachtlich.

Nach alldem ist vorliegend der eingangs angeführten Argumentation zu folgen und ein Rechtsbindungswille zu bejahen.

bb) Bestimmbarkeit

Die Erklärung muss zudem hinsichtlich der wesentlichen Vertragsbestandteile hinreichend bestimmt oder wenigstens bestimmbar sein.[14] Hier war zwar zum Zeitpunkt des Freischaltens der Angebotsseite durch V zwar der Kaufgegenstand, aber weder der Vertragspartner noch der Kaufpreis festgelegt; Bestimmtheit war also nicht gegeben. Vertragspartner und Kaufpreis könnten aber aufgrund der NB bestimmbar gewesen sein. Nach Nr. 5 der NB erklärte der Anbieter mit der Freischaltung seiner Angebotsseite sein „Einverständnis" mit dem höchsten wirksam abgegebenen Kaufgebot am Ende der Bietzeit. Hieraus folgt, dass Vertragspartner der Bieter des höchsten Angebots am Ende der Bietzeit, Kaufpreis das Angebot dieses Bieters sein sollte. Vertragspartner und Kaufpreis waren also am Ende der Bietzeit nach Kriterien, die von Anfang an feststanden, sicher bestimmt. Damit war zum Zeitpunkt der Freischaltung auf der Grundlage der NB Bestimmbarkeit gegeben.[15]

---

13 Vgl. dazu im Ausgangsfall die Argumentation des BGH, BGHZ 149, 129 (136) = NJW 2002, 363 (365) unter Berufung auf BGHZ 91, 324; 109, 171 (177). Dem Erklärenden verbleibt nur die Möglichkeit der Anfechtung seiner Willenserklärung nach §§ 119 ff. BGB in den dort bestimmten Grenzen. Ein Anfechtungsgrund besteht in der vorliegenden Konstellation jedoch nicht, da ein Irrtum des V über die rechtliche Bindungswirkung seiner Erklärung nach dem vorliegenden Sachverhalt nicht ersichtlich ist. Ein möglicher Irrtum des V, Gebote zumindest in Höhe des Verkehrswerts zu erhalten, stellte demgegenüber einen unbeachtlichen Motivirrtum dar. Zur Frage der Anfechtbarkeit im (insoweit komplizierteren) Ausgangsfall OLG Hamm, NJW 2001, 1142 (1144); ebenso *Lettl*, JuS 2002, 219 (222) gegen *Ulrici*, NJW 2001, 1112 (1113).
14 Vgl. *Grigoleit/Herresthal*, BGB Allgemeiner Teil, Rn. 32; *Wolf/Neuner*, Allgemeiner Teil, § 37 Rn. 4.
15 Der Rechtsgedanke der §§ 315, 316 kann unterstützend herangezogen werden; so für den Ausgangsfall *Lettl*, JuS 2002, 219 (222). Eine nachträgliche Billigkeitskontrolle kann indes auf

cc) Unwirksamkeit gem. §§ 307 ff.

Die Erklärung der K könnte gem. §§ 307 ff. unwirksam sein. Dann müsste es sich um eine allgemeine Geschäftsbedingung i.S.d. § 305 I handeln, die einem Klauselverbot der §§ 308, 309 unterfällt oder den Vertragspartner des Verwenders i.S.d. § 307 I, II unangemessen benachteiligt und dabei von Rechtsvorschriften abweicht oder nicht klar und verständlich ist, § 307 III.

Das Angebot des V könnte wohl von vornherein nur insoweit eine Allgemeine Geschäftsbedingung sein, als das Einverständnis mit den Vertragsschlussmodalitäten betroffen ist. Gegen eine Anwendung der §§ 305 ff. spricht indes bereits, dass – bezogen auf die Parteien – keiner der Vertragspartner als Verwender der Vertragsbestimmungen auftritt; die NB sind vielmehr von einem Dritten, nämlich dem Unternehmen „X.de", das die Plattform für die Auktion anbietet, zur Voraussetzung der Teilnahme an dem System gemacht worden. Darauf, dass Vertragsbedingungen „gestellt" sein müssen, um als AGB im Sinne der §§ 305 ff. zu gelten, kann angesichts der eindeutigen gesetzlichen Regelung nicht verzichtet werden.[16]

Selbst wenn man zwischen den Parteien die Anwendbarkeit der §§ 305 ff. bejahte, ist nach der Interessenlage (allein) der anbietende Teilnehmer (V) als Verwender i.S.v. § 305 anzusehen.[17] Denn der Verkäufer bedient sich des von „X.de" bereitgestellten Verkaufsportals, um unter Geltung der Verwendungsbedingungen seine Ware an potentielle Bieter zu verkaufen. Insoweit macht er sich deren Verkaufsbedingungen, zumindest soweit sie Modalitäten des Kaufvertragsabschlusses vorsehen, zu eigen. Als Verwender unterfiele der V im Verhältnis zum Bieter (K) aber nicht dem Schutzzweck der §§ 305 ff.[18]

---

diese Vorschriften nicht gestützt werden, da der in diesen Vorschriften vorausgesetzte Zweifelsfall gerade nicht vorliegt; hierzu auch OLG Hamm, NJW 2001, 1142.

16 Ebenso OLG Hamm, NJW 2001, 1142 (1143).

17 Bejahend *Lettl*, JuS 2002, 219 (221).

18 Ebenso OLG Hamm, NJW 2001, 1142 (1143 f.); vgl. auch *Grigoleit/Herresthal*, BGB Allgemeiner Teil, Rn. 100. Hilfsweise hält das OLG Hamm fest, dass die AGB einer Inhaltskontrolle standhielten; insbesondere liege keine unangemessene Benachteiligung des Versteigerers vor, da dieser die Möglichkeit habe, sein Risiko durch Vorgabe eines Mindestgebots zu beschränken; offengelassen demgegenüber von BGH NJW 2002, 363 (364). Der BGH weist insbesondere darauf hin, dass nach der Rechtsprechung des Senats vom Versteigerer verwendete Auktionsbedingungen jedenfalls für herkömmliche Versteigerungen (§ 156) einer Inhaltskontrolle durchaus auch insoweit unterliegen, als sie den Kaufvertrag zwischen Einlieferer und Ersteigerer betreffen; BGH, NJW 1985, 850. Der BGH brauchte sich indes mit der Übertragbarkeit dieser Grundsätze auf die vorliegende Konstellation nicht auseinanderzusetzen, da er den Vertragsschluss unabhängig von den AGB des Auktionshauses konstruiert hatte: s. bereits oben. Auf das – nach der hier vertretenen Meinung unausweichliche – Paradoxon, dass die NB einerseits Auslegungsgrundlage seien,

Eine AGB-Kontrolle ist somit bereits mangels Anwendbarkeit der §§ 305 ff. ausgeschlossen. Unter dem Gesichtspunkt der AGB-Kontrolle bestehen daher keine Bedenken hinsichtlich der Wirksamkeit des Kaufvertrags.

dd) Zugang

Die Parteien haben vorliegend nicht direkt miteinander kommuniziert, sodass sich die Frage stellt, wie die Willenserklärungen der Parteien bei derartigen Internetgeschäften zugehen. „X.de" könnte insoweit als Empfangsvertreterin gem. § 164 III für die Parteien beim Zugang der Erklärungen gewirkt haben. Tatsächlich hat „X.de" die Erklärungen der Parteien mittels der Eingabemaske auf seiner Webseite entgegengenommen. Vor dem Hintergrund der Anerkennung der NB kann aus dieser Konstellation gefolgert werden, dass die Parteien stillschweigend „X.de" als Empfangsvertreterin bevollmächtigt haben. Das Angebot des V ist der K daher in dem Moment zugegangen, in dem diese der „X.de", die es schon empfangen hatte, die entsprechende Vollmacht gab. Dies geschah durch die Einstellung des Gebots als Innenvollmacht, spätestens aber durch die Kommunikation mit V als Außenvollmacht.

Die Bestellung von „X.de" zur Empfangsvertreterin beider Parteien könnte freilich gegen § 181 verstoßen („Insichgeschäft"). Allerdings ist bereits fraglich, ob die Vorschrift nach ihrem Schutzzweck[19] auf den Empfangsvertreter überhaupt anwendbar ist. Da das Auktionshaus als Empfangsvertreterin in der vorliegenden Konstellation nämlich über keinen Entscheidungsspielraum verfügt und so den Vertragsschluss nicht beeinflussen kann, liegt die für ein Insichgeschäft typische Interessenkollision nicht vor.[20] In jedem Fall ist die Doppelvertretung vorliegend aber als gestattet i.S.d. § 181 anzusehen, da sie jeweils in Kenntnis der Bestellung durch die andere Partei erfolgte.[21] Unter dem Gesichtspunkt des § 181 bestehen mithin keine Bedenken.

---

andererseits aber nicht gestellt i.S.d. §§ 305 ff., weist insbesondere *Spindler*, ZIP 2001, 809 (811) hin. Dem ist aber entgegenzuhalten, dass die NB nicht als Pflichtenprogramm Rechtswirkung entfalten, sondern als tatsächliche Umstände in die Auslegung einfließen.

19 S. hierzu MüKo/*Schubert*, § 181 Rn. 2 ff.

20 Auf den damit fließenden Übergang zwischen Empfangsvertreter und Empfangsbote in solchen Situationen weist *Spindler*, ZIP 2001, 809 (810 Fn. 15) unter Bezugnahme auf Palandt/*Ellenberger*, Einf. v. § 164 Rn. 11 f. hin.

21 So im Ausgangsfall OLG Hamm, NJW 2001, 1142.

ee) Zwischenergebnis

In der Freischaltung der Angebotsseite ist somit die Abgabe eines Angebots zu sehen, das der K auch zugegangen ist.[22]

b) Annahme

Dieses Angebot könnte K durch Abgabe des höchsten Gebots angenommen haben.

aa) Rechtsbindungswille

K wusste zwar bei der Abgabe ihres Gebots nicht, dass es das höchste sein würde, der Vertrag also tatsächlich mit ihr zustande kommen würde. Sie hatte ihr Gebot aber in Kenntnis dieser Möglichkeit – bei lebensnaher Betrachtung auch mit der Hoffnung, dass dies geschehen würde – abgegeben. Dass sie einen Vertragsschluss wegen der geringen Höhe ihres Gebots für wenig wahrscheinlich gehalten haben könnte, ändert nichts an ihrem Willen, den Vertrag ggf. zu diesen Konditionen zu schließen. K handelte mithin mit Rechtsbindungswillen.

bb) Bestimmtheit, §§ 307 ff., Zugang

K war sich darüber im Klaren, dass der Vertrag, falls er zustande kommen würde, mit V über das Motorrad zu dem von ihr abgegebenen Gebot geschlossen sein würde. Ihre Erklärung war also hinreichend bestimmt.

Die Annahmeerklärung der K kann wiederum allenfalls im Hinblick auf die vereinbarten Vertragsabschlussmodalitäten AGB sein; wenn man insoweit von einem Stellen durch V ausgeht, ist indes kein Unwirksamkeitsgrund erkennbar.

Die Annahmeerklärung der K ist der „X.de" als von V durch das Freischalten des Angebots konkludent bevollmächtigter Empfangsvertreterin zugegangen.

---

22 Vgl. dazu auch BGH NJW 2002, 363 (364). Mit entsprechender Begründung erscheint auch die umgekehrte Konstruktion, nämlich dass das Gebot den Antrag und die Freischaltung der Angebotsseite die vorweggenommene Annahmeerklärung darstellen, genauso vertretbar; so auch *Spindler*, ZIP 2001, 809 (811).

cc) Zwischenergebnis

In der Abgabe des Gebots ist mithin eine Annahmeerklärung zu sehen, die V auch zugegangen war.

c) Sittenwidrigkeit

Der Vertrag könnte als wucherähnliches Rechtsgeschäft wegen Sittenwidrigkeit gem. § 138 I nichtig sein. Nach ständiger Rechtsprechung sind Verträge, bei denen ein auffälliges Missverhältnis zwischen dem Wert der Leistung und der für diese versprochenen Vergütung besteht, nach § 138 I nichtig, wenn zusätzliche Umstände, insbesondere eine verwerfliche Gesinnung, hinzukommen. Eine solche verwerfliche Gesinnung wird bei wertvollen Kaufgegenständen dann regelmäßig angenommen, wenn der Wert der Leistung den Wert der Gegenleistung um 100 % übersteigt, da bei einem solchen Missverhältnis naheliegt, dass der benachteiligte Teil den Vertrag nicht ohne Not geschlossen hat.[23]

Für eine Internetauktion ist es jedoch charakteristisch, dass der Bieter die Chance hat, durch ein niedriges Gebot den Auktionsgegenstand besonders günstig zu erwerben, der Anbieter hingegen sich durch das gegenseitige Aufschaukeln der Gebote die Chance auf einen besonders hohen Kaufpreis bei gleichzeitig niedrigen Kosten eröffnet. Daher stellt bei einer Internetauktion ein auffälliges Missverhältnis kein Beweisanzeichen für eine verwerfliche Gesinnung dar.[24] Irgendwelche besonderen Umstände, die K in verwerflicher Weise ausgenützt haben könnte, sind nicht ersichtlich. Der Kaufvertrag ist daher nicht gem. § 138 I nichtig.

d) Zwischenergebnis

Ein Kaufvertrag ist zustande gekommen.

2 Ausschluss der Klagbarkeit gem. § 762

Dem Anspruch der K könnte § 762 entgegenstehen, wonach Spiel- und Wettverträge keine Verbindlichkeit begründen.

---

23 BGH, NJW 2012, 2723 Rn. 17 f.
24 BGH, NJW 2012, 2723 Rn. 20 f.; NJW 2015, 548 Rn. 9 f.; BGHZ 211, 331 (346 f.) = NJW 2017, 468 (471) Rn. 43.

Hierzu müsste es sich bei der Internetauktion um ein Glücksspiel i.S.v. § 762 handeln. Bei einem Glücksspiel hängen Gewinn und Verlust (hauptsächlich) vom Zufall, nicht aber von der Einwirkung der Parteien ab. Bei der vorliegenden Auktion war aber nur die Höhe des zu erzielenden Preises ungewiss, und auch hier hatte der Anbieter Möglichkeiten der Einwirkung durch Festlegung eines Mindest- sowie Startpreises, der Bietschritte und des Bietzeitraums. Den Begriff des Spiels i.S.v. § 762 zeichnet insbesondere aus, dass sich der Zweck in der Unterhaltung und/oder Gewinnerzielung erschöpft, d.h. ein ernster sittlicher oder wirtschaftlicher Geschäftszweck fehlt. Vorliegend verfolgten beide Parteien dagegen den wirtschaftlichen Zweck, das Motorrad zu einem – aus ihrer jeweiligen Sicht – günstigen Kaufpreis zu verkaufen bzw. zu erwerben. Dass eine solche Auktion spekulativen Charakter hat, macht sie noch nicht zum Spiel i.S.v. § 762.[25]

§ 762 steht dem Anspruch der K somit nicht entgegen.[26]

3 Zwischenergebnis

Ein wirksamer Kaufvertrag ist zustande gekommen.

II Untergang des Anspruchs nach § 275 I

Der Anspruch könnte jedoch gem. § 275 I untergegangen sein. Die Unmöglichkeit der Leistung lässt die Leistungspflicht des Schuldners nach dieser Vorschrift unabhängig davon erlöschen, ob er die Unmöglichkeit zu vertreten hat.[27]

25 Ebenso im Ausgangsfall BGHZ 149, 129 (139) = NJW 2002, 363 (364) und OLG Hamm, NJW 2001, 1142 (1145).
26 In der Literatur zum Ausgangsfall wurden noch weitere Wirksamkeitshindernisse geprüft, etwa die Berechtigung des Verkäufers zur Vertragsanpassung gem. § 315 III, eine Anpassung des Kaufvertrags wegen Störung der Geschäftsgrundlage (§ 313) oder der Einwand unzulässiger Rechtsausübung; dazu *Lettl*, JuS 2002, 219 (222); *Spindler*, ZIP 2001, 809 (816). Alle diese Überlegungen müssen aber konsequenterweise abgelehnt werden, wenn man mit der hier vertretenen Meinung die Handlungen des V dahingehend auslegt, dass er bewusst das Risiko eingegangen ist, möglicherweise einen Kaufpreis unter dem Verkehrswert des Motorrads zu erzielen.
27 *Brox/Walker*, Allgemeines Schuldrecht, § 22 Rn. 3, 15; *Fikentscher/Heinemann*, Schuldrecht, Rn. 391; *Looschelders*, Schuldrecht Allgemeiner Teil, § 21 Rn. 19.

1 Unmöglichkeit

Ob Unmöglichkeit tatsächlich vorliegt, hängt davon ab, ob V und K eine Stück-
oder eine Gattungsschuld vereinbart haben. Das ursprünglich in Rede stehende
Exemplar ist nach dem Sachverhalt nicht mehr vorhanden. Wenn das geschlossene Geschäft ein Stückkauf war, dann macht V erfolgreich Unmöglichkeit geltend. Ist hingegen ein Gattungskauf vereinbart, dann hat der Untergang des
Motorrads für Vs Leistungspflicht keine Bedeutung. Denn ein Gattungsschuldner
kann und muss mit jedem Objekt der vereinbarten Beschaffenheit erfüllen. Hat er
kein erfüllungstaugliches Stück in seinem Vermögen, so wird er nicht frei, sondern muss sich ein entsprechendes Stück am Markt beschaffen.[28] Die Beschaffung
wäre nach dem Sachverhalt auch möglich.

Es fragt sich damit, in welchem Umfang sich aus dem geschlossenen Vertrag
nach den Intentionen der Parteien für den Verkäufer die Notwendigkeit ergeben
soll, ein erfüllungstaugliches, der gegebenen Beschreibung entsprechendes Motorrad notfalls am Markt zu beschaffen. Dies ist wiederum im Wege der Auslegung
gem. §§ 133, 157 zu ermitteln.[29]

Zunächst ist davon auszugehen, dass die Parteien ihren Vertrag auf der
Grundlage der Beschreibung schließen wollen, die der Verkäufer bei der In-
gangsetzung der Auktion abgibt. Hier hat V das Motorrad nur gattungsmäßig als
Neufahrzeug umschrieben. Jedoch können die Parteien durch ausdrückliche oder
konkludente, den Umständen zu entnehmende Vereinbarung die Leistungspflicht
des Schuldners beschränken.[30] V hat dem Angebot ein Foto beigelegt, das ihn als
Gewinner beim Preisausschreiben zeigt, und dargelegt, dass er als Privatmann
das Motorrad veräußert. Es ist damit für einen potentiellen Bieter erkennbar geworden, dass V ein bestimmtes, in seinem Eigentum stehendes Stück veräußern
wollte – nämlich das aus dem Preisausschreiben stammende Motorrad – und dass
er – anders als etwa ein professioneller Händler – keineswegs als Gattungsver-
käufer eine Pflicht zur Beschaffung eines entsprechenden Stücks am Markt auf
sich nehmen wollte.

Demnach ist vorliegend von einer Stückschuld auszugehen. Mit der Zerstörung des verkauften Exemplars liegt also nachträgliche Unmöglichkeit vor. V
würde mithin grundsätzlich gem. § 275 I von der Lieferpflicht frei.

---

28 *Fikentscher/Heinemann*, Schuldrecht, Rn. 250, 392; *Medicus/Petersen*, Bürgerliches Recht,
Rn. 255.
29 S. dazu etwa Staudinger/*Schiemann*, § 243 Rn. 7.
30 *Fikentscher/Heinemann*, Schuldrecht, Rn. 251; *Looschelders*, Schuldrecht Allgemeiner Teil,
§ 13 Rn. 11.

2 Einschränkung des § 275 I

§ 275 I könnte jedoch aufgrund eines Wertungswiderspruchs zum Kaufmängel-gewährleistungsrecht teleologisch zu reduzieren sein mit der Folge, dass Un-möglichkeit ausschiede. Infolge der Umsetzung der europäischen Richtlinie zum Verbrauchsgüterkauf hat sich nämlich weitgehend die Überzeugung durchgesetzt, dass jedenfalls im Kaufmängelgewährleistungsrecht die Unterscheidung zwi-schen Stück- und Gattungsschuld, auf der das oben gefundene Ergebnis beruht, keine Anwendung mehr finden soll. Rspr. und Teile der Lehre bejahen mittler-weile vielmehr auch im Fall einer Stückschuld einen Nachlieferungsanspruch gem. § 439 I Alt. 2 beim Vorliegen eines unbehebbaren Sachmangels, sofern es sich um eine „vertretbare" bzw. „ersetzbare" Kaufsache handelt.[31] Da es sich hier um ein neues Motorrad handelt, das noch auf dem Markt erhältlich ist, wäre die „Vertretbarkeit" bzw. „Ersetzbarkeit" vorliegend gegeben.[32]

Allerdings sprechen schon der Wortlaut des europäischen Rechts wie des BGB dafür, zwischen einem unbehebbaren Sachmangel und einem völligen Untergang der Kaufsache zu unterscheiden: Die Zerstörung wird im allgemeinen Sprachge-brauch nicht als Mangel der Sache angesehen. Auch greift der Gedanke einer Qualitätssteuerung durch Mangelgewährleistungsrecht bei einem späteren, mit der Sache selbst in keinem Zusammenhang stehenden Untergang nicht. Euro-parechtlich geboten ist eine Einschränkung des § 275 I daher nicht. Im deutschen

---

31 BGH, NJW 2006, 2839 (2840 f. Rn. 18 ff.); OLG Braunschweig, NJW 2003, 1053; LG Ellwangen, NJW 2003, 517; grundlegend *Canaris* JZ 2003, 831 ff.; *Fikentscher/Heinemann*, Schuldrecht, Rn. 860; *Heinemann/Pickartz*, ZGS 2003, 151 f.; *Roth*, NJW 2006, 2953 ff.; a.A. etwa BeckOK/*Faust*, § 439 Rn. 47 m.w.N.

32 Damit erübrigt sich hier die durchaus prüfungsrelevante Frage, wann überhaupt eine „ver-tretbare" bzw. „ersetzbare" Sache vorliegt. Nach dem BGH setzt der Anspruch auf Nachlieferung beim Stückkauf i.S.v. § 439 I Alt. 2 voraus, dass die Kaufsache „nach dem *Willen der Parteien* austauschbar" war, was wiederum gem. Auslegung zu ermitteln wäre, s. BGH, NJW 2006, 2839 (2841 Rn. 23). Die Austauschbarkeit soll regelmäßig ausgeschlossen sein, wenn die Kaufent-scheidung nicht nur aufgrund objektiver Anforderungen, sondern auch aufgrund eines – etwa durch persönliche Besichtigung gewonnenen – Eindrucks zustande kommt. Beim Kauf einer gebrauchten Sache wird letztere Konstellation den Regelfall bilden, sodass der BGH davon aus-geht, dass eine Nachlieferung in diesen Fällen bloß unter besonderen Umständen in Betracht kommt. Angesichts der vielfältigen Unterschiede im Abnutzungsgrad gebrauchter Sachen – auch bei gleichem Typ, Ausstattung, Alter etc. – wird man dem grundsätzlich zustimmen können. Andernfalls wäre häufiger Streit über die Gleichwertigkeit der angebotenen oder zu beschaffen-den Ersatzsache absehbar, was den typischen Interessen der Kaufvertragsparteien zuwiderliefe. Jedoch könnten gerade bei einer Internetauktion Umstände gegeben sein, welche die Annahme besonderer Umstände rechtfertigen. Hier hatte die K ja keine Gelegenheit, das Motorrad per-sönlich in Augenschein zu nehmen und sich so einen Gesamteindruck zu verschaffen, sondern war auf die nach objektiven Kriterien aufgebaute Auktionsbeschreibung beschränkt.

Recht stellt die Unterscheidung zwischen allgemeinem und besonderem Leistungsstörungsrecht auch nach der Schuldrechtsform ein zentrales Element des deutschen Schuldrechts dar. Sie wirkt sich etwa auch bei der Verjährung aus.[33] Zudem hat der Gesetzgeber die Unterscheidung zwischen Stück- und Gattungsschuld in § 243 II bewusst in das neue Schuldrecht übernommen. Auch unter diesem Gesichtspunkt ist kein Abweichen von der überkommenen Handhabung der Unmöglichkeit erkennbar.[34] Für Rechtsfortbildung besteht deshalb kein Anlass.[35]

Eine Einschränkung des § 275 I im obigen Sinne ist daher abzulehnen.

3 Zwischenergebnis

Der Erfüllungsanspruch der K ist damit durch die Zerstörung des Motorrads untergegangen.

III Ergebnis

K hat keinen Anspruch gegen V auf Übergabe und Übereignung des Motorrads aus dem Kaufvertrag, § 433 I 1.

Frage 2:
Anspruch der K gegen V auf Schadensersatz statt der Leistung aus §§ 283, 280 I, III

Ein Schadensersatzanspruch gem. §§ 283, 280 I, III scheitert bereits daran, dass der V den Untergang der Kaufsache nicht zu vertreten hat. V hat das Motorrad ordnungsgemäß vor seinem Haus abgestellt und somit die im Verkehr erforderliche Sorgfalt gem. § 276 I 1, II beachtet.[36]

---

33 *Gruber*, JZ 2005, 707 (712).
34 *Gruber*, JZ 2005, 707 (711).
35 Will man der hier vertretenen Auffassung nicht folgen, ist sodann zu prüfen, ob V bei dem Verkauf die Kaufmängelgewährleistung gem. § 444 ausgeschlossen hat. Da der aufgezeigte Wertungswiderspruch bei einem Haftungsausschluss nicht gegeben wäre, bestünde in diesem Fall auch kein Anlass für eine Einschränkung des § 275 I. Nach der hier vertretenen Auffassung kann diese Frage indes offenbleiben.
36 Die Übernahme einer Garantie bzw. eines Beschaffungsrisikos gem. § 276 I 1 Alt. 2 ist ebenfalls nicht ersichtlich.

K hat demnach keinen Anspruch gegen V auf Schadensersatz statt der Leistung aus §§ 283, 280 I, III.

Frage 3:
Anspruch der K gegen F auf Schadensersatz i.H.v. 12.500,– Euro (entgangener Gewinn) aus § 823 I

Zum Zeitpunkt der Zerstörung war das Motorrad mangels Einigung und Übergabe bzw. Übergabesurrogat (§§ 929 ff.) noch nicht Eigentum der K. Es fehlt damit an einer Verletzung eines absolut geschützten Rechtsguts. Der bloße Anspruch auf Übereignung wird wegen der Relativität von Schuldverhältnissen nicht von § 823 I geschützt.[37]

K hat demnach gegen V keinen Anspruch auf Schadensersatz aus § 823 I.

Frage 4:

A Anspruch des V gegen F auf Schadensersatz aus § 823 I

V könnte gegen F einen Anspruch auf Schadensersatz gem. § 823 I haben.

I Haftungsbegründender Tatbestand

F hat mit der Zerstörung des Motorrads das Eigentum des V verletzt. Er handelte rechtswidrig und schuldhaft. Der haftungsbegründende Tatbestand ist somit erfüllt.

II Haftungsausfüllender Tatbestand: Schaden

Der haftungsausfüllende Tatbestand setzt einen ersatzfähigen Schaden voraus. Ausgangspunkt für das Vorliegen eines ersatzfähigen Schadens ist eine Vermögensminderung beim Verletzten. Diese ist anhand eines Vermögensvergleichs zwischen dem aktuellen Zustand und der Lage, wie sie ohne das schädigende

---

37 Ganz h.M., s. etwa *Fikentscher/Heinemann*, Schuldrecht, Rn. 718 f. mit Nachweis der Gegenmeinung; *Medicus/Lorenz*, Schuldrecht II, § 76 Rn. 12 f.

Ereignis wäre, zu beurteilen (Differenzhypothese).[38] Grundsätzlich ist bei V infolge der Zerstörung des Motorrads eine Vermögensminderung in Höhe des Marktwerts, d. h. i.H.v. 25.000,– Euro eingetreten.

Jedoch ist möglicherweise zu berücksichtigen, dass V durch die Zerstörung des Motorrads auch gem. § 275 I von seiner Verpflichtung zur Übereignung an K frei wurde (vgl. o.). Er hätte das Motorrad im Wert von 25.000,– Euro für 12.500,– Euro übereignen müssen. Durch das Erlöschen der Lieferungspflicht hat er sich einen Verlust i.H.v. 12.500,– Euro erspart. Dies könnte er sich im Wege der Vorteilsausgleichung anrechnen lassen müssen.

Die Rechtsprechung macht eine Vorteilsausgleichung von zwei Voraussetzungen abhängig: Zum einen muss zwischen dem schädigenden Ereignis und dem Vorteil ein adäquater Kausalzusammenhang bestehen. Zum anderen darf die Anrechnung den Schädiger nicht unbillig entlasten.[39]

Der Kausalzusammenhang ist hier insoweit gegeben, als die Zerstörung des Motorrads unmittelbar zum Erlöschen der Lieferungspflicht gegenüber K geführt hat. Die Entscheidung, ob eine Anrechnung unter normativen Gesichtspunkten geboten ist, lässt sich demgegenüber nicht auf einen einzigen Grundgedanken zurückführen und ist demnach einzelfallbezogen oder zumindest anhand von Fallgruppen zu treffen.[40]

Hier ist freilich zu berücksichtigen, dass die Kürzung des Schadensersatzanspruchs indirekt zu Lasten der K ginge, wenn dies einen Anspruch der K auf Herausgabe des stellvertretenden Commodum beeinträchtigte. K kann in der vorliegenden Konstellation – wie oben gesehen – weder von V noch von F Schadensersatz verlangen. Kommt man aber dazu, dass V aufgrund der zur Unmöglichkeit führenden Zerstörung einen Ersatz oder Ersatzanspruch hat, hat er diesen gem. § 285 I herauszugeben. Zwischen der Unmöglichkeit und dem Schadensersatzanspruch besteht hier der in § 285 vorausgesetzte Kausalzusammenhang.[41] Macht K den Anspruch auf Abtretung des Schadensersatzanspruchs geltend, bleibt sie aber zur Leistung des Kaufpreises verpflichtet (§ 326 III). Zwar würde sich dieser gem. §§ 326 III 2, 441 III entsprechend mindern, wenn der von V abgetretene Schadensersatzanspruch nicht den Wert der ursprünglich geschuldeten Kaufsache erreicht.[42] Im Falle einer Kürzung des Anspruchs des V um 12.500,– Euro brauchte K, die sonst für 12.500,– Euro ein Motorrad im Wert von

---

38 *Grigoleit/Riehm*, Schuldrecht IV, Rn. 537 ff.
39 S. dazu etwa *Fikentscher/Heinemann*, Schuldrecht, Rn. 703 ff.; *Grigoleit/Riehm*, Schuldrecht IV, Rn. 542 ff.; *Looschelders*, Schuldrecht Allgemeiner Teil, § 45 Rn. 41 ff.
40 S. exemplarisch *Grigoleit/Riehm*, Schuldrecht IV, Rn. 544 ff.
41 Vgl. MüKo/*Emmerich*, § 285 Rn. 27.
42 Zur Berechnung siehe Palandt/*Weidenkaff*, § 441 Rn. 12.

25.000,– Euro erhalten hätte, nur 6.250,– Euro zu zahlen. Damit hätte sie jedoch nur die Hälfte des Gewinns realisiert, den sie ohne die Zerstörung realisiert hätte. Daher muss eine Kürzung der Schadensersatzpflicht des F nach den Grundsätzen der Vorteilsausgleichung ausscheiden.

Der ersatzfähige Schaden beträgt damit 25.000,– Euro.

III Ergebnis

V hat einen Anspruch gegen F aus § 823 I i.H.v. 25.000,– Euro.

B Ansprüche des V gegen F aus § 7 I StVG und § 18 I StVG

V hat gegen F zudem Schadensersatzansprüche aus § 7 I StVG, da F bei lebensnaher Sachverhaltsauslegung Halter seines schweren Wagens war, sowie aus § 18 I StVG, da F den Wagen führte. Auch für diese Ansprüche ist mit dem eben Ausgeführten ein ersatzfähiger Schaden zu bejahen.

Frage 5:

A Anspruch der K gegen V auf Abtretung der Schadensersatzansprüche des V gegen F aus § 285 I

Wie soeben dargelegt, kann sich K von V den Schadensanspruch gegen F abtreten lassen.

B Anspruch des V gegen K auf Zahlung von 12.500,– Euro (Kaufpreis) aus Kaufvertrag, § 433 II

Der Anspruch ist ursprünglich wirksam entstanden durch Vertragsschluss. Aufgrund der Zerstörung des Motorrads ist der Anspruch des V auf Zahlung des Kaufpreises aber an sich nach § 326 I 1 untergegangen.

Anders liegt es, wenn K gegen V aus § 285 vorgeht. Dann behält V gem. § 326 III 1 seinen Anspruch auf Zahlung des Kaufpreises.

Fall 2 Teilzahlungskauf

Kündigung und Rücktritt vom Teilzahlungskauf – Existenzgründer – Abtretung einer einzelnen Forderung und übriges Schuldverhältnis i.w.S. – Übereignung beweglicher Sachen, insbesondere mittelbarer Nebenbesitz

Sachverhalt

V möchte sich mit einem Pizzaservice eine eigene Existenz aufbauen. Er kauft zu diesem Zweck am 18.12.2016 bei der Autohandels-AG A einen Alfa Romeo zum Preis von 42.200,– Euro. Da er den Kaufpreis nicht sofort bezahlen kann, vereinbart er mit A in einem Vertrag, der alle vorgeschriebenen Angaben enthält, monatliche Kreditraten von 2.400,– Euro zzgl. eines geringen Zinses, beginnend im Januar 2017, und eine Restrate; gerät V mit mindestens zwei aufeinanderfolgenden Raten in Verzug, soll A nach zweiwöchiger Fristsetzung mit Fälligstellungsandrohung die gesamte Restschuld verlangen dürfen. Das Eigentum soll V erst bei vollständiger Kaufpreiszahlung erwerben. Nach Eingang der ersten Rate übergibt A am 4.1.2017 den Wagen an V. Am 19.1.2017 tritt A seine Restkaufpreisforderung an das Factoringunternehmen F ab und übereignet F das Fahrzeug.

Die Geschäfte des V entwickeln sich zunächst prächtig, da er schneller als alle Konkurrenten liefert. In der Vorweihnachtszeit ist V besonders beschäftigt. Nach 10 Monaten versäumt er daher im November und Dezember 2017 die Überweisung der Monatsraten. Deshalb setzt ihm F am 2.1.2018 eine zweiwöchige Zahlungsfrist und droht an, ansonsten die gesamte Restschuld zu verlangen. V übersieht das Schreiben. Daraufhin erklärt F am 17.1.2018 in einem weiteren Schreiben die Gesamtfälligstellung über die ausstehende Summe von 18.200,– Euro. V kann in der Kürze der Zeit keinen neuen Geldgeber finden, der ihm den vollen ausstehenden Betrag zu einem akzeptablen Zins zur Verfügung stellen würde. Verhandlungen zwischen F und V scheitern. Die ungeduldige F lässt daher bei dem entsetzten V den Wagen bei Kilometerstand 10.000 durch ihre breitschultrigen Außendienstmitarbeiter Jack und Joe abholen und verkauft ihn, wie vom Sicherungsvertrag wirksam vorgesehen, freihändig und unter Übergabe der Kfz-Papiere an den K für einen Preis von 13.500,– Euro. Von diesem Betrag zieht F 500,– Euro für die ihr entstandenen Kosten der Verwertung ab; die restlichen 13.000,– Euro schreibt sie dem V sodann in ihren Büchern gut.

https://doi.org/10.1515/9783110591798-013

Aufgabe 1 (Gewichtung: 75%):

F verlangt von V die aus ihrer Sicht ausstehenden 5.200,– Euro (42.200,– Euro abzüglich gezahlter 10 Raten [= 24.000,– Euro] abzgl. Verwertungserlös [13.000,– Euro]), hilfsweise Herausgabe der Nutzungen. V ist entrüstet und meint, wenn F sich den Wagen geholt habe, sei es ungerecht zu verlangen, dass er weiter zahlen müsse. Wenn er den Wagen los sei, müsse doch wohl das gesamte Geschäft rückabgewickelt werden. Deshalb wolle er „sein Geld zurück", entweder von F oder von A.

a) Stehen F Zahlungsansprüche (auf den Restkaufpreis oder auf Nutzungsersatz) zu?

b) Kann V von F oder von A Rückzahlung der geleisteten Raten verlangen?

Hinweis: Faustregel für Gebrauchsvorteile bei Pkw: 1% des Neuwerts pro gefahrene 1.000 km. Eine eventuelle Wertminderung ist zu vernachlässigen.

Aufgabe 2 (Gewichtung: 25%):

V, der zur Geschäftsaufnahme weitere Anschaffungen tätigen musste, lieh sich von seinem Onkel O am 22.1.2017 20.000,– Euro. Als Sicherheit übereignete er dem O den Alfa Romeo unter Übergabe einer gefälschten, täuschend echt aussehenden Zulassungsbescheinigung Teil II („Kfz-Brief"). Vom Eigentumsvorbehalt des A erzählte V dem O nichts. O, der zehn Monate später wegen Säumigkeit des V selbst Geld benötigte, übereignete den Wagen unter Abtretung seines Herausgabeanspruchs gegen V und Übergabe des gefälschten Kfz-Briefs an Bank C zur Sicherung eines Darlehens in Höhe von 10.000,– Euro, das er aber nach wenigen Monaten auch nicht mehr bedient. C verlangt von F Herausgabe des gesamten Verwertungserlöses. F meint, C könne mangels Übergabe nie Eigentum erworben haben; jedenfalls aber will sie ihre Verwertungskosten i.H.v. 500,– Euro sowie die Kosten einer anwaltlichen Erstberatung am 16.1.2018 i.H.v. weiteren 1.000,– Euro abziehen. Was kann C verlangen?

Gliederung der Lösung

Aufgabe 1 a)
A Anspruch der F gegen V auf Zahlung von 5.200,– Euro aus Kaufvertrag, § 433 II (nach Abtretung durch A, § 398)
  I Kaufvertrag
  II Abtretung, § 398
  III Untergang durch Erfüllung i.H.v. 24.000,– Euro
  IV Fälligkeit der Restforderung
    1 AGB-rechtliche Wirksamkeit der Klausel

Lösung

Aufgabe 1 a)

A Anspruch der F gegen V auf Zahlung von 5.200,– Euro aus Kaufvertrag, § 433 II (nach Abtretung durch A, § 398)

I Kaufvertrag

Zwischen A und V ist ein Kaufvertrag über den Alfa Romeo zum ursprünglichen Preis von 42.200,– Euro zustande gekommen. Dieser ist auch nicht gem. § 507 II 1 i.V.m. § 492 I, Art. 247 §§ 6, 12, 13 EGBGB nichtig, da der Vertrag nach dem Sachverhalt alle vorgeschriebenen Angaben enthält.[1]

II Abtretung, § 398

Diesen Anspruch hat A nach dem Sachverhalt an F abgetreten (§ 398); dass es sich um einen Anspruch aus einem Verbrauchergeschäft handelte, ist für die Wirksamkeit der Abtretung ohne Belang.[2]

III Untergang durch Erfüllung i.H.v. 24.000,– Euro

Der ursprünglich auf Zahlung von 42.200,– Euro gerichtete Kaufpreisanspruch ist aufgrund der von V bislang gezahlten Raten i.H.v. 24.000,– Euro durch Erfüllung untergegangen (§ 362 I). Sollte V nicht an F, sondern weiterhin an A geleistet haben, ist von einem Fall des § 362 II auszugehen oder kommt dem redlichen V jedenfalls der Schutz des § 407 I zugute.

IV Fälligkeit der Restforderung

Nach der ursprünglichen Vereinbarung schuldete V nur Monatsraten. Allerdings könnte hier auf der Grundlage einer vertraglichen Klausel eine Gesamtfälligstellung erfolgt sein.

---

1 Im Übrigen wäre der Vertrag gem. § 507 II 2 „gültig" geworden. Ggf. greift auch § 507 I 2.
2 Vgl. MüKo/*Schürnbrand*, § 491 Rn. 28.

1 AGB-rechtliche Wirksamkeit der Klausel

Die Klausel über die Berechtigung des A zur Gesamtfälligstellung, die bei lebensnaher Betrachtung eine AGB (§ 305 I) darstellt, müsste Vertragsbestandteil geworden sein. Die Einbeziehung richtet sich nicht nach § 305 II, sofern man auch den Existenzgründer als Unternehmer i.S.d. § 310 I 1 ansieht,[3] sondern nach den allgemeinen Regeln der §§ 145 ff. Jedenfalls ist aber mangels anderer Angaben davon auszugehen, dass die Klausel nach den allgemeinen Regeln Vertragsinhalt wurde. Der Einbeziehung steht auch nicht § 305c I entgegen, da eine solche Klausel in Darlehensverträgen, wie § 498 I 1 zeigt, nicht überraschend ist.

Die Klausel ist auch nicht wegen unangemessener Benachteiligung unwirksam, da sie der Regelung des § 498 I 1 entspricht, sodass eine Inhaltskontrolle nicht eröffnet ist (vgl. § 307 II Nr. 1, III 1).

2 Androhung und Erklärung

Nach der Klausel müsste die Gesamtfälligstellung nach Ablauf einer zweiwöchigen Frist erklärt worden sein. Hier hat nicht der ursprüngliche Vertragspartner A, sondern die F die Gesamtfälligstellung angedroht und nach fruchtlosem Fristablauf auch erklärt. A hatte die Forderung aber an F abgetreten. Damit ging als unselbständiges Nebenrecht auch das Recht zur Kündigung i.S.d. Gesamtfälligstellung auf F über.[4]

3 Verbraucherrechtliche Wirksamkeit der Gesamtfälligstellung

Der Gesamtfälligstellung könnten aber die §§ 506 I 1, 498 I entgegenstehen. § 498 I beschränkt die Möglichkeit der – die Gesamtfälligkeit auslösenden – Kündigung eines Teilzahlungsdarlehens. Hier hat A dem V kein Darlehen, aber in Gestalt der verzinslichen Ratenzahlungsvereinbarung eine entgeltliche Finanzierungshilfe in Form eines Teilzahlungsgeschäfts gewährt. Autohändler A, der den Alfa Romeo in seinem Geschäftsbetrieb veräußert hat, ist schon aufgrund seiner Rechtsform Unternehmer, vgl. § 14 I Var. 1 i.V.m. § 1 AktG.[5] V ist als Existenzgründer wegen des unter 75.000,– Euro liegenden Barzahlungspreises wie ein Verbraucher zu behandeln, § 513. Für derartige Finanzierungshilfe gilt gem. § 506 I 1 u. a. § 498

---

3 BGH, NJW 2005, 1273 (1274 f.); a.A. MüKo/*Micklitz*, § 13 Rn. 68.
4 MüKo/*Roth/Kieninger*, § 398 Rn. 97, § 401 Rn. 10; *Jauernig/Stürner*, § 401 Rn. 3.
5 Auf F kommt es nicht an, da § 498 jedenfalls über § 404 dem Zessionar entgegengehalten werden kann, vgl. MüKo/*Schürnbrand*, § 491 Rn. 28.

„entsprechend". Dies bedeutet, dass § 498 für eine „Kündigung" gilt, die den Bestand des Teilzahlungsgeschäfts unberührt lässt und nur zur sofortigen Fälligkeit der Restschuld führt.[6] Die Gesamtfälligstellung ist eine Kündigung in diesem Sinne.

Nach seinem Wortlaut gilt § 498 I zwar nur für die Kündigung durch den Darlehensgeber – bei Teilzahlungsgeschäft („entsprechende" Anwendung) als Verkäufer zu lesen. Sinn und Zweck gebieten aber, dass die Vorschrift auch dann Anwendung findet, wenn die Gesamtfälligstellung durch eine Zessionarin erfolgt. Die Gesamtfälligstellung ist mithin an § 498 I zu messen.

V müsste mithin mit zwei aufeinanderfolgenden Teilzahlungen in Verzug (§ 286) gewesen sein. Hier hatte V trotz Fälligkeit die Raten für November und Dezember nicht geleistet. Eine Mahnung war gem. § 286 II Nr. 1 entbehrlich. Da V die vereinbarten Ratenzahlungen versäumt und zudem das Schreiben mit Fristsetzung und Androhung übersehen hat, hat er die Nichtleistung zu vertreten. Die Summe entsprach auch mehr als zehn Prozent des Nennbetrags (vgl. § 498 I Nr. 1 lit. b), da sie 4.800,– Euro betrug, was größer als 10 % von 42.200,– Euro = 4.220,– Euro ist. Die von § 498 I Nr. 2 verlangte Fristsetzung mit Androhung der Gesamtfälligstellung war erfolgt – zwar nicht durch A, sondern durch F, was aber wiederum wegen des Übergangs der diesbezüglichen Berechtigung als Nebenrecht nicht schadet.

4 Zwischenergebnis

Mit der Gesamtfälligstellung wurde an sich die gesamte Restschuld i.H.v. 18.200,– Euro fällig.

V Umwandlung in Rückgewährschuldverhältnis

Der Fälligkeit der gesamten kaufvertraglichen Restschuld, d. h. des Primäranspruchs, könnte indes entgegenstehen, dass der Kaufvertrag infolge Rücktritts in ein Rückgewährschuldverhältnis umgewandelt wurde mit der Folge des Erlöschens der kaufvertraglichen Primärpflicht auf Kaufpreiszahlung (vgl. §§ 346 ff.).[7]

---

6 Vgl. MüKo/*Schürnbrand*, § 508 Rn. 5.
7 *Fikentscher/Heinemann*, Schuldrecht, Rn. 486; *Medicus/Lorenz*, Schuldrecht I, § 47 Rn. 595.

1 Rücktrittserklärung oder deren Fiktion

Eine Rücktrittserklärung (§ 349) liegt nicht vor. Das „Abholen" des Wagens durch die Außendienstmitarbeiter der F könnte aber ein „Wiederansichnehmen" darstellen und daher gem. § 508 S. 5 eine Rücktrittserklärung fingieren. Eine diese Fiktion ausschließende Einigung über die Vergütung des gewöhnlichen Verkaufswerts (§ 508 S. 5 a.E.) ist nicht ersichtlich.

Hier hat zwar nicht A als ursprünglicher Verkäufer den Wagen zurückgenommen. Die Rücknahme durch F könnte dem aber gleichzustellen sein. Für das gewöhnliche Rücktrittsrecht ist durchaus zweifelhaft, ob es nach Zession einer einzelnen Forderung dem Zessionar oder weiterhin dem Zedenten zusteht, erfasst der Rücktritt doch das gesamte Rechtsverhältnis.[8] Die teleologische Auslegung des § 508 S. 5 könnte jedoch ergeben, dass der Fall eines Wiederansichnehmens durch den Zessionar mit erfasst sein soll. Ratio des § 508 S. 5 ist der Schutz des Verbrauchers davor, auf Veranlassung des Verkäufers die Nutzung der Kaufsache zu verlieren, gleichwohl aber zur Weiterzahlung der Raten an den Verkäufer verpflichtet zu bleiben.[9] Die Norm muss daher auch für eine Ansichnahme durch den Zessionar der Ratenforderung gelten, ist diese doch in weiterem Sinne durch den Zedent „veranlasst", zumal bei einer Zession der Ratenforderung i.d.R. auch nur der Zessionar Interesse an einer Ansichnahme haben wird (vgl. auch § 508 S. 6 für die Ansichnahme durch den Darlehensgeber bei finanziertem Kauf), v.a. bei gleichzeitiger Weitergabe des Vorbehaltseigentums. Die Wegnahme durch Jack und Joe stellt, falls diese nicht Besitzdiener der F sein sollten, zwar nicht unmittelbar ein Wiederansichnehmen durch die F dar; nach Sinn und Zweck der Norm muss aber genügen, dass dem Verbraucher die Nutzung der Sache auf Veranlassung des Unternehmers (bzw. hier des Zessionars) entzogen wird.

Damit ist eine Rücktrittserklärung gem. § 508 S. 5 fingiert.

2 Rücktrittsrecht

Ob eine Rücktrittsfiktion nur bei Bestehen eines Rücktrittsrechts auf Seiten des Unternehmers eingreift, ist umstritten.[10] Hier sind aber, wie gesehen, die Voraussetzungen des § 498 I jedenfalls erfüllt.

---

8 Jauernig/*Stürner*, § 401 Rn. 6.
9 BGH, NJW 2002, 133 (135).
10 Vgl. MüKo/*Schürnbrand*, § 508 Rn. 44 f.

3 Kein Ausschluss durch vorherige Kündigung

Das Rücktrittsrecht ist auch nicht etwa wegen der vorherigen Gesamtfälligstellung ausgeschlossen. Denn eine Kündigung betrifft nicht den Bestand des Geschäfts als solchen, sondern nur die Fälligkeit; jedenfalls aber muss § 508 S. 5 nach seinem Schutzzweck in allen Fällen des Wiederansichnehmens greifen.

4 Zwischenergebnis

Infolge des Wiederansichnehmens durch Jack und Joe wurde der Kaufvertrag in ein Rückgewährschuldverhältnis umgewandelt. Damit ist die kaufvertragliche Primärforderung auf Kaufpreiszahlung, § 433 II, untergegangen.

VI Ergebnis

F hat demnach gegen V keinen Anspruch Zahlung von 5.200,– Euro aus dem Kaufvertrag, § 433 II.

B Anspruch der F gegen V auf Zahlung von Nutzungsersatz aus §§ 346 I, 508 S. 4

I Entstehung des Anspruchs

Durch das „Wiederansichnehmen" des Wagens ist, wie eben ausgeführt, ein Rückgewährschuldverhältnis gem. §§ 346 ff. und mithin auch der Rückgewähranspruch aus § 346 I entstanden.

II Gläubigerstellung (Aktivlegitimation) der F

F und nicht A müsste auch Gläubigerin des Nutzungsherausgabeanspruchs sein. Dies folgt hier nicht schon daraus, dass ein Auslösen der Rücktrittsfiktion durch das Wiederansichnehmen der F angenommen wurde. Richtigerweise ist die Frage für die einzelnen Ansprüche unter Berücksichtigung der Interessenlage, insbesondere des vom Gesetz gewollten Verbraucherschutzes, gesondert zu betrachten.

Für den Anspruch auf Rückgewähr der *Kaufsache* scheint es geboten, von einer Gläubigerstellung des Zessionars auszugehen, wenn man für diesen das Auslösen der Rücktrittsfiktion durch Ansichnahme bejaht, weil dies zugleich zur Folge hat, dass der Anspruch gegen den Käufer auf Rückgewähr der empfangenen

Kaufsache mit der Ansichnahme durch den Zessionar erfüllt ist (§ 362 I), während anderenfalls der Käufer dem Verkäufer gegenüber zur Rückgewähr der Sache verpflichtet wäre, die der Zessionar soeben an sich genommen hat.[11] Selbst wenn man hier anders entscheiden würde, dürfte ein Anspruch des Verkäufers gegen den Käufer, dem der Zessionar die Sache weggenommen hat, wegen Untergangs des empfangenen Gegenstandes (§ 346 II 1 Nr. 3) wohl in entsprechender Anwendung des § 346 III 1 Nr. 2 oder 3 abzulehnen sein (a.A. vertretbar).

Für den Anspruch auf Nutzungsherausgabe (§ 346 I a.E. i.V.m. § 508 S. 4) ist die Interessenlage hingegen weniger klar: Der Gedanke der Erhaltung einer Aufrechnungsmöglichkeit für den Fall, dass man als Schuldner der Rückgewährforderung des Käufers den Verkäufer ansieht, spricht für Annahme der Gläubigerstellung des Verkäufers; allerdings könnte schon § 406 greifen. Die wirtschaftliche Ähnlichkeit mit dem abgetretenem (Zins-) Anspruch und der Zweck des (echten) Factoring sprechen hingegen eher dafür, diese Forderung als von der Zession mitumfasst und damit den Zessionar als Gläubiger anzusehen. Da letztlich das Factoringunternehmen das Geschäft abwickeln soll, ist von einer Stellung der F als Gläubigerin auszugehen (a.A. vertretbar).

III Berechnung der Nutzungen

Folgt man dem, kommt es darauf an, welche Nutzungen V gezogen hat. Nutzungen sind Früchte und Gebrauchsvorteile (§ 100), wobei hier nur letztere im Raum stehen. Nach der vorgegebenen Faustregel für Gebrauchsvorteile bei Pkw[12] ergibt sich 1%/1.000 km x 42.200,– Euro x 10.000 km = 4.420,– Euro. Eine Wertminderung (§ 508 S. 4) ist nach der Aufgabenstellung zu vernachlässigen.

IV Ergebnis

F hat demnach gegen V einen Anspruch auf Herausgabe von Nutzungen i.H.v. 4.420,– Euro.

---

11 Denkbar wäre aber auch, zugunsten des Käufers bei Gläubigerschaft des Verkäufers der Leistung an den Zessionar oder der Ansichnahme durch den Zessionar gem. §§ 362 II, 185 oder analog § 409 befreiende Wirkung zuzumessen.
12 Vgl. dazu MüKo/*Gaier*, § 346 Rn. 34 f.

Aufgabe 1 b)

A Anspruch des V gegen F auf Rückzahlung der geleisteten Raten i.H.v. 24.000,– Euro aus § 346 I

I Rückgewährschuldverhältnis

Durch das als Rücktritt geltende Wiederansichnehmen ist der Kaufvertrag in ein Rückgewährschuldverhältnis umgewandelt worden.

II Schuldnerstellung (Passivlegitimation) der F

F müsste auch Schuldnerin des Rückgewähranspruchs sein. Dies ist hier, wo der Kaufvertrag mit A geschlossen worden und an F lediglich der Kaufpreiszahlungsanspruch abgetreten worden war, durchaus zweifelhaft.

Für eine Passivlegitimation der F spricht, dass sie rein tatsächlich nach der Abtretung die zurückzugewährenden Zahlungen des V (d. h. alle bis auf die erste Rate) empfangen hat; auch war es F, die den Wagen an sich genommen hat. Eine Aufspaltung bringt A ins Spiel und verkompliziert Abwicklung.

Gegen eine Passivlegitimation des A spricht indes, dass F nur Zessionarin der Zahlungsforderung war und gerade nicht in den gesamten Vertrag eingetreten ist. Die Unterscheidung von der Forderung als Schuldverhältnis im engeren Sinne und dem Vertrag insgesamt als Schuldverhältnis in weiterem Sinne würde negiert, setzte man F durchweg an die Stelle von A. Vor allem aber kann V die Auswechslung seines Rückgewährschuldners ohne seine Mitwirkung nicht zugemutet werden. Dieses Argument wiegt schwer. Eine Passivlegitimation der F ist also zu verneinen (a.A. gut vertretbar).

III Ergebnis

V hat somit keinen Anspruch gegen F auf Rückgewähr der von ihm bereits geleisteten Raten.

B Anspruch des V gegen A auf Rückzahlung der geleisteten Raten i.H.v. 24.000,– Euro aus § 346 I

I Rückgewährschuldverhältnis

Ein Rückgewährschuldverhältnis ist gegeben.

II Passivlegitimation des A

Wie soeben ausgeführt, ist Schuldner der Rückgewähransprüche nicht die F, sondern der A.

III Ergebnis

V hat folglich einen Anspruch gegen A auf Rückzahlung der geleisteten Raten i.H.v. 24.000,– Euro aus § 346 I.

Aufgabe 2

A Anspruch des C gegen F auf Herausgabe des Verwertungserlöses i.H.v. 13.500,– Euro aus §§ 687 II, 681 S. 2, 667

Ein Anspruch des C gegen F auf Herausgabe des Verwertungserlöses i.H.v. 13.500,– Euro aus §§ 687 II, 681 S. 2, 667 besteht nicht, da F davon ausging, ein eigenes Geschäft zu führen.

B Anspruch des C gegen F auf Herausgabe des Verwertungserlöseses i.H.v. 13.500,– Euro aus § 985 i.V.m. § 285

Ein Anspruch des C gegen F auf Herausgabe des Verwertungserlöseses i.H.v. 13.500,– Euro aus § 985 i.V.m. § 285 scheidet aus, da § 285 bei der Vindikation keine Anwendung findet.[13]

---

13 H.M., s. etwa Jauernig/*Berger* § 985 Rn. 4.

C Anspruch der C gegen F auf Herausgabe des Verwertungserlöses i.H.v. 13.500,– Euro aus § 816 I 1

I Anwendbarkeit

Ein Anspruch aus § 816 I, der auf den Wert einer durch Eingriff untergegangenen Sache gerichtet ist, wird als „Rechtsfortsetzungsanspruch" nicht durch ein eventuelles Eigentümer-Besitzer-Verhältnis vor Untergang ausgeschlossen.[14]

II Anspruchsvoraussetzungen

1 Berechtigter

> Bei der Prüfung eines Anspruchs aus § 816 empfiehlt es sich zu fragen, wer Berechtigter ist, statt zu prüfen, ob der in Betracht kommende Gläubiger Nichtberechtigter ist. Denn nichtberechtigt können zahlreiche Beteiligte sein; wer Berechtigter ist, muss aber ohnehin bei der Frage nach der Wirksamkeit der Verfügung ihm gegenüber geprüft werden.

Ursprünglich war A Eigentümer des Alfa Romeo. Durch die Übergabe des Alfa Romeo an V und die lediglich aufschiebend bedingte Einigung (§§ 929 S. 1, 158 I) hat er, da die Bedingung vollständiger Kaufpreiszahlung durch V noch nicht eingetreten ist, sein Eigentum nicht verloren[15].

A hat sein Eigentum sodann durch Einigung mit F und Vereinbarung eines Besitzkonstituts gem. §§ 929 S. 1, 930 verloren und F das Eigentum[16] erworben.

F könnte das Eigentum durch die Sicherungsübereignung des V an O wieder verloren haben. Eine Übereignung gem. §§ 929 S. 1, 930 hat indes nicht stattgefunden, da V nicht Eigentümer war.[17] O konnte das Eigentum auch nicht gutgläubig erwerben, da im Falle einer „versuchten" Übereignung gem. §§ 929 S. 1, 930 der gutgläubige Erwerb gem. § 933 eine Übergabe (i.S.d. § 929 S. 1) voraussetzt. Die Zulassungsbescheinigung ist hier ohne Belang.

F könnte das Eigentum aber durch die Weiterübertragung des vermeintlichen Sicherungseigentums von O an C verloren haben. O hat C den Herausgabean-

---

14 *Baur/Stürner*, Sachenrecht, § 11 Rn. 36; *Grigoleit/Auer*, Schuldrecht III, Rn. 55; Jauernig/*Berger*, vor §§ 987–993 Rn. 13 f.

15 V hat lediglich ein Anwartschaftsrecht erworben, was aber hier nicht weiter interessiert.

16 Das Eigentum war dabei belastet mit dem Anwartschaftsrecht des V, §§ 929, 930, 936, 161.

17 V konnte als Berechtigter dem O lediglich das Anwartschaftsrecht verschaffen, was durch Auslegung, §§ 133, 157, oder Umdeutung, § 140, der Einigungserklärung auch anzunehmen ist.

spruch aus dem Sicherungsvertrag mit V abgetreten. Ein Eigentumserwerb der C gem. §§ 929 S. 1, 931 scheidet dennoch aus, da O nicht Eigentümer war.[18] C könnte das Sicherungseigentum jedoch gem. §§ 929 S. 1, 931, 934 Alt. 1 gutgläubig erworben haben. Für die Anwendung des § 934 Alt. 1 müsste O als Veräußerer mittelbarer Besitzer gewesen sein. Hier hatte V mit O eine Sicherungsübereignung vereinbart, worin grundsätzlich auch die Vereinbarung eines entsprechenden Besitzmittlungsverhältnisses liegt.[19] Der Wirksamkeit dieses Besitzmittlungsverhältnisses steht nicht entgegen, dass die Sicherungsübereignung von V an O fehlgeschlagen war, denn Sicherungsübereignung und mittelbarer Besitz sind nicht als Einheit anzusehen, vielmehr verbietet sich eine Gleichstellung von Eigentum und Besitz.[20] Auch ist nicht erkennbar, dass der Sicherungsvertrag zwischen O und V nichtig sein könnte; insbesondere greifen §§ 116 f. nicht, da O ja dem V die Darlehensvaluta i.H.v. 20.000,– Euro überlassen hat, ein Sicherungsbedürfnis also gegeben war. Auch die Voraussetzungen eines Besitzmittlungsverhältnisses (§ 868) waren an sich gegeben: V hatte bei lebensnaher Betrachtung den Willen, nunmehr den Wagen für O zu besitzen, und aufgrund des Sicherungsvertrags bestand ein Herausgabeanspruch des O gegenüber V, sodass es sich um einen Besitz auf Zeit handelte. Allerdings kann O möglicherweise nur (gleichstufigen) mittelbaren Nebenbesitz auf C übertragen, der möglicherweise für einen Eigentumserwerb gem. §§ 929 S. 1, 931, 934 Alt. 1 nicht ausreicht.

In der Tat wird in der Lehre verbreitet angenommen, dass bei einer zweiten Übereignung gem. §§ 929 Satz 1, 930 mittelbarer Nebenbesitz vorliege; im Rahmen des § 934 Alt. 1 sei aber solch mittelbarer Nebenbesitz nicht ausreichend.[21] Folgt man dem, so hat V sowohl für A als auch für O besitzen wollen, damit hat O nur (gleichstufigen) mittelbaren Nebenbesitz erlangt und kann allenfalls diesen übertragen, was für § 934 Alt. 1 nicht ausreicht.

Die h.M. lehnt hingegen die Figur des (gleichstufigen) mittelbaren Nebenbesitzes ab. Entscheidend sei, wem V tatsächlich Besitz mittle; dies ist in der Regel der letzte Erwerber, und zwar auch ohne Mitteilung an vorherige mittelbare Besitzer.[22] Demnach wäre mittelbarer Besitzer hier nur O, sodass O auch „vollen" mittelbaren Besitz übertragen konnte. Damit kommt gutgläubiger Erwerb der C in Betracht.

---

18 C hat von O als Berechtigter lediglich das Anwartschaftsrecht erworben (§§ 133, 157/140, s. vorige Fn.).
19 Vgl. Palandt/*Herrler*, § 930 Rn. 9.
20 Vgl. BGHZ 50, 45 (48 f.).
21 *Medicus/Petersen*, Bürgerliches Recht, Rn. 558, 561; wohl auch *Baur/Stürner*, Sachenrecht, § 52 Rn. 24.
22 BGHZ 50, 45 (50 f.); Jauernig/*Berger*, § 934 Rn. 2; Staudinger/*Wiegand*, § 934 Rn. 3.

Vorzugswürdig ist die Lösung der h.M. Denn das Gesetz kennt keinen gleichstufigen mittelbaren Nebenbesitz; auch ist die Vorstellung, jemand wolle für zwei andere gleichzeitig und gleichstufig besitzen, fernliegend. Ist damit nur O mittelbarer Besitzer, kommt gutgläubiger Erwerb der C gem. § 934 Alt. 1 in Betracht.

Dieses Verständnis des § 934 Alt. 1 könnte aber zu einem Wertungswiderspruch zwischen § 933 und § 934 führen, der durch teleologische Reduktion des § 934 Alt. 1 zu korrigieren ist.[23] Hintergrund dieser Überlegung ist, dass nach diesem Verständnis der „nähere" Erwerber, hier O, gem. § 933 nicht gutgläubig erwerben kann, wohl aber der „entferntere" Erwerber, hier C, nach § 934 Alt. 1. Allerdings lässt sich die Differenzierung durchaus rechtfertigen: Denn unmittelbarer und mittelbarer Besitz sind nach der gesetzlichen Konzeption gleichwertig. Bei § 934 wird tatsächlich bestehender mittelbarer Besitz übertragen, während bei § 933 mittelbarer Besitz nur geschaffen wird. Für einen gutgläubigen Eigentumserwerb muss es aber genügen, wenn sich der Veräußerer, hier O, seines Besitzes vollständig entledigt, gleichgültig ob es sich hierbei um mittelbaren oder unmittelbaren Besitz handelt. Mit anderen Worten gibt bei §§ 931, 934 der Veräußerer, anders als bei §§ 930, 933, jede besitzrechtliche Stellung auf. Dies rechtfertigt die unterschiedliche Behandlung.[24]

Mithin war O alleiniger mittelbarer Besitzer, der über § 934 Alt. 1 zu gutgläubigem Eigentumserwerb verhelfen kann. Eine Übertragung des mittelbaren Besitzes durch Abtretung des Herausgabeanspruchs hat stattgefunden. C war auch gutgläubig, da die Zulassungsbescheinigung Teil II unerkennbar gefälscht war; dass sie bei lebensnaher Betrachtung auf V lautete, steht hier der Gutgläubigkeit nicht entgegen, war dies doch bei einer Sicherungsübereignung zu erwarten. Schließlich war der Wagen nicht gem. § 935 I abhandengekommen. Denn Abhandenkommen ist der unfreiwillige Verlust des unmittelbaren Besitzes.[25] Hier hat zwar A unfreiwillig den Besitz verloren, als V nur noch für O besitzen wollte; verloren hat A aber den mittelbaren, nicht den unmittelbaren Besitz.

Folglich hat C gem. §§ 929 S. 1, 931, 934 Alt. 1 gutgläubig das Eigentum an dem Alfa Romeo erworben.[26] C kann also Inhaber eines Anspruchs aus § 816 sein.

---

23 Dafür etwa *Picker*, AcP 188 (1988), 511 (548 ff.).
24 BGHZ 50, 45 (49 f.); *Baur/Stürner*, Sachenrecht, § 52 Rn. 20; Staudinger/*Wiegand*, § 934 Rn. 3.
25 *Baur/Stürner*, Sachenrecht, § 52 Rn. 37.
26 Das Anwartschaftsrecht des A ging dabei unter, § 936 i.V.m. §§ 929 S. 1, 931, 934 Alt. 1.

2 Wirksame Verfügung eines Nichtberechtigten

Hier könnte F den Alfa Romeo im Rahmen der „Verwertung" an K übereignet haben. Zwar war F nicht mehr Eigentümerin des Wagens, sodass ein Eigentumserwerb des K gem. § 929 S. 1 ausscheidet. K könnte aber gem. §§ 929 S. 1, 932 I 1, II gutgläubig das Eigentum erworben haben. K konnte vom zwischenzeitlichen gutgläubigen Erwerb der C nichts wissen. Sollte in den Fahrzeugpapieren noch V eingetragen gewesen sein, hätte eine Rückfrage des K ergeben, dass F Sicherungseigentum verwertet, was die anderslautenden Papiere erklärt hätte. Damit war K gutgläubig. Ein Abhandenkommen liegt nicht vor, denn selbst wenn man annimmt, dass V nur unter dem Druck von Jack und Joe den Wagen herausgegeben haben sollte, schließt dies die willentliche Weggabe nicht aus.[27]

III Einrede der Entreicherung, § 818 III

1 Kosten der Verwertung

Die Kosten der Verwertung i.H.v. 500,– Euro stellen eine Vermögensminderung vor Erlangung der Bereicherung dar, die mit ihr in ursächlichem Zusammenhang steht. Wegen dieser Kosten ist die Entreicherungseinrede mithin gegeben.[28]

2 Kosten der Erstberatung

Die Kosten der Erstberatung i.H.v. 1.000,– Euro stehen mit der Verwertung nicht in direktem Zusammenhang; F hätte sie auch einer Vindikation vor der Verwertung nicht entgegensetzen können.[29]

IV Ergebnis

C hat demnach gegen F einen Anspruch auf Herausgabe des Verwertungserlöses abzüglich der Verwertungskosten, mithin einen Anspruch auf Herausgabe von 13.000,– Euro.

---

27 BGHZ 4, 10 (34 ff.); *Wellenhofer*, Sachenrecht, § 8 Rn. 29; a.A. wohl *Baur/Stürner*, Sachenrecht, § 52 Rn. 43.
28 Vgl. BGH, NJW 1970, 2059 a.E. (Vermittlerprovision gem. § 818 III vom nach § 816 I 1 herauszugebenden Erlös abzuziehen); MüKo/*Schwab* § 816 Rn. 56.
29 Vgl. BGHZ 55, 176 (179 f.); 100, 95 (101 ff.); *Grigoleit/Auer*, Schuldrecht III, Rn. 62.

Fall 3 Verkäuferregress in der Lieferkette

Verbrauchsgüterkauf – Kaufmangelgewährleistungsrecht – Verkäuferregress – Verjährung – Interventionswirkung der Streitverkündung

Sachverhalt

V, die vor kurzem nach Freiburg gezogen ist, erwirbt am 12.10.2018 für ihre neue Hochparterrewohnung bei U, der in Lörrach ein Geschäft für Designmöbel betreibt, eine neue, originalverpackte Stehlampe des Herstellers H für 6.000,– Euro. Die Stehlampe hatte U gemeinsam mit zehn weiteren Lampen desselben Typs am 20.8.2016 vom Elektro-Zwischenhändler L OHG (L) für jeweils 5.500,– Euro erworben; eine der Lampen, die keinerlei Defekt aufwies, hatte U ausgepackt und in seinen Räumen ausgestellt.

Am 29.11.2018 stellt V fest, dass der Spezial-Dimmer der Lampe, den sie bislang nicht benutzt hatte, nicht funktioniert. V benachrichtigt einige Tage später den U, der einen Bedienungsfehler vermutet. Da U die Kundenzufriedenheit wichtig ist, reist er am 7.12.2018 aus Lörrach an, um V die Bedienung des Dimmers zu zeigen. Er muss jedoch feststellen, dass tatsächlich ein Defekt vorliegt, und versucht, die Lampe zu reparieren. Dies gelingt ihm aber nicht; vielmehr zeigt sich bei seinen Bemühungen, dass die Lampe nicht repariert werden kann. U informiert L per E-Mail über den Defekt. Als L innerhalb der nächsten Tage nicht reagiert, erwirbt U direkt bei H eine Lampe desselben Modells, die dort nunmehr nur noch 4.000,– Euro kostet, und liefert sie am 30.1.2019 der V.

Bereits am 22.12.2018 waren Diebe durch die – von der sorgfältigen V wie immer zweimal abgeschlossene – Wohnungstür in die Wohnung der V eingebrochen und hatten die Stehlampe mitgenommen. Deshalb konnte V dem U am 30.1.2019 ihre defekte Lampe nicht im Austausch gegen die neue Lampe mitgeben. Hieran störte sich der U allerdings nicht.

U verlangt jetzt von der L die Rückzahlung des von ihm seinerzeit an die L gezahlten Kaufpreises i.H.v. 5.500,– Euro sowie Ersatz der Fahrtkosten für den erfolglosen Reparaturversuch am 7.12.2018 und für die Anlieferung der neuen Lampe am 30.1.2019.

Die L behauptet, der Defekt der Lampe habe bei Übergabe von ihr an U im Jahre 2016 noch nicht vorgelegen. Zudem sei doch wohl mittlerweile so viel Zeit verstrichen, dass U von ihr nichts mehr verlangen könne, zumal ja schon mehr als zwei Jahre seit der Ablieferung der Lampe an U vergangen gewesen sein, bevor die V überhaupt die Lampe gekauft habe. Auch habe U der V gar keinen Ersatz

https://doi.org/10.1515/9783110591798-014

liefern müssen, da diese ihm ja die defekte Lampe nicht habe zurückgeben können. Im Übrigen hätte U ihr, der L, zuerst die Gelegenheit geben müssen, ein Ersatzstück zu liefern, schließlich habe sie ein Recht zur zweiten Andienung. Sie hätte ein Ersatzstück ebenfalls billiger beschaffen können. Mehr als die von U aufgewandten 4.000,– Euro wolle sie daher nicht zahlen. Zumindest rechne sie mit ihrem Wertersatzanspruch auf, da ihr U ja eigentlich die defekte Lampe zurückgeben müsste, deren Restwert immerhin noch 1.000,– Euro betrage; zudem rechne sie mit einem Anspruch auf Herausgabe eines dem U verbleibenden Gewinns aus der billigeren Ersatzbeschaffung auf. Was die Fahrtkosten angeht, meint die L, es sei das Problem des U, wenn er Käufer aus dem entfernten Freiburg habe; sie wolle die Fahrtkosten daher schon deshalb nicht ersetzen, vor allem aber nicht die Kosten der erfolglosen Reparatur am 7.12.2018.

Aufgrund der besonderen Art des Defekts lässt sich nicht klären, ob dieser von Anfang an bestand oder erst später, und ggf. wann, eingetreten ist.

1. Wie ist die Rechtslage am 20.3.2019? (Gewichtung: 95%)
2. Im Prozess V gegen U stellt das Gericht einen Sachmangel fest. Unter welchen Umständen ist diese Feststellung auch im Regressprozess U gegen L zugrunde zu legen? (Gewichtung: 5%)

Der Lösung ist das BGB i.d.F. von 2019 zugrunde zu legen; Fragen des intertemporalen Rechts sind nicht zu prüfen.

Gliederung der Lösung

1. Teil Rechtslage
A Anspruch des U gegen L auf Rückzahlung des gezahlten Kaufpreises i.H.v. 5.500,– Euro aus §§ 346 I, 437 Nr. 2, 323 I
  I Anspruchsvoraussetzungen
    1 Rücktrittserklärung
    2 Rücktrittsrecht
      a) Kaufvertrag
      b) Sachmangel
      c) Bei Gefahrübergang
        aa) Verbrauchsgüterkauf
        bb) Neu hergestellte Sache
        cc) Auftreten des Mangels innerhalb der Sechsmonatsfrist
        dd) Reichweite des § 477
        ee) Kein Ausschluss nach Art der Sache oder des Mangels
        ff) Zwischenergebnis
      d) Entbehrlichkeit der Fristsetzung
        aa) Nacherfüllungsanspruch der V

Lösung

1. Teil Rechtslage

A Anspruch des U gegen L auf Rückzahlung des gezahlten Kaufpreises i.H.v. 5.500,– Euro aus §§ 346 I, 437 Nr. 2, 323 I

U könnte gegen L einen Anspruch auf Rückzahlung des gezahlten Kaufpreises i.H.v. 5.500,– Euro aus §§ 346 I, 437 Nr. 2, 323 I haben.

I Anspruchsvoraussetzungen
1 Rücktrittserklärung

§ 346 I setzt voraus, dass ein Rücktritt erfolgt ist („… im Falle des Rücktritts"). Der Rücktritt erfolgt gem. § 349 durch Rücktrittserklärung gegenüber dem anderen Teil. Hier hat U gegenüber L zwar nicht explizit den Rücktritt erklärt; im Rückzahlungsverlangen liegt aber konkludent die Rücktrittserklärung (§§ 133, 157). L als OHG ist für die in Rede stehenden kaufrechtlichen Rechtsbeziehungen teilrechtsfähig (§ 124 I HGB); mangels anderer Hinweise ist von der Erklärung genünber einem Vertreter der OHG, insbesondere einem Gesellschafter (vgl. §§ 125, 126 HGB) auszugehen.

2 Rücktrittsrecht

In Betracht kommt ein gesetzliches Rücktrittsrecht aus §§ 437 Nr. 2, 323 I wegen eines Sachmangels.

a) Kaufvertrag

U und K haben einen Kaufvertrag abgeschlossen, wobei bei L auch hier von einer wirksamen Vertretung (§§ 125, 126 HGB) auszugehen ist.

b) Sachmangel

Der Spezial-Dimmer der Lampe war defekt. U durfte davon ausgehen, voll funktionsfähige Lampen zu erwerben. Damit liegt jedenfalls ein Sachmangel i.S.d. § 434 I 2 Nr. 2 vor.[1]

c) Bei Gefahrübergang

Der Sachmangel müsste auch bei Gefahrübergang vorgelegen haben, wobei es hier auf den Gefahrübergang im Verhältnis von L und U ankommt. Mangels anderer Hinweise ist hier von einem Gefahrübergang bei Übergabe gem. § 446 S. 1 auszugehen.[2] Nach dem Sachverhalt ist allerdings unklar, ob der Mangel bereits zu diesem Zeitpunkt vorhanden war oder erst später eingetreten ist. Normalerweise würde bei einem derartigen non liquet eine Entscheidung nach der allge-

---

1 Vgl. dazu auch *Fikentscher/Heinemann*, Schuldrecht, Rn. 844.
2 Teilweise wird vertreten, die Gefahr gehe nur bei Übergabe einer sach- und rechtsmangelfreien Sache über (z. B. Jauernig/*Berger* § 446 Rn. 3; a.A. etwa BeckOGK/*Tröger* § 446 Rn. 45). Dass aber für die Zwecke des Mangelgewährleistungsrechts auf den Zeitpunkt der Übergabe auch einer mangelhaften Sache abzustellen ist, ist auch von dieser Ansicht anerkannt ("hypothetischer"/ "fiktiver" Gefahrübergang, s. Jauernig/*Berger* § 434 Rn. 5). Lesenswert hierzu *Heinemeyer*, NJW 2019, 1025 (1028 ff.).

meinen Beweislastregel zum Nachteil desjenigen, der sich auf eine ihm günstige Norm beruft, zu treffen sein, hier also U das Risiko der Nichtbeweisbarkeit tragen. Hier könnte sich aber aus § 477 etwas anderes ergeben, wenn dieser über § 478 I zur Anwendung käme.

aa) Verbrauchsgüterkauf

Gem. § 478 I müsste der letzte Vertrag in der Lieferkette ein Verbrauchsgüterkauf i.S.d. § 474 I sein. Letzter Vertrag ist hier der Kaufvertrag zwischen U und V. Gegenstand dieses Vertrags war mit der Lampe eine bewegliche Sache. V, die die Lampe für ihre Wohnung erwarb, handelte gem. § 13 als Verbraucher. U verkaufte die Lampe im Rahmen seines Geschäfts für Designmöbel, er ist also Unternehmer i.S.d. § 14 I. Ein Verbrauchsgüterkauf liegt mithin vor.

bb) Neu hergestellte Sache

Gem. § 478 I kommt § 477 nur zur Anwendung, wenn ein Fall des § 445a I, II vorliegt. § 445a I verlangt, dass Vertragsgegenstand eine neu hergestellte Sache ist. Hier war die Lampe zwar originalverpackt und insofern „neu". Allerdings war sie schon vor einiger Zeit produziert worden, weshalb man an der Neuheit zweifeln könnte. Der Begriff der neu hergestellten Sache ist jedoch der Gegenbegriff zur gebrauchten Sache.[3] Die lange Lagerzeit ist daher unerheblich. Eine neu hergestellte Sache liegt mithin vor.

cc) Auftreten des Mangels innerhalb der Sechsmonatsfrist

Der Mangel müsste gem. § 477 innerhalb von sechs Monaten aufgetreten sein, wobei diese Frist nicht mit dem Gefahrübergang von L an U, sondern dem Gefahrübergang an den Verbraucher, also von U an V, beginnt (§ 478 I). Hier hat V die Lampe am 12.10.2018 in Lörrach erworben; damit ist die Gefahr an diesem Tag auf sie übergegangen (§ 446 S. 1). Der Mangel zeigte sich am 29.11.2018, also innerhalb von sechs Monaten.

---

3 Vgl. MüKo/*S. Lorenz*, § 478 Rn. 10.

dd) Reichweite des § 477

§ 477 erfasst jedenfalls Fälle der Unklarheit in zeitlicher Hinsicht.[4] Nach neuerer Rechtsprechung ist er jedoch richtlinienkonform so auszulegen, dass dem Käufer die Vermutungswirkung auch insoweit zugutekommt, als es darum geht, ob der binnen sechs Monaten nach Gefahrübergang zutage getretene Mangel zumindest im Ansatz schon bei Gefahrübergang vorgelegen hat.[5] Diese für den Verbraucher geltenden Regeln müssen zur Sicherung der Regressmöglichkeit auch in der Lieferkette, mithin hier zwischen U und L, gelten. Da sich hier der Mangel innerhalb von sechs Monaten zeigte, ist daher auch zu vermuten, dass er bei Gefahrübergang bereits im Ansatz vorhanden war.

ee) Kein Ausschluss nach Art der Sache oder des Mangels

Gründe, warum der Defekt des Dimmers einer Lampe nicht schon bei Gefahrübergang vorgelegen haben könnte, sind nicht ersichtlich; im Gegenteil ist anzunehmen, dass ein solcher Defekt von Anfang an bestand.

ff) Zwischenergebnis

Aufgrund der Vermutung des § 477, der über § 478 I greift, ist anzunehmen, dass der Defekt schon bei Übergang der Gefahr von L auf U vorlag.

d) Entbehrlichkeit der Fristsetzung

Gem. §§ 437 Nr. 2, 323 I muss der Käufer dem Verkäufer an sich eine Frist zur Nacherfüllung gesetzt haben. Hier hat U dem L keine Frist gesetzt. Die Fristsetzung könnte jedoch gem. § 445a II entbehrlich sein. Dies würde voraussetzen, dass U als Verkäufer die verkaufte neu hergestellte Sache als Folge ihrer Mangelhaftigkeit von V zurücknehmen musste. Dieses Zurücknehmenmüssen ist indes nicht wörtlich zu verstehen, verlangt also keine Rücknahme*pflicht*; es reicht aus, dass der Letztverkäufer aufgrund eines Rechtsbehelfs, den der Verbraucher berechtigt geltend macht, von diesem die Sache zurückverlangen kann.[6] V müsste

---

4 BGH, NJW 2006, 434 (436 m.w.N.).
5 BGHZ 212, 224 = NJW 2017, 1093 im Anschluss an EuGH, NJW 2015, 2237 Rn. 72; zur Entwicklung s. *Looschelders*, Schuldrecht Besonderer Teil, § 14 Rn. 277 ff.
6 BeckOK/*Faust*, § 445a Rn. 28.

also einen Rechtsbehelf geltend machen können, aufgrund dessen U die mangelhafte Sache zurückverlangen konnte.

aa) Nacherfüllungsanspruch der V

Die von V erworbene Lampe war, wie gesehen, mangelhaft. Dieser Mangel müsste auch beim Übergang der Gefahr von U auf V vorgelegen haben. Da zwischen V und U ein Verbrauchsgüterkauf vorliegt, kommt V unmittelbar die Beweislastumkehr des § 477 zugute, wonach auch im Verhältnis V – U Mangelhaftigkeit bei Gefahrübergang anzunehmen ist. Somit konnte V, da eine Nacherfüllung in Gestalt der Mangelbeseitigung unmöglich war, gem. §§ 437 Nr. 1, 439 I Alt. 2 die Lieferung einer mangelfreien Sache verlangen.

bb) Einreden gegen diesen Anspruch

Diesem Anspruch könnten aber Einreden entgegengestanden haben. Nicht gegeben war die Einrede der Verjährung, § 214 I, da zwischen „Ablieferung", d. h. Besitzerwerb, am 12.10.2018 und Nachlieferung am 30.1.2019 die zweijährige Verjährungsfrist des § 438 I Nr. 3 noch nicht abgelaufen war; ob sich U auf diese Einrede hätte berufen müssen, um Regress nehmen zu können, kann daher dahinstehen.[7]

Der Anspruch auf Nachlieferung ist indes gem. §§ 439 V, 348 nur Zug um Zug gegen Rückgewähr (§§ 439 V, 346 I) der mangelhaften Sache zu erfüllen. Hier konnte V die Lampe nicht zurückgewähren, da sie ihr gestohlen worden war, also ein Fall subjektiver Unmöglichkeit gem. § 275 I Alt. 1 vorlag. V könnte indes gem. §§ 439 IV, 346 II 1 Nr. 3 Wertersatz schulden. Zwar führte der Diebstahl nicht rein tatsächlich zum Untergang der Lampe. § 346 II 1 Nr. 3 ist auf einen solchen Fall aber analog anzuwenden.[8] Die Pflicht zum Wertersatz könnte jedoch gem. § 346 III 1 Nr. 3 ausgeschlossen sein. Freilich steht hier kein gesetzliches Rücktrittsrecht, sondern die Rückabwicklung bei Nachlieferung in Rede. Auch in diesem Fall gilt aber § 346 III 1 Nr. 3.[9] Ebenso liegt kein Untergang vor, bei subjektiver Unmöglichkeit ist die Vorschrift aber ebenfalls anzuwenden.[10] V müsste in Ausübung ihrer eigenüblichen Sorgfalt und jedenfalls nicht grob fahrlässig gehandelt haben, vgl. § 277. Hier hatte V die Wohnungstür abgeschlossen; irgendein „Verschulden"

---

7 Vgl. dazu etwa MüKo/*S. Lorenz*, § 478 Rn. 19.
8 MüKo/*Gaier*, § 346 Rn. 52.
9 S. nur Palandt/*Weidenkaff*, § 439 Rn. 25.
10 MüKo/*Gaier*, § 346 Rn. 64.

der V gegen sich selbst ist nicht erkennbar. Damit sind die Voraussetzungen des § 346 III 1 Nr. 3 an sich gegeben.

Allerdings könnte die Anwendung der Norm dennoch ausgeschlossen sein, da der Diebstahl erfolgte, nachdem V von dem Defekt Kenntnis hatte und wohl auch mit U eine Nachlieferung vereinbart hatte, was einem Rücktritt gleichkommt. Teilweise wird in der Tat angenommen, dass der Ausschlussgrund des § 346 III 1 Nr. 1 nach Kenntnis des Rücktrittsberechtigten nicht mehr greife und der Rücktrittsberechtigte selbst für Zufall hafte.[11] Nach dieser Ansicht stünde hier dem Nacherfüllungsanspruch der V die Einrede entgegen, dass V Zug um Zug Wertersatz zu leisten habe.

Ganz überwiegend werden aber Rücktritt, Kenntnis vom Rücktrittsgrund oder Kennenmüssen entweder gänzlich für unerheblich erklärt[12] oder anstelle eigenüblicher Sorgfalt der allgemeine Sorgfaltsmaßstab angewandt.[13] Da hier die V nicht einmal der Vorwurf einfacher Fahrlässigkeit trifft, wäre nach diesen Ansichten der Wertersatzanspruch ausgeschlossen, eine Einrede gegen den Rückgewähranspruch mithin nicht gegeben.

Gegen die erstgenannte Ansicht spricht, dass der Rücktrittsberechtigte durch das Zufallsrisiko unbillig belastet wird, liegt doch der Grund für seine Rückgewährpflicht in einer zum Rücktritt berechtigenden Nichterfüllung oder nicht gehörigen Erfüllung durch den anderen Teil. Allenfalls dann, wenn der Rücktrittsberechtigte den Untergang zu vertreten hat, wird man einen Wertersatzanspruch annehmen können.[14] Hier hat die V den Diebstahl aber nicht zu vertreten Mithin schuldete V hier weder Rückgewähr noch Wertersatz, sodass die Voraussetzungen der Einrede des § 348 nicht vorlagen. Auch hier kann daher dahingestellt bleiben, ob sich U auf die Einrede hätte berufen müssen. Folglich stand V ein einredefreier Nacherfüllungsanspruch zu.

cc) Geltung des § 445a II trotz in concreto nicht gegebenen Rückgewähranspruchs

Damit konnte U zwar die mangelhafte Sache nicht gem. §§ 439 V, 346 I zurückverlangen. Es muss aber ausreichen, dass ein solcher Anspruch vorbehaltlich der

11 So z.B. *Schwab*, JuS 2002, 630 (635).
12 BeckOGK/*Schall* § 346 Rn. 626; Erman/*Röthel* § 346 Rn. 29.
13 *S. Lorenz*, NJW 2005, 1889, 1893; Jauernig/*Stadler* § 346 Rn. 8a.
14 Einer Entscheidung zwischen der Ansicht, die ab Kenntnis etc. den allgemeinen Haftungsmaßstab anwenden will, und der Ansicht, die es bei der eigenüblichen Sorgfalt belassen will, ist im vorliegenden Fall entbehrlich.

Besonderheiten des konkreten Falls bestanden hätte.[15] Denn anderenfalls würde vom Verhalten des Letztkäufers und letztlich seiner individuellen eigenüblichen Sorgfalt abhängen, ob dem Verkäufer ein Regress möglich ist. Die Voraussetzungen des § 445a II sind daher an sich als gegeben anzusehen.

dd) Einschränkung wegen Rechts des Lieferanten zur zweiten Andienung?

Allerdings könnte dem entgegenstehen, dass so dem Lieferanten sein „Recht zur zweiten Andienung" unmöglich gemacht wird, obwohl doch der Verbraucher eine Nachlieferung erhält.[16] Geht man deshalb davon aus, dass in Fällen der Nachlieferung an den Verbraucher der Verkäufer seinem Lieferanten eine Frist setzen muss, wären hier mangels Fristsetzung die Voraussetzungen eines Rücktritts nicht gegeben.

Die h.M. lehnt eine derartige Einschränkung aber ab.[17] Denn ein Recht zur zweiten Andienung in der Lieferkette erscheint nicht praktikabel; auch spricht der Gesetzeswortlaut gegen eine solche Einschränkung. Folgt man dem, so war hier die Fristsetzung gem. § 445 II entbehrlich.

Vorzugswürdig erscheint die letztgenannte Lösung. Denn anderenfalls müsste entweder der Verbraucher vielfach lange auf eine Ersatzlieferung warten oder der Verkäufer und weitere Zwischenhändler gerieten in die prekäre Situation, ihrem Abnehmer Nachlieferung zu schulden, selbst aber noch diese durchsetzen zu müssen.

ee) Zwischenergebnis

Eine Fristsetzung war mithin entbehrlich.

e) Keine Genehmigungsfiktion

U dürfte aber seine Mangelgewährleistungsrechte nicht infolge einer Fiktion seiner Genehmigung wegen verspäteter Rüge gem. § 377 II HGB verloren haben. Die

---

15 S. dazu auch MüKo/*S. Lorenz*, § 478 Rn. 18.
16 So z.B. *Nietsch*, AcP 210 (2010), 722, 733 ff.; NomosKommentar/*Büdenbender*, § 478 Rn. 5, 8, 30 ff.; *Tiedtke/Schmitt*, ZIP 2005, 681 (682).
17 BeckOK/*Faust*, § 445a Rn. 26; Jauernig/*Berger*, § 445a Rn. 1; MüKo/*S. Lorenz*, § 478 Rn. 18, 22; Soergel/*Wertenbruch*, § 478 Rn. 50; *Schubel*, ZIP 2002, 2061 (2067 f.).

Geltung des § 377 HGB für den Rückgriff des Verkäufers bei seinem Lieferanten (§ 445a I) stellt § 445a IV klar.

§ 377 I HGB setzt einen beiderseitigen Handelskauf voraus. Handelsgeschäfte sind gem. § 343 I HGB alle Geschäfte eines Kaufmanns, die zum Betriebe seines Handelsgewerbes gehören. Die L war als OHG gem. § 6 I HGB Formkaufmann; der Verkauf der Lampe gehörte zu ihrem Geschäftsbetrieb als Elektro-Zwischenhändler.[18] Der U war als Inhaber eines Geschäfts für Designmöbel bei lebensnaher Betrachtung Kaufmann gem. § 1 HGB. Der Verkauf von hochwertigen Stehlampen gehört zu seinem Geschäftsbetrieb. Damit liegt ein beidseitiger Handelskauf vor.

U dürfte seine Untersuchungs- und Rügeobliegenheit (§ 377 I HGB) nicht verletzt haben. Eine Obliegenheitsverletzung könnte zunächst darin liegen, dass U nicht unmittelbar nach Lieferung der Lampen diese sämtlich oder jedenfalls stichprobenartig untersucht und eventuelle Defekte gerügt hat. Eine Untersuchungsobliegenheit bei originalverpackten Lampen, die so auch an den Endverbraucher veräußert werden, kann indes nicht angenommen werden. Da U eine Lampe ausgepackt und in Betrieb genommen hatte und diese tadellos funktionierte, bestand bei nur zehn Lampen auch keine Obliegenheit zu weiteren Stichproben.[19] Eine Obliegenheitsverletzung könnte aber deshalb vorliegen, weil U nicht sofort nach der Rüge durch V der L das Problem angezeigt, sondern erst noch die V aufgesucht und einen Reparaturversuch unternommen hatte. Allerdings erschiene es unsinnig, wenn der Verkäufer allein schon aufgrund einer Rüge des Verbrauchers seinerseits bei seinem Lieferanten rügen müsste, ohne sich zuvor Kenntnis von der Berechtigung der Rüge und der Art des Defekts verschafft zu haben. Eine solche Kenntnisnahme ist zudem meist auch Voraussetzung dafür, dass überhaupt eine hinreichend spezifizierte Rüge möglich ist. Jedenfalls dann, wenn der Verkäufer einen Bedienungsfehler vermutet und sich innerhalb weniger Tage um Aufklärung bemüht, wird man nicht annehmen können, dass sich der Mangel bereits „gezeigt" habe und damit eine Anzeigeobliegenheit verletzt wurde.[20] Hier hat U sich innerhalb weniger Tage um Klärung bemüht und nach dem erfolglosen Reparaturversuch die L dann über den Defekt informiert. Hierin liegt eine Rüge, die nach dem Gesagten auch als rechtzeitig anzusehen ist.

U ist mithin seiner Rügeobliegenheit nachgekommen; die Genehmigungsfiktion greift daher nicht ein.

---

18 Die Vermutung des § 344 I HGB braucht daher nicht herangezogen zu werden.
19 Vgl. dazu etwa *Baumbach/Hopt*, HGB, § 377 Rn. 26 f.; MüKo-HGB/*Grunewald*, § 377 Rn. 41.
20 Vgl. RGZ 104, 382 (384) zum Verdacht eines Mangels; dies kann aber auch anders gesehen werden; strenger wohl *Matthes*, NJW 2002, 2505 (2508 f.); MüKo/*S. Lorenz*, § 478 Rn. 58.

f) Umfang des Rücktrittsrechts

Dem Rücktrittsrecht dürfte nicht entgegenstehen, dass U von L zehn Lampen erworben hat, das Rücktrittsrecht des U gem. §§ 437 Nr. 2, 323 V 1 aber nur im Hinblick auf die Lampe besteht, die V erworben hatte. Dass U von L zehn Lampen erworben hatte, wäre aber unproblematisch, wenn ein Teilrücktritt nur bezogen auf die defekte Lampe möglich wäre.[21] Aus § 323 V 1[22] kann geschlossen werden, dass ein Teilrücktritt vom Vertrag rechtlich möglich sein muss. Die h.M. verlangt allerdings, dass die Leistung tatsächlich und nach dem Parteiwillen teilbar ist. Wegen der sogar einzeln verpackt erworbenen, zum Weiterverkauf an einzelne Endkunden bestimmten Lampen sind diese Voraussetzungen hier gegeben. Das Rücktrittsrecht bezieht sich also gerade auf die defekte Lampe.

3 Keine Unwirksamkeit des Rücktritts

Der Rücktritt dürfte nicht gem. §§ 218 I, 438 IV 1 unwirksam gewesen sein.[23] L als Rückgewährschuldner hat sich, wie von § 218 I 1 a.E. verlangt, auf den Zeitablauf berufen. Der Rückgewähranspruch dürfte mithin nicht verjährt sein. Gem. § 438 I Nr. 3, II verjähren die Mangelgewährleistungsansprüche in zwei Jahren nach Ablieferung. Für die Ablieferung ist hier auf den Erwerb des U von L abzustellen. Diese Ablieferung fand am 20.8.2016 statt. Damit ist die Verjährung gem. §§ 187 I, 188 II Alt. 1 an sich am 20.8.2018, 24:00 Uhr eingetreten.

Hier könnte dem U aber § 445b II 1 zugutekommen. Im vorliegenden Fall geht es, wie von § 445b II verlangt, um den Regress des U als Verkäufer gegen den L als seinen Lieferanten. Der Nacherfüllungsanspruch ist einer der in § 437 bestimmten Ansprüche. Diese verjähren gem. § 445b II 1 frühestens zwei Monate nach Erfüllung der Ansprüche der V gegen U. Hier hat U der V am 30.1.2010 eine neue Lampe geliefert. Die Verjährungsfrist läuft mithin frühestens am 30.3.2010 ab, sofern nicht die Höchstdauer der Frist ein früheres Datum gebietet. Gem. § 445b II 2 endet die „Ablaufhemmung" spätestens fünf Jahre nach Ablieferung des Lieferanten an

---

21 Vgl. zur Thematik des Teilrücktritts Staudinger/*Kaiser*, § 349 Rn. 12 ff.
22 Unmittelbar kann man hier § 323 V 1 schon wegen seiner Rechtfolge nicht heranziehen. Diese Vorschrift erlaubt, anders als hier von U gewollt, nur einen Rücktritt vom ganzen Vertrag.
23 Das Rücktrittsrecht als Gestaltungsrecht verjährt nicht. Der Rücktritt kann aber wegen Zeitablaufs „unwirksam" sein (§ 218 I 1). Dann entsteht auch kein Rückgewähranspruch. Deshalb muss die Wirksamkeit des Rücktritts bereits an dieser Stelle, also vor Kürzung und Aufrechnung geprüft werden [Der Rückgewähranspruch entsteht erst mit dem Rücktritt. Der Rücktritt ist hier erst mit dem Herausgabeverlangen erfolgt. Daher ist der Rückgewähranspruch sicher nicht verjährt.].

den Verkäufer. Da die Ablieferung von L an U am 20.8.2016 stattgefunden hat, läuft die Fünfjahresfrist bis zum 20.8.2021; sie ist hier also gewahrt.

Allerdings könnte die Verjährungshemmung voraussetzen, dass auch der Weiterverkauf vor Ablauf der Verjährungsfrist im Verhältnis vom Lieferanten zum Verkäufer stattgefunden hat.[24] Hierfür spricht, dass eine Ablaufhemmung (§ 445b II 2) eigentlich nur vorliegt, wenn Gewährleistungsansprüche des Verkäufers gegen den Lieferanten noch nicht verjährt waren. Anderenfalls würde die Ablaufhemmung ein „Wiederaufleben" bereits verjährter Ansprüche bewirken. Hier war die Verjährungsfrist zwischen U und L bereits am 20.8.2018, 24:00 Uhr abgelaufen (s.o.), also noch bevor V am 12.10.2018 die Lampe gekauft hat. Damit könnte die Ablaufhemmung nicht greifen; ein Mangelgewährleistungsanspruch des U gegen L wäre mithin verjährt, der Rücktritt dementsprechend unwirksam.

Dies wäre indes anders, wenn § 445b II nicht isoliert als Hemmungstatbestand zu betrachten wäre, sondern als Sonderregelung der Verjährung, nach der der Verkäufer abweichend von § 438 zwei Monate Zeit haben soll, um Regressansprüche gegen den Lieferanten geltend zu machen, sofern noch keine fünf Jahre vergangen sind.[25] Für dieses Verständnis spricht, dass sich nur so der bezweckte Schutz des Verkäufers vor Regressfällen erreichen lässt. Der Begriff der Ablaufhemmung in § 445b II 2 muss dann also als Redaktionsversehen angesehen werden. Folgt man dem, so kann § 445b II 1 hier eingreifen; da Mangelgewährleistungsansprüche damit nicht verjährt wären, ist auch der Rücktritt noch wirksam.

Vorzugswürdig erscheint das zuletzt ausgeführte Verständnis des § 445b II. Denn es erscheint nicht gerechtfertigt, die Privilegierung des Unternehmers vom zufälligen Zeitpunkt seines Weiterverkaufs abhängig zu machen (a.A. gut vertretbar, etwa mit dem Argument des Vertrauensschutzes für den Lieferanten).

Demnach ist der Rücktritt nicht unwirksam.

4 Zwischenergebnis

Ein Anspruch des U gegen L auf Rückgewähr von 5.500,– Euro aus § 346 I ist entstanden.

---

24 BeckOK/*Faust*, § 445b Rn. 6.
25 So BeckOGK/*Arnold*, § 445b Rn. 31 ff.; MüKo/*S. Lorenz*, § 479 Rn. 12; Soergel/*Wertenbruch*, § 479 Rn. 48 ff.

II Kürzung des Anspruchs auf 4.000,– Euro?

Der eigentlich auf Rückgewähr von 5.500,– Euro lautende Rückgewähranspruch könnte indes gem. § 242 auf 4.000,– Euro zu kürzen sein, da L nur diesen Betrag zur Ersatzbeschaffung aufwenden musste. Dasselbe Ergebnis könnte aus einer Aufrechnung, §§ 389, 387, mit einem Schadensersatzanspruch der L gegen U i.H.v. 1.500,– Euro aus § 280 I bzw. § 254 II analog folgen, wenn man annimmt, dass U dem L die Möglichkeit zur zweiten Andienung hätte gewähren müssen.[26]

Für eine derartige Kürzung spricht, dass nur insoweit ein „Regressinteresse" des U besteht; wenn aber Ansprüche des U gegen L nur dank der Sonderregelungen der §§ 445a, 445b, 477, 478 – deren Zweck die Ermöglichung des Regresses ist – gegeben sind (wie hier: Vermutungsregelung, Ablaufhemmung), dürfen seine Rechte nicht weitergehen, als zur Befriedigung seines „Regressinteresses" erforderlich.[27] U soll durch den Rücktritt sicher keinen „Gewinn" machen. Eine Kürzung erscheint umso mehr gerechtfertigt, als man U den Rücktritt nicht mangels Fristsetzung versagt. Geht man hiervon aus, beliefe sich der Anspruch vorbehaltlich der noch zu prüfenden Aufrechnung auf 4.000,– Euro.

Dieser Lösung lässt sich indes entgegenhalten, dass eine Kürzung im Gesetz nirgends angelegt ist und vom Gesetzgeber nicht bedacht wurde. Dass U einen Vorteil aus einer günstigeren Ersatzbeschaffung realisiert, ist Konsequenz des Wahlrechts zwischen selbständigem und unselbständigem Regress.[28] Wenn U bei der Ersatzbeschaffung erfolgreich verhandelt, soll er die Vorteile hieraus behalten dürfen, zumal er auch den Aufwand hat. Die Kürzung hätte eine systemwidrige Vermengung von Schadensersatzrecht und Rücktrittsrecht zur Folge. Nach dieser Lösung bleibt der Rückgewähranspruch vorbehaltlich einer Aufrechnung in voller Höhe, hier 5.500,– Euro, erhalten.

Vorzugswürdig erscheint die letztgenannte Lösung. Denn nach den allgemeinen Regeln wäre völlig unerheblich, ob U dadurch, dass er zurücktritt, seine eigene Pflicht zur Ersatzlieferung aus einem Weiterverkauf nunmehr günstiger erfüllen kann. Die Tatsache, dass hier sein Rücktrittsrecht nur dank der §§ 445a, 445b, 477, 478 besteht, sollte keine weitere Veränderung gegenüber der ansonsten üblichen Abwicklung eines Gewährleistungsfalles bringen. Auch wäre zu fragen, wieso anstelle des U gerade L den Vorteil einer günstigeren Ersatzbeschaffung

---

26 Vgl. *Jacobs*, JZ 2004, 225 (230); MüKo/*S. Lorenz*, § 478 Rn. 32; Soergel/*Wertenbruch*, § 478 Rn. 128 ff.

27 So etwa BeckOK/*Faust*, § 445a Rn. 20; *Maultzsch*, JuS 2002, 1171 (1173); MüKo/*S. Lorenz*, § 478 Rn. 32.

28 Vgl. MüKo/*S. Lorenz*, § 478 Rn. 34.

durch U – im Falle eines weiteren Regresses u.U. jedenfalls teilweise – realisieren soll. Daher ist eine Kürzung abzulehnen (a.A. vertretbar).

III (Partielles) Erlöschen des Anspruchs infolge Aufrechnung, § 389?

Der Anspruch könnte jedoch infolge einer Aufrechnung mit einer Wertersatzforderung i.H.v. 1.000,– Euro gem. § 389 erloschen sein.

1 Aufrechnungserklärung

Die Aufrechnung setzt gem. § 388 eine darauf gerichtete Erklärung einer der Parteien voraus. L hat die Aufrechnung mit einem Wertersatzanspruch und einem Anspruch auf Herausgabe des Differenzgewinns explizit erklärt. Auch wenn der Erklärung das Wort „zumindest" vorangestellt war, ist von einer unbedingten Erklärung auszugehen, da die Aufrechnung nur vom Bestehen eines Rückgewähranspruchs abhängig gemacht wurde, was eine reine Rechtsfrage ist.

2 Aufrechnungslage

Wirkungen hätte die erklärte Aufrechnung nur, wenn auch eine Aufrechnungslage gem. § 387 vorläge. U hat, wie gesehen, gegen L einen Rückgewähranspruch, der auf Geld gerichtet ist.

a) Gegenforderung auf Wertersatz

L könnte gegen U eine Geldforderung auf Wertersatz aus § 346 II 1 haben, da U die defekte Lampe nicht herausgeben kann. § 346 II 1 Nr. 1 ist hier nicht einschlägig, da eine Lampe nach ihrer Natur sehr wohl zurückgegeben werden kann. § 346 II 1 Nr. 2 in Form der Veräußerung (Var. 2) ist tatbestandlich zwar erfüllt; allerdings war die Veräußerung von vornherein vorgesehen und U hätte die Lampe an sich auch von V gem. §§ 439 V, 346 I zurückerhalten müssen. In einem solchen Fall sollte § 346 II 1 Nr. 2 keine Anwendung finden.[29] Jedenfalls ist aber ein Fall des § 346 II 1 Nr. 3 gegeben, wenn man dem Untergang wieder die subjektive Unmöglichkeit gleichstellt.

---

29 Str., wie hier MüKo/*S. Lorenz*, § 478 Rn. 24 m.Fn. 97.

Die Wertersatzpflicht könnte indes gem. § 346 III 1 Nr. 3 entfallen sein. Ob insoweit auf U oder auf V abzustellen ist, ist fraglich. Die Veräußerung an V kann sicher nicht als sorgfaltswidrig angesehen werden. Wie gesehen, ist aber auch V wegen der Beachtung der eigenüblichen Sorgfalt kein Vorwurf zu machen. Damit kommt es nicht darauf an, ob auf U oder V abzustellen ist; eine Wertersatzpflicht besteht jedenfalls nicht.[30]

b) Gegenforderung auf Herausgabe einer verbleibenden Bereicherung

L könnte jedoch im Hinblick auf den von U durch die günstigere Ersatzbeschaffung realisierten Differenzgewinn von 1.500,– Euro eine Gegenforderung aus § 346 III 2 haben. Dies hängt davon ab, was hier „verbleibende Bereicherung" des U ist.

Einerseits könnte man als „verbleibende Bereicherung" das Ergebnis des gesamten Geschäfts ansehen. Dies wäre dann hier aus dem gesamten erzielten Kaufpreis, gem. § 818 III abzüglich der Ersatzbeschaffungskosten, zu berechnen. Ergebnis wären also hier 5.500,– Euro – 4.000,– Euro = 1.500,– Euro.

Andererseits könnte man als „verbleibende Bereicherung" nur das ansehen, was dem anderen Teil von der eigentlich zurückzugewährenden Leistung nach Entfall auch der Wertersatzpflicht noch verbleibt. Dies wäre hier nichts, da der Rückgewähranspruch des U gegen V wegen subjektiver Unmöglichkeit untergegangen ist.

Gegen die erstgenannte Lösung ist anzuführen, dass ihr zufolge der Rückgewährschuldner schlechter stünde als bei Eingreifen des § 346 II, nach dem nur der Wert des zurückzugewährenden Gegenstands zu ersetzen ist. Auch wäre es inkonsequent, einen solchen Anspruch zu gewähren, wenn man mit der oben vertretenen Ansicht eine Kürzung um den von U realisierten Gewinn ablehnt. Die zweitgenannte Lösung hat demgegenüber die Folge, dass die Privilegierung des Verbrauchers in der Kette weitergereicht werden kann, indem jeder an seinen Vormann nur das herausgeben muss, was er erhalten hat, ohne dass den Zwischengliedern ihre Handelsspanne verlorengeht. Damit ist auch diese denkbare Gegenforderung nicht gegeben.

c) Zwischenergebnis

Mangels Gegenforderung liegt mithin keine Aufrechnungslage vor; die Aufrechnungserklärung geht daher ins Leere.

---

30 Vgl. dazu auch MüKo/*S. Lorenz*, § 478 Rn. 24.

3 Zwischenergebnis

Die Rückgewährforderung ist somit nicht infolge einer Aufrechnung (teilweise) erloschen.

IV Ergebnis

U hat demnach gegen L einen Anspruch auf Rückgewähr aus §§ 346 I, 437 Nr. 2, 323 I, der sich nach hier vertretener Auffassung auf die vollen 5.500,– Euro beläuft.

B Anspruch des U gegen L auf Ersatz der Fahrtkosten aus § 445a I

I Anwendbarkeit

§ 445a I (sogenannter Selbständiger Regress) müsste *neben* der Geltendmachung gewöhnlicher Gewährleistungsansprüche (sogenannter unselbständiger Regress) möglich sein. Im Falle der Ersatzlieferung besteht grundsätzlich ein Wahlrecht des Letztverkäufers, ob er die Kosten der Ersatzbeschaffung als Aufwendungsersatz gem. § 445a I verlangt (die in § 439 II genannten „Transport-, Wege-, Arbeits- und Materialkosten" sind nur typische Beispiele [„insbesondere"]) oder eigene Gewährleistungsansprüche geltend macht.[31]

Hier hat U eigene Gewährleistungsansprüche in Form des Rückgewähranspruchs nach Rücktritt geltend gemacht (soeben A.). Damit könnten weitere Ansprüche aus § 445a I ausgeschlossen sein.[32]

Richtigerweise ist aber eine differenzierende Behandlung geboten: Ausgeschlossen ist es sicher, neben einem Rückgewähranspruch nach Rücktritt noch die Kosten der Ersatzbeschaffung geltend zu machen. U kann also nicht zusätzlich zur Rückgewähr der 5.500,– Euro noch die Kosten der Ersatzbeschaffung i.H.v. 4.000,– Euro verlangen.[33]

Die Geltendmachung von Wegekosten für einen erfolglosen Reparaturversuch neben den eigenen Gewährleistungsansprüchen ist hingegen unproblematisch;

---

31 MüKo/S. *Lorenz*, § 478 Rn. 36; Soergel/*Wertenbruch*, § 478 Rn. 136.

32 Vgl. dazu etwa BeckOK/*Faust*, § 445a Rn. 24.

33 Der Anspruch kann im Gutachten weiter geprüft werden – Anspruchskonkurrenz –; es muss aber klar sein, dass insoweit die Kosten nur alternativ, nicht kumulativ zum Rückgewähranspruch verlangt werden können.

das Prognoserisiko liegt beim Lieferanten.[34] Ein Anspruch auf Ersatz dieser Kosten aus § 445a I ist mithin nicht gesperrt.

Die Geltendmachung der Transportkosten für die (erfolgreiche) Ersatzlieferung sollte ebenfalls neben dem Rückgewähranspruch möglich sein, da dieser nur die Sache selbst betrifft, Transportkosten aber auf alle Fälle zusätzlich anfallen und nach dem Gesetzeszweck weitergereicht werden sollen.[35]

II Grundvoraussetzungen des § 445a I

Kaufgegenstand war, wie gesehen, mit der originalverpackten Lampe eine neu hergestellte Sache; diese hatte U als (Letzt-)Verkäufer von L als Lieferanten gekauft (s. o.).

III Von U zu tragende Aufwendungen

Bei den von U geltend gemachten Kosten müsste es sich um Aufwendungen handeln, die er im Verhältnis zu V zu tragen hatte. Ein Nacherfüllungsanspruch der V gegen U, hier gerichtet auf Nachlieferung, aus §§ 439 I, 437 Nr. 1 bestand (s. o.). Die von U zu tragenden Aufwendungen richten sich damit insbesondere nach § 439 II.

Die Fahrtkosten für den Reparaturversuch stellen Wegekosten i.S.d § 439 II dar. Dass der Reparaturversuch erfolglos war, ist unerheblich, da U erst dabei feststellen konnte, dass die Lampe einen irreparablen Defekt hatte.[36] Unerheblich ist auch, dass V in Freiburg wohnt. Denn § 439 II erfasst (bis zur Grenze der §§ 439 IV 1, 475 IV) auch Kosten, die dadurch entstehen, dass der Käufer die Sache an einen anderen Ort verbracht hat.[37] Hier sind die Kosten noch verhältnismäßig.

Die Fahrtkosten für die Anlieferung der neuen Lampe sind Transportkosten i.S.d. § 439 II. Ob diese geschuldet waren, hängt davon ab, wo der Leistungsort für die Nacherfüllung im Falle einer Ersatzlieferung liegt. Nach einer Meinung ist der Leistungsort mangels abweichender Vereinbarung dort, wo der ursprüngliche Leistungsort lag (vgl. auch § 269 I).[38] Da hier V bei U in Lörrach die Lampe er-

---

34 MüKo/*S. Lorenz*, § 478 Rn. 36.
35 S. auch Soergel/*Wertenbruch*, § 478 Rn. 136 a.E. – a.A. vertretbar.
36 Vgl. BeckOK/*Faust*, § 445a Rn. 20; Jauernig/*Berger*, § 445a Rn. 3; *Jacobs*, JZ 2004, 225 (230); *Schubel*, ZIP 2002, 2061 (2066); Soergel/*Wertenbruch*, § 478 Rn. 126, 131.
37 Vgl. BeckOK/*Faust*, § 439 Rn. 32.
38 Z.B. BGH, NJW 2011, 2278 (2279 Rn. 20); *Fikentscher/Heinemann*, Schuldrecht, Rn. 861; Jauernig/*Berger*, § 439 Rn. 11, 37.

worben hatte, der ursprüngliche Leistungsort mithin in Lörrach lag, wären die Transportkosten nach dieser Meinung hier nicht geschuldet.

Die Gegenmeinung geht jedenfalls beim Verbrauchsgüterkauf davon aus, dass den Verkäufer stets eine Bringschuld treffe, der Leistungsort als stets beim Käufer liege.[39] Danach wären hier die Transportkosten geschuldet.

Die zweite Meinung erscheint vorzugswürdig. Für sie spricht nicht nur die historische Auslegung, sondern jedenfalls heute auch die Regelung zu den Einbaufällen in § 439 III sowie ganz allgemein der von der Verbrauchsgüterkaufrichtlinie intendierte Verbraucherschutz (a.A. vertretbar). Folgt man dem, muss wiederum unerheblich sein, dass V in Freiburg wohnt.

Demnach sind sowohl die Wege- als auch die Transportkosten Aufwendungen, die U im Verhältnis zu V zu tragen hatte.

IV Vorhandensein des Mangels bei Gefahrübergang

Der von V geltend gemachte Mangel müsste bereits beim Übergang der Gefahr von L auf U vorhanden gewesen sein, vgl. § 445a I. Die Gefahr ging, wie schon gesehen, hier im Moment der Übergabe auf U über (§ 446 S. 1). Allerdings ist ungeklärt, ob der Mangel zu diesem Zeitpunkt bereits vorhanden war. Insoweit findet indes wieder gem. § 478 I die Vermutung des § 477 Anwendung, wobei die Frist mit dem Gefahrübergang auf den Verbraucher, hier dem Erwerb durch V am 12. 10. 2018, beginnt. Der Mangel zeigte sich am 29. 12. 2018, also innerhalb von sechs Monaten. Die Reichweite der Vermutung erfasst nach richtlinienkonformer Auslegung auch den Fall, dass unklar ist, ob der Mangel bereits zu Beginn angelegt war (s. o.). Damit ist von einem Vorhandensein des Mangels bei Gefahrübergang auszugehen.

V Einrede der Verjährung

Dem Anspruch könnte jedoch die peremptorische Einrede gem. § 214 I entgegenstehen. L hat sich auf die Verjährung berufen. Die zweijährige Verjährungsfrist für die Ansprüche aus § 445a I beträgt gem. § 445b I zwei Jahre ab Ablieferung der Sache, also hier zwei Jahre ab Ablieferung von L an U am 20. 8. 2016. Damit ist die Verjährung an sich gem. §§ 187 I, 188 II Alt. 1 am 20. 8. 2018, 24:00 Uhr, eingetreten.

---

39 Z. B. RegE, BT-Drucks. 14/6040, S. 231; OLG München, NJW 2006, 449 (450); BeckOK/*Faust*, § 439 Rn. 32.

Gem. § 445b II greift hier aber wieder die „Ablaufhemmung", wonach die Verjährung frühestens zwei Monate nach Erfüllung der Ansprüche der V gegen U, also frühestens zwei Monate nach dem 30.1.2019, mithin frühestens am 30.3. 2019, eintritt. Am 20.3.2019 war das Ende dieser Frist noch nicht erreicht. Die Höchstdauer der „Ablaufhemmung" von fünf Jahren nach Ablieferung des Lieferanten an den Verkäufer war ebenfalls noch nicht erreicht: Da die Ablieferung L – U am 20.8.2016 erfolgte, endete diese Frist am 20.8.2021.

Wie gesehen, ist auch nicht zusätzlich vorauszusetzen, dass die Weiterveräußerung vor Ablauf der Verjährungsfrist im Verhältnis des Lieferanten zum Verkäufer erfolgte (s.o.).

VI Ergebnis

Demnach hat U gegen L auch einen Anspruch auf Ersatz der Wege- und der Transportkosten aus § 445a I.

2. Teil Bindungswirkung

Ausgangspunkt der Überlegung sind die subjektiven Grenzen der Rechtskraft, wie sie § 325 ZPO definiert. Da L nicht Partei des Prozesses zwischen V und U war und sein konnte, kommt eine Bindungswirkung aufgrund Rechtskraft nicht in Betracht.

Eine Bindungswirkung im in § 68 ZPO beschriebenen Umfang greift aber im Falle einer Nebenintervention des L auf Seiten des U (§§ 66 ff. ZPO) oder einer Streitverkündung seitens des U gegenüber dem L (§§ 72 ff. ZPO).

Fall 4 Grundstücksschenkung an Minderjährigen

Mietvertraglicher Schadensersatz – Übereignung vermieteter Grundstücke an Minderjährige – Beschränkungen der elterlichen Vertretungsmacht – Insichgeschäft – Auswirkungen öffentlich-rechtlicher Vorschriften im Privatrecht

Sachverhalt

V möchte sein Vermögen möglichst steuergünstig an seine Nachkommen weitergeben. Er hat seinem Sohn S, für den er allein sorgeberechtigt ist, daher schon vor längerem angekündigt, ihm zu seinem sechzehnten Geburtstag ein besonderes Geschenk zu machen: Er werde ihm ein in München-Schwabing gelegenes Mehrfamilienhaus übereignen. Als es im Oktober 2016 so weit ist, lässt V dem S, den der unachtsame Notar für volljährig hält, das Hausgrundstück formgerecht auf; S wird als neuer Eigentümer im Grundbuch eingetragen.

S benötigt ein Jahr später für die nach seinem erfolgreichen Schulabschluss geplante Weltreise Geld. Daher verkauft er das Haus für 250.000,– EUR an E und übereignet es ihm formgerecht. E wird am 1. Dezember 2017 als neuer Eigentümer eingetragen.

Als der bereits seit vielen Jahren zur Miete in einer der Wohnungen lebende Mieter M am 25. Februar 2018 von einem Kurztrip in die Schweizer Alpen zurückkehrt, stellt er fest, dass die Wohnung gänzlich ausgebrannt ist. Neben weniger bedeutsamen Habseligkeiten wurde sein im Wohnzimmer stehender Konzertflügel der Marke St. & Sons im Wert von 40.000,– Euro vollständig zerstört. Die Ursache des Brandes lässt sich nicht mehr feststellen. Allerdings ergibt ein Gutachten, dass der Brand sich ausgehend von der Küche nur langsam und unter großer Rauchentwicklung ausgebreitet hat. Die Zerstörung des Flügels wäre daher mit Sicherheit verhindert worden, wenn im von der Küche zum Wohnzimmer führenden Flur ein Rauchmelder angebracht gewesen wäre. M, der von keinem der Eigentümerwechsel wusste, verlangt von V Schadensersatz in Höhe von 40.000,– Euro für den zerstörten Flügel. Zu Recht?

Gesetzestexte

Art. 46 IV der Bayerischen Bauordnung (BayBO) lautet:
   [...]

https://doi.org/10.1515/9783110591798-015

(4) [1]In Wohnungen müssen Schlafräume und Kinderzimmer sowie Flure, die zu Aufenthaltsräumen führen, jeweils mindestens einen Rauchwarnmelder haben. [2]Die Rauchwarnmelder müssen so eingebaut oder angebracht und betrieben werden, dass Brandrauch frühzeitig erkannt und gemeldet wird. [3]Die Eigentümer vorhandener Wohnungen sind verpflichtet, jede Wohnung bis zum 31. Dezember 2017 entsprechend auszustatten. [4]Die Sicherstellung der Betriebsbereitschaft obliegt den unmittelbaren Besitzern, es sei denn, der Eigentümer übernimmt diese Verpflichtung selbst.

Gliederung der Lösung

A Anspruch des M gegen V auf Zahlung von Schadensersatz i.H.v. 40.000,– Euro wegen des zerstörten Flügels aus § 536a I Var. 2
  I Bestehen eines Mietvertrags zwischen M und V
    1 Eintritt des S in den Mietvertrag gem. § 566 I
      a) Wohnraummietvertrag
      b) Eigentumserwerb des S gem. §§ 873 I, 925 I
        aa) Eintragung
        bb) Auflassung
          (1) Lediglich rechtlich vorteilhaft
          (2) Zustimmung des V
          (3) Zwischenergebnis
        cc) Zwischenergebnis
      c) Zwischenergebnis
    2 Eintritt des E in den Mietvertrag gem. § 566 I
      a) Eintragung
      b) Auflassung
        aa) Willenserklärung des S
          (1) Streitstand
          (2) Streitentscheidung
        bb) Willenserklärung des E
        cc) Form des § 925 I
        dd) Zwischenergebnis
      c) Einwilligung des V gem. § 185 I
      d) Voraussetzungen des § 892 I 1
      e) Teleologische Reduktion des § 892 I 1
        aa) Streitstand
        bb) Streitentscheidung
      f) Zwischenergebnis
    3 Zwischenergebnis
  II Ergebnis
B Anspruch des M gegen V auf Zahlung von Schadensersatz i.H.v. 40.000,– Euro wegen des zerstörten Flügels aus §§ 536a I Var. 2, 566 II 1
  I Übergang des Mietverhältnisses von V auf E gem. § 566 I

II Pflichtverletzung des E
III Vertretenmüssen des E
IV Keine Haftungsbefreiung durch Mitteilung gem. § 566 II 2
V Kein Ausschluss gem. § 536c II 2 Nr. 2
VI Rechtsfolge
VII Ergebnis
C Anspruch des M gegen V auf Zahlung von Schadensersatz i.H.v. 40.000,– Euro wegen des zerstörten Flügels aus § 823 I
D Anspruch des M gegen V auf Zahlung von Schadensersatz i.H.v. 40.000,– Euro wegen des zerstörten Flügels aus §§ 823 I, 566 II
E Anspruch des M gegen V auf Zahlung von Schadensersatz i.H.v. 40.000,– Euro wegen des zerstörten Flügels aus § 823 II i.V.m. Art. 46 IV 1, 3 BayBO

Lösung

A Anspruch des M gegen V auf Zahlung von Schadensersatz i.H.v. 40.000,– Euro wegen des zerstörten Flügels aus § 536a I Var. 2

M könnte gegen V einen Anspruch auf Zahlung von Schadensersatz i.H.v. 40.000,– Euro aus § 536a I Var. 2 haben.

I Bestehen eines Mietvertrags zwischen M und V

Hierzu müsste im Zeitpunkt der Zerstörung des Flügels ein Mietvertrag zwischen M und V bestanden haben. Ursprünglich bestand ein Mietvertrag zwischen M und V. V könnte allerdings im Zuge der Übereignungen des Hauses gem. § 566 I aus dem Mietvertrag ausgeschieden sein.

1 Eintritt des S in den Mietvertrag gem. § 566 I

S könnte gem. § 566 I anstelle des V als Vermieter in den Mietvertrag eingetreten sein.

a) Wohnraummietvertrag

Zunächst müsste § 566 I auf den in Rede stehenden Mietvertrag zwischen M und V anwendbar sein. Unmittelbare Anwendung findet § 566 I auf Wohnraummietverträge. Ein Wohnraummietvertrag liegt vor, wenn der vereinbarte Zweck des Vertrags das dauernde Bewohnen der Mietsache durch den Mieter ist.[1] Dies ist hier gegeben. § 566 I ist anwendbar.

b) Eigentumserwerb des S gem. §§ 873 I, 925 I

S müsste Eigentümer des Hausgrundstücks geworden sein. In Betracht kommt hier ein Eigentumserwerb vom Berechtigten gem. §§ 873 I, 925 I.

aa) Eintragung

S müsste gem. § 873 I als Eigentümer des Hausgrundstücks ins Grundbuch eingetragen worden sein. Dies ist vorliegend laut Sachverhalt geschehen.

bb) Auflassung

V müsste dem S das Grundstück gem. §§ 873 I, 925 I wirksam aufgelassen haben. Hierzu müsste zunächst S eine wirksame Willenserklärung abgegeben haben. S ist sechzehn Jahre alt; er hat im Zeitpunkt der Auflassung also die Volljährigkeit gem. § 2 noch nicht erreicht, aber das siebente Lebensjahr vollendet. S ist daher als Minderjähriger gem. § 106 beschränkt geschäftsfähig. Seine Willenserklärungen sind folglich nur nach Maßgabe der §§ 107 ff. wirksam.

(1) Lediglich rechtlich vorteilhaft

Anfänglich wirksam ist die Erklärung eines Minderjährigen auch ohne Einwilligung des gesetzlichen Vertreters dann, wenn sie für den Minderjährigen lediglich rechtlich vorteilhaft ist. Rechtlich nachteilig sind alle Rechtsgeschäfte, die eine Verminderung von Rechten oder eine Vermehrung von Pflichten zur Folge haben.[2] Grundsätzlich ist daher die zur dinglichen Einigung erforderliche Willenserklärung des Minderjährigen, durch die er Eigentümer einer Sache wird, lediglich rechtlich vorteilhaft. Dies gilt aber dann ausnahmsweise nicht, wenn die Eigentümerstellung mit besonderen Pflichten verbunden ist. Im vorliegenden Fall wird ein vermietetes Haus übereignet, was gem. § 566 I mit dem Eintritt des Erwerbers in die Pflichtenstellung des Vermieters einhergeht. Der Erwerb des Eigentums an

---

1 Jauernig/*Teichmann*, § 549 Rn. 2.
2 *Bork*, Allgemeiner Teil, Rn. 998.

dem Haus wäre für S daher mit einer Vermehrung seiner Rechtspflichten verbunden. Seine zur dinglichen Einigung erforderliche Willenserklärung ist daher rechtlich nachteilig.[3]

(2) Zustimmung des V

Die rechtlich nachteilige Willenserklärung eines Minderjährigen ist wirksam, wenn der gesetzliche Vertreter seine Zustimmung erklärt, §§ 107, 108 I. Gesetzliche Vertreter eines Kindes sind an sich beide Eltern, § 1629 I 1. Da V aber allein sorgeberechtigt ist, ist er gem. § 1629 I 3 auch alleiniger gesetzlicher Vertreter des S. V hat hier nicht ausdrücklich seine Zustimmung erklärt. Die Zustimmung kann jedoch auch durch schlüssiges Verhalten erklärt werden. V hat durch seine Mitwirkung an der Auflassung klar zum Ausdruck gebracht, dass er die wirksame Übereignung des Hauses an S herbeiführen will. Hierin liegt eine konkludente Zustimmung; dabei ist unerheblich, dass aus dem Sachverhalt nicht hervorgeht, ob es sich um eine nachträgliche (Genehmigung, § 184 I) oder vorherige Zustimmung (§ 183 S. 1, Einwilligung) handelt.

Diese Zustimmung könnte allerdings unabhängig vom genauen Zeitpunkt ihrer Abgabe analog §§ 1629 II 1, 1795 II, 181 unwirksam sein. Die Vorschriften schränken die elterliche Vertretungsmacht insofern ein, als sie die Vornahme von Insichgeschäften von ihrem Umfang ausnehmen. Die Zustimmung gem. §§ 107, 108 I ist kein Vertretergeschäft, weshalb § 181 nicht unmittelbar anwendbar ist. Eine analoge Anwendung der Vorschrift ist aber dann geboten, wenn eine Umgehung der Norm droht.[4] Eine solche Umgehung würde es darstellen, wenn der gesetzliche Vertreter einem vom Minderjährigen selbst ihm – dem Vertreter – gegenüber vorgenommenen Rechtsgeschäft durch Zustimmung zur Wirksamkeit verhülfe. Die §§ 1629 II 1, 1795 II, 181 schließen in solchen Fällen daher auch die wirksame Zustimmung aus.[5] Dies gilt allerdings nur, soweit der Anwendungsbereich des § 181 im Übrigen eröffnet ist.

Eine Befreiung von den Beschränkungen des § 181 ist zwar möglich, nicht aber durch den Minderjährigen, sondern nur durch einen Ergänzungspfleger.[6] Eine wirksame Gestattung ist vorliegend nicht erfolgt.

3 Vgl. BGHZ 162, 137 = NJW 2005, 1430; *Leipold*, BGB I, § 11 Rn. 38.
4 *Bork*, Allgemeiner Teil, Rn. 1587.
5 BayObLG, NJW 1960, 577; NJW 1967, 1912 (1913); *Haslach*, JA 2017, 490 (493); MüKo/*Spickhoff*, § 1795 Rn. 12, 14; BeckOK/*Bettin*, § 1795 Rn. 6; Staudinger/*Veit*, § 1795 Rn. 9; Erman/*Schulte-Bunert*, § 1795 Rn. 4; a.A. *Keller*, JA 2009, 561 (562).
6 Staudinger/*Schilken*, § 181 Rn. 55.

§ 181 verbietet auch solche Rechtsgeschäfte nicht, die lediglich der Erfüllung einer bereits bestehenden Verbindlichkeit dienen. Erfasst sind sowohl Verbindlichkeiten des Vertretenen als auch solche des Vertreters.[7] Hier könnte V aus einem Schenkungsversprechen gem. §§ 516 I, 518 I 1 zur Auflassung verpflichtet gewesen sein. Hierzu müsste es sich bei der zwischen V und S getroffenen Abrede über die Zuwendung des Grundstücks um ein Schenkungsversprechen handeln und dieses müsste wirksam sein. Hier hatte V dem S bereits im Voraus versprochen, diesem zu seinem sechzehnten Geburtstag das Hausgrundstück zu übereignen. Es liegt mithin ein Schenkungsversprechen vor. Dieses könnte aber gem. § 125 S. 1 unwirksam sein. Ein Schenkungsversprechen bedarf gem. § 518 I 1 der notariellen Beurkundung. Der gesamte Vertrag – also nicht nur die Erklärung des Schenkers – muss zudem gem. § 311b I 1 notariell beurkundet werden.[8] Hier fehlt es an einer notariellen Beurkundung. Die Schenkung war somit gem. § 125 S. 1 anfänglich unwirksam.

Der Mangel der notariellen Beurkundung kann gem. § 518 II durch die Bewirkung der versprochenen Leistung, gem. § 311b I 2 durch Auflassung und Eintragung geheilt werden. Hier haben sich V und S in der Form der Auflassung geeinigt; S wurde auch ins Grundbuch eingetragen. Damit könnten beide Formmängel geheilt worden sein. Diese Erwägung würde aber auf eine zirkelförmige Begründung der Wirksamkeit der Auflassung hinauslaufen, da diese gem. § 181 von der Wirksamkeit des Schenkungsversprechens abhängt, das wiederum gem. § 311b I 2 und § 518 II von der Wirksamkeit der Auflassung abhinge. Es genügt für die Zulässigkeit des Insichgeschäfts gem. § 181 a.E. daher nicht, dass die Verbindlichkeit erst durch die Erfüllung wirksam wird.[9]

V war gegenüber S somit nicht zur Auflassung des Grundstücks verpflichtet. Mithin diente diese nicht der Erfüllung einer bereits bestehenden Verbindlichkeit. Eine Ausnahme vom Verbot des Insichgeschäfts gem. § 181 ist nicht gegeben.

Die Zustimmung des V zur Auflassungserklärung des S ist daher unwirksam.

7 MüKo/*Schubert*, § 181 Rn. 92.
8 Vgl. BeckOGK/*Schreindorfer*, § 311b Rn. 107.1: § 311b I ist im Verhältnis zu § 518 die weitergehende Formvorschrift.
9 Palandt/*Ellenberger*, § 181 Rn. 22.

(3) Zwischenergebnis

Die Auflassungserklärung des S ist damit schwebend unwirksam. Eine Genehmigung durch einen Ergänzungspfleger käme in Betracht,[10] ist aber vorliegend nicht erfolgt.

cc) Zwischenergebnis

V hat dem S das Grundstück nicht wirksam gem. §§ 873 I, 925 I aufgelassen.

c) Zwischenergebnis

Mangels Eigentumserwerbs ist S nicht gem. § 566 I anstelle des V in den Mietvertrag eingetreten.

2 Eintritt des E in den Mietvertrag gem. § 566 I

E könnte gem. § 566 I in die Vermieterstellung des V eingetreten sein. Hierzu müsste er wirksam von S Eigentum an dem Hausgrundstück erworben haben. Vorliegend war S nicht Eigentümer des Hauses geworden, sodass nur ein Erwerb vom Nichtberechtigten in Betracht kommt.

a) Eintragung

E wurde als Eigentümer des Grundstücks im Grundbuch eingetragen.

b) Auflassung

S müsste dem E das Grundstück wirksam aufgelassen haben. Die hierzu erforderlichen Willenserklärungen sind laut Sachverhalt abgegeben worden. In Frage steht lediglich ihre Wirksamkeit trotz der für S weiterhin geltenden Beschränkungen der §§ 107 ff.

---

10 Vgl. Staudinger/*Schilken*, § 181 Rn. 47.

aa) Willenserklärung des S

Die Auflassungserklärung des S müsste wirksam sein. Dies wäre gem. § 107 der Fall, wenn sie lediglich rechtlich vorteilhaft war. Über den Wortlaut des § 107 hinaus ist im Grundsatz allgemein anerkannt, dass die §§ 107 ff. nur den Schutz des Minderjährigen vor rechtlichen Nachteilen bezwecken, weshalb auch rechtlich neutrale Rechtsgeschäfte eines Minderjährigen von Anfang an wirksam sind.[11]

Ob die Übereignung einer fremden Sache an einen gutgläubigen Erwerber für den Minderjährigen neutral ist, ist allerdings umstritten.

(1) Streitstand

Einer ersten Ansicht zufolge handelt es sich bei der Übereignung einer fremden Sache um ein rechtlich neutrales Geschäft.[12] Zur Begründung wird angeführt, dass sich an der Rechtslage aus Sicht des Minderjährigen durch die Verfügung nichts ändere, da er sowohl vor als auch nach der Übereignung nicht Eigentümer der Sache ist. Nach dieser Ansicht wäre die Auflassungserklärung des S hier von Anfang an wirksam.

Die Gegenansicht hält die wirksame Übereignung fremder Sachen dagegen für rechtlich nachteilig. Dies wird damit begründet, dass der Minderjährige sich hierdurch delikts- und bereicherungsrechtlichen Ausgleichsansprüchen des ursprünglich Berechtigten aussetze.[13] Dies zuzulassen, sei mit dem durch die §§ 107 ff. bezweckten Minderjährigenschutz nicht zu vereinbaren. Dieser Auffassung zufolge wäre die Auflassungserklärung des S gem. § 108 I schwebend unwirksam.

(2) Streitentscheidung

Vorzugswürdig erscheint die erste Ansicht. Etwaige Ausgleichsansprüche stellen nur mittelbare Nachteile dar, die bei der Anwendung des § 107 außer Betracht bleiben.[14] § 107 schützt den Minderjährigen nur vor den unmittelbaren Folgen seines rechtsgeschäftlichen Handelns; im Übrigen schützen ihn besondere ge-

---

11 *Bork*, Allgemeiner Teil, Rn. 997, 1008; *Leipold*, BGB I, § 11 Rn. 42.
12 MüKo/*Schmitt*, § 107 Rn. 55; Palandt/*Ellenberger*, § 107 Rn. 7; Staudinger/*Herrler*, § 107 Rn. 79.
13 NomosKommentar/*Baldus*, § 107 Rn. 43; Staudinger/*Wiegand*, § 932 Rn. 11; *Braun*, Jura 1993, 459 (460).
14 Schulze/*Dörner*, § 107 Rn. 9; *Kindler/Paulus*, JuS 2013, 393, 394 f.

setzliche Vorschriften vor einer allzu scharfen Haftung, etwa §§ 818 III, 828 III.[15] Auch die Unwirksamkeit der Übereignung könnte S nicht endgültig vor Inanspruchnahme schützen. So könnte V die Übereignung genehmigen und hierdurch einen Anspruch gem. § 816 I 1 gegen S zur Entstehung bringen.[16] Auch deliktsrechtlichen Ansprüchen kann sich S ausgesetzt sehen, ohne dass seine Verfügung wirksam ist.[17] Die Auflassungserklärung des S ist somit von Anfang an wirksam.

bb) Willenserklärung des E

Auch die Willenserklärung des E müsste wirksam sein. Grundsätzlich werden Willenserklärungen gem. § 130 I 1 mit ihrem Zugang beim Empfänger wirksam. Sind sie gegenüber beschränkt Geschäftsfähigen abzugeben, so bestimmt § 131 II 1, dass die Erklärung erst mit dem Zugang beim gesetzlichen Vertreter wirksam wird. Hiervon macht § 131 II 2 eine Ausnahme, wenn der gesetzliche Vertreter in das Rechtsgeschäft eingewilligt hat oder die Erklärung für den beschränkt Geschäftsfähigen lediglich rechtlich vorteilhaft ist. Auch § 131 II 2 ist auf rechtlich neutrale Willenserklärungen zu erstrecken.[18] Die Auflassungserklärung des E ist dem S hier zugegangen und damit wirksam geworden.

cc) Form des § 925 I

Die in § 925 I vorgeschriebene Form wurde laut Sachverhalt gewahrt.

dd) Zwischenergebnis

S hat das Grundstück wirksam an E aufgelassen.

c) Einwilligung des V gem. § 185 I

S war nicht Berechtigter. Die Auflassung des Grundstücks durch S an E könnte aber gem. § 185 I wirksam sein. Dazu müsste V in die Weiterveräußerung des

---

15 *Wolf/Neuner*, Allgemeiner Teil, § 34 Rn. 34; BeckOGK/*Duden*, § 107 Rn. 87; MüKo/*Spickhoff*, § 107 Rn. 56, 42 f.; BeckOGK/*Klinck*, § 932 Rn. 25; vgl. *Hommelhoff/Stüsser*, Jura 1985, 654 (657).
16 Vgl. *Hommelhoff/Stüsser*, Jura 1985, 654 (657); *Bayreuther/Arnold*, JuS 2003, 769 (770).
17 Vgl. *Hommelhoff/Stüsser*, Jura 1985, 654 (657).
18 MüKo/*Einsele*, § 131 Rn. 5.

Grundstücks durch S eingewilligt haben. Eine konkludente Einwilligung in die Weiterveräußerung des Grundstücks liegt regelmäßig in der Auflassungserklärung des Berechtigten an den Verfügenden.[19] Die Umstände des Einzelfalles können aber eine andere Auslegung des Verhaltens des Erklärenden rechtfertigen (§§ 133, 157).[20] Hier wollte V das Eigentum an dem Grundstück lediglich um steuerlicher Vorteile willen bereits vor seinem Tod auf S übertragen. Zudem ging er davon aus, dass der minderjährige S Eigentümer werde, mithin, dass weitere Veräußerungen ohne seine, des V, Zustimmung nicht möglich seien. Es kann daher unter den Umständen des vorliegenden Falles nicht davon ausgegangen werden, dass V durch die Auflassung des Grundstücks an S in die Weiterveräußerung durch S eingewilligt hat. Die Auflassung von S an E ist nicht gem. § 185 I wirksam.

d) Voraussetzungen des § 892 I 1

Mangels Einwilligung gem. § 185 I ist die Übereignung an E nur wirksam, wenn die Voraussetzungen des Erwerbs kraft des öffentlichen Glaubens des Grundbuchs gem. § 892 I 1 erfüllt sind.

Es handelt sich um ein Rechts- und Verkehrsgeschäft. S war bis zur Eintragung des E im Grundbuch als Eigentümer eingetragen und somit als Veräußerer durch den öffentlichen Glauben des Grundbuchs legitimiert. E hatte von der Nichtberechtigung des S keine positive Kenntnis. Die Voraussetzungen des redlichen Erwerbs gem. § 892 I 1 sind damit gegeben.

e) Teleologische Reduktion des § 892 I 1

§ 892 I 1 könnte indes teleologisch zu reduzieren sein.

aa) Streitstand

Teilweise wird vertreten, dass die Wirksamkeit eines redlichen Erwerbs vom nichtberechtigten Minderjährigen den Schutzzweck des § 892 I 1 zugunsten des

---

19 BGH, NJW 1989, 1093 (1094); NJW-RR 1992, 1178 (1180); Staudinger/*Gursky*, § 182 Rn. 10, § 185 Rn. 42; MüKo/*Kanzleiter*, § 925 Rn. 44.
20 Vgl. MüKo/*Kanzleiter*, § 925 Rn. 44.

Erwerbers und zulasten des wahren Eigentümers überdehne.[21] Der Zweck der
Vorschrift wird darin gesehen, dem Erwerber die Rechtsposition zu verschaffen,
die ihm zukäme, wenn der Grundbuchinhalt der wirklichen Rechtslage entspräche.[22] Wäre aber der minderjährige Veräußerer entsprechend dem Grundbuchinhalt tatsächlich Eigentümer, so wäre die Übereignung nach §§ 107, 108 I ohne
Einwilligung des gesetzlichen Vertreters unwirksam.[23] Die Gutglaubensvorschriften schützten aber gerade nicht den guten Glauben an die Geschäftsfähigkeit des
Veräußerers.[24] Dem Erwerber dürfe kein Vorteil daraus erwachsen, dass der
Minderjährige zufällig nicht Eigentümer der Sache sei.[25] Die §§ 932 ff. sowie § 892
seien daher teleologisch zu reduzieren und auf die Übereignung durch einen
minderjährigen Nichtberechtigten nicht anwendbar.[26] Demnach wäre hier § 892 I 1
nicht anzuwenden. E hätte kein Eigentum an dem Hausgrundstück erworben.

Die Gegenansicht will die Anwendung der Gutglaubensvorschriften unberührt lassen. Gegen die teleologische Reduktion der §§ 932 ff. und des § 892 wird
insbesondere angeführt, sie beruhe auf der unzulässigen Gesamtbetrachtung
verschiedener Regelungskreise, die unterschiedlichen Zwecken dienten.[27] Denn
die §§ 106 ff. dienten allein dem Schutz des Minderjährigen und träfen diesbezüglich im Hinblick auf die Interessen des Rechtsverkehrs die maßgeblichen
Abwägungsentscheidungen, wohingegen die §§ 932 ff. und § 892 die Abwägung
zwischen dem Schutz des Rechtsinhabers und des Rechtsverkehrs abschließend
in einen Ausgleich brächten.[28] Erfordere weder der Minderjährigenschutz gem.
§§ 106 ff. noch der Schutz des Rechtsinhabers, wie er in § 892 zum Ausdruck gekommen sei, die Unwirksamkeit des Rechtsgeschäfts, so sei dieses wirksam.
Ansonsten würde der wahre Eigentümer vor gutgläubigem Erwerb geschützt und
spiegelbildlich der Erwerber belastet, obwohl weder die Gutglaubensvorschriften
noch das Minderjährigenrecht dies verlangten.[29] Dieser Ansicht zufolge wäre § 892
I 1 hier anzuwenden und würde zum wirksamen Eigentumserwerb des E gem.
§§ 873 I, 925 I, 892 I 1 führen.

21 *Medicus/Petersen*, Bürgerliches Recht, Rn. 542; Staudinger/*Wiegand*, § 932 Rn. 11; Nomos-
Kommentar/*Baldus*, § 107 Rn. 43; *Braun*, Jura 1993, 459 f.
22 *Baur/Stürner*, Sachenrecht, § 23 Rn. 3; *Medicus/Petersen*, Allgemeiner Teil, Rn. 568.
23 Staudinger/*Wiegand*, § 932 Rn. 11.
24 *Braun*, Jura 1993, 459 (460).
25 MüKo/*Oechsler*, § 932 Rn. 11.
26 *Medicus/Petersen*, Bürgerliches Recht, Rn. 542; Staudinger/*Wiegand*, § 932 Rn. 11; Nomos-
Kommentar/*Baldus*, § 107 Rn. 43; *Braun*, Jura 1993, 459 f.
27 BeckOGK/*Klinck*, § 932 Rn. 25; *Hommelhoff/Stüsser*, Jura 1985, 654 (658); vgl. auch *von Ols-
hausen*, AcP 189 (1989), 223 (232 ff.).
28 Vgl. *Westermann/Eickmann/Gursky*, Sachenrecht, § 47 Rn. 14.
29 Vgl. zu § 932 BeckOGK/*Klinck*, § 932 Rn. 25; *Hommelhoff/Stüsser*, Jura 1985, 654 (658).

bb) Streitentscheidung

Vorzugswürdig erscheint die zweite Ansicht. Die erste Ansicht nimmt die dem Gutglaubenserwerb zugrundeliegenden Wertungen zu Unrecht in Anspruch. Zwar schützen die entsprechenden Vorschriften in der Tat nur den guten Glauben an die Berechtigung des Veräußernden, nicht an sonstige Eigenschaften. Dies ist in der vorliegenden Konstellation aber auch nicht erforderlich, da die Beschränkungen der §§ 107 ff. gar nicht eingreifen. Zur Frage der Geschäftsfähigkeit des Veräußernden trifft § 892 keine Aussage.[30] Mängel der Geschäftsfähigkeit entfalten ihre Wirkung zwar unabhängig von der Kenntnis des Gegenübers,[31] aber eben nur dann, wenn ein rechtlich nachteiliges Geschäft vorliegt, welches nach den §§ 107 ff. unwirksam ist. Auch die von der Gegenansicht vorgenommene Bestimmung des Zwecks der Vorschriften über den gutgläubigen Erwerb ist deshalb zu korrigieren. Diese dienen nicht grundsätzlich dazu, den Erwerber im Ganzen so zu stellen, wie er stünde, läge die von ihm vermutete Rechtslage insgesamt vor. Zu seinen Gunsten wird eben nur die Berechtigung fingiert, nicht aber – zu seinem Nachteil – andere Eigenschaften des Veräußernden. § 892 I 1 ist somit anwendbar.

f) Zwischenergebnis

E ist gem. §§ 873 I, 925 I, 892 I 1 Eigentümer des Hausgrundstücks geworden und somit gem. § 566 I als Vermieter anstelle des V in den Mietvertrag eingetreten.

3 Zwischenergebnis

Mit dem Eintritt des E in den Mietvertrag gem. § 566 I ist V aus dem Mietvertrag ausgeschieden. Im Zeitpunkt des schadensbegründenden Ereignisses bestand zwischen M und V mithin kein Mietvertragsverhältnis.

II Ergebnis

M hat gegen V keinen Anspruch auf Zahlung von Schadensersatz i.H.v. 40.000,– Euro aus § 536a I Var. 2.

---

30 *Westermann/Eickmann/Gursky*, Sachenrecht, § 47 Rn. 14.
31 So *Braun*, Jura 1993, 459 (460).

B Anspruch des M gegen V auf Zahlung von Schadensersatz i.H.v. 40.000,–Euro wegen des zerstörten Flügels aus §§ 536a I Var. 2, 566 II 1

M könnte gegen V allerdings einen Schadensersatzanspruch i.h.v. 40.000,– Euro aus §§ 536a I Var. 2, 566 II 1 haben.

I Übergang des Mietverhältnisses von V auf E gem. § 566 I

§ 566 II setzt voraus, dass ein Personenwechsel in der Vermieterstellung gem. § 566 I stattgefunden hat. Dies ist vorliegend geschehen.

II Pflichtverletzung des E

E müsste eine Pflicht verletzt haben, § 566 II 1. Im vorliegenden Fall könnte das Fehlen eines Rauchmelders im von der Küche ins Wohnzimmer führenden Flur einen Sachmangel i.S.d. § 536 I 1 und damit eine Verletzung seiner Pflicht zur Erhaltung der Mietsache in einem gebrauchsgeeigneten Zustand gem. § 535 I 2 darstellen.

Ein Mangel ist jede für den Mieter nachteilige Abweichung der tatsächlichen von der geschuldeten Beschaffenheit, die die Gebrauchstauglichkeit der Sache beeinträchtigt.[32] Die geschuldete Beschaffenheit bestimmt sich primär nach der Vereinbarung der Parteien.[33] Vorliegend handelt es sich um einen Wohnraummietvertrag; geschuldet ist daher – dies ist jedenfalls konkludent vereinbart – eine Beschaffenheit der Wohnung, die deren Eignung zur Wohnnutzung gewährleistet. Vermieteter Wohnraum muss auch die rechtlichen Voraussetzungen erfüllen, um als Wohnraum genutzt werden zu können.[34] Wird gegen eine bauordnungsrechtliche Vorschrift wie Art. 46 IV der BayBO verstoßen, so droht grundsätzlich eine Nutzungsuntersagungsverfügung der zuständigen Behörde, die die Bewohnbarkeit aufheben würde. Eine Wohnung, die nicht über die vorgeschriebenen Rauchmelder verfügt, ist daher grundsätzlich mangelhaft.[35] Hier sind gem. Art. 46 IV 1 BayBO Rauchmelder u.a. für alle Flure, die zu Aufenthaltsräumen führen, vorgeschrieben. Im Fehlen eines Rauchmelders im Flur zwischen Küche und Wohnzimmer liegt mithin ein Mangel i.S.d. § 536 I 1. E hat somit gegen seine Pflicht gem. § 535 I 2 verstoßen.

---

32 St. Rspr. des BGH, siehe nur BGH, NJW 2011, 514 Rn. 12.
33 BeckOK/*Wiederhold*, § 536 Rn. 38.
34 *Günter*, NZM 2016, 569 (570).
35 AG Hamburg-Altona, NZM 2012, 306 (307).

III Vertretenmüssen des E

Die bürgenähnliche Haftung gem. § 566 II 1 setzt über die Pflichtverletzung hinaus voraus, dass auch im Übrigen die Voraussetzungen eines Schadensersatzanspruchs gegen den neuen Vermieter vorliegen. Ein verschuldensunabhängiger Ersatzanspruch gem. § 536a I Var. 1 kommt vorliegend nicht in Betracht. Die Anbringung des Rauchmelders ist erst ab dem 1. Januar 2018 vorgeschrieben, sodass das Fehlen des Rauchmelders erst ab diesem Zeitpunkt einen Mangel begründet. Es handelt sich daher nicht um einen anfänglichen Mangel i.S.d. § 536a I Var. 1.

Für später auftretende Mängel haftet der Vermieter gem. § 536a I Var. 2 nur dann, wenn er den Mangel zu vertreten hat. Im Grundsatz hat der Vermieter gem. § 276 I 1 Vorsatz und Fahrlässigkeit zu vertreten. Fahrlässig handelt gem. § 276 II, wer die im Verkehr erforderliche Sorgfalt außer Acht lässt. Die im Verkehr erforderliche Sorgfalt ist objektiv mit Blick auf den maßgeblichen Verkehrskreis zu bestimmen.[36] Zur im Verkehr erforderlichen Sorgfalt eines ordentlichen Eigentümers vermieteten Wohnraums gehört es, die maßgeblichen neu in Kraft tretenden Bauvorschriften zur Kenntnis zu nehmen und zu beachten. Mithin hat E, indem er keine Rauchmelder in die Wohnung einbaute, fahrlässig gehandelt. Er hat das Fehlen des Rauchmelders zu vertreten.

IV Keine Haftungsbefreiung durch Mitteilung gem. § 566 II 2

V hat dem M keine Mitteilung über den Eintritt des E ins Mietverhältnis gemacht. Er ist somit nicht gem. § 566 II 2 von der Haftung nach S. 1 befreit.

V Kein Ausschluss gem. § 536c II 2 Nr. 2

Der Schadensersatzanspruch des M könnte gem. § 536c II 2 Nr. 2 ausgeschlossen sein. Denn M hat das Fehlen des Rauchmelders nicht angezeigt. Dass er vom Eintritt des E in das Mietverhältnis nichts wusste, spielt hier keine entscheidende Rolle. Denn auch gegenüber V hat M keine Mängelanzeige abgegeben.[37]

Es müsste sich bei dem Fehlen des Rauchmelders um einen nach § 536c II 1 anzuzeigenden Mangel handeln. Dies ist im Grundsatz für alle Mängel der Fall, die sich im Laufe der Mietzeit zeigen. Die positive Kenntnis des Mieters bezüglich

---

36 *Fikentscher/Heinemann*, Schuldrecht, Rn. 651.
37 Eine Anzeige des M an V hätte sich E analog §§ 407 I, 412 entgegenhalten müssen, vgl. BGH, NJW-RR 2002, 730; NJW 2012, 1881 Rn. 15 ff.

des Vorliegens des Mangels ist hierzu nicht erforderlich.[38] Vielmehr lässt die Rechtsprechung auch schon die grob fahrlässige Unkenntnis des Mieters ausreichen.[39] Grob fahrlässige Unkenntnis des M kann vorliegend kaum angenommen werden. Selbst wenn man dies anders sehen wollte, so könnte dies nicht zu einem Ausschluss seiner Gewährleistungsrechte gem. § 536c II 2 Nr. 2 führen. Denn die Anzeigepflicht gem. § 536c I ist wiederum dann ausgeschlossen, wenn der Mangel für den Vermieter offensichtlich war und er ihn infolge gröbster Nachlässigkeit nicht erkannt hat.[40] Dass Rauchmelder vorgeschrieben waren, aber fehlten, war dem E, der durch Art. 46 IV 3 zudem allein zur Anbringung verpflichtet war, ebenso leicht erkennbar, wie dem M. Der Anspruch des M ist somit nicht gem. § 536c II 2 Nr. 2 ausgeschlossen.

VI Rechtsfolge

Gem. §§ 536a I Alt. 2, 566 II 1 ist V gegenüber M zum Schadensersatz verpflichtet. Gem. § 249 II 1 kann Zahlung des zur Wiederherstellung erforderlichen Betrags, hier 40.000,– Euro, verlangt werden.

Der Anspruch könnte aber gem. § 254 I der Höhe nach beschränkt sein. Hierzu müsste M schuldhaft an der Schadensentstehung mitgewirkt haben. Zwar war hier nur E zur Anbringung des Rauchmelders verpflichtet. § 254 I geht aber über die Berücksichtigung von Rechtspflichten – wie der in § 536c I 1 normierten – durch den Geschädigten hinaus. Eine schuldhafte Mitwirkung des Geschädigten liegt schon dann vor, wenn er diejenige Sorgfalt außer Acht lässt, die ein ordentlicher und verständiger Mensch zur Vermeidung eigenen Schadens anzuwenden pflegt.[41] Ein Mieter ist für den Schaden mitverantwortlich, wenn er zumutbare Maßnahmen zur leicht möglichen Mangelbeseitigung nicht ergreift, um einen andernfalls drohenden erheblichen Schaden abzuwenden.[42]

Auch den M als Mieter trafen hier öffentlich-rechtliche Pflichten in Bezug auf die Rauchmelder, namentlich die Pflicht zur Sicherstellung ihrer Betriebsbereitschaft gem. Art. 46 IV 4 BayBO. Dass gefahrenabwehrrechtliche Vorschriften auch den nach § 276 II anzusetzenden Sorgfaltsmaßstab prägen, ist weithin anerkannt.[43] Wem die Sicherstellung der Betriebsbereitschaft vorgeschriebener

---

38 Staudinger/*Emmerich*, § 536c Rn. 7.
39 BGH, NJW 1977, 1236 (1237); OLG Düsseldorf, NJW-RR 2009, 86 (87).
40 BGH, NJW-RR 2002, 515 (516); BeckOK/*Wiederhold*, § 536c Rn. 11.
41 BGH, NJW 2001, 149 (150).
42 RGZ 100, 42 (44); MüKo/*Häublein*, § 536a Rn. 19.
43 Siehe nur Staudinger/*Caspers*, § 276 Rn. 39 m.w.N.

Rauchmelder angetragen ist, von dem darf auch erwartet werden, das Fehlen ebendieser Rauchmelder zu erkennen. Einfache Rauchmelder können außerdem bereits für kleinste Beträge erworben und auch von Laien leicht angebracht werden. Dies war dem M daher zumutbar. Er hat mithin i.S.d. § 254 I an der Schadensentstehung schuldhaft mitgewirkt. Sein Schadensersatzanspruch gegen E ist in Anwendung der Vorschrift quotal um 25 % zu kürzen. Sein Ersatzanspruch aus § 566 II 1 gegen V ist daher ebenfalls der Höhe nach auf 30.000,– Euro beschränkt.

VII Ergebnis

M hat gegen V einen Anspruch auf Zahlung von Schadensersatz i.H.v. 30.000,– Euro aus §§ 536a I Var. 2, 566 II 1.

C Anspruch des M gegen V auf Zahlung von Schadensersatz i.H.v. 40.000,– Euro wegen des zerstörten Flügels aus § 823 I

M könnte gegen V auch einen Schadensersatzanspruch aus § 823 I haben. Die Zerstörung des Flügels stellt eine Verletzung von Ms Eigentum dar. Als hierfür ursächliches Verhalten des V kommt allenfalls das Unterlassen des Einbaus eines Rauchmelders im Flur in Betracht. Wird ein Deliktstatbestand durch Unterlassen verwirklicht, so ist grundsätzlich erforderlich, dass der Schädiger durch dieses Unterlassen gegen das Handlungsgebot einer Verkehrspflicht verstoßen hat.[44] Eine Verkehrspflicht zum Einbau des Rauchmelders ergibt sich aus Art. 46 IV 1, 3 BayBO. Die Verpflichtung galt allerdings erst ab dem 1. Januar 2018, zu einem Zeitpunkt, als V nicht mehr Eigentümer des Hauses war. Ein Anspruch aus § 823 I scheidet damit aus.

D Anspruch des M gegen V auf Zahlung von Schadensersatz i.H.v. 40.000,– Euro wegen des zerstörten Flügels aus §§ 823 I, 566 II

Ein Anspruch des M gegen B aus §§ 823 I, 566 II scheitert daran, dass § 566 II lediglich auf die Verletzung von Pflichten aus dem Mietvertrag anwendbar ist, nicht aber auf Delikte des neuen Vermieters.[45]

---

44 BeckOK/*Förster*, § 823 Rn. 295.
45 Siehe Staudinger/*Emmerich*, § 566 Rn. 60.

**E Anspruch des M gegen V auf Zahlung von Schadensersatz i.H.v. 40.000,–
Euro wegen des zerstörten Flügels aus § 823 II i.V.m. Art. 46 IV 1, 3 BayBO**

Mangels eigenen Verstoßes des V gegen Art. 46 IV 1, 3 BayBO hat M gegen V keinen
Anspruch aus § 823 II i.V.m. Art. 46 IV 1, 3 BayBO.

Fall 5 Mietvertrag mit Schutzwirkung zugunsten Dritter

Abgrenzung Mietvertrag/Pachtvertrag – Anfänglicher Mietmangel – Vertrag mit Schutzwirkung zugunsten Dritter – AGB-Kontrolle von Haftungsausschlüssen – Allgemeines Schadensrecht

Sachverhalt

Die dynamische Mittdreißigerin M ist ihrer bisher ausgeübten juristischen Tätigkeit überdrüssig und entschließt sich, in die Kinobranche einzusteigen. Zu diesem Zweck „mietet" M von V zu Beginn des Jahres 2013 Räumlichkeiten an, die bereits über verschiedene Kinosäle mit Bestuhlung und entsprechendem Eingangsbereich verfügen, um sofort „loslegen zu können". Da M schnell erkennt, dass sie ein Kino nicht ohne zusätzliche „Manpower" betreiben kann, stellt sie zugleich den zuverlässigen Angestellten A an.

Die Geschäfte der M laufen nach anfänglichen Startschwierigkeiten erstaunlich gut, was sie dazu bringt, sich nach Expansionsmöglichkeiten umzuschauen. Im August des Jahres 2018 kommt es jedoch zu einem tragischen Zwischenfall. Als A vor Vorstellungsbeginn routinemäßig eines der Fenster im Eingangsbereich öffnet, um es auf Kippe zu stellen, löst sich das Fenster aus dem Rahmen; es fällt direkt auf A und verletzt diesen erheblich. A muss daraufhin mehrere Monate in stationärer Behandlung verbringen. Im Nachgang stell sich heraus, dass der Kippmechanismus dieses Fensters im Eingangsbereich bereits bei Errichtung des Gebäudes im Jahr 2010 fehlerhaft montiert wurde, sodass es nur eine Frage der Zeit war, bis es zu einer Lösung des Fensters aus dem Rahmen kam.

A entstehen Heilbehandlungskosten in Höhe von 10.000,– Euro für den Krankenhausaufenthalt; vorab veranschlagt sind zudem weitere 2.000,– Euro für die sich anschließende Krankengymnastik. Die Krankengymnastik sieht A gar nicht ein. Ein befreundeter Anwalt weist ihn aber darauf hin, dass er neben den Heilbehandlungskosten auch die Kosten der Krankengymnastik verlangen könne; ob er den Betrag tatsächlich für die Krankengymnastik verwende, sei dann seine Sache. Hiervon abgesehen, ist A über den Vorfall auch deshalb sehr erbost, weil es ihm aufgrund seiner schweren Verletzungen nicht möglich ist, ein Konzert seiner Lieblingsband zu besuchen, die gerade auf Deutschlandtournee ist. Für diese Karte hatte A 200,– Euro investiert. Der Anwalt meint, wenigstens für die Kosten der Karte könne er auch Ersatz verlangen.

https://doi.org/10.1515/9783110591798-016

Hoch erfreut über diesen anwaltlichen Rat wendet A sich bzgl. der oben genannten Positionen an M und V. M entgegnet dem A, dass er – was zutrifft – weder
von dem fehlerhaften Kippmechanismus wusste noch von ihm wissen konnte.
Daher könne er nicht in Anspruch genommen werden. Dasselbe entgegnet –
ebenfalls zutreffend – auch V. Im Übrigen wendet V ein, dass er, der V, den A ja gar
nicht kenne. A solle sich daher an seinen Arbeitgeber halten. Zuletzt verweist V
auf den vorletzten Paragraphen des von ihm stets verwendeten „Formularmietvertrags":

„*§ 11 Aufrechnung, Zurückbehaltung.* Zurückbehaltung und Aufrechnung wegen Ansprüchen aus einem anderen Schuldverhältnis sind ausgeschlossen, es sei
denn, es handelt sich um unbestrittene oder rechtskräftig festgestellte Forderungen. Ersatzansprüche nach § 536a BGB sind ausgeschlossen, es sei denn, der
Vermieter hat grob fahrlässig oder vorsätzlich gehandelt."

A lässt sich davon nicht beirren und verlangt von M und V weiterhin Ersatz für
die oben genannten Positionen. Zu Recht?

Gliederung der Lösung

1. Teil Ansprüche des A gegen M
A Anspruch des A gegen M auf Schadensersatz i.H.v. 12.200,– Euro aus §§ 280 I 1, 611, 618
  I   Schuldverhältnis
  II Pflichtverletzung
  III Vertretenmüssen
  IV Ergebnis
B Anspruch des A gegen M auf Zahlung i.H.v. 12.200,– Euro aus § 670 (analog)
  I   Tatbestandsvoraussetzungen
  II Ergebnis
**C Anspruch des A gegen M auf Schadensersatz i.H.v. 12.200,– Euro aus §§ 823 I/823 II i.V.m.
  § 229 StGB**

2. Teil Ansprüche des A gegen V
**A Anspruch des A gegen V auf Schadensersatz i.H.v. 12.200,– Euro aus §§ 581 II, 536a I 1 Var. 1,
  535, 536 i.V.m. den Grundsätzen des Vertrags mit Schutzwirkung zugunsten Dritter**
  I   Abgrenzung Miet-/Pachtvertrag
  II Einbeziehung des A in den Vertrag zwischen M und V
      1 Leistungsnähe
      2 Gläubigerinteresse (Gläubigernähe)
      3 Erkennbarkeit
      4 Schutzbedürftigkeit
      5 Zwischenergebnis
  III Mangel
  IV Zeitpunkt des Vorliegens des Mangels

Lösung

1. Teil Ansprüche des A gegen M

A Anspruch des A gegen M auf Schadensersatz i.H.v. 12.200,– Euro aus §§ 280 I 1, 611, 618

A könnte gegen M einen Anspruch auf Schadensersatz i.H.v. 12.200,– Euro aus §§ 280 I 1, 611, 618 zustehen.

I Schuldverhältnis

A und M haben ein Schuldverhältnis in Gestalt eines Arbeitsvertrags geschlossen, § 611.

II Pflichtverletzung

Die in § 618 I konkretisierte und insoweit in ihrem Anwendungsbereich § 241 II verdrängende Fürsorgepflicht verpflichtet den Arbeitgeber, Diensträume so zu gestalten, dass Arbeitnehmer den ihnen im Rahmen des Arbeitsverhältnisses übertragenen Aufgaben ohne Gesundheitsgefahren nachkommen können.[1] Diese Pflicht hat M verletzt, da A infolge des fehlerhaften Kippmechanismus schwere Verletzungen erlitten hat.

---

1 S. dazu etwa MüKo/*Henssler*, § 618 Rn. 1; Palandt/*Weidenkaff*, § 611 Rn. 96, § 618 Rn. 3.

III Vertretenmüssen

M hat die Pflichtverletzung aber nicht zu vertreten, da es ihr laut Sachverhalt an der Kenntnis darüber mangelte, dass der Kippmechanismus fehlerhaft war, und sie dies auch nicht wissen konnte. Die unzureichende Sicherung des Arbeitsplatzes des A kann ihr mithin nicht vorgeworfen werden.

IV Ergebnis

A hat gegen M demnach keinen Anspruch auf Schadensersatz i.H.v. 12.200,– Euro aus §§ 280 I 1, 611, 618.

B Anspruch des A gegen M auf Zahlung i.H.v. 12.200,– Euro aus § 670 (analog)

A könnte gegen M ein Aufwendungsersatzanspruch i.H.v. 12.200,– Euro aus § 670 (analog) zustehen.

I Tatbestandsvoraussetzungen

§ 670 verhilft in seinem eigentlichen Anwendungsbereich dem Beauftragten zu einem Aufwendungsersatzanspruch gegen den Auftraggeber. Hier liegt weder ein Auftrag vor noch können die von A geltend gemachten Positionen als freiwillige Vermögensopfer, mithin Aufwendungen, klassifiziert werden.[2] Nach ständiger arbeitsgerichtlicher Rechtsprechung wird § 670 im Arbeitsverhältnis allerdings analog herangezogen. Diese Analogie verschafft dem Arbeitnehmer einen Ersatzanspruch für Schäden, die der Arbeitnehmer im Rahmen seiner arbeitsvertraglich geschuldeten Tätigkeit erleidet. Auf ein Verschulden des Arbeitgebers kommt es dabei nicht an.[3]

Doch selbst mit der „arbeitsrechtlichen Aufladung" des § 670 kommt ein entsprechender Anspruch nicht in Betracht. Hinsichtlich der von A erlittenen Gesundheitsschädigung schließt bereits § 104 I 1 SGB VII eine Einstandspflicht des Arbeitgebers für Personenschäden gegenüber dem Arbeitnehmer aus.[4]

---

2 Zum Aufwendungsbegriff in Abgrenzung zum Schadensbegriff *Medicus/Petersen*, Bürgerliches Recht, Rn. 428.

3 S. etwa BAG, NJW 1962, 411 (414 ff.); NZA 2012, 91 (92 Rn. 20).

4 Vgl. MüKo/*Gottwald*, § 328 Rn. 191.

Hinsichtlich der Konzertkarten bzw. der für sie getätigten Aufwendungen kann man auf den ersten Blick nur einen Vermögensschaden annehmen,[5] nicht hingegen einen Personenschaden, für den § 104 I 1 SGB VII eine Einstandspflicht des Arbeitgebers gegenüber dem Arbeitnehmer ausschließt. Telos des § 104 I 1 SGB VII ist jedoch, den Arbeitgeber im Verhältnis zu seinen Arbeitnehmern von einer Haftung für an die Person anknüpfende Schäden möglichst umfassend freizustellen. Vor diesem Hintergrund besteht Einigkeit, dass der Begriff „Personenschaden" weit auszulegen ist. Unter diesen fallen daher auch Vermögensschäden, die durch die Gesundheitsschädigung verursacht werden.[6] Im vorliegenden Fall ist der Vermögensschaden, hier der Verlust der Genussmöglichkeit, das Konzert zu besuchen, Folge der Verletzung des A. Eine Ersatzpflicht des M ist deswegen auch für die Konzertkarten von § 104 I 1 SGB VII ausgeschlossen (a.A. vertretbar).

[Darüber hinaus könnte man auch am Vorliegen der Tatbestandsvoraussetzungen des § 670 (analog) zweifeln. Über § 670 (analog) kann der Arbeitnehmer Ersatz nur für solche Einbußen verlangen, die in einem engen adäquaten Zusammenhang mit der arbeitsvertraglich geschuldeten Tätigkeit stehen.[7] A hat zwar während der Dienstzeit infolge des fehlerhaften Kippmechanismus einen Schaden erlitten. Dies ist jedoch alleine nicht maßgeblich. Ein Grundsatz, dass sämtliche vom Arbeitnehmer während der Arbeitszeit erlittene Schäden zu einer Ersatzpflicht des Arbeitgebers führen, existiert nicht.[8] Hier kam es unmittelbar während der Arbeitszeit „nur" zu einem Personenschaden des A. Die Einbuße hinsichtlich der Eintrittskarten ist lediglich eine Folge des Arbeitsunfalls.[9] Ein enger Zusammenhang mit dem Arbeitsverhältnis und damit eine Erstattungspflicht der M ist demnach abzulehnen (a.A. vertretbar).]

II Ergebnis

A hat gegen M keinen Aufwendungsersatzanspruch i.H.v. 12.200,– Euro aus § 670 (analog).

---

5 S. dazu noch ausführlich unten.
6 S. dazu etwa BAG, NJW 1989, 2838.
7 MüKo/*Müller-Glöge*, § 611 Rn. 902 m.w.N.
8 BAG, NZA 2012, 91 (92 Rn. 26).
9 So wurde eine Ersatzpflicht des Arbeitgebers analog § 670 bspw. für Schäden am Privat-PKW des Arbeitnehmers angenommen, wenn das Fahrzeug im Betätigungsbereich des Arbeitgebers mit dessen Billigung eingesetzt worden ist und der Arbeitgeber sonst ein eigenes Fahrzeug hätte einsetzen müssen. S. nur BAG, NZA 2011, 406 (408 Rn. 28).

C Anspruch des A gegen M auf Schadensersatz i.H.v. 12.200,– Euro aus §§ 823 I/823 II i.V.m. § 229 StGB

Ein Anspruch des A gegen M auf Schadensersatz i.H.v. 12.200,– Euro aus §§ 823 I/ 823 II i.V.m. § 229 StGB scheidet ebenfalls mangels Verschuldens der M aus.

2. Teil Ansprüche des A gegen V

A Anspruch des A gegen V auf Schadensersatz i.H.v. 12.200,– Euro aus §§ 581 II, 536a I 1 Var. 1, 535, 536 i.V.m. den Grundsätzen des Vertrags mit Schutzwirkung zugunsten Dritter

A könnte gegen V ein Anspruch auf Schadensersatz i.H.v. 12.200,– Euro aus §§ 581 II, 536a I 1 Var. 1, 535, 536 i.V.m. den Grundsätzen des Vertrags mit Schutzwirkung zugunsten Dritter zustehen.

I Abgrenzung Miet-/Pachtvertrag

Der vom Vertragstyp abhängige Schadensersatzanspruch aus § 536a I 1 Var. 1 setzt voraus, dass M und V einen Mietvertrag oder einen Pachtvertrag (vgl. § 581 II) abgeschlossen haben. Beide Verträge zielen auf die Gebrauchsüberlassung einer Sache ab, der Pachtvertrag geht aber insofern über den Mietvertrag hinaus, als er gem. § 581 I 1 auch zur Fruchtziehung (vgl. § 99) berechtigt. Steht wie hier die Überlassung von Räumen zu anderen als Wohnzwecken, mithin die Überlassung von Geschäftsräumen, in Rede, hat sich unter Rückgriff auf § 99 folgende Differenzierung entwickelt: Wird ein Geschäftsraum dergestalt überlassen, dass er praktisch von jedermann sofort gewerblich genutzt werden kann, liegt ein Pachtvertrag vor. Der geschäftliche Erfolg ist dann bereits unmittelbar in der Sache angelegt und kann ohne Tätigung weiterer wesentlicher Aufwendungen aus der Sache gezogen werden. Wenn hingegen leerstehende Räume den Gegenstand des Überlassungsverhältnisses bilden, ist von einem Mietvertrag auszugehen.[10]

Gegenstand des zwischen M und V geschlossenen Überlassungsvertrags sind Räume, die im Wesentlichen schon vollständig für den Betrieb eines Kinos hergerichtet waren. Es handelt sich demnach um einen Pachtvertrag. Dass die Par-

---

10 S. zur Abgrenzung etwa MüKo/*Häublein*, vor § 535 Rn. 5 f.; *Oechsler*, Vertragliche Schuldverhältnisse, Rn. 1015; Palandt/*Weidenkaff*, Einf. v. § 535 Rn. 16.

teien den Vertrag als Mietvertrag bezeichnet haben, ist unschädlich; maßgeblich ist allein der wirkliche Vertragsinhalt.

Der Vertrag dürfte nicht gem. § 125 S. 1 formunwirksam sein. §§ 581 II, 550 S. 1 verlangen zwar Schriftform für Verträge, die für eine längere Zeit als ein Jahr geschlossen sind. Folge einer Nichteinhaltung der Schriftform ist aber nur die fehlende Befristung, § 550 S. 1. Für die Wirksamkeit des Vertrags ist die Nichteinhaltung der Schriftform mithin ohne Einfluss.[11]

II Einbeziehung des A in den Vertrag zwischen M und V

Vertragspartner des V ist allerdings nicht A, sondern M. A könnte indes nach den Grundsätzen des Vertrags mit Schutzwirkung zugunsten Dritter in den Vertrag zwischen M und V einbezogen sein. Dies setzt die Leistungsnähe, ein Gläubigerinteresse (mitunter auch als Gläubigernähe bezeichnet), die Erkennbarkeit für den Schuldner und die Schutzbedürftigkeit des einzubeziehenden Dritten voraus.[12]

1 Leistungsnähe

Das Kriterium der Leistungsnähe verlangt, dass der einzubeziehende Dritte bestimmungsgemäß den Gefahren aus dem Vertrag genauso ausgesetzt ist wie der Gläubiger. Er muss mit den Gefahren, die mit der Primärleistung aus dem Vertrag einhergehen, typischerweise in Berührung kommen.[13]

A ist bei M für den Betrieb des Kinos angestellt. Er muss sich kraft seiner aus dem Arbeitsvertrag geschuldeten Tätigkeit zwangsläufig in den von M gepachteten Räumen des V aufhalten. Während seiner dienstlichen Tätigkeit ist A den von den Räumen ausgehenden Gefahren ebenso ausgesetzt wie die Pächterin M. Es besteht Leistungsnähe.

---

11 Vgl. dazu *Fikentscher/Heinemann*, Schuldrecht, Rn. 990; *Oechsler*, Vertragliche Schuldverhältnisse, Rn. 807.
12 S. etwa BGH, NJW 2010, 3152 (3153 Rn. 19); *Fikentscher/Heinemann*, Schuldrecht, Rn. 305 f.; MüKo/*Gottwald*, § 328 Rn. 182 ff.; *Neuner*, JZ 1999, 126 (128 f.); Palandt/*Grüneberg*, § 328 Rn. 17 ff.
13 *Medicus/Petersen*, Bürgerliches Recht, Rn. 844; MüKo/*Gottwald*, § 328 Rn. 184; *Neuner*, JZ 1999, 126 (129); Palandt/*Grüneberg*, § 328 Rn. 17.

2 Gläubigerinteresse (Gläubigernähe)

Es müsste zudem ein Gläubigerinteresse des M an der Einbeziehung des A in den Pachtvertrag bestehen. Klassischerweise ist ein solches beim Vorliegen einer sog. Wohl-und-Wehe Beziehung zwischen Gläubiger und einzubeziehendem Dritten zu bejahen.[14] In neueren BGH-Entscheidungen wird allerdings zunehmend darauf abgestellt, ob der Gläubiger an der Einbeziehung des Dritten ein besonderes Interesse hat und Inhalt und Zweck des Vertrags erkennen lassen, dass diesen Interessen Rechnung getragen werden soll. Ob dies der Fall ist, ist durch Auslegung zu beantworten.[15]

Aufgrund des Arbeitsvertrags besteht zwischen A und M schon ein Verhältnis mit besonderem persönlichem Einschlag. So zeichnet sich das Arbeitsverhältnis nicht nur durch einen reinen Leistungsaustausch aus; wegen der schwächeren Position des Arbeitnehmers gegenüber dem Arbeitgeber bestehen besondere Fürsorgepflichten des Arbeitgebers, die bspw. in § 618 sogar über die in § 241 II normierten allgemeinen Rücksichtnahmepflichten hinausgehen.[16] Ob darüber hinaus noch ein gesondertes Einbeziehungsinteresse des M vorliegt, kann daher dahingestellt bleiben. Das Gläubigerinteresse liegt danach vor.

3 Erkennbarkeit

Der Kreis der in den Vertrag einzubeziehenden Personen muss für den Schuldner, hier V, auch erkennbar gewesen sein. Mit diesem Kriterium soll sichergestellt werden, dass dem Schuldner sein Haftungsrisiko vor Augen geführt wird. Da es über den Vertrag mit Schutzwirkung zugunsten Dritter zu einer Haftungskumulation kommt, ist diesem Kriterium besonderes Gewicht zuzusprechen; der Schuldner ist vor unkalkulierbaren Risiken zu schützen.[17]

A und V kannten sich nicht persönlich. Zudem war dem V bei Vertragsschluss mit M nicht bekannt, dass A sich in den Räumen des M aufhalten wird. Eine solch individualisierte Kenntnis des Schuldners über die in den Vertrag einzubezie-

14 BGHZ 49, 278 (279); 49, 350 (353 f.); BGH, NJW 2017, 3777 (3780 Rn. 46); *Medicus/Petersen*, Bürgerliches Recht, Rn. 845; MüKo/*Gottwald*, § 328 Rn. 185; *Oechsler*, Vertragliche Schuldverhältnisse, Rn. 826.

15 S. dazu etwa BGH, NJW 2014, 2345 ff. Rn. 11 ff.; NJW 2017, 3777 (3780 f. Rn. 47); *Fikentscher/Heinemann*, Schuldrecht, Rn. 306; MüKo/*Gottwald*, § 328 Rn. 186 ff.

16 Vgl. diesbzgl. zum Gläubigerinteresse BGH, NJW-RR 2017, 888 (890 f. Rn. 19); *Medicus/Petersen*, Bürgerliches Recht, Rn. 845.

17 *Neuner*, JZ 1999, 126 (129 f.); *Brox/Walker*, Allgemeines Schuldrecht, § 33 Rn. 11; vgl. *Medicus/Petersen*, Bürgerliches Recht, Rn. 841, 844, 846.

henden Personen ist jedoch nicht erforderlich. Es kommt vielmehr darauf an, ob der Schuldner allgemein in Rechnung stellen muss, dass sich neben dem Pächter typischerweise noch andere Personen in der Pachtsache aufhalten.[18]

Hier bildete die Überlassung eines Kinos Gegenstand des Pachtvertrags. V konnte daher nicht davon ausgehen, dass M das Kino ohne Personal betreibt. Stattdessen entspricht es der allgemeinen Lebenserfahrung, dass ein Kinobetreiber Arbeitnehmer einstellt. Die Voraussetzung der Erkennbarkeit liegt vor.

4 Schutzbedürftigkeit

Der in den Vertrag einzubeziehende Dritte müsste auch schutzbedürftig sein. Dieses Kriterium wird negativ definiert: Eine Schutzbedürftigkeit liegt nicht vor, wenn dem Dritten eigene, inhaltsgleiche vertragliche Ansprüche gegen den Schuldner zustehen.[19]

Vertragliche Ansprüche des A gegenüber V scheiden mangels rechtsgeschäftlichen Kontakts aus. Hier kommen selbst Ansprüche deliktischer Natur des A gegen V nicht in Betracht (s. noch unten). A ist daher schutzbedürftig.

5 Zwischenergebnis

A ist über die Grundsätze des Vertrags mit Schutzwirkung zugunsten Dritter in die Schutzwirkung des zwischen M und V geschlossenen Pachtvertrags einbezogen.

III Mangel

Die Pachtsache müsste mangelhaft sein, §§ 581 II, 536. Die Sicherheit des Fensters war nicht explizit gem. §§ 581 II, 536 II zugesichert worden. Daher richtet sich die Frage, ob ein Mangel vorliegt, allein nach §§ 581 II, 536 I. Danach liegt ein Mangel vor, wenn die Ist-Beschaffenheit von der Soll-Beschaffenheit, konkretisiert durch die Verkehrsauffassung entsprechend § 157, negativ abweicht und dies eine er-

---

18 Vgl. Palandt/*Grüneberg*, § 328 Rn. 18.
19 BGH, NJW 2018, 608 (609 Rn. 12); *Brox/Walker*, Allgemeines Schuldrecht, § 33 Rn. 12; *Fikentscher/Heinemann*, Schuldrecht, Rn. 305; MüKo/*Gottwald*, § 328 Rn. 191; Palandt/*Grüneberg*, § 328 Rn. 18.

hebliche Minderung der Tauglichkeit zum vertragsgemäßen Gebrauch mit sich bringt.[20]

Der fehlerhafte Kippmechanismus am Fenster hat zur Folge, dass die Pachtsache nicht ohne Gesundheitsgefahren benutzt werden kann. Dies begründet nach der Verkehrsauffassung einen Mangel.

IV Zeitpunkt des Vorliegens des Mangels

Für einen Anspruch aus §§ 581 II, 536a I Var. 1, der eine Garantiehaftung begründet, müsste der Mangel bereits bei Vertragsschluss vorhanden gewesen sein.[21] Hieran könnte man zweifeln, da der Kippmechanismus über fünf Jahre (Beginn des Jahres 2013 bis August 2018) einwandfrei funktioniert hat und erst lange nach Vertragsschluss „tatsächlich" defekt wurde. Ergänzend ließe sich anführen, dass die Garantiehaftung des § 536a I Var. 1 im Recht der vertraglichen Schuldverhältnisse die Ausnahme zur ansonsten durchweg normierten Verschuldenshaftung bildet.[22] Dies könnte für eine restriktive Auslegung des § 536a I Var. 1 sprechen.

Gegen das soeben angeführte Verständnis, das dem Zeitpunkt der Manifestation des Mangels entscheidende Bedeutung beimisst, lässt sich jedoch schon die Systematik des § 536a I anführen. Der Terminus „Entstehen" i.S.d. § 536a I Var. 2 spricht dafür, die Setzung der Mangelursache als maßgeblichen Zeitpunkt anzusehen. Es ist eben nicht davon die Rede, dass sich nach Vertragsschluss ein Mangel „zeigt". Dieses Verständnis muss dann auch für § 536a I Var. 1 maßgeblich sein.[23] Überdies würde sonst § 536a I Var. 1 einen Großteil seines Anwendungsbereichs verlieren. Eine strenge Haftung des Vermieters/Verpächters ist auch gerechtfertigt. Der Mieter/Pächter ist deshalb besonders schutzbedürftig, weil er sich typischerweise über einen längeren Zeitraum in der Mietsache/Pachtsache aufhält und sich den daraus resultierenden Gefahren nur schwer entziehen kann. Auf die Interessen des Vermieters/Verpächters kann ebenso gut bei der Frage

---

20 *Fikentscher/Heinemann*, Schuldrecht, Rn. 999; MüKo/*Häublein*, § 536 Rn. 3, 6; *Oechsler*, Vertragliche Schuldverhältnisse, Rn. 844 ff.

21 Wenn der Mangel erst nach Vertragsschluss entstand, kommt es hingegen auf ein Vertretenmüssen des Verpächters an, §§ 581 II, 536a I Var. 2. An einem Vertretenmüssen mangelt es hier, da nach dem Sachverhalt der fehlerhafte Kippmechanismus auch für V nicht erkennbar war. S. dazu auch *Medicus/Petersen*, Bürgerliches Recht, Rn. 322a.

22 S. zum Hintergrund und zur Genese des § 536a I Var. 1 etwa *Oechsler*, Vertragliche Schuldverhältnisse, Rn. 865.

23 Vgl. *Oechsler*, Vertragliche Schuldverhältnisse, Rn. 867.

Rücksicht genommen werden, wann genau die Mangelursache gesetzt wurde (dazu sogleich).

Wenn wie hier ein Element der Pachtsache (fehlerhafter Kippmechanismus) erst nach einer längeren Zeit nach Vertragsschluss funktionsuntüchtig wird, bietet sich folgendes Differenzierungsmerkmal an: Ist die Ursache des Mangels allein auf altersbedingte Verschleißerscheinungen zurückzuführen, ist der Entstehungszeitpunkt des Mangels der des Verschleißes. Anders sieht es bei solchen Bauteilen aus, die bereits bei Vertragsschluss funktionsunfähig sind, unabhängig davon, wann sich die Gebrauchsbeeinträchtigung oder der Schaden realisiert.[24]

Hier handelt es sich nicht um eine verschleißbedingte Mangelerscheinung. Der Kippmechanismus war von Anfang an, d.h. bei Vertragsschluss, fehlerhaft montiert worden.[25] Es handelt sich mithin um einen anfänglichen Mangel i.S.d. § 536a I Var. 1; dass V von dem Mangel nichts wusste und auch nichts wissen konnte, ist daher irrelevant.

V Teleologische Reduktion des § 536a I Var. 1 bei verborgenen Mängeln

Zum Teil wird bei verborgenen Mängeln für eine teleologische Reduktion des § 536a I Var. 1 plädiert und in dieser Konstellation die Einstandspflicht von einem Verschulden des Vermieters abhängig gemacht. Dafür wird angeführt, dass die Mieter nicht damit rechnen können, dass der Vermieter auch für verborgene Mängel Verantwortung übernimmt.[26]

Gegen eine solche Einschränkung des § 536a I Var. 1 sprechen jedoch Sinn und Zweck einer Garantiehaftung. Charakteristikum dieser Art der Einstandspflicht ist gerade, dass der Schuldner für etwas verantwortlich gemacht wird, wofür „er nichts kann". Sollte der Mangel nicht verborgen sein, ist er in aller Regel für den Schuldner auch erkennbar. Dann indiziert bereits die fehlende Beseitigung des Mangels ein Verschulden des Vermieters. Welche Rolle nach diesem Verständnis dann noch der Garantiehaftung des § 536a I Var. 1 zukommen soll, ist unklar. Überdies kann das bereits zuvor ausgeführte Argument der besonderen Schutzwürdigkeit des Mieters gegen eine teleologische Reduktion angeführt werden; gerade bei verborgenen Mängeln ist der Mieter auf den Schutz durch das

24 BGH, NJW 2010, 3152 Rn. 14; vgl. *Looschelders*, Schuldrecht Besonderer Teil, § 22 Rn. 421; MüKo/*Häublein*, § 536a Rn. 7.
25 Vgl. BGH, NJW 2010, 3152 (3153 Rn. 16).
26 Dafür etwa *Fikentscher/Heinemann*, Schuldrecht, Rn. 1003.

Mietrecht angewiesen. Eine teleologische Reduktion des § 536a I Var. 1 bei verborgenen Mängeln ist daher abzulehnen.[27]

VI Ausschluss wegen unterlassener Mängelanzeige nach § 536c

Der Schadensersatzanspruch dürfte nicht wegen unterlassener Mängelanzeige gem. §§ 581 II, 536c II 2 Nr. 2 ausgeschlossen sein. Die Pflicht zur unverzüglichen Mängelanzeige besteht gem. §§ 581 II, 536c I 1 in dem Moment, in dem sich während der Laufzeit des Pachtvertrags ein Mangel zeigt; auf das bloße Vorhandensein eines Mangels stellt das Gesetz nicht ab.[28] Diesem Erfordernis dürfte hier schon deshalb Genüge getan sein, weil lebensnah davon auszugehen ist, dass sich M direkt nach dem Herausfallen der Scheibe bei V gemeldet hat. Vor allem aber sind der Schaden, die Gesundheitsschädigung des A, und das Sich-Zeigen des Mangels in einem Zeitpunkt zusammengefallen. Eine Mängelanzeige hätte den Schaden also nicht verhindert.[29] Daher schließen auch §§ 581 II, 536c II 2 Nr. 2 den Anspruch nicht aus.[30]

VII Modifikation des § 536a I Var. 1 durch § 11 des „Mietvertrags"

Die Garantiehaftung des § 536a I dürfte schließlich nicht abbedungen worden sein. § 536a unterliegt grundsätzlich der Disposition der Parteien; individualvertraglich setzen nur die §§ 138, 242 Grenzen.[31] Wenn die Parteien § 536a I gänzlich abbedingen können, dann muss auch eine Modifikation möglich sein. Eine solche Modifikation sieht hier § 11 des „Mietvertrags" vor, indem er die Einstandspflicht auf Vorsatz oder grobe Fahrlässigkeit beschränkt und damit die Garantiehaftung ausschließt. § 11 des „Mietvertrags" könnte jedoch nach § 305c I schon nicht Vertragsbestandteil geworden oder nach § 307 I unwirksam sein.

1 Vorliegen von AGB und deren grundsätzliche Einbeziehung

Der Pachtvertrag ist nicht nach § 310 IV von der AGB-Kontrolle ausgenommen. Bei dem von V verwendeten „Formularmietvertrag" handelt es sich auch um AGB

---

27 Ebenso *Oechsler*, Vertragliche Schuldverhältnisse, Rn. 868.
28 Vgl. BeckOGK/*Bieder*, § 536c Rn. 10.
29 Vgl. MüKo/*Häublein*, § 536c Rn. 13.
30 Der BGH ist auf § 536c in seiner Entscheidung nicht eingegangen (BGH, NJW 2010, 3152).
31 BGH, NJW 2010, 3152 (3153 Rn. 22); *Oechsler*, Vertragliche Schuldverhältnisse, Rn. 868.

i.S.d. § 305 I 1, da V diese stets seinen „Mietverträgen" zugrunde legt. § 11 des „Mietvertrags" müsste weiter Vertragsbestandteil geworden sein. Ob sich dies nach § 305 II oder nach den allgemeinen Regeln der §§ 145 ff. richtet, hängt gem. § 310 I 1 von der Qualifikation der M als Unternehmerin ab. Hier pachtet die M die Räume, um in diesen ein Kino zu betreiben; sie ist mithin Existenzgründerin. Existenzgründer sind mit der h.M. im Hinblick auf Geschäfte, die der Aufnahme einer wirtschaftlichen Tätigkeit dienen, keine Verbraucher, sondern Unternehmer. Neben der unternehmerischen Ausrichtung solcher „Vorbereitungsgeschäfte" spricht dafür ein Umkehrschluss aus § 513.[32] Die Frage, ob die AGB Vertragsbestandteil wurden, richtet sich bei Unternehmern nach den allgemeinen Regeln der §§ 145 ff. (vgl. § 310 I 1).[33] Anzeichen, die an einer Einbeziehung des „Formularmietvertrags" Zweifel zulassen, sind nicht ersichtlich, hat doch V ebendieses Mietvertragsformular verwendet, den Vertrag also bei lebensnaher Betrachtung auf diesem Formular unterschrieben und von M unterschrieben erhalten. Damit ist auch § 11 des Mietvertragsformulars grundsätzlich Vertragsbestandteil geworden.

2 Scheitern der Einbeziehung wegen § 305c I

Etwas anderes könnte sich jedoch aus § 305c I ergeben. Die auch im unternehmerischen Geschäftsverkehr anwendbare Vorschrift (vgl. § 310 I 1) besagt, dass überraschende Klauseln nicht Vertragsbestandteil werden. Eine Klausel ist überraschend, wenn ihr ein Überraschungsmoment innewohnt. Das Überraschungsmoment kann sich dabei entweder aus den tatsächlichen Umständen bei Vertragsschluss oder aus dem Grad der Abweichung vom dispositiven Gesetzestext ergeben.[34] Im vorliegenden Fall kommen zwei Ansatzpunkte in Betracht.

Erstens könnte man darauf abstellen, dass der Inhalt des § 536a I Var. 1 durch AGB verändert wird. Gegen die Einordnung dieses Umstands als überraschend spricht jedoch, dass die in § 536a I Var. 1 statuierte Garantiehaftung im Recht der vertraglichen Schuldverhältnisse ohne Parallelen ist. Vor diesem Hintergrund kann eine Beschränkung der Einstandspflicht auf schuldhaftes Verhalten kein Überraschungsmoment begründen. Dies trifft auch auf die generelle Reduzierung des Haftungsmaßstabs auf Vorsatz und grobe Fahrlässigkeit zu. Hat eine solche

---

32 S. dazu etwa BGH, NJW 2005, 1273 (1274 m.w.N.); kritisch MüKo/*Micklitz*, § 13 Rn. 68 f.

33 *Grigoleit/Herresthal*, BGB Allgemeiner Teil, Rn. 443, 450; vgl. *Fikentscher/Heinemann*, Schuldrecht, Rn. 172.

34 S. dazu etwa *Grigoleit/Herresthal*, BGB Allgemeiner Teil, Rn. 451; Palandt/*Grüneberg*, § 305c Rn. 3 f.

Reduzierung aufgrund § 309 Nr. 7 lit. b keine Unwirksamkeit im Rahmen der Inhaltskontrolle zur Folge, kann sie ohne das Vorliegen darüberhinausgehender
Umstände auch nicht als überraschend erachtet werden.

Überraschend könnte zweitens die Stellung der Haftungsbeschränkung im
Hinblick auf den Gesamtvertrag sein. Allein aus dem Umstand, dass Aussagen zur
Haftung erst am Ende des Vertrags stehen, kann zwar nicht auf ein überra-
schendes Moment geschlossen werden. Im Ausgangspunkt kommt jeder Bestimmung im Vertrag die gleiche Bedeutung zu.[35] Die Stellung im Vertrag kann eine
Klausel aber zu einer überraschenden machen, wenn die Klausel an eine andere
Bestimmung angefügt wird, die in einem gänzlich anderen Kontext steht.[36] Im
vorliegenden Fall erwecken die Überschrift von § 11 und dessen erster Satz den
Anschein, dass sich die Klausel nur allgemein der Aufrechnung und Zurückbe-
haltungsrechten widmet. Dass im folgenden Satz eine Aussage zu Schadensersatzansprüchen getroffen wird, steht mit der Überschrift und dem ersten Satz des
§ 11 in keinem systematischen Zusammenhang. Ein durchschnittlicher Leser, der
sich über das Vertragswerk einen Überblick verschaffen will, rechnet nicht damit,
dass in § 11 Aussagen zur Einstandspflicht des Vermieters/Verpächters getroffen
werden.[37] Diese Platzierung der Vorschrift ist daher ein Überraschungsmoment
immanent, sodass sie nach § 305c I nicht Vertragsbestandteil geworden ist.[38]

[3 Inhaltskontrolle

Darüber hinaus könnte § 11 auch einer Inhaltskontrolle nicht standhalten. Wegen
der Unternehmereigenschaft des A finden die speziellen Klauselverbote der
§§ 308 f. keine Anwendung, § 310 I 1.[39] Maßgeblich ist danach allein § 307. Die
Inhaltskontrolle ist nicht nach § 307 III 1 ausgeschlossen, da § 11 des „Mietvertrags" § 536a I modifiziert und damit eine von Rechtsvorschriften abweichende
Regelung trifft. § 307 II Nr. 1 und 2 sind nicht einschlägig, ist doch die Garantiehaftung weder „wesentlicher Grundgedanke" des miet- bzw. pachtvertraglichen

---

35 BGH, NJW 2010, 3152 (3153 f. Rn. 27).

36 Vgl. *Fikentscher/Heinemann*, Schuldrecht, Rn. 180.

37 Vgl. BGH, NJW 2010, 3152 (3153 f. Rn. 27).

38 A.A. vertretbar etwa mit dem Argument, dass eine Klausel nur dann als überraschend klassifiziert werden kann, wenn zu ihrer objektiven Unüblichkeit die subjektive Überrumpelung des
konkreten Klauselgegners hinzutritt (vgl. etwa Jauernig/*Stadler*, § 305c Rn. 2). Da zu Letzterem der
Sachverhalt keine Aussage trifft, könnte damit § 305c nicht greifen. Die hier im Rahmen des § 305c
geführte Diskussion zur Platzierung von § 11 des „Mietvertrags" wäre dann alleine bei § 307 I 2
anzubringen.

39 Der von § 310 I 1 ausgenommene § 308 Nr. 1 ist hier thematisch nicht einschlägig.

Mangelgewährleistungsrechts noch berührt sie wesentliche Rechte oder Pflichten eines Gebrauchsüberlassungsvertrag. Somit gilt allein § 307 I. Nach § 307 I 1 kommt es darauf an, ob § 11 des „Mietvertrags" den A unangemessen benachteiligt. Auch wenn u. a. die Wertungen des § 309, hier insbesondere § 309 Nr. 7 lit. a, im Wege der Ausstrahlung auch im unternehmerischen Geschäftsverkehr im Rahmen des § 307 I 1 Berücksichtigung finden,[40] wird doch eine Freizeichnung von leichter Fahrlässigkeit in einem Vertrag zwischen Unternehmern (noch) als zulässig erachtet (a.A. vertretbar).[41]

Eine unangemessene Benachteiligung und damit ein zusätzlicher Unwirksamkeitsgrund könnte sich jedoch aus § 307 I 2 ergeben.[42] Nach dieser als Transparenzgebot bezeichneten Vorschrift kann sich eine unangemessene Benachteiligung daraus ergeben, dass die in Rede stehende Klausel nicht klar und verständlich ist. Als eine Fallgruppe des Transparenzgebots hat sich die äußere Gestaltung von AGB etabliert.[43] Demnach soll der Vertragspartner die in dem Vertrag statuierten Rechte und Pflichten möglichst eindeutig ermitteln können.[44] Hier steht die Klausel zur Haftungsbeschränkung auf Vorsatz und grobe Fahrlässigkeit unter der Rubrik „Aufrechnung, Zurückbehaltung" und damit in einem systematisch fremden Kontext. Insoweit kann davon gesprochen werden, dass zumindest aus der Perspektive eines durchschnittlichen Vertragspartners des Verwenders ein objektives Verstecken einer nachteiligen Klausel vorliegt. Ein derartiger Vorgang führt zu Intransparenz und damit zu einer unangemessenen Benachteiligung i.S.d. § 307 I 2.[45]]

4 Zwischenergebnis

§ 11 des „Mietvertrags" verstößt gegen § 305c I und ist damit schon nicht Vertragsbestandteil geworden. Im Übrigen ist die Klausel auch wegen eines Verstoßes gegen das Transparenzgebot unwirksam.

---

40 *Grigoleit/Herresthal*, BGB Allgemeiner Teil, Rn. 471; vgl. *Fikentscher/Heinemann*, Schuldrecht, Rn. 172.
41 Vgl. MüKo/*Wurmnest*, § 309 Nr. 7 Rn. 38; MüKo/*Häublein*, § 536a Rn. 21.
42 § 307 I 2 findet auch dann Anwendung, wenn die Inhaltskontrolle wegen § 307 III 1 nicht eröffnet ist, vgl. § 307 III 2.
43 S. dazu etwa MüKo/*Wurmnest*, § 307 Rn. 59 ff.; Palandt/*Grüneberg*, § 307 Rn. 25 ff.
44 S. etwa BGH, NJW 2016, 1575 (1576 Rn. 31).
45 Vgl. auch BGH, NJW 2010, 3152 (3154 Rn. 29 ff.).

VIII Rechtsfolge: Schadensersatz

Der Umfang des nach § 536a I geschuldeten Schadensersatz richtet sich nach den §§ 249 ff. Den Ausgangspunkt bildet die in § 249 I verankerte Differenzhypothese: Danach ist der Zustand herzustellen, der bestünde, wenn der zum Ersatz verpflichtende Umstand nicht eingetreten wäre. Es ist die reale Lage mit der hypothetischen Lage, in der das schädigende Ereignis nicht eingetreten wäre, zu vergleichen. Die sich daraus ergebende Differenz kann im Ausgangspunkt liquidiert werden. Im Folgenden wird zwischen den unterschiedlichen Schadensposten differenziert.

1 Heilbehandlungskosten

Grundsätzlich ist nach § 249 I Naturalrestitution geschuldet. Allerdings erlaubt es § 249 II 1, bei Personenschäden Ersatz für die Heilbehandlungskosten in Geld zu verlangen.[46] Dies umfasst sowohl die Kosten für den Krankenhausaufenthalt als auch für die sich anschließende Krankengymnastik.

Ersatz der Kosten für die Krankengymnastik könnte jedoch hier deshalb nicht geschuldet sein, weil A keine Krankengymnastik in Anspruch nehmen möchte. Bei Sachschäden ist anerkannt, dass der Geschädigte nicht verpflichtet ist, den liquidierten Betrag für die Reparatur der Sache bzw. für eine Ersatzbeschaffung zu verwenden.[47] Insoweit herrscht Dispositionsfreiheit. Begründen lässt sich dieses Resultat insbesondere mit dem Wortlaut des § 249 II 1. Dieser besagt lediglich, dass der Geschädigte Ersatz des erforderlichen Geldbetrags verlangen kann. Davon, dass der Geschädigte in der Pflicht sei, diesen Betrag für die Wiederherstellung des *status quo ante* einzusetzen, spricht der Wortlaut nicht.

Dieses Argument könnte auch herangezogen werden, wenn die Ersatzfähigkeit von Personenschäden im Raum steht. Schließlich unterscheidet der Wortlaut des § 249 II nicht zwischen Personen- und Sachschäden. Gegen eine Erstreckung der Dispositionsfreiheit auf Personenschäden spricht jedoch, dass damit die Grenze zur eingeschränkten Ersatzfähigkeit immaterieller Schäden verwischt würde. Da ein nicht unerheblicher Teil der Personenschäden auch ohne ärztliche Behandlung kuriert werden kann, würde in diesen Fällen die Erstreckung der Dispositionsfreiheit auf Vermögensschäden letztlich immaterielle Schäden kom-

---

46 Vgl. dazu auch *Fikentscher/Heinemann*, Schuldrecht, Rn. 672; *Medicus/Petersen*, Bürgerliches Recht, Rn. 821.
47 S. allgemein zur Dispositionsfreiheit des Geschädigten *Grigoleit/Riehm*, Schuldrecht IV, Rn. 570 ff.; MüKo/*Oetker*, § 249 Rn. 376 ff.; Palandt/*Grüneberg*, § 249 Rn. 6.

pensieren. Die Ersatzfähigkeit immaterieller Schäden kommt im deutschen Recht aber nach § 253 I nur in besonderen, durch Gesetz explizit genannten Fällen in Betracht.[48] Gegen die Anerkennung der Dispositionsfreiheit bei Personenschäden lässt sich ferner anführen, dass so ein Anreiz gesetzt würde, (zunächst einmal) von Heilbehandlungen Abstand zu nehmen. Falls sich der Schaden dann vergrößert und doch ärztliche Hilfe in Anspruch genommen würde, würden sich die Gesamtkosten erhöhen. Dies stünde nicht nur mit dem Wirtschaftlichkeitsgebot des § 249 II 1 in Widerspruch, sondern wäre auch unter gesamtökonomischen Gesichtspunkten ineffizient, da die zusätzlichen Kosten vermeidbar wären. Die Dispositionsfreiheit des Geschädigten bei Personenschäden ist demnach abzulehnen. A kann die 2.000,– Euro daher nur verlangen, wenn er diese für die Krankengymnastik verwendet (a.A. vertretbar).

2 Konzertkarten

Die Konzertkarten wurden durch das schädigende Ereignis selbst weder in der Substanz beeinträchtigt noch im Wert gemindert. Allerdings kann A selbst das Konzert nicht besuchen. Zur Debatte steht mithin der entgangene Genuss, der mit diesem konkreten Konzertbesuch verbunden ist. Diesbezüglich scheidet ein Ersatz in natura infolge Unmöglichkeit der Wiederherstellung aus; es handelt sich um einen Fall der Schadenskompensation in Geld nach § 251 I.

Voraussetzung für die Ersatzfähigkeit nach § 251 I ist das Vorliegen eines Vermögensschadens. A hat die Konzertkarten bereits vor dem schädigenden Ereignis erworben; genommen wurde ihm „lediglich" die Möglichkeit zum Besuch des Konzerts. Ob es sich bei einer solchen verpassten Genussmöglichkeit um einen ersatzfähigen Schaden handelt, ist umstritten.

Gegen eine Ersatzfähigkeit könnte angeführt werden, dass es sich bei einer Genussmöglichkeit in Wahrheit um einen immateriellen Schaden handle, für den nur unter den Voraussetzungen des § 253 I Entschädigung gefordert werden könne.[49] Folgt man dem, so könnten die Konzertkarten wohl nur im Rahmen einer Schmerzensgeldzahlung berücksichtigt werden.

Nach der h.M. ist von einem Vermögensschaden auszugehen, wenn die Genussmöglichkeit hinreichend konkret und gesichert kommerzialisiert ist.[50] Dies ist hier der Fall, da A die Konzertkarte im Hinblick auf eine bestimmte Aufführung

---

48 So die h.M., s. dazu etwa *Fikentscher/Heinemann*, Schuldrecht, Rn. 604; *Grigoleit/Riehm*, Schuldrecht IV, Rn. 572, 849; MüKo/*Oetker*, § 249 Rn. 380 f.; Palandt/*Grüneberg*, § 249 Rn. 6.

49 In diese Richtung *Medicus/Petersen*, Bürgerliches Recht, Rn. 822.

50 *Grigoleit/Riehm*, Schuldrecht IV, Rn. 587; Palandt/*Grüneberg*, § 328 Rn. 69.

erworben hat und sich die Möglichkeit des Konzertbesuchs nicht in einem Ausfall einer dauerhaften Genussmöglichkeit erschöpft. Demnach wäre nach der h.M. für die Konzertkarten Ersatz zu leisten.

Für die Lösung der h.M. spricht, dass der Geschädigte, der im Vertrauen auf seine körperliche Unversehrtheit Aufwendungen für geldwerte Genussmöglichkeiten getätigt hat, aber wegen des Verhaltens des Schädigers diese Genussmöglichkeiten nicht wahrnehmen kann, wenigstens die getätigten Aufwendungen ersetzt bekommen sollte. Das Erfordernis einer hinreichend konkreten und gesichert kommerzialisierten Genussmöglichkeit stellt sicher, dass der Schädiger nicht von einer unvorhersehbaren individuellen Bewertung von Genussmöglichkeiten abhängt. Die Interessen von Schädiger und Geschädigtem werden so bestmöglich berücksichtigt. A kann demnach Ersatz der 200,– Euro für die Konzertkarten verlangen (a.A. vertretbar).

IX Ergebnis

A steht gegen V ein Schadensersatzanspruch aus §§ 581 II, 536a I 1 Var. 1, 535, 536 i.V.m. den Grundsätzen des Vertrags mit Schutzwirkung zugunsten Dritter i.H.v. 12.200,– Euro zu; die 2.000,– Euro, die auf die Krankengymnastik entfallen, kann A allerdings nur verlangen, wenn er diese auch zweckentsprechend einsetzt.

B Anspruch des A gegen V auf Schadensersatz i.H.v. 12.200,– Euro aus §§ 823 I/831 I

Ein Anspruch des A gegen V aus § 823 I kommt nicht in Betracht. Da der fehlerhafte Kippmechanismus für V nicht erkennbar war und er diesen auch nicht erkennen konnte, fehlt es jedenfalls an einem Verschulden des V. Ferner scheidet ein gleichlaufender Anspruch nach § 831 I aus. Mangels näherer Angaben über den Tätigkeitsbereich des V können die Bauarbeiter, die das Fenster mit dem fehlerhaften Kippmechanismus montiert haben, nicht als Verrichtungsgehilfen des V klassifiziert werden.

Fall 6 Werkvertrag und gesetzlicher Erwerb, Verkehrsunfall, Rücktritt trotz Untergangs

Internationales Privatrecht – Ausgleich bei Erwerb kraft Gesetzes – Haftung bei Verkehrsunfällen – Rücktritt trotz Untergangs beim Rücktrittsberechtigten – Ausschluss des Wertersatzanspruchs gegen den Rücktrittsberechtigten

Sachverhalt

Unternehmensberater T, der in Saarbrücken lebt und arbeitet, sammelt in seiner Freizeit Oldtimer. Für seine Sammlung hat er wegen der günstigeren Mietpreise in einem Vorort von Sarreguemines (Frankreich) eine große Halle angemietet.

In einer alten Garage in Molsheim (Frankreich) hat T Anfang 2019 einen Bugatti Type 57C aus dem Jahr 1937 gefunden und vom bisherigen Eigentümer F erworben. Da die Verchromungen gelitten haben, transportiert T den Bugatti zur Karlsruher Autowerkstatt A, die verspricht, sich für einen Festpreis um eine Erneuerung zu kümmern. A selbst verfügt jedoch nicht über die erforderlichen Einrichtungen zum galvanischen Aufbringen einer neuen Chromschicht und beauftragt deshalb die Zweigniederlassung des irischen Autorestaurateurs R in Freiburg mit der Ausführung der Arbeiten.

In der Zwischenzeit stößt T in einem Saarbrücker Kleinanzeigenblatt auf die Anzeige des Autohändlers V aus Metz (Frankreich), der ein Peugeot 504 Cabriolet des Baujahrs 1969 für 11.000,– Euro anbietet. Sofort fährt T mit seinem Transporter nach Metz, inspiziert das Fahrzeug und macht eine Probefahrt. V versichert T, das Fahrzeug sei unfallfrei, woraufhin sich V und T bei einem Preis von 10.000,– Euro handelseinig werden, T 3.000,– Euro anzahlt und den Wagen gleich mitnimmt. Da auch bei diesem Wagen einige Teile restauriert werden müssen, transportiert T ihn direkt zu R. R ist mit der Erneuerung der Chromteile am Bugatti soeben fertig geworden. T lobt den R für die sorgfältige Ausführung, lädt den Bugatti gleich in seinen Transporter und fährt ihn zurück in seine Lagerhalle in Frankreich.

Noch vor Beginn der Reparaturarbeiten an dem Cabriolet fällt R auf, dass der Wagen vor Jahren bereits in einen schweren Unfall verwickelt gewesen sein muss und deswegen nur 6.000,– Euro wert war. Ohne den Unfall hätte der Wagen bei der Übergabe einen Wert von 12.000,– Euro gehabt. Als R dies dem T mitteilt, stoppt T die noch nicht begonnenen Arbeiten und erklärt noch am selben Tag gegenüber V den Rücktritt vom Kaufvertrag. V könne den Wagen haben, er wolle aber sein Geld zurück. V hält dem entgegen, er habe den Wagen erst kurz zuvor

https://doi.org/10.1515/9783110591798-017

von X erworben und von dem Unfall nichts gewusst; X habe ihm vielmehr Unfallfreiheit zugesichert. Der Unfall sei – was zutrifft – nur durch eine Untersuchung feststellbar gewesen, die ein Händler wie er nicht habe durchführen können. Er werde vorerst weder den Wagen abholen, noch die 3.000,– Euro zurückzahlen.

Mittlerweile ist A insolvent geworden, ohne dem R die Chromarbeiten an dem Bugatti bezahlt zu haben. R verlangt daher nicht nur von A, sondern auch von T Zahlung, zumindest aber Wertersatz für das von ihm verarbeitete Chrom, und verweigert die Herausgabe des Peugeot 504 Cabriolet. Daraufhin begibt sich T heimlich nach Freiburg, öffnet sein Cabriolet mit einem Zweitschlüssel und fährt davon. Vor der Rückfahrt nach Saarbrücken will T wenigstens noch einmal mit offenem Verdeck das schöne Wetter genießen. Er fährt daher über Colmar nach Éguisheim (Frankreich) und biegt dort in die kurvige Route des cinq chateaux ein. Auf dem Bergrücken ist er – was ihm auch sonst öfters passiert – von der Aussicht so abgelenkt, dass er in einer Rechtskurve leicht fahrlässig nicht scharf genug einschlägt und in der Straßenmitte mit dem ebenfalls in Deutschland ansässigen Wohnmobilhalter und -fahrer W zusammenstößt, der seinerseits leicht fahrlässig wegen mangelnder Fahrtechnik ein wenig zu weit nach links geraten war. Während das Wohnmobil nur leichte Kratzer davonträgt, stürzt das Cabriolet die Böschung hinunter und wird vollständig zerstört; T selbst bleibt unverletzt. V verweigert daraufhin „erst recht" die Rückzahlung der angezahlten 3.000,– Euro. T habe doch wohl durch den von ihm verschuldeten Unfall sein Rücktrittsrecht verloren. Zumindest aber rechne er mit seinem Anspruch auf „Ersatz" für den durch das Verschulden des T untergegangenen Wagen auf. Wenn ihm T aber nicht schon deswegen Wertersatz schulde, weil er das Cabriolet nicht mehr zurückgewähren könne, so müsse er doch wohl wenigstens seine Ansprüche gegen W abtreten.

Welche Ansprüche haben R und T aus der Perspektive eines deutschen Gerichts?

Auszug aus dem französischen Code civil:

Art. 711
La propriété des biens s'acquiert et se transmet par succession, par donation entre vifs ou testamentaire, et par l'effet des obligations.
[Das Eigentum wird erworben durch ... die Wirkung der Obligationen.]

Art. 1196

Dans les contrats ayant pour objet l'aliénation de la propriété ou la cession d'un autre droit, le transfert s'opère lors de la conclusion du contrat. ...

[Bei den Verträgen, deren Gegenstand die Veräußerung des Eigentums oder die Zession eines anderen Rechts ist, findet der Rechtsübergang im Moment des Vertragsschlusses statt. ...]

Art. 1583

Elle [la vente] est parfaite entre les parties, et la propriété est acquise de droit à l'acheteur à l'égard du vendeur, dès qu'on est convenu de la chose et du prix, quoique la chose n'ait pas encore été livrée ni le prix payé.

[Er [der Kaufvertrag] kommt zustande zwischen den Parteien, und das Eigentum wird vom Käufer im Verhältnis zum Verkäufer erworben, sobald sich die Parteien über die Sache und den Preis geeinigt haben, auch wenn die Sache noch nicht geliefert und der Preis noch nicht gezahlt wurde.]

Das französische Internationale Sachenrecht folgt der *lex rei sitae*-Regel.

Gliederung der Lösung

1. Teil Ansprüche des R
A Anspruch des R gegen A auf Zahlung des Werklohns aus einem Werkvertrag, § 631 I
    I Anwendbares Recht
    II Entstehung des Anspruchs
    III Ergebnis
B Anspruch des R gegen T auf Zahlung des Werklohns aus einem Werkvertrag, § 631 I
    I Anwendbares Recht
    II Entstehung des Anspruchs
    III Ergebnis
[C Anspruch des R gegen T auf Aufwendungsersatz aus §§ 683 S. 1, 670
    I Anwendbares Recht
    II Entstehung des Anspruchs
    III Ergebnis]
[D Anspruch des R gegen T auf Verwendungsersatz aus §§ 994/996
    I Anwendbares Recht
    II Entstehung des Anspruchs
    III Ergebnis]
E Anspruch des R gegen T auf Entschädigung für das „verarbeitete" Chrom aus §§ 951 I 1, 812 ff.
    I Anwendbares Recht
    II Entstehung des Anspruchs
    III Ergebnis

Lösung

1. Teil Anprüche des R

A Anspruch des R gegen A auf Zahlung des Werklohns aus einem Werkvertrag, § 631 I

I Anwendbares Recht

Das anwendbare Recht bestimmt sich nach der Kollisionsnorm, die aus Sicht des zur Entscheidung berufenen Gerichts für Zustandekommen und Inhalt eines entsprechenden Vertrags einschlägig ist. Da hier die Ansprüche aus der Perspektive eines deutschen Gerichts geprüft werden sollen, sind die von einem deutschen Gericht anzuwendenden Kollisionsnormen heranzuziehen. Für vertragliche Schuldverhältnisse könnten sich die Kollisionsnormen in der Verordnung (EG) Nr. 593/2008 (nachfolgend: Rom I-VO) finden. Dazu müsste der Anwendungsbereich dieser Verordnung eröffnet sein.[1]

Ihrem sachlichen Anwendungsbereich nach erfasst die Rom I-VO nach ihrem Art. 1 I vertragliche Schuldverhältnisse in Zivil- und Handelssachen mit Auslandsbezug. Hier geht es um Pflichten aus einem Vertrag zwischen der Karlsruher Autowerkstatt A und dem irischen Autorestaurateur R. Damit handelt es sich um ein vertragliches Schuldverhältnis mit Auslandsbezug. Die Ausnahmen des Art. 1 I 2, II sind nicht einschlägig. Damit ist der sachliche Anwendungsbereich der Rom I-VO eröffnet.

Der zeitliche Anwendungsbereich der Rom I-VO erfasst gem. Art. 28 Verträge, die nach dem 17.12.2009 geschlossen sind. Da der Sachverhalt im Jahr 2019 spielt, ist der zeitliche Anwendungsbereich ebenfalls eröffnet.

Mithin ist die Rom I-VO anwendbar. Nach ihrem Art. 3 bestimmt sich das anzuwendende Recht vorrangig nach einer Rechtswahl. Für eine solche sind indes keine Hinweise zu erkennen.

Daher ist nach der objektiven Anknüpfung eines Vertrags wie des vorliegenden zu fragen. Hier könnte es sich um einen Dienstleistungsvertrag i.S.d. Art. 4 I lit. b Rom I-VO handeln. Der Dienstleistungsbegriff der Rom I-VO entspricht im Ausgangspunkt dem der Dienstleistungsfreiheit in Art. 57 AEUV (ex Art. 50 EG)

---

1 Art. 3 Nr. 1 lit. b EGBGB bestimmt (deklaratorisch wegen unmittelbarer Geltung der Verordnung), dass das Zweite Kapitel des EGBGB nur Anwendung findet, wenn nicht die Rom I-VO maßgeblich ist; im EGBGB befindet sich ohnehin kein Internationales Schuldvertragsrecht mehr (grds. denkbar: EGBGB a.F. nach Regeln des intertemporalen Rechts; hier ist aber der zeitliche Anwendungsbereich der Rom I-VO eröffnet, s.o.).

bzw. der Dienstleistungsrichtlinie und umfasst alle auf eine Tätigkeit gerichteten Verträge, mithin auch Werkverträge[2] wie den vorliegenden Vertrag zwischen A und R. Damit gilt das Recht des gewöhnlichen Aufenthalts des Dienstleisters. Dienstleister ist R. Gewöhnlicher Aufenthalt ist hier, wo R den Vertrag durch ihre Freiburger Zweigniederlassung geschlossen hat, gem. Art. 19 II Rom I-VO der Ort dieser Zweigniederlassung, mithin Freiburg. Für den Vertrag gilt somit deutsches (Sach-)[3]Recht.

II Entstehung des Anspruchs

Hier haben sich A und R über eine erfolgsbezogene Tätigkeit, nämlich die Ausführung von Verchromungsarbeiten gegen Entgelt, mithin eine Werkleistung, geeinigt; dass im Sachverhalt von „beauftragt" die Rede ist, ist nicht technisch zu verstehen. R ist mangels anderer Angaben als nach irischem Recht rechtsfähig anzusehen, was wegen der Niederlassungsfreiheit auch in Deutschland anzuerkennen ist. Ein Werkvertrag liegt mithin vor. Damit ist auch der Vergütungsanspruch entstanden.

Die Vergütung müsste auch fällig gewesen sein. Gem. § 641 I 1 setzt dies grundsätzlich eine Abnahme voraus. Hier hat zwar keine Abnahme durch A stattgefunden. Jedoch hat A seinerseits die Ausführung der Arbeiten in einer „Leistungskette" dem T versprochen. Dieser hat, indem er die Ausführung der Arbeiten gegenüber R gelobt hat, die Arbeiten abgenommen, was gem. § 641 II 1 Nr. 2 Alt. 1 ebenfalls die Fälligkeit herbeiführt.

III Ergebnis

Demnach hat R gegen A einen Anspruch auf Zahlung des Werklohns. [Dieser ist allerdings Insolvenzforderung (§ 38 InsO), wird also nur im Rahmen des Insolvenzverfahrens befriedigt.]

---

2 S. nur Palandt/*Thorn*, Art. 4 Rom I-VO Rn. 8.
3 Vgl. Art. 20 Rom I-VO.

B Anspruch des R gegen T auf Zahlung des Werklohns aus einem Werkvertrag, § 631 I

I Anwendbares Recht

Auch für einen eventuellen Vertrag direkt zwischen R und T ist die Rom I-VO anwendbar. Insbesondere steht dem nicht entgegen, dass bereits das Zustande-kommen eines Vertrags fraglich ist; vielmehr gilt gem. Art. 10 I das Recht, das bei Wirksamkeit des Vertrags anzuwenden wäre.

Mangels Rechtswahl kommt hier wiederum nur eine objektive Anknüpfung in Betracht. T hat als Privatsammler gehandelt, mithin nicht zu einem beruflichen oder gewerblichen Zweck und somit als Verbraucher i.S.d. Art. 6 I Rom I-VO. R hingegen betreibt eine Restaurateurwerkstatt in Deutschland, ist mithin ge-werblich tätig und hat somit als Unternehmer i.S.d. Art. 6 I den eventuellen Vertrag im Rahmen ihrer hier ausgeübten gewerblichen Tätigkeit geschlossen. Damit sind die Voraussetzungen des Art. 6 I lit. a Rom I-VO gegeben. Mithin findet das Recht am gewöhnlichen Aufenthalt des T Anwendung, also deutsches Recht.

II Entstehung des Anspruchs

Indessen ist ein Werkvertrag zwischen R und T nicht zustande gekommen. R hat nur mit A kontrahiert. Dass T den Wagen abgeholt und abgenommen hat, ändert hieran nichts (§§ 133, 157; arg. § 641 II 1 Nr. 2).

III Ergebnis

R hat demnach keinen Anspruch gegen T auf Vergütung aus einem Werkvertrag, § 631 I.

[C Anspruch des R gegen T auf Aufwendungsersatz aus §§ 683 S. 1, 670

In Betracht kommt noch ein Anspruch des R gegen T auf Aufwendungsersatz aus Geschäftsführung ohne Auftrag, §§ 683 S. 1, 670.

I Anwendbares Recht

Das auf die Geschäftsführung ohne Auftrag anwendbare Recht bestimmt sich aus der Perspektive eines deutschen Gerichts entweder nach Art. 39 EGBGB oder nach der Verordnung (EG) Nr. 864/2007 (nachfolgend: Rom II-VO). Da die Rom II-VO sachlich ein solches außervertragliches Schuldverhältnis erfasst (Art. 1 I, 2 I Rom II-VO), ohne dass eine Ausnahme greifen würde (Art. 1 II Rom II-VO), und zeitlich gem. Art. 31 f. Rom II-VO auf Ereignisse nach dem 11.1.2009, also für die hier fraglichen Ereignisse im Jahr 2019, gilt, ist die Rom II-VO und nicht das EGBGB heranzuziehen.

Gem. Art. 11 I/II, 23 I findet hier jedenfalls wiederum deutsches (Sach-)[4]Recht Anwendung.

II Entstehung des Anspruchs

Geschäftsführung ohne Auftrag setzt die Führung eines fremden Geschäfts mit Fremdgeschäftsführungswillen voraus. Hieran fehlt es im vorliegenden Fall: R will den Vertrag mit A erfüllen; die umstrittene Figur des „Auch fremden Geschäfts" (Fallgruppe „pflichtgebundener Geschäftsführer") ist hier angesichts einer wirksamen rein vertraglichen Pflicht des R unanwendbar.[5]

III Ergebnis

Folglich hat R keinen Anspruch gegen T auf Aufwendungsersatz aus §§ 683 S. 1, 670.]

[D Anspruch des R gegen T auf Verwendungsersatz aus §§ 994/996

Denkbar erscheint noch ein Anspruch des R gegen T auf Verwendungsersatz aus § 994 oder § 996.

---

4 Vgl. Art. 24 Rom II-VO.
5 Vgl. BGH, NJW-RR 2004, 81 (83): „Jedoch kommt in solchen Fällen eine Inanspruchnahme des Geschäftsherrn dann nicht in Betracht, wenn die Verpflichtung auf einem mit einem Dritten wirksam geschlossenen Vertrag beruht, der Rechte und Pflichten des Geschäftsführers und insbesondere die Entgeltfrage umfassend regelt"; weiter BGH, NJW-RR 2004, 956; MüKo/*Schäfer*, § 677 Rn. 92 ff.

I Anwendbares Recht

Welchen Kollisionsnormen Verwendungsersatzansprüche des nichtberechtigten Besitzers gegen den Eigentümer unterstehen, ist umstritten. In Betracht kommt eine sachenrechtliche Qualifikation, womit gem. Art. 43 I EGBGB auf den Verwendungszeitpunkt abzustellen wäre. Zu dieser Zeit befand sich der Bugatti in Deutschland, sodass deutsches Recht gälte. In Betracht kommt aber auch eine Qualifikation als Geschäftsführung ohne Auftrag.[6] Dann gälte indes nach dem soeben Gesagten ebenfalls deutsches Recht. Eine Entscheidung kann daher unterbleiben.

II Entstehung des Anspruchs

Voraussetzung der Ansprüche aus §§ 994, 996 ist eine Vindikationslage zur Zeit der Verwendung. Hier war R unmittelbarer Fremdbesitzer des Bugatti, einer Sache. Ursprünglicher Eigentümer des Bugatti war F, von dem T den Wagen nach dem Sachverhalt erworben hat (wohl im Wege einer Übereignung unter französischem Recht, Art. 43 I EGBGB i.V.m. französischem IPR, das die Verweisung annimmt [ebenfalls *lex rei sitae*], Art. 711, 1196, 1583 Code civil). Da aber R gegenüber A und A gegenüber T auf der Grundlage der Werkverträge zum Besitz berechtigt war,[7] also eine ununterbrochene Besitzrechtskette vorlag, war zum Verwendungszeitpunkt keine Vindikationslage gegeben.

III Ergebnis

R hat daher gegen T keinen Anspruch auf Verwendungsersatz aus § 994 oder § 996.]

E Anspruch des R gegen T auf Entschädigung für das „verarbeitete" Chrom aus §§ 951 I 1, 812 ff.

R könnte indes gegen T einen Anspruch auf Entschädigung für das „verarbeitete" Chrom aus §§ 951 I 1, 812 ff. haben.

---

6 Möglicherweise gebietet dies sogar die Rom II-VO, vgl. MüKo/*Wendehorst*, Art. 43 EGBGB Rn. 101.

7 Vgl. BGH, NJW 1984, 2569.

I Anwendbares Recht

Die Bestimmung der einschlägigen Kollisionsnorm hängt davon ab, wie ein Anspruch auf Entschädigung für Rechtsverlust infolge Verbindung/Vermischung/Verarbeitung zu qualifizieren ist

In Betracht kommt einerseits eine sachenrechtliche Qualifikation. Hierfür spricht, dass der Anspruch seinen Entstehungsgrund im Rechtsverlust aufgrund Verbindung/Vermischung/Verarbeitung hat, dieser Rechtsverlust ist aber ein sachenrechtlicher Vorgang. Das anwendbare Recht bestimmt sich dann nach Art. 43 I EGBGB. Der Bugatti samt dem Chrom befindet sich zwar aktuell in Frankreich, was zu einer Anwendung französischen Rechts führen würde. Der Bugatti und das Chrom befanden sich aber zur Zeit des fraglichen Rechtsverlusts in Freiburg, mithin in Deutschland, womit man zur Anwendung deutschen Rechts käme. Entscheidend muss sein, welchem Recht die Sache zur Zeit des sachenrechtlichen Vorgangs unterlag, der die Entstehung des Entschädigungsanspruchs nach sich gezogen haben könnte; ein einmal entstandener Anspruch besteht grds. fort – *fait accompli*.[8] Damit führt eine sachenrechtliche Qualifikation hier zur Geltung deutschen Rechts.

Andererseits könnte man aber auch eine bereicherungsrechtliche Qualifikation vornehmen. Denn der Sache nach geht es um einen Bereicherungsausgleich für den erlittenen Rechtsverlust. Dass § 951 im dritten Buch des BGB steht, ist schon angesichts des Gebots autonomer Auslegung der Rom II-VO unerheblich; zudem ist § 951 nach h.M. in Deutschland eine Rechtsgrundverweisung auf das Bereicherungsrecht, was ebenfalls für eine bereicherungsrechtliche Qualifikation spricht. Folgt man dem, bestimmt sich das anwendbare Recht nach den für Bereicherungsrecht einschlägigen Kollisionsnormen. Damit ist zu entscheiden, ob Art. 38 EGBGB oder die Rom II-VO gelten. Da hier der sachliche und zeitliche Anwendungsbereich der Rom II-VO eröffnet ist (vgl. o.), findet diese Anwendung. Eine Anknüpfung an ein zwischen den Parteien bestehendes Rechtsverhältnis, die gem. Art. 10 I 1 Rom II-VO vorrangig zu beachten ist, scheidet hier aus, denn es liegt gerade kein Vertrag zwischen R und T vor. Gem. Art. 10 II Rom II-VO gilt bei gewöhnlichem Aufenthalt der Parteien zum Zeitpunkt des Ereignisses in demselben Staat das gemeinsame Aufenthaltsrecht. Der gewöhnliche Aufenthalt für R liegt gem. Art. 23 I 2 Rom II-VO wiederum am Ort der deutschen Zweigniederlassung. Damit findet auch nach der Rom II-VO deutsches (Sach-)Recht Anwendung.

---

8 Vgl. *Kegel/Schurig*, Internationales Privatrecht, § 19 III (S. 771); Staudinger/*Mansel*, Art. 43 EGBGB Rn. 914.

Eine Entscheidung zwischen den beiden Anknüpfungsmöglichkeiten kann also unterbleiben, die Prüfung erfolgt nach deutschem Recht.[9]

II Entstehung des Anspruchs

Die Voraussetzungen des § 951 I 1 müssten gegeben sein. Voraussetzung ist zunächst ein Rechtsverlust infolge der §§ 946–950, hier zu lesen als Rechtsverlust infolge von Verbindung/Vermischung/Verarbeitung. Diese Frage unterliegt, da der im Raum stehende Erwerbsvorgang in Deutschland erfolgte, gem. Art. 43 I deutschem Recht.[10]

Eine Verarbeitung i.S.d. § 950 I 1 liegt nicht vor, da die Chromarbeiten keine *neue* bewegliche Sache hervorgebracht haben.

In Betracht kommt aber eine Verbindung, § 947 II. Die neue Verchromung wurde wesentlicher Bestandteil, § 93, des Bugatti, der als Hauptsache anzusehen ist. Folglich hat T das Eigentum auch am Chrom erworben. Damit liegt ein Rechtsverlust des R infolge Eigentumserwerbs des T an dem „verarbeiteten" Chrom vor, der zugleich eine Rechtsänderung zugunsten des T darstellt.

Weiter könnten die Voraussetzungen der §§ 812 ff. zu prüfen sein. Dies hängt davon ab, ob § 951 Rechtsgrund- oder Rechtsfolgenverweisung ist.

Nach einer Ansicht ist § 951 lediglich eine Rechtsfolgenverweisung.[11] Folgt man dem, sind keine weiteren Voraussetzungen zu prüfen, der Anspruch wäre gegeben.

Die herrschende Gegenansicht sieht in § 951 eine Rechtsgrundverweisung mit der Folge, dass die Voraussetzungen der §§ 812 ff. zu prüfen sind.[12] Hier hat T Eigentum an dem Chrom erlangt. Dies könnte aber durch Leistung, d.h., eine bewusste, zweckgerichtete Mehrung fremden Vermögens, geschehen sein. Zu beurteilen ist das Vorliegen einer Leistung aus der Sicht des Leistungsempfängers,[13] hier des T; aus Sicht des T hat aber A an ihn geleistet, da er in Erfüllung des mit T geschlossenen Werkvertrags die Arbeiten erbracht hat bzw. von R als Sub-

---

9 Vgl. auch *Kegel/Schurig*, Internationales Privatrecht, § 18 III [S. 714 f.]: „Bei Eingriffen in Sachen (z. B. Verbindung, Vermischung, Verarbeitung [...]) decken sich meist Eingriffs- und Lageort, so daß Bereicherungs- und Sachstatut [...]) übereinstimmen".

10 S. dazu etwa MüKo/*Wendehorst*, Art. 43 EGBGB Rn. 86. Das anwendbare Recht für Verbindung/Vermischung/Verarbeitung ist wohl nur dann als Vorfrage selbständig anzuknüpfen, wenn nicht § 951 insgesamt bereits sachenrechtlich qualifiziert wurde.

11 *Imlau*, NJW 1964, 1999 f.

12 BGHZ 55, 176 (177); *Grigoleit/Auer*, Schuldrecht III, Rn. 127, 442.

13 S. etwa BGHZ 40, 272 (277 f.); 162, 157 (160); BGH, NJW 2005, 60 f.; *Fikentscher/Heinemann*, Schuldrecht, Rn. 1431; vgl. auch *Thomale/Zimmermann*, AcP 217 (2017), 246 (256 ff.).

unternehmer erbringen ließ. Damit scheidet aber eine Leistungskondiktion (§ 812 I 1 Alt. 1) seitens des R aus, sodass die Frage, ob § 951 überhaupt auf die Leistungskondiktion verweist,[14] nicht beantwortet werden muss. Eine Eingriffskondiktion des R (§ 812 I 1 Alt. 2) würde ein Erlangen in sonstiger Weise, also nicht durch Leistung, voraussetzen. Hier hat T aber, wie gesehen, durch Leistung des A das Eigentum an dem Chrom erlangt. R hat damit keinen Anspruch aus §§ 812 ff., sodass nach der Gegenansicht auch ein Anspruch aus § 951 I 1 ausscheidet.

Für die Gegenansicht spricht, dass ansonsten die im Gesetz angelegte Trennung von Leistung und Nichtleistung[15] nicht gewahrt bliebe und im Ergebnis die vom Gesetzgeber ausdrücklich abgelehnte Versionsklage wieder eingeführt würde. Mithin ist dieser Ansicht zu folgen

III Ergebnis

R hat daher gegen T keinen Anspruch auf Entschädigung für das „verarbeitete" Chrom aus §§ 951 I 1, 812 ff.

F Ansprüche des R gegen T auf Herausgabe des Peugeot 504 Cabriolet aus § 861/§ 1007 I/§ 1007 II 1/§ 812 I 1 Alt. 2

Ansprüche des R gegen T auf Herausgabe des Cabriolets scheitern daran, dass das Cabriolet infolge des Unfalls untergegangen ist.

[G Anspruch des R gegen T auf Schadensersatz wegen des Mitnehmens des Peugeot 504 Cabriolet aus § 823 I

R könnte gegen T einen Anspruch auf Schadensersatz wegen des Mitnehmens des Peugeot 504 Cabriolet aus § 823 I haben.

---

14 Dafür wird u. a. der in § 951 I 1 verwendete Terminus „erleidet" angeführt; s. dazu etwa *Baur/Stürner*, Sachenrecht, § 53 Rn. 24; MüKo/*Füller*, § 951 Rn. 3.
15 „Wer durch Leistung empfangen hat, kann nicht zugleich Schuldner eines Anspruchs aus einer Nichtleistungskondiktion sein"; s. dazu auch *Medicus/Petersen*, Bürgerliches Recht, Rn. 727; *Thomale/Zimmermann*, AcP 217 (2017), 246 (256 ff., 283 ff.).

I Anwendbares Recht

Die Kollisionsnormen für den im Raum stehenden deliktsrechtlichen Schadensersatzanspruch finden sich in der sachlich und zeitlich anwendbaren Rom II-VO, mithin nicht in Art. 40 EGBGB. Nach Art. 4 I Rom II-VO gilt, da das Mitnehmen in Deutschland stattfand, deutsches Recht.

II Entstehung des Anspruchs

Absolut geschütztes Recht des R könnte zunächst ein Werkunternehmerpfandrecht gem. § 647 sein. Hier hatte T indes die Arbeiten schon vor deren Beginn gestoppt, daher fehlt es bereits an einer „von ihm [dem Werkunternehmer] hergestellten oder ausgebesserten beweglichen Sache[.]“; i.Ü. besteht wegen der Kündigung vor Beginn (§ 648 S. 1) kein Vergütungsanspruch (vgl. § 648 S. 2 Hs. 2 – kein Hinweis, dass R nichts anderes hätte tun können; S. 3 ist wohl schon nach dem Wortlaut [„noch nicht erbrachten Teil“] erst nach Beginn irgendwelcher Arbeiten einschlägig, jedenfalls ist hier die widerlegliche[16] Vermutung widerlegt).

In Betracht kommt noch die Verletzung des berechtigten Besitzes des R. Dies würde aber voraussetzen, dass R ein Recht zum Besitz hat, nachdem T die Arbeiten vor deren Beginn gestoppt hatte. Zwar hat ein Werkunternehmer grds. Recht zum Besitz.[17] Hier liegt aber im „Stoppen“ der Arbeiten und dem Herausgabeverlangen eine Kündigung (§ 649 S. 1), womit auch das Recht zum Besitz aus dem Werkvertrag erlischt. Ein Zurückbehaltungsrecht gem. § 273 gewährt richtigerweise schon kein Recht zum Besitz;[18] jedenfalls sind hinsichtlich des Cabriolets noch keine Ansprüche entstanden und stehen R hinsichtlich des Bugatti keine Ansprüche gegen T zu. Damit fehlt es an der von § 823 I vorausgesetzten Rechtsgutsverletzung.

III Ergebnis

R hat gegen T keinen Anspruch auf Schadensersatz aus § 823 I.[19]]

---

16 § 292 ZPO; Jauernig/*Mansel*, § 648 Rn. 4.
17 S. nochmals BGH, NJW 1984, 2569.
18 S. nur Jauernig/*Berger*, § 986 Rn. 8; MüKo/*Baldus*, § 986 Rn. 45; Staudinger/*Gursky*, § 986 Rn. 28.
19 Die Wegnahme könnte allerdings verbotene Eigenmacht i.S.d. § 858 darstellen und damit ein Schutzgesetz verletzen. Da R aber keinerlei Ansprüche gegen T zustehen, ist R jedenfalls kein Schaden entstanden. Auch ein Anspruch aus § 823 II i.V.m. § 858 scheidet daher aus. Losgelöst

2. Teil Ansprüche des T

A Anspruch des T gegen A auf Erneuerung der Verchromung aus einem Werkvertrag, § 631 I

Der (ohne Weiteres deutschem Recht unterliegende) Anspruch des T gegen A auf Erneuerung der Verchromung aus einem Werkvertrag, § 631 I, ist infolge von Erfüllung gem. § 362 I 1 erloschen.

B Anspruch des T gegen W auf Schadensersatz i.H.v. 6.000,– Euro aus § 7 I StVG

T könnte gegen W einen Anspruch auf Schadensersatz i.H.v. 6.000,– Euro aus § 7 I StVG haben.

I Anwendbares Recht

Der im Raum stehende Anspruch auf Ersatz von Verkehrsunfallschäden gehört in den Bereich der unerlaubten Handlungen und mithin der außervertraglichen Schuldverhältnisse. Die Rom II-VO ist sachlich wie zeitlich anwendbar.

Da sowohl T als auch W ihren gewöhnlichen Aufenthalt in Deutschland haben, findet gem. Art. 4 II Rom II-VO, der auch für die Gefährdungshaftung gilt,[20] deutsches Recht Anwendung.

II Entstehung des Anspruchs

Die Sachbeschädigung an dem Cabriolet ist ein von § 7 I StVG erfasster Verletzungserfolg. Sie ist auch beim Betrieb eines Kraftfahrzeugs eingetreten, da sich in dem Unfall gerade die Gefahr realisiert hat, die mit dem Fahrzeug als Verkehrsmittel verbunden ist. W ist auch Halter des Wohnmobils. Dem T müsste auch ein kausaler Schaden entstanden sein. Dies ist insbesondere dann der Fall, wenn er Eigentümer des Cabriolets war.[21]

---

davon stellt sich die Frage, ob § 858 überhaupt als Schutzgesetz zu klassifizieren ist; s. dazu etwa *Medicus/Petersen*, Bürgerliches Recht, Rn. 621.

20 S. nur Palandt/*Thorn*, Art. 4 Rom II-VO Rn. 3.

21 Selbst wenn T bei Rückabwicklung dem V nicht zum Wertersatz verpflichtet sein sollte, stellt der Verlust des Eigentums für ihn einen Schaden dar (er trägt zumindest ein erhöhtes Insol-

Ob T Eigentümer des Cabriolets war, ist eine selbständig anzuknüpfende Vorfrage.[22] Anwendbares Recht ist gem. Art. 43 I EGBGB die *lex rei sitae*. Das Cabriolet war zum Zeitpunkt des Unfalls in Frankreich. Daher gilt französisches Recht unter Einschluss des französischen IPR (Art. 4 I 1 EGBGB); danach kommt es aber für einen in Rede stehenden früheren Erwerb ebenfalls darauf an, wo sich die Sache zu diesem Zeitpunkt befand.

Ursprünglich war V Eigentümer des Cabriolets. T könnte jedoch das Eigentum erworben haben. In Betracht kommender Zeitpunkt ist hier das Geschäft V – T in Mulhouse. Zu diesem Zeitpunkt war das Cabriolet in Frankreich. Es gilt also französisches Recht, das die Verweisung annimmt. Nach französischem Sachrecht erfolgt ein Eigentumserwerb mit Abschluss des Kaufvertrags, Art. 711, 1196, 1583 Code civil. Anlass für Zweifel an der Wirksamkeit des Kaufvertrags besteht weder nach französischem noch deutschem Recht. Somit hat T Eigentum erworben.

T könnte das Eigentum indessen wieder durch seinen eventuellen „Rücktritt" verloren haben. Zu diesem Zeitpunkt befand sich das Cabriolet in Deutschland; unter deutschem Recht (Trennungs- und Abstraktionsprinzip) hat aber eine Änderung auf schuldrechtlicher Ebene keine dinglichen Auswirkungen,[23] selbst wenn der „Rücktritt" zu einem „Wegfall" des „schuldrechtlichen" Vertrags geführt haben sollte. Somit war T Eigentümer des Wagens geblieben. An diesem Eigentum ändert sich durch die bloße Rückkehr nach Frankreich nichts.

III Anrechnung der eigenen Betriebsgefahr

T könnte sich aber gem. § 17 II StVG die Betriebsgefahr des Cabriolets anzurechnen haben. Da T selbst unfallbeteiligter Fahrzeughalter ist, greift § 9 StVG nicht, sondern § 17 II StVG. Dieser verlangt eine Abwägung nach § 17 I StVG. Dabei ist grundsätzlich von hälftiger Teilung auszugehen; Verschulden wirkt sich aber gefahrerhöhend aus. Hier sind bei T und W jeweils leichte Fahrlässigkeit gegeben, was sich zwar jeweils erhöhend auf die Betriebsgefahr auswirkt, aber das Abwägungsergebnis unberührt lässt. Damit findet eine hälftige Schadensteilung statt. Schaden des T ist hier der völlige Verlust des (wahren) Werts des Cabriolets, also 6.000,– Euro. W haftet damit auf 3.000,– Euro.

---

venzrisiko, da T nicht vorleistungspflichtig war, vgl. §§ 348, 320); eine Drittschadensliquidation zugunsten des V bzw. des X braucht dann nicht geprüft zu werden, wäre aber zu bejahen, wobei sich dann ein anderer Aufbau empfiehlt.

22 Vgl. nur *Kegel/Schurig*, Internationales Privatrecht, § 18 IV 2 (S. 743).

23 Vgl. nur Jauernig/*Stadler*, Vor §§ 346–354 Rn. 3.

IV Ergebnis

T hat gegen W einen Anspruch auf Schadensersatz i.H.v. 3.000,– Euro aus § 7 I StVG.

C Anspruch des T gegen W auf Schadensersatz aus § 18 I StVG

T hat gegen W als Fahrer des unfallbeteiligten Kraftfahrzeugs, den leichte Fahrlässigkeit und mithin ein Verschulden trifft (vgl. § 18 I 2 StVG), auch einen Anspruch auf Schadensersatz aus dem gem. Art. 4 II Rom II-VO anwendbaren § 18 I StVG, der sich nach Anrechnung der eigenen Betriebsgefahr gem. §§ 18 III, 17 I 1, 2 StVG wiederum auf 3.000,– Euro beläuft.

D Anspruch des T gegen W auf Schadensersatz aus § 823 I

Ein Anspruch auf Schadensersatz ergibt sich auch aus dem ebenfalls gem. Art. 4 II Rom II-VO anwendbaren § 823 I, wobei die Anrechnung der eigenen Betriebsgefahr auch konkurrierende Deliktsansprüche erfasst, sodass sich der Anspruch wiederum auf 3.000,– Euro beläuft.

E Anspruch des T gegen W auf Schadensersatz aus § 823 II

Schließlich folgt ein Schadensersatzanspruch in dieser Höhe auch aus § 823 II i.V.m. dem Rechtsfahrgebot des französischen Straßenverkehrsrechts, das gem. Art. 17 sowie Erw.-Gr. 34 Rom II-VO als örtliche Sicherheits- und Verhaltensregel zu berücksichtigen ist.

F Anspruch des T gegen V auf Rückzahlung des angezahlten Kaufpreisteils in Höhe von 3.000,– Euro aus §§ 346 I, 323 I, 326 V, 437 Nr. 2

T könnte gegen V einen Anspruch auf Rückzahlung des angezahlten Kaufpreisteils in Höhe von 3.000,– Euro aus §§ 346 I, 323 I, 326 V, 437 Nr. 2 haben.

I Anwendbares Recht

Die in Rede stehende Rückgewährpflicht beruht auf einer eventuellen Rückabwicklung des Kaufvertrags, gehört also dem Bereich der vertraglichen Schuldverhältnisse an und unterfällt damit der Rom I-VO. Das dort geregelte Vertragsstatut umfasst insbesondere auch die Folgen der vollständigen oder teilweisen Nichterfüllung, Art. 12 I lit. c Rom I-VO.

Eine Rechtswahl ist nicht ersichtlich. Grundsätzlich gilt dann für Kaufverträge über bewegliche Sachen gem. Art. 4 I lit. a Rom I-VO das Recht des Staates, in dem der Verkäufer seinen gewöhnlichen Aufenthalt hat – allerdings nur „unbeschadet der Art. 5 – 8". Hier könnte Art. 6 I lit. b Rom I-VO greifen. T ist als Privatsammler Verbraucher. V ist als Autohändler Unternehmer. Er hat seine gewerbliche Tätigkeit durch die Anzeige in dem Saarbrücker Kleinanzeigenblatt auch auf Deutschland ausgerichtet.[24] Der Kaufvertrag über das Cabriolet fällt in den Bereich dieser Tätigkeit. Damit gilt deutsches Recht, und zwar das Kaufrecht des BGB, nicht des CISG, da T als Privatperson handelt, vgl. Art. 2 lit. a CISG.

II Anspruchsvoraussetzungen

1 Rücktrittserklärung

Ein Rückgewähranspruch aus § 346 I setzt zunächst einen Rücktritt voraus, der gem. § 349 durch Rücktrittserklärung erfolgt. Eine solche Erklärung hat T abgegeben.

2 Rücktrittsrecht

Ein Rücktrittsrecht könnte aus §§ 323, 326 V, 437 Nr. 2 folgen. Dies würde die Verletzung einer kaufvertraglichen Pflicht in Gestalt eines Mangels der Kaufsache voraussetzen. Ein wirksamer Kaufvertrag liegt vor; dass möglicherweise ein unbehebbares Leistungshindernis bzgl. der Pflicht zu sachmangelfreier Lieferung (§ 433 I 2) vorlag, ist gem. § 311a I ohne Einfluss auf die Wirksamkeit des Kaufvertrags.

Das Cabriolet war bei Gefahrübergang (§ 446 S. 1) entgegen einer dahingehenden Vereinbarung nicht unfallfrei. Damit liegt ein Mangel i.S.d. § 434 I 1 vor; dass V der Mangel nicht bekannt war, ist irrelevant. Die Pflichtverletzung ist, da es

---

24 S. zu diesem Tatbestandsmerkmal nur MüKo/*Martiny*, Art. 6 Rom I-VO Rn. 38 ff.

sich um einen schweren Vorunfall handelte, auch nicht unerheblich i.S.d. § 323 V 2.[25]

Eine Fristsetzung, wie sie § 323 I an sich verlangt, hat nicht stattgefunden. Die Fristsetzung ist auch nicht gem. § 323 II Nr. 1 entbehrlich, da V nur „vorerst" die Rückzahlung und Rücknahme verweigert hatte; die Voraussetzungen der § 323 II Nr. 2, 3 greifen nicht. Einer Fristsetzung könnte es jedoch gem. § 326 V nicht bedürfen. Hier könnte objektive Unmöglichkeit gem. § 275 I Alt. 2 vorliegen. Der Vorunfallschaden kann nicht beseitigt werden; eine Nachbesserung scheidet mithin aus. Beim Erwerb eines Oldtimers der besichtigt und probegefahren worden war, ist eine Nachlieferung ebenfalls ausgeschlossen.[26] Damit sind die Voraussetzungen des § 326 V gegeben.

Der Rücktritt könnte allerdings wegen des Unfalls ausgeschlossen sein. Gem. § 323 VI ist der Rücktritt ausgeschlossen, wenn der Gläubiger für den Umstand, der ihn zum Rücktritt berechtigen würde, allein oder überwiegend verantwortlich ist. Zum Rücktritt berechtigt den T hier der Mangel des Pkw. Für diesen ist T nicht verantwortlich. § 323 VI greift also nicht.

Wie § 346 II 1 Nr. 3 klarstellt, ist ein Rücktritt nicht allein wegen eines Untergangs des empfangenen Gegenstands ausgeschlossen.[27] Damit steht T trotz des Unfalls ein Rücktrittsrecht zu.

3 Zwischenergebnis

Der Anspruch auf Rückgewähr der angezahlten 3.000,– Euro ist entstanden.

III Erlöschen des Anspruchs durch Aufrechnung

Der Anspruch könnte jedoch infolge einer Aufrechnung gem. § 389 erloschen sein.

---

25 Grundsätzlich zieht ein Sachmangel nach § 434 I 1 die Erheblichkeit der Pflichtverletzung nach sich. So BGH, NJW-RR 2010, 1289 (1291 Rn. 23).

26 BGH, ZIP 2006, 1586 (1588 f.); s. zur umstrittenen Frage, ob bei einer Stückschuld eine Nachlieferung per se nicht in Betracht kommt etwa BeckOK/*Faust*, § 439 Rn. 47 ff.

27 Nach altem Schuldrecht hingegen war der Rücktritt ausgeschlossen, wenn der Berechtigte eine wesentliche Verschlechterung, den Untergang oder die anderweitige Unmöglichkeit der Herausgabe des empfangenen Gegenstandes verschuldet hat (§ 351 S. 1 a.F.).

1 Anwendbares Recht

Gem. Art. 17 Rom I-VO gilt für die Aufrechnung das Recht der Hauptforderung, Art. 17 Rom I-VO. Hier ist Hauptforderung der Rückgewähranspruch, dieser unterliegt deutschem Recht (s. o.). Damit ist auch ein Erlöschen durch Aufrechnung nach deutschem Recht zu prüfen.

2 Aufrechnungserklärung

V hat die Aufrechnung i.S.d. § 388 erklärt. Diese Aufrechnungserklärung erfolgte auch unbedingt, da sie V nur davon abhängig machen wollte, dass der Anspruch überhaupt besteht.

3 Aufrechnungslage

Gem. § 387 müsste V eine dem Rückgewähranspruch gleichartige Gegenforderung gegen T zugestanden haben.

a) Wertersatzanspruch

aa) Entstehung

Eine solche Gegenforderung könnte der Anspruch V gegen T auf Wertersatz für das Cabriolet aus § 346 II 1 Nr. 3 sein, der gem. Art. 12 I lit. C Rom I-VO ebenfalls deutschem Recht unterliegt. In der Tat ist das Cabriolet und mithin der empfangene Gegenstand untergegangen. Damit sind die Voraussetzungen des Wertersatzanspruchs an sich gegeben.

Der Berechnung des Wertersatzanspruchs ist im Ausgangspunkt die im Vertrag bestimmte Gegenleistung zugrunde zu legen, § 346 II 2. Im Übrigen ist die Berechnung des Wertersatzanspruchs aber umstritten.[28] Nach einer Meinung finden die Regeln über die Minderung, d. h. § 441 III, Anwendung. Damit ist hier, wo T für 10.000,– Euro einen Wagen erworben hat, der in mangelfreiem Zustand 12.000,– Euro wert gewesen wäre, infolge des Mangels aber nur 6.000,– Euro wert ist, der Wertersatzanspruch entsprechend zu kürzen, und zwar auf 10.000,– Euro x (6.000,– Euro / 12.000,– Euro) = 5000,– Euro. Nach der Gegenmeinung ist stets der objektive Wert der Kaufsache, hier 6.000,– Euro, geschuldet. In beiden Fällen

---

28 S. zur Berechnung des Wertersatzes etwa Staudinger/*Kaiser*, § 346 Rn. 160 ff.

würde die Aufrechnung die Hauptforderung i.H.v. 3.000,– Euro vollständig zum Erlöschen bringen, sodass eine Streitentscheidung an dieser Stelle entbehrlich ist.

bb) Ausschluss

Der Wertersatzanspruch könnte indes gem. § 346 III 1 Nr. 3 ausgeschlossen sein.[29] Hier liegt der Fall eines gesetzlichen Rücktrittsrechts vor, da der Rücktritt des T aus §§ 437 Nr. 2, 323 I, 326 V folgt. Das Cabriolet ist auch bei T als dem Rücktrittsberechtigten untergegangen. T müsste weiter die eigenübliche Sorgfalt (*diligentia quam in suis*) gewahrt haben, ohne dass ihm grobe Fahrlässigkeit zur Last fällt (§ 277). T fährt auch sonst unkonzentriert. Sein Fahrfehler ist nur als leichte Fahrlässigkeit einzuordnen; dass es sich um eine „Ausflugsfahrt" handelte und T eine kurvige Bergstrecke wählte, ist unerheblich. Die eigenübliche Sorgfalt hat T mithin gewahrt. Allerdings ist umstritten, ob im Straßenverkehr eine Haftungserleichterung auf die eigenübliche Sorgfalt überhaupt zulässig ist.

Nach einer Ansicht ist dies zu verneinen. Denn die Regeln des Straßenverkehrs ließen keinen Spielraum für individuelle Sorgfalt.[30] Demnach wäre der Wertersatzanspruch hier, wo T leichte Fahrlässigkeit zur Last fällt, doch nicht ausgeschlossen.

Die Gegenansicht betont, dass das Abstellen auf eigenübliche Sorgfalt im Straßenverkehr nicht generell ausgeschlossen sei, sondern nur bei einer besonderen Beziehung zwischen Schädiger und Geschädigtem (Gesellschaft, § 708; Ehegatten, § 1359; Eltern gegenüber Kind, § 1664); teils wird auch gefragt, ob der Geschädigte selbst am Umfallgeschehen beteiligt war.[31] Wo ein solcher Fall nicht vorliege, spreche nichts gegen die Anwendung der Haftungserleichterung. Da hier weder eine besondere Beziehung gegeben ist noch der V als Geschädigter selbst am Unfall beteiligt war, könnte deshalb die Haftungserleichterung doch greifen.

Die letztgenannte Ansicht erscheint vorzugswürdig. Für sie spricht der Gesetzeswortlaut sowie die Tatsache, dass die Regeln des § 346 II 1 Nr. 3, III 1 Nr. 3 gerade bei Unfällen im Straßenverkehr häufig zur Anwendung kommen, was der Gesetzgeber erkennen konnte; er hat aber dennoch in III 1 Nr. 3 keine Ein-

---

29 In Betracht kommt auch § 346 III 1 Nr. 2 („Vertretenmüssen" des Gläubigers): Diese Vorschrift ist wie § 326 II zu verstehen und umfasst daher auch den Fall, dass die zurückzugewährende Leistung untergeht, während der Gläubiger im Verzug der Annahme ist (BeckOGK/*Schall* § 346 Rn. 594 f.). Der Verschuldensmaßstab bestimmt sich dann nach § 300 I, sodass sich parallele Fragen stellen.
30 S. etwa *Gsell*, NJW 2008, 912 (913).
31 OLG Karlsruhe, NJW 2008, 925 (926 f. m.w.N.); Staudinger/*Kaiser*, § 346 Rn. 212.

schränkung aufgenommen (a.A. gut vertretbar). Demnach ist ein Wertersatzanspruch eigentlich ausgeschlossen.

Allerdings könnte § 346 III 1 Nr. 3 dahingehend einschränkend auszulegen sein, dass er nach Kenntnis oder Kennenmüssen vom Rücktrittsgrund oder nach Rücktrittserklärung nicht mehr zur Anwendung kommt. Dies ist umstritten.

Eine Meinung bejaht eine solche Einschränkung, wobei an unterschiedliche Zeitpunkte angeknüpft wird.[32] Nach Kenntnis, Kennenmüssen oder Rücktrittserklärung sei keine Privilegierung des Rücktrittsberechtigten mehr geboten, denn er könne die dann Sache nicht mehr wie eine eigene behandeln. Innerhalb dieser Meinung ist dann weiter streitig, ob der Rücktrittsberechtigte nur für jede Fahrlässigkeit haftet[33] oder sogar für Zufall.[34] Da hier T von seinem Rücktrittsrecht Kenntnis und den Rücktritt auch erklärt hatte und ihn zudem ein Fahrlässigkeitsvorwurf trifft,[35] wäre der Wertersatzanspruch nach keiner Spielart dieser Meinung ausgeschlossen, die Aufrechnung griffe also durch.

Die Gegenmeinung lehnt jede Einschränkung des § 346 III 1 Nr. 3 ab, da der Wortlaut keine solche Differenzierung vorsehe.[36] Damit schiede wegen des Ausschlusses eines Wertersatzanspruchs eine Aufrechnung aus.

Vorzugswürdig erscheint die letztgenannte Meinung. Für sie streitet nicht nur der Gesetzeswortlaut, sondern sie verteilt auch das Risiko zutreffend, da auch derjenige, der um sein Rücktrittsrecht weiß, die Sache typischerweise zunächst noch bei sich behalten wird, zumal dann, wenn der andere Teil sich sperrt.

cc) Zwischenergebnis

Nach hier vertretener Ansicht ist ein Wertersatzanspruch des V gem. § 346 III 1 Nr. 3 ausgeschlossen, sodass V mit einem solchen Anspruch nicht aufrechnen kann.

---

32 So die h.L., s. etwa MüKo/*Gaier*, § 346 Rn. 67 m.w.N.

33 So z.B. Jauernig/*Stadler*, § 346 Rn. 8.

34 So z.B. *Schwab*, JuS 2002, 630 (635).

35 S. allerdings unten zu § 300 I.

36 BeckOGK/*Schall* § 346 Rn. 626; Erman/*Röthel* § 346 Rn. 29. S. auch *Fikentscher/Heinemann*, Schuldrecht, Rn. 539; Staudinger/*Kaiser*, § 346 Rn. 205 ff., 280, nach denen allerdings ein Schadensersatzanspruch über § 346 IV oder über § 280 in Betracht kommt, bei dem die Haftungsprivilegierung der eigenüblichen Sorgfalt nicht eingreifen soll.

b) Vertraglicher Schadensersatzanspruch

Als Gegenforderung kommt des Weiteren ein Anspruch des V gegen T auf Schadensersatz aus §§ 280, 346 I, IV wegen der Zerstörung des Pkw in Betracht. Mit dem Rückgewährschuldverhältnis nach Rücktritt liegt ein Schuldverhältnis vor. T hat auch seine Pflicht aus § 346 I verletzt. Diese Pflichtverletzung müsste T zu vertreten haben (§ 280 I 2). Den Unfall hat T fahrlässig verursacht, womit grundsätzlich ein Vertretenmüssen vorliegt (§ 276 I 1).

Allerdings erschiene es unstimmig, beim Wertersatzanspruch aus § 346 III 1 Nr. 3 die Privilegierung zum Tragen kommen zu lassen, dies aber für den Schadensersatzanspruch anders zu beurteilen.[37] Hiervon abgesehen, könnte T auch gem. § 300 I lediglich grobe Fahrlässigkeit zu vertreten haben, falls sich V in Annahmeverzug befindet. T hat hier Rückgabe und Rückübereignung des Cabriolets zwar nicht i.S.d. § 294 tatsächlich angeboten. Da aber V erklärt hat, den Wagen „vorerst" nicht zurücknehmen zu wollen, war gem. § 295 S. 1 ein wörtliches Angebot ausreichend. Da T gegenüber V geäußert hat, er „könne den Wagen haben", ist ein wörtliches Angebot gegeben. Damit greift § 300 I; er ist, da er die Haftung nicht auf eigenübliche Sorgfalt, sondern von vornherein auf grobe Fahrlässigkeit beschränkt, auch im Hinblick auf das Verhalten Straßenverkehr anzuwenden.

Damit fehlt es am Vertretenmüssen des T, sodass ein Schadensersatzanspruch aus §§ 280, 346 I, IV wegen der Zerstörung des Pkw nicht gegeben ist; auch mit einem solchen Anspruch kann V also nicht aufrechnen (a.A. vertretbar).

c) Deliktsrechtliche Schadensersatzansprüche

Schließlich kommt ein Anspruch des V gegen T auf Schadensersatz aus § 823 I in Betracht. Für diesen gilt an sich gem. Art. 4 I Rom II-VO französisches Recht als Recht des Erfolgsorts; wegen des Zusammenhangs mit Ansprüchen nach Rücktritt von einem Kaufvertrag sollte aber hier aufgrund der Ausweichklausel des Art. 4 III Rom II-VO die *lex causae* des Kaufvertrags, mithin deutsches Recht, angewandt werden (a.A. vertretbar).

Zur Zeit des Unfalls war V indes nicht Eigentümer des Cabriolets. Damit fehlt es schon an der von § 823 I vorausgesetzten Rechtsgutsverletzung. Ein Anspruch aus § 823 I besteht mithin ebenfalls nicht.

Nicht gegeben ist auch ein Anspruch des V gegen T auf Schadensersatz aus § 823 II i.V.m. den französischen Regeln über das Rechtsfahrgebot. Denn die

---

[37] Palandt/*Grüneberg*, § 346 Rn. 18; a.A. die wohl h.L., s. etwa MüKo/*Gaier*, § 346 Rn. 72 m.w.N.

Verkehrsregeln dienen nicht dazu, den Vertragspartner vor einer Störung im Rückabwicklungsschuldverhältnis zu schützen.

d) Ansprüche auf Abtretung von Schadensersatzansprüchen gegen V

V hat zwar gegen T einen Anspruch auf Abtretung von dessen Schadensersatzansprüchen gegen W (s. o.) aus § 346 I i.V.m. § 285/§ 346 III 2. Diese Ansprüche sind aber dem Rückgewähranspruch nicht gleichartig.[38]

e) Zwischenergebnis

Mangels aufrechnungsfähigen Gegenanspruchs ist der Rückgewähranspruch nicht durch Aufrechnung erloschen.

IV Hemmung des Anspruchs

Der Rückgewähranspruch könnte jedoch gem. §§ 348, 320 gehemmt sein. Hier stehen sich infolge des Rücktritts der Anspruch des T gegen V auf Rückzahlung des angezahlten Kaufpreisanteils aus § 346 I und der Anspruch des V gegen T auf Abtretung der Schadensersatzansprüche gegen W aus § 346 I i.V.m. § 285/§ 346 III 2 gegenüber. Damit hat V ein Leistungsverweigerungsrecht bis zur Erfüllung Zug um Zug, §§ 348, 320.

V Ergebnis

T hat gegen V einen Anspruch auf Rückzahlung des angezahlten Kaufpreisteils i.H.v. 3.000,– Euro Zug um Zug gegen Abtretung seiner Schadensersatzansprüche gegen W.

G Anspruch des T gegen V auf Schadensersatz aus §§ 311a II 1, 437 Nr. 3

T hat gegen V keinen Anspruch auf Schadensersatz aus §§ 311a II 1, 437 Nr. 3 wegen der anfänglichen Unmöglichkeit der Übereignung des Cabriolets als vorunfallfrei.

---

38 S. allgemein zur Identität des Anspruchsinhalts von § 285 I/§ 346 III 2 Staudinger/*Kaiser*, § 346 Rn. 218.

Denn V wusste nichts von dem Unfall; da er ihn auch nicht feststellen konnte, scheidet auch Kennenmüssen aus.

H Anspruch des T gegen V auf Abtretung von dessen Schadensersatzanspruch gegen X gem. § 285 I

Da eine Lieferung des Cabriolets als unfallfrei objektiv unmöglich war, war V von dieser Pflicht befreit (§ 275 I Alt. 2). Er hat auch Schadensersatzansprüche gegen X wegen des unbehebbaren Unfallschadens gem. französischem Recht. Jedoch ist die Anwendung des § 285 mit der Wahl des Rücktritts unvereinbar (a.A. gut vertretbar).[39] Der Anspruch besteht daher nicht.

[I Anspruch des T gegen V auf Rückzahlung des angezahlten Kaufpreisteils in Höhe von 3.000,– Euro aus § 812 I 1 Alt. 1

T könnte gegen V einen Anspruch auf Rückzahlung des angezahlten Kaufpreisteils i.H.v. 3.000,– Euro aus § 812 i 1 Alt. 1 haben.

I Anwendbares Recht

Da hier die Leistungskondiktion als Folge einer eventuellen Nichtigkeit des Vertrags im Raum steht, ist gem. Art. 12 I lit. e Rom I-VO (!) das deutsche Vertragsstatut anzuwenden.

II Anspruchsvoraussetzungen

V hat den angezahlten Kaufpreisteil durch eine Anzahlung *solvendi causa*, mithin durch Leistung, erlangt. Dies müsste ohne rechtlichen Grund geschehen sein. In Betracht kommt Nichtigkeit gem. § 142 I infolge Anfechtung.[40] Die Rücktrittserklärung ließe sich ggf. als Anfechtungserklärung auslegen (§§ 133, 157) oder in eine solche umdeuten (§ 140). Der Irrtum über die Unfallfreiheit als verkehrswe-

---

39 So auch BeckOGK/*Dornis*, § 285 Rn. 28; Staudinger/*Caspers*, § 285 Rn. 13; für eine Anwendbarkeit des § 285 im Rückgewährschuldverhältnis etwa *S. Lorenz*, NJW 2015, 1725 (1727 f.); MüKo/*Emmerich*, § 285 Rn. 8; Staudinger/*Kaiser*, § 346 Rn. 221 f.
40 Bei konsequentem Aufbau wäre die Anfechtung schon oben beim Bestehen eines Vertrags zu prüfen gewesen.

sentliche Eigenschaft (§ 119 II) berechtigt hier aber wegen des Vorrangs des Mangelgewährleistungsrechts nicht zur Anfechtung.[41] Der Anfechtungsgrund der arglistigen Täuschung, § 123 I Alt. 1 ist aber nicht gegeben, da X dem V Unfallfreiheit zugesichert hatte, also V die Erklärung über die Unfallfreiheit nicht „ins Blaue hinein" abgegeben hatte. Selbst wenn man dies aber bejahte, entspräche eine Anfechtung jedenfalls nicht dem Interesse des T, da nach h.M. die Saldotheorie zur Anwendung käme.

III Ergebnis

Somit hat T keinen Anspruch gegen V auf Rückzahlung des angezahlten Kaufpreisteils in Höhe von 3.000,– Euro aus § 812 I 1 Alt. 1.]

---

41 Vgl. Jauernig/*Mansel*, § 119 Rn. 16.

Fall 7 Bereicherungsrecht im Dreipersonenverhältnis

Eigentümer-Besitzer-Verhältnis – Abhandenkommen bei Geschäftsunfähigkeit – Durchbrechung des Vorrangs der Leistungskondiktion – Entreicherung – Einreden gegen Bereicherungsansprüche

Sachverhalt

A verkauft dem B ein Ölgemälde mit Holzrahmen, das er auf dem Dachboden gefunden hat, für 50,– Euro. B verstirbt. Sein Alleinerbe C hat an dem Gemälde kein Interesse und schenkt es daher im Zuge der Haushaltsauflösung seinem Kollegen D, der alte Gemälde sammelt.

D hängt das Bild zunächst in seine Galerie. Er bemerkt dann aber, dass der Rahmen voller Holzwürmer ist, und lässt ihn für einen marktüblichen Preis von 100,– Euro restaurieren. Da die Holzwürmer auch den Rahmen des darunter hängenden kleinen Aquarells befallen haben, gibt er auch diesen zur Restauration, was weitere 50,– Euro kostet. Um die Kosten wieder hereinzuholen, versteigert D das Ölgemälde samt Rahmen im Internet und übersendet es dem Käufer. Dabei erzielt er einen Erlös von 300,– Euro, welcher dem nunmehrigen objektiven Wert entspricht.

Kurz darauf stellt sich heraus, dass A zum Zeitpunkt des Verkaufs des Ölgemäldes krankheitsbedingt keinen freien Willen fassen konnte, was nach außen nicht erkennbar war. Der für die Vermögensangelegenheiten des A bestellte Betreuer meint, A habe das Bild unter Wert verkauft. Er tritt daher an C heran. C wendet ein, dass er an das Eigentum des B und dieser an das Eigentum des A geglaubt habe; zumindest könne er nichts herausgeben, da ihm nichts verblieben sei. C verweist den Betreuer daher an D.

Als der Betreuer D anspricht, erklärt dieser, er habe nun wirklich nicht wissen können, dass A, von dem der noch vor C stehende B das Gemälde erworben habe, geisteskrank gewesen sei. A könne sich ja, wenn er die Geisteskrankheit für relevant halte, an den Käufer wenden. Er, D, habe zwar 300,– Euro erzielt, aber auch 100,– Euro in das Bild investiert und zudem durch die Holzwürmer im Rahmen des Aquarells einen Schaden in Höhe weiterer 50,– Euro erlitten. Mehr als 150,– Euro werde er daher auf keinen Fall herausgeben, und auch dies nur, wenn er dann keine Regressansprüche seines Käufers mehr befürchten müsse.

https://doi.org/10.1515/9783110591798-018

Der Betreuer fragt sich, was D mit den Regressansprüchen gemeint haben könnte, will aber jedenfalls keine Abzüge von den schon sicher geglaubten 300,– Euro akzeptieren.

Welche Ansprüche stehen A, vertreten durch seinen Betreuer, gegen C und D zu?

Gliederung der Lösung

1. Teil Ansprüche des A gegen C

A Anspruch des A, gem. § 1902 vertreten durch seinen Betreuer, gegen C auf Schadensersatz aus §§ 989, 990 I
  I   Vertretung durch seinen Betreuer
  II Unmöglichkeit der Herausgabe
  III Vindikationslage zum Zeitpunkt des die Unmöglichkeit der Herausgabe begründenden Ereignisses
       1 Besitz des C
       2 Eigentum des A
         a) Eigentumsverlust durch Übereignung an B
         b) Eigentumsverlust an C kraft Erbgangs
       3 Zwischenergebnis
  IV Kenntnis oder grobfahrlässige Unkenntnis bei Besitzerwerb oder spätere positive Kenntnis, § 990 I
  V   Ergebnis

B Anspruch des A, gem. § 1902 vertreten durch seinen Betreuer, gegen C auf Herausgabe bzw. Wertersatz aus § 812 I 1 Alt. 1 (§§ 1922 I, 1967 I)
  I   Keine Sperrwirkung des EBV
  II Etwas erlangt
  III Durch Leistung
  IV Ergebnis

C Anspruch des A, gem. § 1902 vertreten durch seinen Betreuer, gegen C auf Herausgabe des Erlangten aus § 816 I 1
  I   Keine Sperrwirkung des EBV
  II Berechtigter, Nichtberechtigter
  III Wirksame Verfügung des C
       1 Voraussetzungen des gutgläubigen Erwerbs
       2 Kein Abhandenkommen
  IV Ergebnis

D Anspruch des A, gem. § 1902 vertreten durch seinen Betreuer, gegen C auf Herausgabe bzw. Wertersatz aus § 812 I 1 Alt. 2 (§§ 1922 I, 1967 I)
  I   Keine Sperrwirkung des EBV
  II Etwas erlangt
  III In sonstiger Weise
  IV Auf dessen Kosten
  V   Ohne rechtlichen Grund

[F Anspruch des A, gem. § 1902 vertreten durch seinen Betreuer, gegen D auf Schadensersatz bzw. Herausgabe aus § 687 II 2 i.V.m. §§ 678/681 S. 2, 667]

Lösung

1. Teil Ansprüche des A gegen C

A Anspruch des A, gem. § 1902 vertreten durch seinen Betreuer, gegen C auf Schadensersatz aus §§ 989, 990 I

A, gem. § 1902 vertreten durch seinen Betreuer, könnte gegen C ein Anspruch auf Schadensersatz i.H.v. 300,– Euro aus §§ 989, 990 I zustehen.

I Vertretung durch seinen Betreuer

Die Geltendmachung von Schadensersatzansprüchen des Betreuten entspricht dem Aufgabenkreis des Betreuers, da dieser laut Sachverhalt „für die Vermögensangelegenheiten" des A bestellt wurde, vgl. § 1902.[1]

II Unmöglichkeit der Herausgabe

Aufgrund der „Handschenkung" des Gemäldes von C an D ist es dem C i.S.d. §§ 989, 990 I unmöglich geworden, A das Gemälde herauszugeben.[2]

III Vindikationslage zum Zeitpunkt des die Unmöglichkeit der Herausgabe begründenden Ereignisses

Zum Zeitpunkt des die Unmöglichkeit der Herausgabe begründenden Ereignisses, mithin zum Zeitpunkt der „Handschenkung" des Gemäldes an D, müsste eine Vindikationslage vorgelegen haben. Dazu müsste A Eigentümer des Gemäldes, C

---

1 Vgl. zum übertragenen Aufgabenkreis auch BeckOK/*Müller-Engels*, § 1902 Rn. 3.
2 Die Formulierung innerhalb des § 989, dass die Sache „aus einem anderen Grunde nicht herausgegeben werden kann", ist nicht vollumfänglich mit der Unmöglichkeit i.S.d. § 275 I gleichzusetzen. Neben der Unmöglichkeit i.S.d. § 275 I umfasst § 989 jeglichen Umstand, der dazu führt, dass der Anspruch aus § 985 ausscheidet. Ob der ursprüngliche Besitzer die Sache wiedererlangen kann, spielt, anders als bei § 275 I, keine Rolle. S. zu diesem Komplex etwa Staudinger/*Gursky*, § 989 Rn. 10.

Besitzer des Gemäldes gewesen sein und C dürfte kein Recht zum Besitz gegenüber A zugestanden haben.

1 Besitz des C

Als C das Gemälde an D „geschenkt" hat, hatte C gem. § 854 I die unmittelbare Sachherrschaft über die Sache inne und war folglich (unmittelbarer) Besitzer. A müsste allerdings zu diesem Zeitpunkt auch (noch) Eigentümer gewesen sein.

2 Eigentum des A

Ursprünglich war A Eigentümer des Gemäldes. Er könnte sein Eigentum jedoch nach § 929 S. 1 an B verloren haben.

a) Eigentumsverlust durch Übereignung an B

Dazu müssten sich A und B über den Eigentumsübergang geeinigt haben. Hier ist zwar von entsprechenden Willenserklärungen der Parteien anlässlich des „Verkaufs" des Gemäldes auszugehen. Allerdings war A zum Zeitpunkt der Veräußerung geschäftsunfähig. Seine Willenserklärung im Rahmen der dinglichen Einigung ist daher gem. §§ 105 I, 104 Nr. 2 nichtig. Auch der gute Glaube des B an die Eigentümerstellung des A vermag daran nichts zu ändern. Denn die §§ 929 S. 1, 932 I 1 helfen nur über die fehlende Eigentümerstellung, nicht jedoch über die mangelnde Geschäftsfähigkeit hinweg.[3] A hat sein Eigentum nicht an B verloren.

b) Eigentumsverlust an C kraft Erbgangs

Auch der Eintritt des Erbfalls, hier der Tod des B, hat nicht zur Folge, dass A sein Eigentum an dem Gemälde verloren hat. Zum einen geht nach § 1922 I nur die dem Erblasser „gehörenden" Vermögenspositionen auf die Erben über, hier also nur der Besitz. Zum anderen handelt es sich beim Erbgang um einen gesetzlichen Erwerb, auf den die §§ 929 S. 1, 932 I 1 keine Anwendung finden.[4]

---

3 MüKo/*Oechsler*, § 932 Rn. 10.
4 Vgl. *Baur/Stürner*, Sachenrecht, § 52 Rn. 5; MüKo/*Oechsler*, § 932 Rn. 32.

3 Zwischenergebnis

A war Eigentümer zum Zeitpunkt des die Unmöglichkeit der Herausgabe begründenden Ereignisses. Eine Vindikationslage lag daher vor.

IV Kenntnis oder grobfahrlässige Unkenntnis bei Besitzerwerb oder spätere positive Kenntnis, § 990 I

Im vorliegenden Fall hatten jedoch weder C noch, falls es auf diesen ankommen sollte, B Kenntnis von der Geschäftsunfähigkeit des A und damit von ihrer mangelnden Eigentümerstellung. Ihre Unkenntnis beruht auch nicht auf grober Fahrlässigkeit. Dies gilt sowohl für den Zeitpunkt des Besitzerwerbs, vgl. § 990 I 1 als auch während des Besitzzeitraums, vgl. § 990 I 2.[5]

V Ergebnis

A, gem. § 1902 vertreten durch seinen Betreuer, steht gegen C kein Anspruch auf Schadensersatz i.H.v. 300,– Euro aus §§ 989, 990 I zu.

B Anspruch des A, gem. § 1902 vertreten durch seinen Betreuer, gegen C auf Herausgabe bzw. Wertersatz aus § 812 I 1 Alt. 1 (§§ 1922 I, 1967 I)

A, gem. § 1902 vertreten durch seinen Betreuer, könnte gegen C einen Anspruch auf Herausgabe bzw. Wertersatz aus § 812 I 1 Alt. 1 (§§ 1922 I, 1967 I) haben.

I Keine Sperrwirkung des EBV

Der bereicherungsrechtliche Anspruch dürfte nicht durch die Regeln des EBV gesperrt sein. Das EBV enthält bezüglich bestimmter Ansprüche eine abschließende Sonderregelung. Deutlich kommt dies insbesondere in § 993 I Hs. 2 zum Vorschein. Daraus wird abgeleitet, dass der gutgläubige, unverklagte Besitzer weder zur Herausgabe von Nutzungen noch zum Schadensersatz verpflichtet ist.[6] Eine derartige abschließende Sonderregelung wird von der h.M. auch hinsichtlich

---

5 Eine Haftung des C nach § 989 kommt im vorliegenden Fall mangels Rechtshängigkeit (s. §§ 261 I, 253 I ZPO) offensichtlich nicht in Betracht.

6 S. dazu etwa MüKo/*Raff*, § 993 Rn. 18 f.; Staudinger/*Gursky*, vor §§ 987–993 Rn. 4.

der Frage angenommen, ob und inwieweit der Besitzer Verwendungsersatz verlangen kann.[7]

Im vorliegenden Fall steht der Anspruch aus § 812 I 1 Alt. 1 weder in Konkurrenz zu Schadensersatzansprüchen oder Ansprüchen betreffend die Herausgabe von Nutzungen, noch geht es um Verwendungsersatzansprüche des Besitzers. Die auf Herausgabe abzielende Leistungskondiktion tritt hier vielmehr an die Stelle des „untergegangenen" Anspruchs aus § 985. In diesem Verhältnis besteht zwischen § 812 I 1 Alt. 1 und den §§ 985 ff. Anspruchskonkurrenz.[8] Dies muss auch dann gelten, wenn die Leistungskondiktion von ihrem Anspruchsinhalt her nicht auf Herausgabe, sondern auf Wertersatz gerichtet ist.[9] § 812 I 1 Alt. 1 ist mithin nicht durch das EBV „gesperrt".

II Etwas erlangt

C hat den Besitz am Gemälde (nicht das Eigentum, s. o.) durch Erbgang nach § 857 und auch tatsächlich erlangt.

III Durch Leistung

C müsste den Besitz am Gemälde auch durch Leistung des A erlangt haben. Leistung ist die bewusste und zweckgerichtete Mehrung fremden Vermögens. Dies beurteilt sich aus der Perspektive eines objektiven Leistungsempfängers entsprechend § 157.[10]

Aus Sicht eines solchen objektiven Beobachters in der Position des C lässt sich die Erlangung des Besitzes nicht auf eine Leistung des A zurückführen. Vielmehr hat C den (unmittelbaren) Besitz kraft Erbgangs erlangt.

Aber auch wenn man darauf abstellt, dass C nach § 1922 I als Alleinerbe vollumfänglich in die Position des B eingetreten ist, und dann den Vorgang aus der Perspektive eines objektiven Leistungsempfängers in der Position des B beurteilt, gelangt man zu keinem anderen Ergebnis. Auf den ersten Blick liegt zwar aus Sicht des B eine Leistung des A vor; der Besitz des Gemäldes wurde aufgrund des Kaufvertrags von A auf B übertragen. Allein die Perspektive eines objektiven

---

7 S. dazu etwa Palandt/*Herrler*, vor § 994 Rn. 15; Staudinger/*Gursky*, vor §§ 994 1003 Rn. 43 m.w.N.

8 S. dazu etwa *Larenz/Canaris*, Schuldrecht II/2, § 74 I 1 d.

9 *Larenz/Canaris*, Schuldrecht II/2, § 74 I 1 b.

10 *Fikentscher/Heinemann*, Schuldrecht, Rn. 1430 f.; *Grigoleit/Auer*, Schuldrecht III, Rn. 23; Palandt/*Sprau*, § 812 Rn. 14.

Empfängers ist jedoch nicht letztendscheidend. Die Leistung muss dem Leistenden auch zugerechnet werden können. Im vorliegenden Fall war A zum Zeitpunkt der Veräußerung des Gemäldes geschäftsunfähig; seine Willenserklärungen waren nach §§ 105 I, 104 Nr. 2 nichtig. Der Abschluss und die Abwicklung eines Kaufvertrags stellen einen rechtsgeschäftlichen Vorgang dar. Daher ist für die wirksame Abgabe der Leistungszweckbestimmung die Geschäftsfähigkeit des Leistenden erforderlich.[11] Hieran mangelte es. A konnte keine wirksame Zweckbestimmung abgeben. Mithin kann ihm die „Leistung" nicht zugerechnet werden.[12] C hat den Besitz daher nicht durch Leistung des A erlangt.

IV Ergebnis

A, gem. § 1902 vertreten durch seinen Betreuer, hat gegen C keinen Anspruch auf Herausgabe bzw. Wertersatz aus § 812 I 1 Alt. 1 (§§ 1922 I, 1967 I).

C Anspruch des A, gem. § 1902 vertreten durch seinen Betreuer, gegen C auf Herausgabe des Erlangten aus § 816 I 1

A, gem. § 1902 vertreten durch seinen Betreuer, könnte gegen C ein Anspruch auf Herausgabe des aus der Veräußerung des Gemäldes Erlangten gem. § 816 I zustehen.

I Keine Sperrwirkung des EBV

§ 816 I 1 wird nicht von einer etwaigen Sperrwirkung des EBV erfasst.[13] § 816 I 1 ist von seinem Inhalt her weder ein Schadensersatzanspruch, noch ist er auf die Herausgabe von Nutzungen gerichtet. Es geht vielmehr um Ersatz des Wertes, der an die Stelle der Sachsubstanz tritt. Darüber trifft das EBV keine Regelung, weshalb auch eine Sperrwirkung ausscheidet.

---

11 Vgl. BGHZ 111, 382 (386 f.); *Fikentscher/Heinemann*, Schuldrecht, Rn. 1430 f.; *Grigoleit/Auer*, Schuldrecht III, Rn. 25; Jauernig/*Stadler*, § 812 Rn. 3, 6.

12 A.A. etwa mit dem Argument vertretbar, dass es sich sowohl bei der Leistung als auch bei der Zweckbestimmung um rein tatsächliche Vorgänge handelt. Die weitere Prüfung gleicht dann der bei 1. Teil D. III. (s.u.).

13 S. dazu etwa *Baur/Stürner*, Sachenrecht, § 11 Rn. 36; *Grigoleit/Auer*, Schuldrecht III, Rn. 55.

II Berechtigter, Nichtberechtigter

A war nach wie vor Eigentümer, mithin Berechtigter. C war demnach Nichtberechtigter.

III Wirksame Verfügung des C

Die vom Nichtberechtigten C getroffene Verfügung über das Gemälde müsste dem
Berechtigten, d.h. dem A, gegenüber wirksam gewesen sein. In Betracht kommt
hier eine Verfügung des C in Gestalt einer Übereignung an D gem. §§ 929 S. 1,
932 I 1.

1 Voraussetzungen des gutgläubigen Erwerbs

C und D haben sich über den Eigentumsübergang des Gemäldes geeinigt. Auch
hat C dem D unmittelbarem Besitz am Gemälde eingeräumt und sich jeglicher
Besitzposition entäußert, ihm mithin das Gemälde i.S.d. § 929 S. 1 übergeben.[14]
Zwar verfügte C als Nichtberechtigter (s.o.). Die fehlende Berechtigung könnte
jedoch kraft gutgläubigen Erwerbs überwunden worden sein, § 932 I 1. Dazu
müsste D bei Übergabe des Gemäldes gutgläubig in Bezug auf die Eigentümerstellung des C gewesen sein (§ 932 II). Nach dem Sachverhalt war dies der Fall.

2 Kein Abhandenkommen

Das Gemälde dürfte A nicht abhandengekommen sein. Bei abhandengekomme-
nen Sachen scheidet ein gutgläubiger Erwerb aus, § 935 I. Unter Abhandenkommen ist der unfreiwillige Verlust des unmittelbaren Besitzes zu verstehen.

Hier hat A dem B zwar das Gemälde „bewusst" übergeben, was grundsätzlich
ein Abhandenkommen ausschließt. Allerdings ist dabei zu beachten, dass A zu
diesem Zeitpunkt geschäftsunfähig war. Wie sich dieser Umstand im Rahmen des
§ 935 I auswirkt, ist umstritten.

Eine Ansicht wendet zur Bestimmung des Tatbestandsmerkmals der Unfreiwilligkeit des Besitzverlustes die Regeln der Geschäftsfähigkeit, also die §§ 104 ff.,
direkt an.[15] Danach wäre hier Unfreiwilligkeit und damit ein Abhandenkommen

---

14 Vgl. dazu etwa *Baur/Stürner*, Sachenrecht, § 51 Rn. 13 ff.
15 So etwa OLG München, NJW 1991, 2571.

anzunehmen, da A als Geschäftsunfähiger keinen rechtlich relevanten Willen bilden konnte, §§ 105 I, 104 Nr. 2.

Nach der Gegenansicht sind die §§ 104 ff. nur ein Indiz für das Vorliegen der Freiwilligkeit. Letztlich maßgeblich sei jedoch stets der natürliche Wille.[16] Demnach komme es darauf an, ob die in Rede stehende Person die Folgen ihres Handelns zutreffend einschätzen kann. Nach dieser Ansicht wäre hier, da A keinen freien Willen fassen konnte, mangels anderer Anhaltspunkte ebenfalls von Unfreiwilligkeit auszugehen (a.A. vertretbar).

Beide Auffassungen gelangen mithin zum selben Ergebnis; ein Streitentscheid kann daher unterbleiben. Aufgrund Abhandenkommens scheitert ein gutgläubiger Erwerb des D. Da es darüber hinaus auch an einer Genehmigung i.S.d. § 185 II 1 Var. 1 mangelt,[17] liegt auch insoweit keine wirksame Verfügung vor.[18]

IV Ergebnis

A, gem. § 1902 vertreten durch seinen Betreuer, steht gegen C kein Anspruch auf Herausgabe des aus der Veräußerung des Gemäldes Erlangten gem. § 816 I 1 zu.

D Anspruch des A, gem. § 1902 vertreten durch seinen Betreuer, gegen C auf Herausgabe bzw. Wertersatz aus § 812 I 1 Alt. 2 (§§ 1922 I, 1967 I)

A, gem. § 1902 vertreten durch seinen Betreuer, könnte gegen C ein Anspruch auf Herausgabe bzw. Wertersatz aus § 812 I 1 Alt. 2 (§§ 1922 I, 1967 I) zustehen.

I Keine Sperrwirkung des EBV

Auch der Anspruch aus § 812 I 1 Alt. 2 wird nicht von der Sperrwirkung des EBV erfasst.[19] Wie § 816 I 1 ist der Anspruch aus § 812 I 1 Alt. 2 auf Wertersatz gerichtet;

---

16 *Baur/Stürner*, Sachenrecht, § 52 Rn. 42; Jauernig/*Berger*, § 935 Rn. 4.

17 Vgl. *Grigoleit/Auer*, Schuldrecht III, Rn. 58.

18 A.A. vertretbar etwa mit dem Argument, dass in dem Herantreten des Betreuers an C eine konkludente Genehmigung liege. Die weitere Prüfung entspricht dann der bei 1. Teil D. V. (s.u.). Die h.M. erblickt allerdings nur in der unbeschränkten Klageerhebung auf Erlösherausgabe eine konkludente Genehmigung. S. dazu etwa *Grigoleit/Auer*, Schuldrecht III, Rn. 58.

19 S. dazu etwa *Baur/Stürner*, Sachenrecht, § 11 Rn. 37; *Larenz/Canaris*, Schuldrecht II/2, § 74 I 2 a.

er tritt demnach an die Stelle der Sachsubstanz und wird vom EBV nicht verdrängt.

II Etwas erlangt

C hat den Besitz am Gemälde (nicht das Eigentum, s. o.) durch Erbgang nach § 857 und auch tatsächlich erlangt.

III In sonstiger Weise

C müsste den Besitz des Gemäldes in sonstiger Weise, d. h. nicht durch Leistung, erlangt haben.[20] Hier scheidet eine vorrangige Leistung, welche die Nichtleistungskondiktion in ihrem Anwendungsbereich verdrängt, aufgrund der Geschäftsunfähigkeit des A aus (s. o.). C hat den Besitz am Gemälde mithin in sonstiger Weise erlangt.

IV Auf dessen Kosten

C müsste den durch die Bereicherung erlangten Vermögensvorteil auch auf Kosten des A erlangt haben. A war als Eigentümer grundsätzlich auch der Besitz des Gemäldes zugewiesen (vgl. § 903). Eine freiwillige Besitzaufgabe des A liegt nicht vor. Somit hat C den (unmittelbaren) Besitz durch einen Eingriff in das Eigentum des A und somit auf dessen Kosten erlangt.

V Ohne rechtlichen Grund

Der Eingriff in das Eigentum des A geschah auch rechtsgrundlos. Insbesondere fehlt es an einer ununterbrochenen Besitzrechtskette. Denn zwischen A und B bestand kein wirksamer Kaufvertrag, da auch die Willenserklärung des A im Rahmen des Abschlusses des schuldrechtlichen Vertrags gem. §§ 105 I, 104 Nr. 2 nichtig war.

---

20 Vgl. *Fikentscher/Heinemann*, Schuldrecht, Rn. 1468; *Grigoleit/Auer*, Schuldrecht III, Rn. 91; *Medicus/Petersen*, Bürgerliches Recht, Rn. 727.

VI Anspruchsinhalt

Nach § 812 I 1 muss der Bereicherungsschuldner dem Gläubiger des Bereicherungsanspruchs dasjenige herausgeben, was er durch den Bereicherungsvorgang erlangt hat. Dies umfasst grundsätzlich die Herausgabe des Gemäldes. Hier ist dem C allerdings die Herausgabe des Gemäldes aufgrund der Weiterveräußerung an D unmöglich geworden. Er schuldet dem A daher Wertersatz in Höhe des objektiven Werts des Gemäldes, § 818 II.[21]

Der Bereicherungsanspruch des A könnte jedoch wegen Entreicherung des C ausgeschlossen sein, § 818 III. Nach § 818 III entfällt die Wertersatzpflicht, soweit der Empfänger nicht mehr bereichert ist.[22] Im vorliegenden Fall hat C das Gemälde an D „verschenkt". Infolge des „fehlgeschlagenen" Erwerbs des Gemäldes durch B, in dessen Position C gem. § 1922 I eingetreten ist, befinden sich aufgrund der Schenkung an D keinerlei Vorteile im Vermögen des C mehr. Auch eine sogenannte verschärfte Haftung des C nach §§ 819 I, 818 IV, 292, 989 scheidet aus. Eine solche Haftung setzt voraus, dass der Bereicherungsschuldner vom fehlenden Rechtsgrund weiß.[23] Hier war C und, falls es auf diesen ankommen sollte, B weder bekannt noch grob fahrlässig unbekannt, dass der Kaufvertrag des B mit A aufgrund der Geschäftsunfähigkeit des A unwirksam war. Der Bereicherungsanspruch ist daher nach § 818 III ausgeschlossen.

VII Ergebnis

A, gem. § 1902 vertreten durch seinen Betreuer, steht gegen C kein Anspruch auf Herausgabe bzw. Wertersatz aus § 812 I 1 Alt. 2 (§§ 1922 I, 1967 I) zu.

[E Anspruch des A, gem. § 1902 vertreten durch seinen Betreuer, gegen C auf Schadensersatz bzw. Herausgabe aus § 687 II i.V.m. §§ 678/681 S. 2, 667

Ein Anspruch des A, gem. § 1902 vertreten durch seinen Betreuer, gegen C auf Schadensersatz bzw. Herausgabe aus § 687 II i.V.m. §§ 678/681 S. 2, 667 kommt

---

21 Vgl. *Fikentscher/Heinemann*, Schuldrecht, Rn. 1516.

22 Dahinter steht die Abschöpfungsfunktion des Bereicherungsrechts. Der Bereicherungsschuldner soll grundsätzlich nur das herausgeben, was infolge der Bereicherung noch in seinem Vermögen vorhanden ist. Mit weitergehenden Pflichten soll er nicht belastet werden. S. dazu etwa *Grigoleit/Auer*, Schuldrecht III, Rn. 3.

23 S. dazu etwa *Fikentscher/Heinemann*, Schuldrecht, Rn. 1528 ff.; *Grigoleit/Auer*, Schuldrecht III, Rn. 140 ff.

nicht in Betracht. C ging bei der Veräußerung an D davon aus, dass er und nicht A Eigentümer des Bildes gewesen ist. Es mangelte dem C mithin an der Kenntnis der Fremdheit des von ihm geführten Geschäfts.]

2. Teil Ansprüche des A gegen D

A Anspruch des A, gem. § 1902 vertreten durch seinen Betreuer, gegen D auf Schadensersatz aus §§ 989, 990 I

A, gem. § 1902 vertreten durch seinen Betreuer, könnte gegen D ein Anspruch auf Schadensersatz i.H.v. 300,– Euro aus §§ 989, 990 I zustehen.

I Unmöglichkeit der Herausgabe

Aufgrund der Übersendung des Gemäldes an den Käufer ist es dem D unmöglich geworden, A das Gemälde herauszugeben.

II Vindikationslage zum Zeitpunkt des die Unmöglichkeit der Herausgabe begründenden Ereignisses

Zum Zeitpunkt des die Unmöglichkeit der Herausgabe begründenden Ereignisses, mithin zum Zeitpunkt der Übersendung des Gemäldes an den Käufer, müsste eine Vindikationslage vorgelegen haben. Als D das Gemälde an den Käufer versandt hat, hatte D gem. § 854 I die unmittelbare Sachherrschaft über die Sache inne und war folglich (unmittelbarer) Besitzer. A war zu diesem Zeitpunkt auch noch Eigentümer des Gemäldes. Ein Eigentumserwerb des B scheitert am Vorliegen einer wirksamen dinglichen Einigung, ein Erwerb des C kraft Erbgangs daran, dass es sich bei diesem Erwerbsvorgang um einen gesetzlichen Erwerb handelt, bei dem ein gutgläubiger Erwerb nicht in Betracht kommt; schließlich scheitert ein Eigentumserwerb des D, da A das Gemälde abhandengekommen ist (s.o.). Zum maßgeblichen Zeitpunkt lag eine Vindikationslage vor.

III Kenntnis oder grobfahrlässige Unkenntnis bei Besitzerwerb oder spätere positive Kenntnis, § 990 I

Im vorliegenden Fall hatte D jedoch keine Kenntnis von dem Umstand, dass A das Gemälde infolge seiner Geschäftsunfähigkeit abhandengekommen war. Auch beruhte seine Unkenntnis nicht auf grober Fahrlässigkeit. Dies gilt sowohl für den Zeitpunkt des Besitzerwerbs, vgl. § 990 I 1, als auch während des Besitzzeitraums, vgl. § 990 I 2.[24]

IV Ergebnis

A, gem. § 1902 vertreten durch seinen Betreuer, steht gegen D kein Anspruch auf Schadensersatz i.H.v. 300,– Euro aus §§ 989, 990 I zu.

B Anspruch des A, gem. § 1902 vertreten durch seinen Betreuer, gegen D auf Herausgabe bzw. Wertersatz i.H.v. 300,– Euro aus § 812 I 1 Alt. 1

A, gem. § 1902 vertreten durch seinen Betreuer, könnte gegen D einen Anspruch auf Herausgabe bzw. Wertersatz i.H.v. 300,– Euro aus § 812 I 1 Alt. 1 haben.[25]

I Etwas erlangt

C hat den Besitz am Gemälde erlangt (nicht das Eigentum, s.o.).

II Durch Leistung

C müsste den Besitz am Gemälde auch durch Leistung des A erhalten haben. Aus maßgeblicher Perspektive eines objektiven Leistungsempfängers in der Position des D wurde ihm das Gemälde von C infolge der Schenkung geleistet. Mit A stand D überhaupt nicht in Kontakt. Eine Leistung des A scheidet aus.

III Ergebnis

A, gem. § 1902 vertreten durch seinen Betreuer, hat gegen D keinen Anspruch auf Herausgabe bzw. Wertersatz i.H.v. 300,– Euro aus § 812 I 1 Alt. 1.

---

24 Eine Haftung des D nach § 989 kommt auch hier mangels Rechtshängigkeit (s. §§ 261 I, 253 I ZPO) offensichtlich nicht in Betracht.
25 Der Anspruch aus § 812 I 1 Alt. 1 wird hier nicht von der Sperrwirkung des EBV erfasst. S. dazu oben.

C Anspruch des A, gem. § 1902 vertreten durch seinen Betreuer, gegen D auf Herausgabe bzw. Wertersatz i.H.v. 300,– Euro aus § 812 I 1 Alt. 2

A, gem. § 1902 vertreten durch seinen Betreuer, könnte gegen D ein Anspruch auf Herausgabe bzw. Wertersatz i.H.v. 300,– Euro aus § 812 I 1 Alt. 2 zustehen.[26]

I Etwas erlangt

C hat den Besitz am Gemälde erlangt (nicht das Eigentum, s.o.).

II In sonstiger Weise

C müsste den Besitz am Gemälde in sonstiger Weise erlangt haben. Hier liegt eine Leistung des C vor (s.o.). Dies hat im Prinzip zur Folge, dass eine Nichtleistungskondiktion ausgeschlossen ist. Wer den Bereicherungsgegenstand durch Leistung einer anderen Person erlangt hat, muss sich grundsätzlich im Rahmen einer Rückabwicklung nur mit demjenigen auseinandersetzen, der ihm den Bereicherungsgegenstand geleistet hat (Subsidiaritätsprinzip). Begründen lässt sich dies schon mit dem Wortlaut: So ist in § 812 I 1 von „oder in sonstiger Weise" die Rede. Das Gesetz ordnet damit die Nichtleistungskondiktion der Leistungskondiktion unter. Des Weiteren wird mittels des Subsidiaritätsprinzips sichergestellt, dass jede Partei sich nur mit ihrem jeweiligen Vertragspartner auseinandersetzen muss und nur das Insolvenzrisiko der Partei trägt, die sie sich vorher ausgesucht hat.[27]

Die vorliegende Konstellation könnte jedoch Anlass geben, das Subsidiaritätsprinzip nicht anzuwenden. Dafür lassen sich zwei Argumentationsstränge heranziehen:

Zum einen könnte man die Reichweite des Subsidiaritätsprinzip unter Rückgriff auf die Wertungen der §§ 932 ff. bestimmen.[28] Danach wäre hier eine Sperrwirkung der Leistungsbeziehung C D zu verneinen, da A das Gemälde abhandengekommen ist, er also die Sache, sofern sich diese noch im Besitz des D befunden hätte, auch direkt von D hätte vindizieren können. § 985 wäre, da D das

---

26 Der Anspruch aus § 812 I 1 Alt. 2 wird nicht von der Sperrwirkung des EBV erfasst. S. dazu oben.

27 S. zu weiteren Argumenten noch *Fikentscher/Heinemann*, Schuldrecht, Rn. 1498; *Grigoleit/Auer*, Schuldrecht III, Rn. 415; *Medicus/Petersen*, Bürgerliches Recht, Rn. 667.

28 S. etwa *Grigoleit/Auer*, Schuldrecht III, Rn. 417; *Larenz/Canaris*, Schuldrecht II/2, § 70 III 2 a ff.; MüKo/*Füller*, § 951 Rn. 15; Staudinger/*S. Lorenz*, § 812 Rn. 63.

Gemälde nicht gutgläubig erworben hätte, in dieser Konstellation nicht „ausgeschlossen".

Zum anderen könnte man das Subsidiaritätsprinzip „umgehen", indem man den Bereicherungsgegenstand in den Fokus rückt.[29] C konnte D lediglich den Besitz am Gemälde leisten; die Verschaffung des Eigentums scheiterte an § 935 I 1. Der Erlös, den D aufgrund der Veräußerung des Gemäldes erzielte, beruht jedoch nicht auf einem Eingriff in den Besitz, sondern auf einer Anmaßung von Befugnissen, die ausschließlich dem Eigentümer der Sache zustehen. Diese Befugnisse hat D sich selbst angemaßt; er hat sie also nicht durch Leistung des C, sondern durch einen eigenen Eingriff in die Rechtsposition des A erlangt. Insoweit kann die Leistung des C auch keine Sperrwirkung nach sich ziehen.

Für eine „Einschränkung" des Subsidiaritätsprinzips spricht, dass kein Rechtsprinzip absoluten Vorrang genießt und stets mit gegenläufigen Prinzipien in Ausgleich zu bringen ist. Auch kann das Bereicherungsrecht in der Vielzahl der Fälle nicht abschließend entscheiden, ob die Bereicherung mit der materiellen Güterzuordnung in Einklang ist. Es ist zur Klärung dieser Frage vielmehr auf die Wertungen anderer Rechtsgebiete angewiesen. Wenn Eingriffe in den Zuweisungsgehalt des Eigentums in Rede stehen, darf sich das Bereicherungsrecht nicht in Widerspruch zu den im Sachenrecht zum Ausdruck kommenden Wertentscheidungen setzen. Danach liegt nur beim gutgläubigen, entgeltlichen Erwerb eine endgültige, d.h. kondiktionsfeste, Güterzuordnung vor. In allen anderen Fällen verlangen die dem Sachenrecht zugrunde liegenden Wertungen Ausgleich. Dies führt bei Ansprüchen im Mehrpersonenverhältnis dazu, dass die Nichtleistungskondiktion an die Stelle eines „untergegangenen" Anspruchs aus § 985 tritt („Rechtsfortwirkung").[30] Wenn D schon einer Vindikation des A ausgesetzt wäre, obwohl er sich A nicht als Vertragspartner ausgesucht hat, dann ist nicht einzusehen, warum er einer Inanspruchnahme aus Nichtleistungskondiktion, deren anspruchsauslösendes Moment ja gerade der Eingriff in das Eigentum des A ist, unter Verweis auf das bereicherungsrechtliche Subsidiaritätsprinzip sollte entgehen können. D hat das Gemälde daher in sonstiger Weise erlangt (a.A. vertretbar).

---

29 So der BGH im Jungbullenfall (BGHZ, 55, 176). S. dazu auch *Medicus/Petersen*, Bürgerliches Recht, Rn. 727.
30 Vgl. dazu *Larenz/Canaris*, Schuldrecht II/2, § 69 II 1 a.

III Auf dessen Kosten

D müsste den durch die Bereicherung erlangten Vermögensvorteil auch auf Kosten des A erlangt haben. Hier hat D den (unmittelbaren) Besitz und später auch den Veräußerungserlös durch einen Eingriff in die Rechtsposition des A, sein Eigentum, und somit auf dessen Kosten erlangt.

IV Anspruchsinhalt

Nach § 812 I 1 muss der Bereicherungsschuldner dem Gläubiger des Bereicherungsanspruchs dasjenige herausgeben, was er durch den Bereicherungsvorgang erlangt hat. Dies umfasst grundsätzlich die Herausgabe des Gemäldes. Hier ist D allerdings die Herausgabe des Gemäldes aufgrund der Weiterveräußerung unmöglich geworden. Er schuldet A daher Wertersatz in Höhe des objektiven Werts des Gemäldes, § 818 II.

Hier kommen für die Berechnung der Höhe des Wertersatzes verschiedene Werte in Betracht: Zum einen könnte man auf den Wert abstellen, den das Gemälde bei der Weiterveräußerung des D und damit nach der von D angestrengten Restaurierung besitzt, nämlich 300,– Euro. Zum anderen könnte man auf den Wert abstellen, den das Gemälde zum Zeitpunkt der Erlangung durch D aufwies. Dies wären 200,– Euro.

Die ganz h.M. stellt auf den Wert ab, der dem Bereicherungsgegenstand in dem Zeitpunkt zugewiesen ist, in dem das die Unmöglichkeit der Herausgabe begründende Ereignis eintritt.[31] Dies ist hier die Weiterveräußerung des Gemäldes; der Wertersatzanspruch ist mithin auf 300,– Euro gerichtet. Dafür spricht, dass der Wertersatzanspruch genau zu diesem Zeitpunkt entsteht. Dann muss er sich aber nach dem Wert richten, den der in Rede stehende Gegenstand zu diesem Zeitpunkt hat. Dies führt auch nicht zu einer unzumutbaren Belastung des Bereicherungsschuldners. Dessen Interessen sind vielmehr im Rahmen der Entreicherung zu berücksichtigen (dazu sogleich).

V Ausschluss wegen Entreicherung, § 818 III

Der Bereicherungsanspruch des A könnte jedoch wegen Entreicherung des D ausgeschlossen sein, § 818 III. Entreichernd könnten hier zwei Umstände wirken: zum einen die zur Restaurierung des Holzrahmens aufgewandten Mittel, zum

---

31 Vgl. BGH, NJW 2006, 2847 (2851 f. Rn. 35 f.); Palandt/*Sprau*, § 818 Rn. 20.

anderen die Kosten, die bei D anlässlich der Restaurierung des Aquarells angefallen sind.

1 Entreicherung wegen der Restaurierung des Ölgemäldes

a) Vorliegen einer Entreicherung i.S.d. § 818 III

Bei den Mitteln, die D zur Restaurierung des Holzrahmens des Ölgemäldes aufgewandt hat, handelt es sich um freiwillige Vermögensopfer, die D zur Wiederherstellung bzw. Verbesserung der Sache eingesetzt hat. Es liegen mithin Verwendungen vor. Derartige Verwendungen, die im Vertrauen auf die
Rechtsbeständigkeit des Erwerbs getätigt wurden, begründen eine Entreicherung.[32] Hier hat D das Gemälde (zunächst) für seine Galerie erworben. Auch ist
davon auszugehen, das er mangels Kenntnis seiner fehlenden Eigentümerstellung
die Verwendungen im Vertrauen auf die Rechtsbeständigkeit des Erwerbs vorgenommen hat. Damit sind die Voraussetzungen des § 818 III für die 100,– Euro, die
D zur Restaurierung des Holzrahmens des Ölgemäldes aufgewandt hat, an und für
sich gegeben.

b) Einschränkung nach den §§ 994 ff.?

Der uneingeschränkten Anwendung des § 818 III könnten hier aber die §§ 994 ff.
entgegenstehen. Denn im vorliegenden Fall tritt § 812 I 1 Alt. 2 an die Stelle des
„untergegangenen" Anspruchs aus § 985. Der *Vindikation* können Aufwendungen,
die der in Rede stehenden Sache zugutekommen, nur im Rahmen der §§ 994 ff.
über § 1000 S. 1 entgegengehalten werden. Demgegenüber gibt § 818 III bei der
Kondiktion dem Bereicherungsschuldner deutlich mehr Möglichkeiten zur Ab-
wehr des Anspruchs. So können beispielsweise über § 818 III dem Anspruch aus
§ 812 I auch solche Positionen entreicherungsmindernd entgegengehalten werden, die weder notwendige noch nützliche Verwendungen i.S.d. §§ 994 ff. sind.[33]
Insoweit besteht die Gefahr, dass die §§ 994 ff. durch das Bereicherungsrecht
„umgangen" werden. In einer solchen Konstellation lässt eine prominente Auffassung in der Literatur im Rahmen des § 818 III nur solche Aufwendungen als
Entreicherung zu, die auch nach den §§ 994 ff. über § 1000 S. 1 der Vindikation

---

32 Jauernig/*Stadler*, § 818 Rn. 32 f.; Staudinger/*S. Lorenz*, § 818 Rn. 37.
33 S. dazu etwa *Larenz/Canaris*, Schuldrecht II/2, § 73 I 2 d.

entgegengehalten werden könnten.[34] Da es hier um Verwendungen auf den Rahmen des Ölgemäldes geht, das A zum Zeitpunkt der Reparatur bei D hätte vindizieren können (s. o.), wäre nach dieser Ansicht der Entreicherungseinwand nur gegeben, wenn D auch nach Maßgabe der §§ 994 ff. Verwendungsersatz hätte verlangen können. Die Frage, ob dieser Ansicht zu folgen ist, kann jedoch dahingestellt bleiben, wenn D für die zur Restaurierung des Ölgemäldes aufgewendeten Kosten nach den §§ 994 ff. von A Ersatz verlangen könnte.

Nach § 994 I 1 kann der gutgläubige, unverklagte Besitzer vom Eigentümer Ersatz der notwendigen Verwendungen verlangen. Die Reparaturkosten sind Verwendungen (s. o.). Verwendungen sind notwendig, wenn sie zur Erhaltung oder zur ordnungsgemäßen Bewirtschaftung der Sache erforderlich sind.[35] Hier dienten die von D aufgewendeten Mittel der Substanzerhaltung des Gemälderahmens, den D mit dem Bild erworben hatte. Es handelt sich also um notwendige Verwendungen auf die Sache, für die das EBV vorlag. A hatte zu diesem Zeitpunkt weder die Herausgabeklage gegen D erhoben, noch wusste D oder hätte er ohne grobe Fahrlässigkeit wissen müssen, nicht das Eigentum erworben zu haben; ein Fall des § 994 II lag mithin nicht vor. Damit hätte D gem. § 994 I 1 Verwendungsersatz verlangen können. Folglich kann D auch dann, wenn man § 818 III nach Maßgabe der §§ 994 ff. einschränken will, den Entreicherungseinwand geltend machen. Ob eine solche Einschränkung geboten ist, braucht deshalb nicht entschieden zu werden.

c) Zwischenergebnis

Die für die Restaurierung des Holzrahmens aufgewendeten 100,– Euro kann D dem Anspruch des A demnach über § 818 III entgegenhalten.

2 Entreicherung wegen der Restaurierung des Aquarells

Bei den 50,– Euro, die D für die Restaurierung des Aquarells aufgewendet hat, handelt es sich nicht um Aufwendungen auf den Bereicherungsgegenstand selbst. Das Aquarell befand sich unabhängig von dem Geschäft mit C im Vermögen des D; eine Einschränkung nach den §§ 994 ff. steht daher mangels EBV von vornherein nicht im Raum. Hier geht es vielmehr um die Frage, ob D über § 818 III dem Be-

---

34 So für die Eingriffskondiktion *Larenz/Canaris*, Schuldrecht II/2, § 73 I 5 d; diesen folgend *Grigoleit/Auer*, Schuldrecht III, Rn. 89.
35 S. zum Begriff der notwendigen Verwendungen etwa *Baur/Stürner*, Sachenrecht, § 11 Rn. 14 f.; Staudinger/*Gursky*, § 994 Rn. 2 ff.

reicherungsanspruch des A auch solche Kosten entgegenhalten kann, die zur Behebung sonstiger Schäden an Rechtsgütern des D in Zusammenhang mit dem Bereicherungsvorgang angefallen sind.

Insbesondere die Rechtsprechung verfährt in diesen Konstellationen recht großzügig. Danach kann der Bereicherungsschuldner sämtliche Vermögenseinbußen dem Anspruch aus § 812 I bereicherungsmindernd entgegenhalten, die sich adäquat-kausal auf den Bereicherungsgegenstand zurückführen lassen. Anders ausgedrückt muss eine adäquat-kausale Beziehung zwischen der Bereicherung und der Vermögenseinbuße bestehen.[36] Danach wäre hier eine solche Ursächlichkeit anzunehmen. Ohne den Erwerb des Gemäldes wäre es nicht zur Beschädigung des Aquarells gekommen. D könnte die 50,– Euro dem Anspruch des A mithin entgegenhalten.

Nach einer in der Literatur vertretenen Gegenansicht genügt ein derartiger Kausalzusammenhang nicht, um den Einwand der Entreicherung zu begründen. Dieser Ansicht zufolge wirken sich nur solche Vermögenseinbußen bereicherungsmindernd aus, die gerade im Vertrauen auf die Rechtsbeständigkeit des Erwerbs getätigt wurden.[37] Demnach wäre hier keine Entreicherung anzunehmen, da der Schaden an dem Aquarell unabhängig davon behoben werden musste, ob D das Ölgemälde würde behalten dürfen. Es handelt sich um Zufallskosten, die unabhängig von einem Vertrauen auf die Rechtsbeständigkeit des Erwerbs aufgewandt wurden.

Für die letztgenannte Ansicht spricht der Zweck des § 818 III. § 818 III will den gutgläubigen Bereicherungsschuldner von der Wertersatzpflicht deswegen entlasten, weil dieser den Bereicherungsgegenstand als ihm gehörend erworben hat. Deswegen darf der Bereicherungsschuldner mit dem Bereicherungsgegenstand auch nach seinem Gutdünken verfahren. Stellt sich im Nachhinein die Rechtsgrundlosigkeit des Erwerbs heraus, soll sich dies nicht zu seinen Lasten auswirken. Dies bedeutet aber auch, dass der Bereicherungsschuldner nicht von sämtlichen Folgenachteilen im Falle der Rechtsgrundlosigkeit zu schützen ist. Vielmehr stehen im Rahmen des § 818 III sämtliche berücksichtigungsfähige Vermögenseinbußen unter der Voraussetzung, dass diese in Zusammenhang mit der Rechtsgrundlosigkeit stehen (a.A. vertretbar). Daher kann D wegen der auf das Aquarell verwandten 50,– Euro keinen Entreicherungseinwand geltend machen.

---

36 S. etwa BGHZ 1, 75 (81); BGH, NJW 1981, 277 (278).
37 *Grigoleit/Auer*, Schuldrecht III, Rn. 138; MüKo/*Schwab*, § 818 Rn. 179; Staudinger/*S. Lorenz*, § 818 Rn. 38.

3 Zwischenergebnis

D kann dem Anspruch des A 100,– Euro über § 818 III entgegenhalten. Der Bereicherungsanspruch des A ist demnach auf 200,– Euro gerichtet.

V Einrede der Herausgabe Zug um Zug gegen Genehmigung

D könnte jedoch gegenüber dem Bereicherungsanspruch des A die Einrede zustehen, nur Zug um Zug gegen Genehmigung der Veräußerung des D die 200,– Euro herausgeben zu müssen. Denn da D wegen § 935 I 1 nicht wirksam über das Gemälde verfügen kann, ist er bis zur Genehmigung der Veräußerung Ansprüchen seines Vertragspartners ausgesetzt. Diese sind – je nachdem, für welche Auffassung man sich bei der Frage der fehlenden Eigentumsverschaffung im Kaufrecht entscheidet – entweder ein Anspruch aus § 433 I 1 wegen Nichterfüllung der Übereignungspflicht oder Ansprüche aus §§ 437, 435 wegen eines Rechtsmangels.[38] Im Falle der Genehmigung der Veräußerung des D durch A gem. § 185 II 1 Var. 1 erwirbt der Vertragspartner des D Eigentum am Gemälde, sodass dessen Ansprüche entfallen.

Zwar steht D kein Anspruch gegen A auf Genehmigung zu. Ein solcher kann auch nicht über § 818 III hergeleitet werden. § 818 III begründet lediglich einen Einwand, der im Rahmen eines Bereicherungsanspruch zu berücksichtigen ist, verleiht dem Bereicherungsschuldner aber selbst keinen Anspruch.

Eine Einrede des D gegen den Bereicherungsanspruch des A bis zu dessen Genehmigung könnte jedoch aus § 242 folgen. Dafür lässt sich anführen, dass eine derartige Verknüpfung von Genehmigung und Bereicherungsanspruch im Rahmen des § 816 I anerkannt ist.[39] Da § 816 I ein spezieller Fall der Nichtleistungskondiktion ist, muss diese Art der Anspruchsabwicklung auch hier greifen können. Darüber hinaus ist kein berechtigtes Interesse des A zu erkennen, zusätzlich zum Wertersatzanspruch gegen D beim Käufer das Gemälde vindizieren zu können. Zuletzt kann für dieses Resultat auch die Wertung des § 255 fruchtbar gemacht werden. Danach muss der Schädiger für den Verlust einer Sache oder eines Rechts Schadensersatz nur dann leisten, wenn ihm der Geschädigte die Ansprüche abtritt, die diesem aufgrund des Eigentums oder aufgrund des Rechts gegen Dritte zustehen. Dahinter steht der Gedanke, dem Geschädigten einen doppelten Ausgleich zu versagen.[40] Dieses Telos, dass der Gläubiger keine doppelte Kom-

---

38 S. dazu etwa BeckOK/*Faust*, § 435 Rn. 15 m.w.N.
39 Vgl. *Grigoleit/Auer*, Schuldrecht III, Rn. 58.
40 Palandt/*Grüneberg*, § 255 Rn. 1.

pensation erhalten soll, ist auch in der hiesigen Konstellation von Relevanz. Gem. § 242 schuldet D also die Herausgabe nur Zug um Zug gegen Genehmigung der Veräußerung.

VII Ergebnis

A, gem. § 1902 vertreten durch seinen Betreuer, steht gegen D ein Anspruch auf Wertersatz i.H.v. 200,– Euro aus § 812 I 1 Alt. 2 Zug um Zug gegen Genehmigung der Veräußerung von D an seinen Käufer zu.

D Anspruch des A, gem. § 1902 vertreten durch seinen Betreuer, gegen D auf Herausgabe des Erlangten aus § 816 I 1

A, gem. § 1902 vertreten durch seinen Betreuer, könnte gegen D ein Anspruch auf Herausgabe des Erlangten aus § 816 I 1 zustehen.[41]

I Verfügung eines Nichtberechtigten

D hat als Nichtberechtigter über das Eigentum des A verfügt (s. o.).

II Wirksame Verfügung des D in Gestalt einer Übereignung an den Käufer gem. §§ 929 S. 1, 932 I 1

Die Verfügung des D an den Käufer müsste dem A gegenüber wirksam sein. Hier haben sich D und der Käufer über den Eigentumsübergang des Gemäldes geeinigt. Auch hat D dem Käufer unmittelbaren Besitz am Gemälde eingeräumt und sich jeglicher Besitzposition entäußert, ihm mithin das Gemälde i.S.d. § 929 S. 1 übergeben. D verfügte allerdings als Nichtberechtigter (s. o.). Dessen mangelnde Berechtigung könnte jedoch nach §§ 929 S. 1, 932 I 1 überwunden werden. Zwar ist mangels anderer Anhaltspunkte im Sachverhalt anzunehmen, dass der Käufer zum Zeitpunkt der Übergabe von der fehlenden Berechtigung des D nichts wusste, er mithin gutgläubig war, vgl. § 932 II. Allerdings ist dem A das Gemälde abhandengekommen (s. o.). Dies schließt einen gutgläubigen Erwerb aus, § 935 I 1. Auch mangelt es bislang an einer Genehmigung des A. Die Verfügung des D ist demnach unwirksam.

---

41 Der Anspruch aus § 816 I wird nicht von der Sperrwirkung des EBV erfasst. S. dazu oben.

III Ergebnis

A, gem. § 1902 vertreten durch seinen Betreuer, steht gegen D kein Anspruch auf Herausgabe des Erlangten aus § 816 I 1 zu.[42]

E Anspruch des A, gem. § 1902 vertreten durch seinen Betreuer, gegen D auf Herausgabe bzw. Wertersatz i.H.v. 300,– Euro aus § 822

A, gem. § 1902 vertreten durch seinen Betreuer, könnte gegen D ein Anspruch auf Herausgabe bzw. Wertersatz i.H.v. 300,– Euro aus § 822 zustehen.

I § 822 als eine eigene Anspruchsgrundlage

Ob es sich bei § 822 um einen eigenen Bereicherungsanspruch handelt oder ob § 822 lediglich den Anspruch des Bereicherungsgläubigers auf den von § 822 bezeichneten Dritten erstreckt, also eine Art gesetzliche Schuldübernahme darstellt, ist umstritten.[43] Hier wird mit der h.M. der ersten Möglichkeit gefolgt. Unterschiede in der Sache ergeben sich für die hiesige Konstellation nicht.[44] Da § 822 hier mit dem Ziel der Herausgabe eines erlangten Veräußerungserlöses bzw. von Wertersatz geprüft wird, die an die Stelle der aus dem EBV heraus veräußerten Sache treten, ist dieser Anspruch nicht von den Regeln des EBV gesperrt.[45]

II Bereicherungsschuldner, der wegen § 818 III nicht haftet

Hier ist der Bereicherungsanspruch des A gegen C wegen Entreicherung nach § 818 III ausgeschlossen.

---

[42] Ein Anspruch des A, gem. § 1902 vertreten durch seinen Betreuer, gegen D aus § 816 I 2 scheidet ebenfalls aus. Zwar hat C den Bereicherungsgegenstand verschenkt und wollte diesen auch übereignen; er wollte mithin unentgeltlich verfügen. Allerdings ist die Verfügung C – D wegen Abhandenkommens unwirksam (s.o.).

[43] S. dazu etwa MüKo/*Schwab*, § 822 Rn. 2 ff.; Staudinger/*S. Lorenz*, § 822 Rn. 2.

[44] Sollte man der Ansicht folgen, die § 822 nicht als eigene Anspruchsgrundlage ansieht, hat die Prüfung des § 822 im Rahmen des Anspruchs des § 812 I 1 Alt. 2 gegen C zu erfolgen. Methodisch schwierig ist dabei, dass sich durch § 822 der Anspruchsgegner ändert.

[45] Insofern können die oben näher ausgeführten Argumente entsprechend herangezogen werden.

III Nichthaftung beruht auf unentgeltlicher Zuwendung an einen Dritten

Im vorliegenden Fall beruht die Nichthaftung, d. h. die Entreicherung, des C auf dem Umstand, dass C den Bereicherungsgegenstand, das Gemälde, einem Dritten, dem D, geschenkt hat, vgl. § 516 I.

IV Ergebnis

Der Anspruch des A, gem. § 1902 vertreten durch seinen Betreuer, gegen D aus § 822 besteht. Vom Inhalt her deckt dieser sich mit dem unter Teil 2 C. geprüften Anspruch des A aus § 812 I 1 Alt. 2. Er ist damit auf Wertersatz i.H.v. 200,– Euro Zug um Zug gegen Genehmigung gerichtet.

[F Anspruch des A, gem. § 1902 vertreten durch seinen Betreuer, gegen D auf Schadensersatz bzw. Herausgabe aus § 687 II 2 i.V.m. §§ 678/681 S. 2, 667

Ein Anspruch des A, gem. § 1902 vertreten durch seinen Betreuer, gegen D auf Herausgabe bzw. Schadensersatz aus § 687 II i.V.m. §§ 678/681 S. 2, 667 kommt nicht in Betracht. D ging bei der Veräußerung davon aus, dass er Eigentümer des Bildes gewesen ist und nicht der A. Es mangelte D mithin an der Kenntnis der Fremdheit des von ihm geführten Geschäfts.]

Fall 8 Leistungskondiktion bei Einreden

Rücktritt nach Wegfall des Rücktrittsgrunds – Normative Kontrolle der Differenz-
hypothese („individueller Schadenseinschlag") – Anfechtung wegen Eigenschafts-
irrtums und arglistiger Täuschung – Verjährung –Leistungskondiktion wegen dau-
ernder Einrede

Sachverhalt

Der im Verkauf beschäftigte Angestellte A von Juwelier V spiegelt dem Kunden K
bewusst wahrheitswidrig vor, seine – des K – Freundin F wünsche sich nichts
sehnlicher als eine bestimmte Kette des brasilianischen Schmuckherstellers S. In
Wirklichkeit findet F, was A aus Kundengesprächen weiß, den bunten Schmuck
des S übertrieben und für sie völlig ungeeignet. A will aber aufgrund der großen
Gewinnspanne bei importiertem Schmuck dem V zu einem guten Geschäft verhelfen, um seinen eigenen Bonus zu steigern. Da K dem Verkaufstalent des A nicht
widerstehen kann, werden A und K zu einem Preis von 10.000,– Euro handelseinig. A verspricht, die Kette zu beschaffen.

Unmittelbar am Tag nach diesem Geschäftsabschluss treten Lieferschwie-
rigkeiten auf. Als diese vorüber sind, wird die Kette zwischenzeitlich aus dem
Programm des S genommen. Schließlich sendet S nach sieben Jahren die Kette
nebst anderer von V bestellter Schmuckstücke an V; V kann die Kette aber keiner
Bestellung zuordnen, da die Aufzeichnungen über das von A zustande gebrachte
Geschäft mit K nicht korrekt abgelegt sind. V entdeckt die entsprechenden Aufzeichnungen erst, als er einige Jahre später sein Geschäft aufgeben will. So ver-
gehen gut elf Jahre, bis V dem K mitteilt, die Kette sei jetzt da und könne nach
Zahlung abgeholt werden.

K, der dank der damaligen Beratungskünste des A immer noch davon überzeugt ist, der F – mittlerweile seine Ehefrau – mit der Kette eine Freude machen zu
können, überweist den geschuldeten Betrag. Er erfährt aber noch vor der ge-
planten Abholung, dass F den Schmuck des S weder damals mochte noch heute
sonderlich schätzt und dies schon seinerzeit vor dem Abschluss des Kaufvertrags
dem A mehrfach gesagt hatte.

K verlangt daraufhin sofort von V sein Geld zurück. Er habe ja auch die Kette
noch nicht bekommen, also eigentlich gar nicht zahlen müssen. Im Übrigen sei
die Kaufpreisforderung nach der langen Zeit ohnehin verjährt gewesen. Jedenfalls
aber habe ihn der Angestellte des V seinerzeit durch bewusstes Vorspiegeln eines
dem wahren Geschmack der F widersprechenden Wunsches zum Vertragsschluss

https://doi.org/10.1515/9783110591798-019

veranlasst. V wendet ein, der Geschmack der F sei nicht das Problem des Verkäufers. Er selbst habe von dem Verhalten des A nichts gewusst, vielmehr erst später erfahren, dass A wegen Betrugs mehrfach vorbestraft war, und ihn daraufhin sogleich entlassen; nach Vorstrafen habe er den A vor dessen Einstellung freilich ebenso wenig gefragt, wie er den A bei seinen ersten Verkaufsgesprächen beobachtet habe, da er, V, nicht immer vom Schlimmsten ausgehe, sondern für ihn zunächst alle Menschen gut seien. Das Fehlverhalten des A sei aber jedenfalls so lange her, dass K sich hierauf doch wohl nicht mehr berufen könne.

Kann K von V den gezahlten Kaufpreis zurückverlangen?

Gliederung der Lösung

Lösung

A Anspruch des K gegen V auf Rückzahlung von 10.000,– Euro aus § 346 I

K könnte gegen V einen Anspruch auf Rückzahlung von 10.000,– Euro aus § 346 I haben. Dies setzt voraus, dass ein Rücktritt von einem Vertrag erfolgt ist, der Rücktrittsgegner eine Leistung empfangen hat und dem Zurücktretenden ein vertragliches oder gesetzliches Rücktrittsrecht zusteht.

I Rücktrittserklärung

In der Äußerung des K gegenüber V, er verlange sein Geld zurück, kann durch Auslegung (§§ 133, 157) eine Rücktrittserklärung i.S.d. § 349 gesehen werden, die sich auf einen zwischen V – ohne Weiteres wirksam vertreten durch seinen Angestellten A (§ 164, ggf. § 56 HGB) – und K geschlossenen Kaufvertrag über die Kette bezieht.

II Empfangene Leistung

V hat dadurch, dass ihm K in Erfüllung des Kaufvertrags (*solvendi causa*) 10.000,– Euro überwiesen hat, von diesem bewusst und zweckgerichtet eine Vermögensmehrung, mithin eine Leistung, empfangen.

III Rücktrittsrecht

K müsste auch ein Rücktrittsrecht zugestanden haben. Ein vertragliches Rücktrittsrecht war nicht vereinbart worden. Ein gesetzliches Rücktrittsrecht könnte sich aus § 323 I ergeben. V hat allerdings inzwischen dem K die Abholung der Kette angeboten; dass V die Kette nur in seinen Geschäftsräumen zu übergeben und übereignen hat, entspricht bei lebensnaher Betrachtung der ursprünglichen Vereinbarung (vgl. § 269 II).

Dass K in der langen Zwischenzeit bis zur Mitteilung durch V – nach Fristsetzung – hätte zurücktreten können, ist inzwischen wieder unerheblich geworden. Denn dem Fristsetzungserfordernis kann entnommen werden, dass das Gesetz außerhalb der Fälle von Unmöglichkeit ein Rücktrittsrecht nur gewähren will, wenn die noch mögliche Durchführung des Vertrags daran scheitert, dass die verpflichtete Partei trotz Aufforderung ihren Pflichten nicht nachkommt. Hier will V seinen Pflichten nun aber nachkommen. Ein Rücktrittsrecht steht K damit nicht zu.

IV Ergebnis

K hat gegen V keinen Anspruch auf Rückzahlung von 10.000,– Euro aus § 346 I.

B Anspruch des K gegen V auf Schadensersatz i.H.v. 10.000,– Euro aus §§ 280 I, 241 II, 311 II

K könnte gegen V einen Anspruch auf Schadensersatz i.H.v. 10.000,– Euro aus §§ 280 I, 241 II, 311 II haben.

I Anspruchsvoraussetzungen

V selbst hat hier die Interessen des K nicht unmittelbar verletzt. Ihm ist jedoch das Verhalten des A, der den K im Rahmen der ihm übertragenen Aufgaben als Angestellter getäuscht hat, gem. § 278 S. 1 zuzurechnen. Die Täuschung über den Geschmack der F war auch ein Verstoß gegen vorvertragliche Treue- und Rücksichtnahmepflichten.

Hieraus müsste K ein Schaden entstanden sein. K hat als Gegenleistung für den Kaufpreiszahlungsanspruch und nunmehr die Zahlung von 10.000,– Euro zwar einen Anspruch auf Übergabe und Übereignung einer Kette erlangt, die mangels anderslautender Hinweise diesen Betrag wert ist. Nach der reinen Differenzhypothese liegt damit kein Schaden vor. Die Differenzhypothese ist jedoch einer normativen Kontrolle zu unterziehen, für die die Haftungsgrundlage, also das die Haftung begründende Ereignis, und die darauf beruhende Vermögensminderung relevant sind. Allerdings genügt es nicht, dass der potentiell Geschädigte den unerwünschten Vertrag rein subjektiv als Schaden empfindet, sondern auch die Verkehrsanschauung muss den Vertrag als unvernünftig ansehen.[1] Hier ist der Anspruch, den K erlangt hat, trotz objektiver Werthaltigkeit für seine Zwecke nicht brauchbar. Dies geht allein auf das Verhalten des A zurück. Angesichts der Höhe des Kaufpreises ist eine beträchtliche Vermögensminderung gegeben, die den K in seinen Vermögensdispositionen beeinträchtigt. Auch nach der Verkehrsanschauung ist der Erwerb eines teuren Schmuckstücks, an dem der einzig in Betracht kommende zu Beschenkende keinen Gefallen finden wird, wirtschaftlich unvernünftig. Ein Vermögensschaden ist mithin zu bejahen.[2]

II Einrede der Verjährung

Indem V vorgebracht hat, das Verhalten des A sei doch schon so lange her, hat er konkludent die (peremptorische) Einrede der Verjährung erhoben (vgl. § 214 I).

Die Verjährung müsste aber auch tatsächlich eingetreten sein. Für den Anspruch aus § 280 I gilt die regelmäßige Verjährungsfrist von drei Jahren (§ 195). Sie beginnt an sich mit dem Schluss des Jahres, in dem der Anspruch entstanden ist und der Gläubiger die erforderliche Kenntnis erlangt hat oder hätte ohne grobe Fahrlässigkeit erlangen müssen (§ 199 I). Hier war der Anspruch zwar bereits vor über zehn Jahren entstanden, mag er auch seinerzeit auf Aufhebung des Kaufpreiszahlungsanspruchs und erst seit Zahlung auf Rückzahlung gerichtet gewesen sein; K hat aber erst jetzt von den Umständen erfahren und sofort den Anspruch geltend gemacht. Allerdings könnten Kenntnis oder grob fahrlässige Unkenntnis gem. § 199 III 1 Nr. 1 irrelevant sein. § 199 III erfasst auch einen Schadensersatzanspruch aus § 280 I,[3] wie er hier vorliegt. Dieser ist vor über zehn Jahren entstanden. Damit ist er verjährt.

III Ergebnis

K hat zwar gegen V einen Anspruch auf Schadensersatz i.H.v. 10.000,– Euro aus §§ 280 I, 241 II, 311 II; dieser Anspruch ist aber wegen der von V erhobenen Verjährungseinrede nicht mehr durchsetzbar.

---

1 BGH, NJW 1998, 302 (304).
2 A.A. vertretbar; dann ist aber ein Hilfsgutachten zu erstellen.
3 BeckOGK/*Piekenbrock*, § 199 Rn. 153.

C Anspruch des K gegen V auf Schadensersatz i.H.v. 10.000,– Euro aus § 831 I 1

K könnte gegen V einen Anspruch auf Schadensersatz i.H.v. 10.000,– Euro aus § 831 I 1 haben.

I Anspruchsvoraussetzungen

Hier hat V selbst zwar nicht unmittelbar eine schädigende Handlung vorgenommen. Eine solche könnte jedoch A als Verrichtungsgehilfe des V vorgenommen haben. A war im Juweliergeschäft des V angestellt, mithin den Weisungen des V unterworfen. Die Täuschung des K erfolgte auch im Zusammenhang mit der Tätigkeit des A als Verkäufer. A handelte daher als Verrichtungsgehilfe i.S.d. § 831 I 1.

A müsste des Weiteren den Tatbestand einer unerlaubten Handlung erfüllt haben. Hier kommt ein Fall des § 823 II i.V.m. § 263 I StGB zugunsten des V in Betracht. A hat den K getäuscht; K hat sich daraufhin über den Geschmack der F geirrt und deshalb den Kaufvertrag über die Kette abgeschlossen, also eine Vermögensverfügung vorgenommen (Eingehungsbetrug). Dem K müsste indes auch ein Vermögensschaden entstanden sein. Die Kette, auf deren Erwerb der dem Kaufpreiszahlungsanspruch gegenüberstehende Anspruch des K gerichtet war, ist mangels anderer Hinweise ihr Geld wert. Allerdings war die Kette für K zu dem angestrebten Zweck, nämlich der F eine Freude zu bereiten, nicht brauchbar. K konnte sie auch nicht in anderer zumutbarer Weise verwenden, da man solche Geschenke nur seinem Partner zu machen pflegt. Ebenso wenig konnte sie K, da er nicht selbst im Schmuckhandel tätig war, ohne Schwierigkeiten wieder weiterveräußern. Nach den Regeln über den individuellen Schadenseinschlag[4] ist mithin ein Vermögensschaden zu bejahen.[5] All dies war dem A auch bewusst. A handelte in der Absicht, den V zu bereichern, da ihm dies mittelbar über seinen Bonus zugutekam (Drittbereicherungsabsicht). Diese Absicht ist zudem auf eine stoffgleiche Bereicherung gerichtet, da der Nachteil des K dem Vorteil des V entspricht. Der objektive und subjektive Tatbestand eines Betrugs ist mithin gegeben. Dieses Verhalten war, da keine Rechtfertigungsgründe ersichtlich sind, auch rechtswidrig.

---

4 Vgl. Schönke/Schröder/*Perron*, StGB, 30. Aufl. 2019, § 263 Rn. 121; a.A. vertretbar.

5 A.A. vertretbar; dann ist aber § 826 zu prüfen und bei Ablehnung auch dieses Anspruchs ein Hilfsgutachten zu erstellen.

V kann sich auch nicht gem. § 831 I 2 exkulpieren, da er weder bei der Auswahl noch bei der Überwachung des A die Sorgfalt angewandt hat, die von einem Juwelier zu erwarten ist. Damit sind die Voraussetzungen des § 831 I 1 gegeben.

II Einrede der Verjährung

Der Anspruch ist indes ebenso von §§ 195, 199 III 1 Nr. 1 erfasst und mithin verjährt.

III Ergebnis

K hat zwar gegen V einen Anspruch auf Schadensersatz i.H.v. 10.000,– Euro aus § 831 I 1; auch dieser Anspruch ist aber wegen der von V erhobenen Verjährungseinrede nicht mehr durchsetzbar.

D Anspruch des K gegen V auf Rückzahlung von 10.000,– Euro aus § 852

K könnte gegen V einen Anspruch auf Rückzahlung von 10.000,– Euro aus § 852 haben. Wie soeben gesehen, hat V durch eine Handlung i.S.d. § 831 zunächst einen Kaufpreiszahlungsanspruch, sodann an dessen Stelle den Kaufpreis selbst, erlangt. Damit sind die Voraussetzungen des § 852 S. 1 gegeben.

Der Anspruch aus § 852 S. 1 ist aber hinsichtlich des Kaufpreiszahlungsanspruchs vor über zehn Jahren entstanden; die spätere Zahlung lässt ihn nicht etwa neu entstehen. Damit ist die Verjährungsfrist des § 852 S. 2 abgelaufen. V hat sich auch auf Verjährung berufen.

K hat mithin gegen V einen Anspruch auf Rückzahlung von 10.000,– Euro aus § 852 S. 1, der aber ebenfalls wegen der von V erhobenen Verjährungseinrede nicht durchsetzbar ist.

E Anspruch des K gegen V auf Rückzahlung von 10.000,– Euro aus § 812 I 1 Alt. 1

K könnte gegen V einen Anspruch auf Rückzahlung von 10.000,– Euro aus § 812 I 1 Alt. 1 haben.

I Etwas erlangt

Hier hat V von K im Wege der Überweisung eine Gutschrift von 10.000,– Euro erlangt.

II Durch Leistung

Dies müsste durch Leistung geschehen sein. Leistung ist die bewusste und zweckgerichtete Mehrung fremden Vermögens. Hier hat K an V zur Erfüllung seiner Kaufpreiszahlungsverbindlichkeit, § 433 II, mithin *solvendi causa*, den Betrag an V überwiesen. Eine Leistung liegt mithin vor.

III Ohne rechtlichen Grund

Diese Leistung des K müsste V ohne rechtlichen Grund erhalten haben. Als rechtlicher Grund kommt hier ein Kaufvertrag zwischen V und K in Betracht. V, vertreten durch A, und K haben sich über den Verkauf der Kette zu einem Preis von 10.000,– Euro geeinigt. Die im Rahmen des Vertragsschlusses von K abgegebene Willenserklärung könnte indes gem. § 142 I infolge Anfechtung nichtig sein mit der Folge, dass auch der Kaufvertrag und damit ein rechtlicher Grund für das Behaltendürfen der 10.000,– Euro nicht (mehr) besteht.

1 Richtige Fallgruppe der Leistungskondiktion

Da nach § 142 I Folge der Anfechtung die Nichtigkeit des Rechtsgeschäfts von Anfang an – also *ex tunc* – ist, diese Folge aber erst mit der Erklärung der Anfechtung eintritt, könnte statt der Leistungskondiktion des § 812 I 1 Alt. 1 (*condictio indebiti*) die richtige Kondiktion auch die Leistungskondiktion des § 812 I 2 Alt. 1 (*condictio ob causam finitam*) sein.

Für die Einordnung als Fall des § 812 I 1 Alt. 1[6] spricht die Anordnung einer Nichtigkeit *ex tunc* durch § 142 I. Das Rechtsgeschäft soll danach ohne Einschränkungen als von Anfang an nichtig angesehen werden. Diese anfängliche Nichtigkeit gilt dann ohne Weiteres auch für das Bereicherungsrecht. Folgt man dem, findet im vorliegenden Fall – vorbehaltlich einer wirksamen Anfechtung – § 812 I 1 Alt. 1 Anwendung; ein Fall des § 814, der unmittelbar nur bei § 812 I 1 Alt. 1 gilt, liegt hier, wo K erst nach Zahlung die Täuschung durch V erkannt hatte, indes

---

6 So z.B. Staudinger/*S. Lorenz*, § 812 Rn. 88; BeckOK/*Wendehorst*, § 812 Rn. 64.

ebenso wenig vor wie ein Fall des § 820 I 2, der seinem Wortlaut nach nur auf die Fälle des § 812 I 2 Alt. 1 abzielt.[7]

Für die Einordnung als Fall des § 812 I 2 Alt. 1[8] kann angeführt werden, dass das anfechtbare Rechtsgeschäft bis zur Anfechtung wirksam war, weshalb die anfängliche Nichtigkeit in § 142 I auch als Fiktion angeordnet wird, während andere Nichtigkeitsgründe wie etwa §§ 105, 134, 138 zur Folge haben, dass das Rechtsgeschäft ohne Weiteres von Anfang an nichtig *ist*. Demnach würde hier § 812 I 2 Alt. 1 zur Anwendung kommen; ein Ausschluss nach § 814 bräuchte daher nicht geprüft zu werden.[9]

Einer Streitentscheidung bedarf es mithin zwar nicht wegen konkret unterschiedlicher Folgen, wohl aber deshalb, weil eine gutachtliche Prüfung unter alternativer Anspruchsgrundlage vermieden werden sollte.[10] Vorzugswürdig erscheint die erstgenannte Lösung, da sie der anfänglichen Nichtigkeit besser Rechnung trägt und § 814, der eine Ausprägung des Verbots eines *venire contra factum proprium* ist, einen größeren Anwendungsbereich verschafft. Mithin ist hier, wo eine Anfechtung im Raum steht, § 812 I 1 Alt. 1 die richtige Fallgruppe der Leistungskondiktion.

2 Wirksame Anfechtung

a) Anfechtungserklärung

K müsste die Anfechtung durch Anfechtungserklärung, § 143 I, gegenüber dem richtigen Anfechtungsgegner vorgenommen, § 143 II-IV, haben. Hier hat K von V seine Zahlung zurückgefordert. Dies kann als Anfechtungserklärung ausgelegt werden (§§ 133, 157); V als Vertragspartner ist gem. § 143 II 1 Hs. 1 auch richtiger Anfechtungsgegner.

---

7 Vgl. dazu BeckOK/*Wendehorst*, § 820 Rn. 7 f.

8 So z. B. *Brox/Walker*, Besonderes Schuldrecht, § 40 Rn. 30; Jauernig/*Stadler*, § 812 Rn. 14.

9 Allerdings wird die Leistung auf eine Schuld, von der der Leistende weiß, dass er sie durch Anfechtung vernichten könnte, regelmäßig eine Bestätigung des anfechtbaren Rechtsgeschäfts i.S.d. § 144 sein, sodass auch dann eine Anfechtung ausschiede, s. nur Staudinger/*S. Lorenz*, § 812 Rn. 88.

10 Dies kann auch anders gesehen werden; dann wäre der Streit nur dort zu entscheiden, wo es um die Anwendung des § 814 geht. Für die Falllösung in Klausuren und Hausarbeiten empfiehlt es sich, auf den Streit nur wenig Zeit und Raum zu verwenden.

b) Anfechtungsgrund

aa) Eigenschaftsirrtum

K müsste aber auch ein Anfechtungsgrund zur Seite gestanden haben. Ein solcher könnte zunächst aus § 119 II folgen. Dabei ist als erstes an einen Irrtum über eine Eigenschaft der „Sache", also hier der Kette als Vertragsgegenstand, zu denken. Eigenschaften in diesem Sinne sind wertbildende Faktoren, die in der Sache selbst begründet sind und eine gewisse Beständigkeit aufweisen.[11] Hier irrte sich K indes nicht über ein Merkmal der Kette selbst, das für deren Wert von Bedeutung wäre, etwa den Goldanteil, sondern über die Wertschätzung dieser Art von Schmuck durch F. Dies ist keine Eigenschaft der Kette als Vertragsgegenstand.

Liegt damit kein Irrtum über eine Eigenschaft der „Sache" vor, kommt noch ein Irrtum über eine Eigenschaft der „Person" in Betracht. „Person" ist zunächst einmal der Vertragspartner. Eigenschaften der Person sind insbesondere dann verkehrswesentlich, wenn es sich um Geschäfte mit einer persönlichen Komponente handelt. Hier hat K gewiss angenommen, der A stelle ihm gegenüber die Vorlieben der F richtig dar. Bei Geschäften mit einem Juwelier spielt auch das persönliche Vertrauen zum Geschäftsinhaber und seinen Angestellten durchaus eine Rolle. Allerdings ist der Vertrag selbst auf einen bloßen Güteraustausch gerichtet. Ein Irrtum über die Redlichkeit des Verhaltens im Zusammenhang mit dem Vertragsschluss ist bei einem solchen Vertrag richtigerweise von § 119 II nicht erfasst, da hierfür § 123 I Alt. 1 spezieller ist.[12] Eine Anfechtung wegen Irrtums über Eigenschaften des A oder des V scheidet mithin aus.

Möglicherweise liegt aber ein Irrtum über Eigenschaften der F vor. Dann müsste F, obwohl nicht Vertragspartner, relevante Person sein und bejahendenfalls ihr Geschmack eine relevante Eigenschaft darstellen. „Person" kann auch der Leistungsempfänger beim Vertrag zugunsten Dritter sein.[13] Ein Vertrag zugunsten Dritter liegt hier aber nicht vor. F soll zwar von K beschenkt werden, aber kein eigenes Leistungsforderungsrecht gegenüber V erlangen. F ist also lediglich Beschenkte; sie hat an dem Geschäft keinen Anteil. Selbst wenn man annimmt, dass sie trotzdem Dritte sein könnte, wird man den Geschmack desjenigen, dem im Anschluss an einen Güteraustauschvertrag eine freigiebige Zuwendung gemacht werden soll, für den Güteraustausch als solchen nicht als verkehrswesentlich

---

11 Vgl. Jauernig/*Mansel*, § 119 Rn. 12.

12 A.A. wohl die h.M., allerdings ohne Fokus auf gerade diesen Fall; s. etwa Erman/*Arnold*, § 119 Rn. 15.

13 Vgl. RGZ 143, 429 ff.; Erman/*Arnold*, § 119 Rn. 37; Jauernig/*Mansel*, § 119 Rn. 11.

ansehen können. Damit scheidet auch eine Anfechtung wegen Irrtums über die Eigenschaften der F aus; vielmehr liegt insoweit lediglich ein Motivirrtum vor.

bb) Arglistige Täuschung

K könnte indes wegen arglistiger Täuschung gem. § 123 I Alt. 1 zur Anfechtung berechtigt sein. Hier hat den K zwar nicht der V, sondern der A vorsätzlich und mithin arglistig[14] getäuscht. Wäre A Dritter, so wäre gem. § 123 II 1 weiter Kenntnis oder Kennenmüssen des V von der von A vorgenommenen Täuschung erforderlich, woran es hier fehlen dürfte. Allerdings ist Dritter i.S.d. § 123 II 1 nur, wer nicht der „Seite" bzw. dem „Lager" desjenigen, dem gegenüber die Willenserklärung abzugeben war, zuzuordnen ist.[15] A als Angestellter des V, der diesen vertreten hat, ist dessen „Lager" zuzuordnen, mithin nicht Dritter i.S.d. § 123 II 1. Eine relevante arglistige Täuschung liegt somit vor. Aufgrund dieser Täuschung hat K auch den Vertrag abgeschlossen. Damit ist der Anfechtungsgrund der arglistigen Täuschung gegeben.

c) Anfechtungsfrist

Die Anfechtung müsste aber auch noch möglich sein. Im Falle der arglistigen Täuschung bestimmt sich die Anfechtungsfrist nach § 124. Damit ist grundsätzlich binnen Jahresfrist (§ 124 I) ab Entdeckung (§ 124 II 1 Var. 1) anzufechten. Da hier K sofort angefochten hat, sind diese Voraussetzungen an sich erfüllt. Jedoch ist gem. § 124 III die Anfechtung endgültig ausgeschlossen, wenn seit Abgabe der Willenserklärung zehn Jahre vergangen sind. Hier hat K seine auf den Abschluss des Kaufvertrags gerichtete Willenserklärung vor über zehn Jahren abgegeben. Damit ist eine Anfechtung ausgeschlossen.

d) Zwischenergebnis

Wegen Ablaufs der Anfechtungsfrist liegt keine wirksame Anfechtung vor.

14 Dazu etwa BGH, NJW 2013, 2182 Rn. 12.
15 Jauernig/*Mansel*, § 123 Rn. 10; ausführlich Staudinger/*Singer/von Finckenstein*, § 123 Rn. 52 ff.

3 Zwischenergebnis

Daher ist der Kaufvertrag nicht infolge Nichtigkeit der Willenserklärung des K nach Anfechtung *ex tunc* weggefallen. Somit besteht ein rechtlicher Grund.

IV Ergebnis

K hat gegen V keinen Anspruch auf Rückzahlung von 10.000,– Euro auch aus § 812 I 1 Alt. 1.

F Anspruch des K gegen V auf Rückzahlung von 10.000,– Euro aus § 813 I 1

K könnte gegen V einen Anspruch auf Rückzahlung von 10.000,– Euro schließlich noch aus § 813 I 1 haben.[16]

I Etwas erlangt

V hat, wie schon gesehen, von K die Zahlung i.H.v. 10.000,– Euro erlangt.

II Durch Leistung

Diese Zahlung erfolgt auch, wie ebenfalls gesehen, *solvendi causa* und mithin durch Leistung.

III Bestehen einer dauernden Einrede

Dem Anspruch, auf den geleistet wurde, müsste eine Einrede entgegengestanden haben, durch welche die Geltendmachung dieses Anspruchs dauernd ausgeschlossen wurde.

---

16 § 813 ist eine eigenständige Anspruchsgrundlage, s. z.B. *Looschelders*, Schuldrecht Besonderer Teil, § 54 Rn. 1034.

1 Einrede des nichterfüllten Vertrags

Da V den Schmuck noch nicht übergeben und übereignet, also seine mit dem Kaufpreiszahlungsanspruch im Synallagma stehenden Pflichten aus dem Kaufvertrag, § 433 I 1, noch nicht erfüllt hat, steht K die Einrede des nichterfüllten Vertrags zwar zu.

Diese ist aber keine dauernde (peremptorische) Einrede, sondern nur eine vorübergehende (dilatorische). Sie ist daher für § 813 I 1 unbeachtlich.[17]

2 Einrede der Verjährung

Für den Kaufpreiszahlungsanspruch gilt die dreijährige Regelverjährung, §§ 195, 199. Der Kaufpreiszahlungsanspruch ist mit Abschluss des Kaufvertrags entstanden. Dem V ist die Kenntnis des A von seiner Entstehung gem. § 166 I zuzurechnen.[18] Dass dem Anspruch die Einrede des nichterfüllten Vertrags entgegenstand, führt nicht zu einer Hemmung nach § 205. Denn § 205 gilt nicht für gesetzliche Leistungsverweigerungsrechte und kann auch nicht analog angewandt werden.[19] Die dreijährige Verjährungsfrist ist mithin abgelaufen.

Jedoch berechtigt die Einrede der Verjährung gem. §§ 813 I 2, 214 II 1 nicht zur Rückforderung des Geleisteten. Eine Anwendung des § 813 I 1 scheidet also auch insoweit daher aus.

3 Arglisteinrede

Dem K könnte jedoch die Arglisteinrede des § 853 zustehen. V hat eine Kaufpreiszahlungsforderung gegen K erlangt. Dies müsste durch eine von V begangene unerlaubte Handlung geschehen sein. Hier lag dem Entstehen der Forderung die von A verübte arglistige Täuschung zugrunde, V selbst hat nicht getäuscht. Eine unerlaubte Handlung des V liegt allerdings in Form des § 831 vor. Auch § 831 reicht für die Anwendung des § 853 aus.[20] Hätte V bei Auswahl und Überwachung die verkehrserforderliche Sorgfalt angewandt, hätte er A nicht als Verkäufer angestellt.

17 Staudinger/*S. Lorenz*, § 813 Rn. 6.
18 Vgl. BeckOGK/*Piekenbrock*, § 199 Rn. 113.
19 BGH, NZI 2018, 154 Rn. 12 ff.
20 BGH, NJW 1979, 1983; BeckOGK/*Eichelberger*, § 853 Rn. 8.

Die Arglisteinrede ist auch eine dauernde Einrede;[21] insbesondere ist der Ablauf der in § 124 genannten Frist unerheblich.[22]

IV Einrede der Verjährung

Da K erst soeben an V gezahlt hat, ist dieser Anspruch nicht verjährt.

V Ergebnis

K hat somit gegen V einen Anspruch auf Rückzahlung von 10.000,– Euro aus § 813 I 1.

---

21 Staudinger/*S. Lorenz*, § 813 Rn. 8.
22 BeckOGK/*Eichelberger*, § 853 Rn. 19.

Fall 9 Haftung mehrerer bei unerlaubter Handlung und Geschäftsführung ohne Auftrag

Anwendbares Recht bei unerlaubter Handlung und Geschäftsführung ohne Auftrag bei inländischem Erfolgsort – Kausalität und Haftung mehrerer bei unerlaubter Handlung – Schutzgesetzverletzung – Echte berechtigte Geschäftsführung ohne Auftrag

Sachverhalt

Der spanische Fußballstar F ist seit Kurzem mit dem bekannten deutschen „It-Girl" I liiert. Zusammen mit I bezieht F ein weiträumiges Loft in der Innenstadt der deutschen Stadt K. Zum Leidwesen seiner Nachbarn feiert F in seiner Freizeit gerne Partys. Am 22. Dezember 2018 sind I und F die Gastgeber einer vorweihnachtlichen „Glühweinsause". Neben viel Lokalprominenz nehmen auch die besten Fußballfreunde des F aus Kindheitstagen, G und P, an der Feier teil. G spielt und lebt in Athen (Griechenland); P in Warschau (Polen). Beide reisen regelmäßig aus ihren jeweiligen Heimatländern zu den verschiedenen Feiern des F an.

P hat aus seinem Heimatland zwei sogenannte Himmelslaternen mitgebracht. Bei einer Himmelslaterne handelt es sich um eine nach unten geöffnete Papiertüte aus dünnem Seidenpapier. Eine Speichenkonstruktion sorgt dafür, dass in der Öffnung der Papiertüte ein Brennstoff hängt. Entzündet man den Brennstoff, so erhitzt sich die Luft im Inneren der Laterne mit der Folge, dass die helle Laterne aufsteigt und nachts weithin sichtbar ist. Die Verwendung solcher Himmelslaternen ist in K aufgrund der Gefahr von Personen- und Sachschäden untersagt. Dies war sowohl dem G als auch dem P aufgrund ihrer häufigen Besuche in K bekannt.

Trotz sichtbarer Gewitterwolken zünden G und P zeitgleich jeweils eine Laterne an. Beide Laternen steigen sogleich in den Nachthimmel auf. Aufgrund eines Windstoßes werden die Flugobjekte dort durcheinander gewirbelt, sodass nicht mehr zu erkennen ist, welche Laterne von wem angezündet wurde.

Eine der beiden Laternen touchiert daraufhin eine seltene Winterpalme, die sich auf der Terrasse des Nachbarn Z – eines zypriotischen Staatsangehörigen, der seit über 30 Jahren in K seinen Wohnsitz hat – befindet. Das Gewächs fängt sofort Feuer. Z, Eigentümer sowohl der Pflanze als auch der von ihm bewohnten Wohnung inklusive Terrasse, hat sich bisher das Treiben in der Wohnung des F aus sicherer Entfernung angeschaut. Um größere Brandschäden zu verhindern, stürmt Z, der früher Feuerspucker in einem Varietétheater war und deshalb keine

https://doi.org/10.1515/9783110591798-020

Angst vor Flammen hat, auf seine Terrasse und löscht mit einem Eimer Wasser die brennenden Pflanzenreste. Somit verhindert Z zwar in allerletzter Sekunde Schäden an der Bausubstanz – die Winterpalme (Wert: 6.000,– Euro) konnte Z allerdings nicht mehr retten.

Zu seinem Entsetzen muss Z des Weiteren feststellen, dass ein Funkenflug während den Löscharbeiten eine irreparable Beschädigung seines aus seltener Alpakawolle bestehenden Pullovers (Wert: 7.500,– Euro) verursachte. Hätte Z den Pullover vorher ausgezogen, so wären die Flammen unter zeitlichen Aspekten außer Kontrolle geraten; ein weitaus höherer Schaden wäre die Folge gewesen.

Da G, der bei den Partys des F auch schon in der Vergangenheit negativ aufgefallen war, dem Z schon immer unsympathisch war, möchte Z die entstandenen Kosten (13.500,– Euro) in voller Höhe von G erstattet haben und ist bereit, seine Ansprüche notfalls vor dem zuständigen Landgericht in K geltend zu machen. G ist empört: Schließlich habe P die Himmelslaternen mitgebracht. Außerdem müsse Z erst einmal beweisen, dass „seine" Laterne den Brand verursacht habe.

Bitte prüfen Sie – auch unter Beachtung der Fragen des Internationalen Privatrechts –, ob dem Z der geltend gemachte Anspruch gegen G zusteht.

Gliederung der Lösung

A Anspruch des Z gegen G auf Zahlung von 13.500,– Euro aus § 823 I
- I   Anwendbares Recht
  - 1 Qualifikation: Unerlaubte Handlung
  - 2 Art. 4 II Rom II-VO
  - 3 Art. 4 I Rom II-VO
- II Haftungsbegründender Tatbestand
  - 1 Rechtsgutverletzung(en)
  - 2 Relevantes Verhalten des Schädigers
  - 3 Haftungsbegründende Kausalität
    - a) Äquivalenz (conditio sine qua non)
      - aa) Problem: Fehlende Feststellbarkeit der Kausalität
      - bb) Überwindung mithilfe des § 830 I 2
      - cc) Zwischenergebnis
    - b) Adäquanz
    - c) Zurechenbarkeit
    - d) Zwischenergebnis
  - 4 Rechtswidrigkeit
  - 5 Verschulden
    - a) Vorsatz
    - b) Fahrlässigkeit
  - 6 Zwischenergebnis

III Haftungsausfüllender Tatbestand
    1 Schaden
    2 Kausalität zwischen Rechtsgutsverletzung und Schaden
IV Haftung des G in voller Höhe
    1 § 840 I
    2 Inanspruchnahme des G ist keine unzulässige Rechtsausübung i.S.d. § 242
V Anspruchsinhalt
VI Ergebnis

B Anspruch des Z gegen G auf Zahlung von 13.500,– Euro aus § 823 II i.V.m. § 306d StGB
I Anwendbares Recht
II Pflanze und Pullover sind keine relevanten Objekte i.S.d. § 306d StGB
III Ergebnis

C Anspruch des Z gegen G auf Zahlung von 13.500,– Euro aus § 823 II i.V.m. (materiellem) Gesetz, welches die Verwendung von Himmelslaternen untersagt
I Anwendbares Recht
II Kein Schutzgesetz
III Ergebnis

D Anspruch des Z gegen G auf Zahlung von 7.500,– Euro aus §§ 677, 683 S. 1, 670
I Anwendbares Recht
    1 Qualifikation: Geschäftsführung ohne Auftrag
    2 Art. 11 I Rom II-VO
II Führung eines fremden Geschäfts
    1 Geschäftsbesorgung
    2 Fremdheit
    3 G als Geschäftsherr und somit Anspruchsgegner
       a) Problem: Fehlende Feststellbarkeit der Kausalität
       b) Zwischenergebnis
    4 Zwischenergebnis
III Fremdgeschäftsführungswille des Geschäftsführers Z
IV Ohne Auftrag oder sonstige Berechtigung
V Berechtigung i.S.d. § 683 S. 1
VI Aufwendungen
VII Haftung des G in voller Höhe
    1 Keine direkte Anwendung des § 840 I
    2 Analoge Anwendung des § 840 I
    3 Inanspruchnahme des G ist keine unzulässige Rechtsausübung i.S.d. § 242
VIII Ergebnis

E Gesamtergebnis

Lösung

A Anspruch des Z gegen G auf Zahlung von 13.500,– Euro aus § 823 I

Z könnte gegen G einen Anspruch auf Zahlung von 13.500,– Euro aus § 823 I haben. Dazu müsste § 823 I anwendbar sein, der haftungsbegründende und der haftungsausfüllende Tatbestand vorliegen sowie G in voller Höhe haften.

I Anwendbares Recht

Ein Anspruch aus § 823 I setzt voraus, dass nach den Regeln des Internationalen Privatrechts, die das Gericht in K anzuwenden hat, der Fall nach deutschem Recht zu beurteilen ist. Hieran könnte man zweifeln, denn der geschilderte Sachverhalt hat mehrere Bezüge zum Ausland: Der Anspruchsgegner G ist Grieche und der Anspruchsteller Z ist zypriotischer Staatsangehöriger; der Unfall mit der Himmelslaterne hingegen geschah in der deutschen Stadt K.

Die international-privatrechtlichen Regeln, die ein deutsches Gericht anzuwenden hat, können europäischem oder nationalem Recht entstammen. Aus Gründen der Normenhierarchie haben – gem. Art. 288 II AEUV unmittelbar geltende – EU-Verordnungen Vorrang.[1] In Betracht kommt hier eine Anwendung der Rom II-Verordnung.[2]

1 Qualifikation: Unerlaubte Handlung

Da Z von G Ersatz der ihm entstandenen Schäden aus einem Vorfall begehrt, vor welchem Z und G in keinerlei rechtsgeschäftlichem Kontakt standen, ist das Begehren als Anspruch aus unerlaubter Handlung und mithin aus einem außervertraglichen Schuldverhältnis zu qualifizieren. Damit ist der sachliche Anwendungsbereich der Rom II-Verordnung eröffnet. Da das Geschehen 2018 stattfand, ist die gem. ihrem Art. 32 seit dem 11.1.2009 geltende Rom II-Verordnung auch in zeitlicher Hinsicht anwendbar.

Unerlaubte Handlungen regelt die Rom II-Verordnung in ihren Art. 4 ff. Art. 4 Rom II-VO als allgemeine Kollisionsnorm findet Anwendung, wenn keine spezi-

---

1 Art. 3 Nr. 1 lit. a EGBGB ist deklaratorisch.
2 Verordnung (EG) Nr. 864/2007 des Europäischen Parlaments und des Rates vom 11. Juli 2007 über das auf außervertragliche Schuldverhältnisse anzuwendende Recht.

ellere Regelung aus Art. 5 ff. Rom II-VO einschlägig ist. Im vorliegenden Fall muss das anwendbare Recht nach Art. 4 Rom II-VO bestimmt werden.

2 Art. 4 II Rom II-VO

Das anzuwendende Recht könnte zunächst nach der Kollisionsnorm des Art. 4 II Rom II-VO zu bestimmen sein. Dazu müssten G als Person, deren Haftung geltend gemacht wird, und Z als Geschädigter zum Zeitpunkt des Schadenseintritts ihren gewöhnlichen Aufenthalt in demselben Staat gehabt haben. Z wohnt seit 30 Jahren in K. Sein gewöhnlicher Aufenthalt ist daher in Deutschland. G spielt und lebt in Athen und reist immer nur zu den Partys des F an. Sein gewöhnlicher Aufenthalt ist somit in Griechenland. Der Schädiger und der Geschädigte haben also keinen gemeinsamen gewöhnlichen Aufenthalt. Eine Bestimmung des anwendbaren Rechts kann nicht nach Art. 4 II Rom II-VO erfolgen.

3 Art. 4 I Rom II-VO

Folglich ist auf Art. 4 I Rom II-VO zurückzugreifen: Da der Verletzungserfolg in der deutschen Stadt K eingetreten ist, ist deutsches Recht anzuwenden. Es besteht auch keine offensichtlich engere Verbindung zu einem anderen Staat i.S.d. Art. 4 III Rom II-VO.

II Haftungsbegründender Tatbestand

Weiterhin müsste der haftungsbegründende Tatbestand des § 823 I erfüllt sein. Dies ist der Fall, wenn G durch eine rechtswidrige Handlung ein durch § 823 I geschütztes Rechtsgut des Z schuldhaft verletzt hat.

1 Rechtsgutverletzung(en)

Es liegen jeweils Verletzungen des Eigentums als von § 823 I geschütztes Rechtsgut vor, denn die Pflanze ist verbrannt und der Pullover aus Alpakawolle hat eine irreparable Beschädigung.

2 Relevantes Verhalten des Schädigers

Weiterhin müsste ein relevantes Verhalten des G als Schädiger vorliegen. Dies ist hier problematisch, da durch das Steigenlassen der Himmelslaterne allein die Rechtsgüter des Z nicht verletzt wurden. In Betracht kommt jedoch eine mittelbare Rechtsgutsverletzung. Denn durch das Steigenlassen von Himmelslaternen wird eine Gefahr gesetzt, die jedenfalls in K, wo das Steigenlassen von Himmelslaternen explizit verboten ist, gegen eine Verkehrs(sicherungs)pflicht verstößt, sodass derjenige, der gegen die Verkehrspflicht verstößt, eine relevante Verletzungshandlung vornimmt.[3]

3 Haftungsbegründende Kausalität

Ferner müsste die haftungsbegründende Kausalität, also die Kausalität zwischen Handlung und Rechtsgutsverletzung, zu bejahen sein. Dies ist der Fall, wenn die Rechtsgutsverletzungen sowohl äquivalent als auch adäquat auf die Handlung zurückzuführen und die Rechtsgutsverletzungen dem Handeln des G zurechenbar i.S.d. Lehre vom Schutzzweck der Norm sind.

a) Äquivalenz (conditio sine qua non)

Ursächlich im Sinne der Äquivalenztheorie ist jede Ursache, die nicht hinweggedacht werden kann, ohne dass der Erfolg in seiner konkreten Form entfiele.

aa) Problem: Fehlende Feststellbarkeit der Kausalität

Hier hat der Windstoß die beiden Flugobjekte durcheinander gewirbelt. Folglich war nicht mehr festzustellen, welche der beiden Himmelslaternen den Brand verursacht hat. Insofern könnte das Kriterium der conditio sine qua non nicht erfüllt sein.

bb) Überwindung mithilfe des § 830 I 2

Jedoch könnte über dieses Problem § 830 I 2 hinweghelfen: Nach dieser Norm ist, wenn sich nicht mehr ermitteln lässt, wer von mehreren Beteiligten einen Scha-

---

3 Vgl. zur Konstellation bei Silvesterfeuerwerksraketen bspw. OLG Brandenburg, r+s 2006, 432 (432).

den durch seine Handlung verursacht hat, jeder der Beteiligten für den Schaden verantwortlich. Mit § 830 I 2 trägt das Bürgerliche Gesetzbuch der Tatsache Rechnung, dass bei einem gefährdenden Verhalten mehrerer nicht immer die Kausalität zum Schadenseintritt geklärt werden kann.[4] Umstritten ist jedoch, wie die Norm des § 830 I 2 rechtstechnisch zu verstehen ist.

So wird § 830 I 2 teilweise „nur" als Zurechnungsnorm bzw. Beweislastregel verstanden, die Beweisschwierigkeiten des Geschädigten überwinden soll.[5] Die Norm enthalte nur eine Entscheidungsregel, im Fall eines non liquet hinsichtlich der Kausalität sämtliche potentielle Verursacher zum Schadensersatz zu verurteilen.[6] Folgt man dieser Ansicht, so sind die weiteren Voraussetzungen einer Haftung aus § 823 I zu prüfen.

Andere verstehen § 830 I 2 so, dass die Norm im Interesse des Geschädigten einen „neue[n] abgewandelte[n] Haftungstatbest[a]nd[]"[7] schaffe und demnach eine eigenständige Anspruchsgrundlage sei. Folgte man dieser Ansicht, so wäre die Prüfung einer Haftung aus § 823 I an dieser Stelle abzubrechen; die zu bearbeitenden Probleme änderten sich freilich nicht.

Schon nach seinem Wortlaut möchte § 830 I 2 nur das Unaufklärbarkeitsrisiko mehrerer unerlaubten Handlungen auf sämtliche Beteiligte verteilen. Es handelt sich mithin um eine Beweiserleichterung im Sinne einer Kausalitätsvermutung und nicht um eine eigenständige Anspruchsgrundlage (a.A. gut vertretbar).

Schließlich müssten auch die Tatbestandsvoraussetzungen des § 830 I 2 erfüllt sein.[8] Dies ist der Fall, wenn bei jedem der Beteiligten ein anspruchsbegründendes Verhalten mit Ausnahme des Nachweises der Kausalität vorliegt. Weiterhin muss einer der Beteiligten den Schaden verursacht haben und es darf nicht feststellbar sein, welcher der Beteiligten den Schaden tatsächlich verursacht hat. Schließlich müsste jeder Verursachungsbeitrag eines jeden Beteiligten geeignet sein, den Schaden herbeizuführen.[9] Nur G und P haben zeitgleich und am selben Ort die Laternen angezündet und steigen lassen, was jeweils zur Herbeiführung der Rechtsgutsverletzungen geeignet war. G und P haften nach Schilderung des Sachverhalts gänzlich parallel. Es fehlt jeweils aber am Nachweis der haftungsbegründenden Kausalität. Es ist nicht mehr feststellbar, ob die von G

---

4 *Brox/Walker*, Besonderes Schuldrecht, § 51 Rn. 5.

5 BGHZ 101, 106 (111); *Brox/Walker*, Besonderes Schuldrecht, § 51 Rn. 5; *Larenz/Canaris*, Schuldrecht II/2, § 82 II 1 d; MüKo/*Wagner*, § 830 Rn. 46.

6 MüKo/*Wagner*, § 830 Rn. 46.

7 BGHZ 72, 355 (358). Zustimmend Schulze/*A. Staudinger*, § 830 Rn. 19; *Wandt*, Gesetzliche Schuldverhältnisse, § 19 Rn. 2. Offen lassend OLG Brandenburg, r+s 2006, 432 (432).

8 S. hierzu nur BGHZ 72, 355 (358).

9 MüKo/*Wagner*, § 830 Rn. 55, 71 ff.

oder die von P gestartete Laterne die Winterpalme entzündet hat. Beide Verursachungsbeiträge waren hierfür aber offensichtlich geeignet. Somit liegen die Tatbestandsvoraussetzungen des § 830 I 2 vor.

cc) Zwischenergebnis

Die äquivalente Kausalität der Handlung des G ist sowohl hinsichtlich der Pflanze als auch des Pullovers anzunehmen.

b) Adäquanz

Um sämtliche naturwissenschaftliche Folgen im Interesse billiger Ergebnisse auf die zurechenbaren Folgen zu begrenzen, müsste auch die adäquate Kausalität zwischen der Handlung und den Rechtsgutsverletzungen zu bejahen sein.[10] Adäquat kausal ist eine Handlung dann, wenn der Eintritt eines schädigenden Ereignisses aus einer *ex ante*-Perspektive nicht außerhalb jeglicher Wahrscheinlichkeit liegt.

Hier ist Adäquanz zu bejahen. Denn es lag nicht außerhalb jeglicher Wahrscheinlichkeit, dass die mit einem Brennstoff versehene Himmelslaterne aufgrund des aufziehenden Gewitters zur Beschädigung von am Boden stehenden körperlichen Gegenständen führt. Die adäquate Kausalität besteht auch hinsichtlich des Pullovers, denn es lag auch nicht außerhalb jeglicher Wahrscheinlichkeit, dass es bei Löscharbeiten zu weiteren Schäden kommen könnte (a.A. bei guter Begründung vertretbar).

c) Zurechenbarkeit

Eine weitere Einschränkung der äquivalenten und der adäquaten Kausalität erfolgt durch die Lehre vom Schutzzweck der Norm.[11] Fraglich ist demnach, ob die Rechtsgutsverletzungen in den Schutzbereich des verletzten Verbots der Stadt K fallen. Dies ist der Fall, denn das Verbot möchte gerade Personen- und Sachschäden verhindern. Die Rechtsgutsverletzungen fallen somit in den Schutzbereich des Verbots. Mit Blick auf den Pullover liegt auch kein die Zurechnung ausschließendes Dazwischentreten des Z vor, da er sich zu den Löscharbeiten herausgefordert fühlen durfte.

---

10 *Wandt*, Gesetzliche Schuldverhältnisse, § 16 Rn. 135.
11 *Wandt*, Gesetzliche Schuldverhältnisse, § 16 Rn. 139.

d) Zwischenergebnis

Die haftungsbegründende Kausalität liegt vor (a.A. vertretbar).

4 Rechtswidrigkeit

G handelte auch rechtswidrig, denn G hat gegen eine Rechtspflicht (Verbot der Stadt K) verstoßen; Rechtfertigungsgründe sind dem Sachverhalt nicht zu entnehmen.

5 Verschulden

Da eine deliktsrechtliche Haftung grundsätzlich Verschulden des Schädigers voraussetzt, müsste G die Rechtsgutsverletzungen auch verschuldet haben. Dazu müsste er vorsätzlich oder fahrlässig gehandelt haben.

a) Vorsatz

Vorsätzlich im Sinne des Deliktsrechts handelt, wer wissentlich den Erfolg bei Bewusstsein der Rechtswidrigkeit will.[12] G wollte die Laterne nur in den Himmel steigen lassen. Er wollte den Schaden bei Z nicht herbeiführen. G handelte ohne Vorsatz.

b) Fahrlässigkeit

Fahrlässig handelt gemäß § 276 II, wer die im Verkehr erforderliche Sorgfalt außer Acht lässt. G war aufgrund seiner häufigen Besuche in K bekannt, dass die Verwendung der Himmelslaterne in K untersagt ist. Er wusste, dass es sich um eine nur sehr leichte Konstruktion aus dünnem Seidenpapier handelt. Die aufziehenden Gewitterwolken waren zum Zeitpunkt des Fliegenlassens der Laterne bereits sichtbar. Die im Verkehr erforderliche Sorgfalt hätte es geboten, das Verbot der Stadt K zu respektieren und die Laternen erst recht nicht bei aufziehenden Winden fliegen zu lassen. G handelte mithin fahrlässig.

---

12 *Wandt*, Gesetzliche Schuldverhältnisse, § 16 Rn. 174.

6 Zwischenergebnis

Der haftungsbegründende Tatbestand liegt vor.

III Haftungsausfüllender Tatbestand

Schließlich müsste auch der haftungsausfüllende Tatbestand erfüllt sein. Dies ist der Fall, wenn ein Schaden vorliegt, der kausal auf die bereits oben festgestellte Rechtsgutsverletzung zurückzuführen ist.

1 Schaden

Ein Schaden i.H.v. 13.500,– Euro liegt vor, denn die Pflanze im Wert von 6.000,– Euro ist verbrannt und der Pullover im Wert von 7.500,– Euro ist irreparabel beschädigt.

2 Kausalität zwischen Rechtsgutsverletzung und Schaden

Der Schaden beruht auch kausal auf der bereits oben festgestellten Rechtsgutsverletzung.

IV Haftung des G in voller Höhe

Fraglich ist jedoch, ob G dem Z gegenüber auch in voller Höhe haftet.

1 § 840 I

Gemäß § 840 I haften mehrere, wenn sie für einen aus einer unerlaubten Handlung entstehenden Schaden nebeneinander verantwortlich sind, als Gesamtschuldner. Gemäß § 421 S. 1 kann Z von den beiden Gesamtschuldnern G und P die Zahlung von 13.500,– Euro nach seinem Belieben ganz oder zu einem Teil fordern.

2 Inanspruchnahme des G ist keine unzulässige Rechtsausübung i.S.d. § 242

Fraglich ist, ob eine Inanspruchnahme des G gemäß § 242 als unzulässige Rechtsausübung ausgeschlossen sein könnte. Dies ist der Fall, wenn eine Inanspruchnahme des G durch den Z rechtsmissbräuchlich wäre. Anlass zu diesen

Gedanken gibt der Hinweis im Sachverhalt, dass der G dem Z schon immer unsympathisch war und auch schon in der Vergangenheit bei den Partys des F negativ aufgefallen ist. Jedoch hat Z hier durch den entstandenen Schaden ein schützenswertes Interesse, welches er mit rechtlichen Mitteln verfolgt wissen möchte. Die §§ 840, 421 S. 1 ermöglichen dem Z gerade ein Wahlrecht, ob er G oder P in Anspruch nehmen möchte. Eine unzulässige Rechtsausübung i.S.d. § 242 liegt nicht vor.

V Anspruchsinhalt

Versteht man die seltene Winterpalme und/oder den aus seltener Alpakawolle bestehenden Pullover als zerstörte unvertretbare Sachen (arg. ex § 91) mit der Folge, dass eine Wiederherstellung i.S.d. Naturalrestitution nicht möglich ist, so folgt der Zahlungsanspruch aus § 251 I. Folgt man dem nicht, besteht ein Zahlungsanspruch gemäß § 249 II.

VI Ergebnis

Der von Z gegen G geltend gemachte Zahlungsanspruch besteht in voller Höhe (13.500,– Euro) gemäß § 823 I (a.A. bei guter Begründung: Der Anspruch besteht i.H.v. 6.000,– Euro).

B Anspruch des Z gegen G auf Zahlung von 13.500,– Euro aus § 823 II i.V.m. § 306d StGB

Möglicherweise besteht auch ein Schadensersatzanspruch aus § 823 II i.V.m. § 306d StGB. Neben der Anwendbarkeit des deutschen Rechts ist hierzu die Verletzung eines Schutzgesetzes i.S.d. § 823 II nötig.

I Anwendbares Recht

Deutsches Recht ist gemäß Art. 4 I Rom II-VO anwendbar (s.o.). Auch das deutsche Strafrecht findet Anwendung (§ 3 StGB).

II Pflanze und Pullover sind keine relevanten Objekte i.S.d. § 306d StGB

Fraglich ist, ob § 306d StGB als Schutzgesetz i.S.d. § 823 II anzusehen ist. Ein Schutzgesetz i.S.d. § 823 II ist eine Rechtsnorm, die neben dem Schutz der Allgemeinheit auch dazu dienen soll, den Einzelnen oder einzelne Personenkreise gegen die Verletzung eines Rechtsguts oder Rechts zu schützen.[13] Es höchstrichterlich anerkannt, dass die §§ 306 ff. StGB neben den Eigentümern und den sonstigen dinglich Berechtigten von Gebäuden diejenigen Menschen schützen sollen, die sich in diesen Gebäuden aufhalten.[14] Somit ist § 306d StGB insoweit ein Schutzgesetz i.S.d. § 823 II. Jedoch wurde § 306d StGB nicht verletzt, denn weder die Winterpalme noch der Pullover sind relevante Objekte i.S.d. § 306d i.V.m. §§ 306, 306a StGB. Das Gebäude, in dem Z wohnt, hat nicht angefangen zu brennen. Eine Schutzgesetzverletzung liegt somit nicht vor.

III Ergebnis

Eine Verpflichtung des G zur Zahlung von Schadensersatz an Z in Höhe von 13.500,– Euro aus § 823 II i.V.m. § 306d StGB besteht schon mangels Schutzgesetzverletzung nicht.

C Anspruch des Z gegen G auf Zahlung von 13.500,– Euro aus § 823 II i.V.m. (materiellem) Gesetz, welches die Verwendung von Himmelslaternen untersagt

Denkbar ist ebenso ein Anspruch des Z gegen G auf Zahlung von 13.500,– Euro aus § 823 II i.V.m. der im Sachverhalt angesprochenen Untersagung der Stadt K, Himmelslaternen zu benutzen.

I Anwendbares Recht

Wiederum ist deutsches Recht gemäß Art. 4 I Rom II-VO anwendbar (s. o.).

---

13 BGHZ 106, 204 (206); *Wandt*, Gesetzliche Schuldverhältnisse, § 17 Rn. 5.
14 BGH, NJW 1970, 38 (41); RGZ 82, 206 (213).

II Kein Schutzgesetz

Mangels weiterer Informationen zur Funktion als Schutzgesetz ist davon auszugehen, dass es sich bei dem von der Stadt K ausgesprochenen Verbot nicht um eine Rechtsnorm handelt, die zumindest auch dazu dienen soll, den Einzelnen gegen die Verletzung eines Rechtsguts oder Rechts zu schützen (a.A. gut vertretbar).

III Ergebnis

Ein weiterer Schadensersatzanspruch besteht nicht (a.A. gut vertretbar).

D Anspruch des Z gegen G auf Zahlung von 7.500,– Euro aus §§ 677, 683 S. 1, 670

Schließlich könnte Z gegen G einen Anspruch auf Zahlung von 7.500,– Euro aus einer sogenannten echten berechtigten Geschäftsführung ohne Auftrag (§§ 677, 683 S. 1, 670) haben, da Z das von G oder P verursachte Feuer löschte und dabei ein Funkenflug seinen teuren Pullover zerstörte. Dies ist der Fall, wenn deutsches Recht auf diesen Anspruch anzuwenden ist und sämtliche Tatbestandsvoraussetzungen vorliegen.

I Anwendbares Recht

Dazu müsste das deutsche Recht Anwendung finden. Dies ist fraglich, da G in Athen und P in Warschau lebt, Z zypriotischer Staatsangehöriger ist und der Zwischenfall in der deutschen Stadt K stattfand.

1 Qualifikation: Geschäftsführung ohne Auftrag

Begehrt Z Ersatz für seinen beschädigten Pullover gerade im Hinblick darauf, dass die Beschädigung beim Löschen eines von G oder P verursachten Feuers eingetreten ist, so ist dieses Begehren als Geschäftsführung ohne Auftrag i.S.d. Rom II-Verordnung zu qualifizieren.

2 Art. 11 I Rom II-VO

Für eine Geschäftsführung ohne Auftrag bestimmt sich das anwendbare Recht nach Art. 11 Rom II-VO. Zwischen Z und G besteht ein Schuldverhältnis aus einer unerlaubten Handlung (s. o.). In Betracht kommt deshalb eine Anknüpfung nach Art. 11 I Rom II-VO. Umstritten ist hier, ob eine akzessorische Anknüpfung einer Geschäftsführung ohne Auftrag an die unerlaubte Handlung auch dann möglich ist, wenn beide Rechtsverhältnisse – wie in diesem Fall – gleichzeitig begründet werden.[15] Der Wortlaut von Art. 11 I Rom II-VO („bestehendes Rechtsverhältnis") scheint dagegen zu sprechen. Die Anknüpfung nach Art. 11 I Rom II-VO hat aber den Zweck, den Gleichklang des GoA-Statuts mit der Anknüpfung konkurrierender Ansprüche aus anderen Rechtsverhältnissen herzustellen, um Wertungswidersprüche zu vermeiden.[16] Somit sprechen gute Argumente dafür, eine Anknüpfung der Geschäftsführung ohne Auftrag an die unerlaubte Handlung zu gestatten[17] (a.A.[18] vertretbar) und deutsches Recht gemäß Art. 11 I Rom II-VO anzuwenden.

Jedenfalls gemäß Art. 11 III Rom II-VO ist deutsches Recht anzuwenden, da die Geschäftsführung in K und somit in Deutschland erfolgt ist und die Parteien zum Zeitpunkt des Eintritts des schadensbegründenden Ereignisses ihren gewöhnlichen Aufenthalt nicht in demselben Staat hatten.

II Führung eines fremden Geschäfts

G müsste als Geschäftsherr und somit als Anspruchsgegner des Z ein fremdes Geschäft i.S.d. § 677 besorgt haben.

1 Geschäftsbesorgung

Der Begriff der Geschäftsbesorgung ist weit auszulegen. Er umfasst jede Tätigkeit, die für einen anderen erledigt werden kann, also auch rein tatsächliches Handeln.[19] Das Löschen der Winterpalme ist ein tatsächliches Handeln und mithin eine Geschäftsbesorgung i.S.d. § 677.

---

15 BeckOGK/*Schinkels*, Art. 11 Rn. 27 Rom II-VO.
16 MüKo/*Junker*, Art. 11 Rn. 12 Rom II-VO.
17 BeckOGK/*Schinkels*, Art. 11 Rn. 27 Rom II-VO.
18 BeckOK/*Spickhoff*, Art. 11 Rn. 4 Rom II-VO.
19 Allg. Ansicht, vgl. nur *Wandt*, Gesetzliche Schuldverhältnisse, § 4 Rn. 1 m.w.N.

2 Fremdheit

Fraglich ist, ob die Geschäftsbesorgung für Z fremd war, also für einen anderen (G) besorgt wurde. Objektiv fremd ist ein Geschäft, das nach seinem Gegenstand und Erscheinungsbild nicht in den Rechtskreis des Geschäftsführers (Z), sondern in den Rechtskreis eines anderen fällt.[20] Z hat mit einem Eimer Wasser die brennenden Pflanzenreste gelöscht und somit in letzter Sekunde verhindert, dass sich das Feuer weiter ausbreiten und die Bausubstanz angreifen kann. Die Nichtausbreitung des Feuers fällt dabei sowohl in den Interessenkreis des Z als auch in denjenigen des Geschäftsherrn. Z handelte somit im Doppelinteresse. Der Fremdheit des Geschäfts steht nach der Rechtsprechung des Bundesgerichtshofs nicht entgegen, dass der Geschäftsführer mit der Handlung auch eigene Belange wahrnimmt (sogenanntes auch-fremdes Geschäft).[21] Ein fremdes Geschäft i.S.d. § 677 liegt vor.

3 G als Geschäftsherr und somit Anspruchsgegner

Darüber hinaus müsste G Geschäftsherr gewesen sein, denn nur dann ist er auch der richtige Anspruchsgegner. Unschädlich dabei ist, dass Z zum Zeitpunkt des Löschens nicht wusste, welche der beiden Laternen das Feuer entfachte. Denn zum Zeitpunkt des Handelns muss der Geschäftsführer keine genaue Kenntnis über die Person des Geschäftsherrn haben.[22]

a) Problem: Fehlende Feststellbarkeit der Kausalität

Problematisch ist, dass im Nachhinein nicht mehr zu klären ist, welche Himmelslaterne das Feuer verursacht hat. Dies führt vor dem Hintergrund, dass die Vorschriften der §§ 677 ff. eine mit § 830 I 2 vergleichbare Regelung nicht enthalten, zu Schwierigkeiten. Eine direkte Anwendung des § 830 I 2 scheidet jedenfalls aus.

In Betracht kommt allerdings eine analoge Anwendbarkeit des § 830 I 2. Eine Regelungslücke besteht. Es sprechen auch gute Argumente dafür, das Vorliegen einer vergleichbaren Interessenlage anzunehmen. So soll § 830 I 2 einen allgemeinen Rechtsgedanken kodifizieren, der auch auf andere Haftungstatbestände

---

20 Allg. Ansicht, vgl. nur *Wandt*, Gesetzliche Schuldverhältnisse, § 4 Rn. 7 m.w.N.
21 Vgl. nur BGHZ 40, 28 (30); 82, 323 (330); 110, 313 (314 f.); siehe hierzu auch Jauernig/*Mansel*, § 677 Rn. 3 m.w.N.
22 MüKo/*Schäfer*, § 686 Rn. 4.

außerhalb einer unerlaubten Handlung – insbesondere bei der Gefährdungshaftung und im Vertragsrecht – Anwendung findet, soweit sich der Verletzte hinsichtlich der Kausalität in Beweisnot befindet.[23]

Nimmt man die analoge Anwendbarkeit des § 830 I 2 für das Vertragsrecht an, so spricht einiges dafür, den § 830 I 2 auch in einem quasi-vertraglichen Schuldverhältnis wie der Geschäftsführung ohne Auftrag anzuwenden (a.A. vertretbar). Die Voraussetzungen des § 830 I 2 sind erfüllt, denn die Voraussetzungen einer Haftung des P gegenüber Z aus §§ 677, 683 S. 1, 670 liegen bis auf den Kausalitätsnachweis ebenfalls vor.

b) Zwischenergebnis

G ist Geschäftsherr und somit der richtige Anspruchsgegner.

4 Zwischenergebnis

G hat als Geschäftsherr ein fremdes Geschäft des Z besorgt.

III Fremdgeschäftsführungswille des Geschäftsführers Z

Z müsste den Willen und das Bewusstsein gehabt haben, die Angelegenheiten des G wenigstens mitzubesorgen. Die Rechtsprechung stellt hieran nur sehr geringe Anforderungen. So gilt bei den „auch-fremden Geschäften" eine Vermutung zugunsten des Vorliegens des Fremdgeschäftsführungswillens (a.A. vertretbar).[24] Diese Vermutung ist hier nicht widerlegt, vom Vorliegen des Fremdgeschäftsführungswillens ist somit auszugehen.

IV Ohne Auftrag oder sonstige Berechtigung

Ein Auftrag des G an Z oder eine sonstige (vertragliche oder gesetzliche) Verpflichtung bzw. Berechtigung des Z dem G gegenüber besteht nicht.

---

23 BGHZ 101, 106 (111); BeckOK/*Spindler*, § 830 Rn. 2; Jauernig/*Teichmann*, § 830 Rn. 2.
24 BGHZ 65, 354 (357); 98, 235 (240); 143, 9 (15); Jauernig/*Mansel*, § 677 Rn. 3 m.w.N.

V Berechtigung i.S.d. § 683 S. 1

Letztlich kann Z von G Aufwendungsersatz nach Auftragsrecht nur verlangen, wenn die Geschäftsübernahme „dem Interesse und dem wirklichen oder dem mutmaßlichen Willen" des G gedient hat. Ohne den sofortigen Einsatz des Z wäre das Feuer außer Kontrolle geraten. Ein weitaus höherer Schaden wäre die Folge gewesen. Mangels anderweitiger Angaben im Sachverhalt ist davon auszugehen, dass das Löschen der Flammen durch Z dem G, der es neben P selbst hätte löschen müssen, objektiv und subjektiv nützlich gewesen ist, mithin in seinem Interesse stand, und zugleich seinem Willen entsprach.

VI Aufwendungen

Die irreparable Beschädigung des aus seltener Alpakawolle bestehenden Pullovers müsste eine Aufwendung i.S.d. § 670 sein. Dies ist problematisch, denn Aufwendungen i.S.d. § 670 sind grundsätzlich nur freiwillige Vermögensopfer, die der Geschäftsführer zum Zwecke der Ausführung auf sich nimmt. Hier „opferte" der Z den Pullover nicht freiwillig. Vielmehr verursachte ein Funkenflug während den Löscharbeiten die Beschädigung. Fraglich ist daher, ob solche sogenannten risikotypischen Begleitschäden von bzw. analog § 670 umfasst werden.

Dagegen spricht, dass Aufwendungen i.S.d. § 670 schon per Definition den Gegenbegriff zu Schäden als unfreiwillig erlittene Nachteile bilden. In Situationen, in denen sich ein risikotypischer Begleitschaden verwirklicht, hofft der Geschäftsführer aber gerade regelmäßig auf einen schadensfreien Ausgang.[25] Ein Ersatz kommt nach dieser Ansicht nicht über die §§ 677, 683 S. 1, 670 in Betracht, da das BGB an dieser Stelle eben keine entsprechende Regelung enthalte.[26] Nötig sei vielmehr eine Regulierung über die richterrechtlich anerkannte Risikohaftung bei schadensgeneigter Tätigkeit.[27] Ein Anspruch des Z gegen G aus §§ 677, 683 S. 1, 670 schiede hier aus.

Eine andere Ansicht stellt darauf ab, fremdnützig tätigen Geschäftsführern über den unentgeltlichen Einsatz der Arbeitskraft hinaus nicht auch noch ein geschäftstypisches Risiko aufzuerlegen. Deshalb sollen Begleitschäden auch im Rahmen des § 670 ausnahmsweise Berücksichtigung finden, wenn der Schaden aus einer risikotypischen Begleitgefahr resultiert. Eine solche Gefahr liegt vor, wenn mit der Art der Tätigkeit Risiken verbunden und mit einer gewissen Wahr-

---

25 *Medicus/Petersen*, Bürgerliches Recht, Rn. 429.
26 Jauernig/*Mansel*, § 670 Rn. 9.
27 Jauernig/*Mansel*, § 670 Rn. 9; *Medicus/Petersen*, Bürgerliches Recht, Rn. 429.

scheinlichkeit verbunden sind.[28] Löscht man mit einem Eimer eine brennende Pflanze, so liegt ein erhöhtes, der Geschäftsbesorgung innewohnendes Risiko auf einen Funkenflug vor. Folgt man dieser Ansicht, so kommt ein Anspruch des Z gegen G auf Zahlung von 7.500,– Euro aus §§ 677, 683 S. 1, 670 weiterhin in Betracht.

§ 670 liegt die Wertentscheidung zugrunde, dass der Beauftragte durch seine Auftragsausführung zwar keinen Vorteil erlangen, aber auch keine Einbuße an seinen Rechtsgütern erdulden soll.[29] Insoweit lässt sich die hier diskutierte Situation durch ein weites bzw. analoges Verständnis des § 670 lösen; die durch den Funkenflug verursachte Beschädigung des Pullovers wird von § 670 erfasst. Ein Rückgriff auf andere Rechtsinstitute ist nicht nötig (a.A. gut vertretbar).

VII Haftung des G in voller Höhe

Problematisch ist, ob G auch in voller Höhe haftet, denn wie bei § 830 I 2 fehlt in den §§ 677 ff. auch eine mit § 840 I vergleichbare Regelung.

1 Keine direkte Anwendung des § 840 I

Somit scheidet eine direkte Anwendung des § 840 I aus.

2 Analoge Anwendung des § 840 I

Der Wortlaut des § 840 I beschränkt seine Haftung auf Schuldner „aus einer unerlaubten Handlung". Die § 677 ff. enthalten, wie gesehen, keine solche Regelung. Mithin liegt eine Regelungslücke vor; eine analoge Anwendung des § 840 I kommt in Betracht. Vieles spricht auch für die analoge Anwendung des § 840 I, denn wenn man § 830 I 2 mit der hier vertretenen Ansicht analog im Recht der Geschäftsführung ohne Auftrag anwendet, so ist es nur konsequent, auch § 840 I analog heranzuziehen. Da die Voraussetzungen des § 840 I aufgrund der analogen Anwendung des § 830 I 2 vorliegen, haften G und Z als Gesamtschuldner gemäß § 421 S. 1.

---

28 BGH, NJW 1963, 390 (392); *Wandt*, Gesetzliche Schuldverhältnisse, § 5 Rn. 37 f.
29 Staudinger/*Martinek/Omlor*, § 670 Rn. 23.

3 Inanspruchnahme des G ist keine unzulässige Rechtsausübung i.S.d. § 242

Es ist auch nicht rechtsmissbräuchlich, dass Z den G in Anspruch nehmen möchte (s.o.).

VIII Ergebnis

Z kann von G Zahlung von 7.500,– Euro aus §§ 677, 683 S. 1, 670 verlangen.

E Gesamtergebnis

Der Anspruch des Z gegen G auf Zahlung von 13.500,– Euro (a.A. 6.000,– Euro bei guter Begründung) aus § 823 I (a.A. § 830 I 2) besteht. Daneben steht in einfacher Anspruchskonkurrenz ein Anspruch des Z gegen G auf Zahlung von 7.500,– Euro aus §§ 677, 683 S. 1, 670 (a.A. vertretbar).

Fall 10 EBV und Bereicherungsrecht bei angemaßter Vertretungsmacht

Vertreter ohne Vertretungsmacht – Guter Glaube an die Vertretungsmacht – Eigentümer-Besitzer-Verhältnis – Ausnahme vom Vorrang der Leistungskondiktion – Geschäftsanmaßung

Sachverhalt

Viehfutterhändler T bezieht seit Jahren Futtermittel von der Mühle der X-AG. Dies geschieht in der Weise, dass F, der bei T angestellte Fahrer, die Futtermittel für T bei der X-AG mit einem Silo-Sattelanhänger abholt und die X-AG dem T die abgeholten Mengen in Rechnung stellt.

Von dem so bezogenen Futtermittel hat F im Namen des T – aber ohne dessen Wissen – insgesamt 90 cbm Futtermittel an den Großbauern B zum Preis von 26.000,– Euro weiterveräußert. Dem Geschäft waren kurze Verhandlungen über Futter und Preis vorausgegangen, in deren Verlauf F u. a. auch vorgab, im Rahmen einer Werbetour für T potentielle Kunden direkt anzufahren. B, der von dem eigenmächtigen Handeln des F nichts wusste und annahm, dass F auch tatsächlich mit Vollmacht des T handle, zahlte den vereinbarten Kaufpreis an F und verbrauchte das gesamte Futtermittel in der Schweinemast. T hatte für das Futtermittel den gegenüber Händlern üblichen Preis von 23.000,– Euro an die X-AG gezahlt und hätte es für 28.000,– Euro an einen Mastbetrieb weiterveräußern können.

Von T auf den Vorfall angesprochen, verweigert B jede Zahlung. Am selben Abend trifft T im Theater den befreundeten Rechtsanwalt R und bittet um einen Rat. Dieser meint erst, T könne genehmigen, um so wenigstens von B die 26.000,– Euro verlangen zu können, für die F das Futtermittel an B verkauft hat. Nach kurzer Überlegung verwirft er jedoch diesen Gedanken, da T im Gegenteil so von B wohl gar nichts mehr zu erwarten habe. Auf Rs Empfehlung hin erklärt T dem B, er genehmige das Handeln des F „unter keinem in Betracht kommenden Aspekt". B meint, das sei ihm ziemlich egal, denn es ändere schließlich nichts daran, dass er gezahlt habe und deshalb nichts mehr schulde.

Kurze Zeit später kommt F dank einer Erbschaft zu Vermögen. T sucht daraufhin R in seiner Kanzlei auf und will zum einen wissen, ob er nun Ansprüche gegen B habe und wenn ja, ob und ggf. mit welchem Anspruchsziel B dann seinerseits gegen F vorgehen könne. Zum anderen fragt er, ob ihm auch Ansprüche gegen F zustünden. R erstellt daraufhin ein Gutachten, das im ersten Teil die

https://doi.org/10.1515/9783110591798-021

Ansprüche des T gegen B, im zweiten diejenigen des B gegen F und im dritten diejenigen des T gegen F untersucht.

Bearbeitungshinweis: Auf den ersten Teil des Gutachtens entfallen in der Bewertung 8 von 18, auf den zweiten Teil 4 von 18 und auf den dritten Teil 6 von 18 Punkten.

Gliederung der Lösung

1. Teil Ansprüche des T gegen B
A Anspruch des T gegen B auf Zahlung von 26.000,– Euro aus Kaufvertrag, § 433 II
B Anspruch des T gegen B auf Schadensersatz i.H.v. 28.000,– Euro aus §§ 989, 990 I, 249, 252
    I   Vindikationslage zur Zeit des Verbrauchs
    II Rechtshängigkeit
    III Anfängliche Bösgläubigkeit oder nachträgliche Kenntnis
    IV Ergebnis
C Anspruch des T gegen B auf Wertersatz i.H.v. 23.000,– Euro aus §§ 812 I 1 Alt. 2, 818 II
    I   Anwendbarkeit
    II Voraussetzungen der Eingriffskondiktion
        1 Etwas erlangt
        2 In sonstiger Weise
        3 Auf Kosten des T
        4 Ohne rechtlichen Grund
        5 Zwischenergebnis
    III Anspruchsinhalt
    IV Einrede der Entreicherung
    V Keine Treuwidrigkeit
    VI Ergebnis

2. Teil Ansprüche des B gegen F
A Anspruch des B gegen F bei Wahl des Schadensersatzes auf Schadensersatz i.H.v. 23.000,– Euro aus § 179 I Alt. 2
    I   F Vertreter ohne Vertretungsmacht
    II Verweigerung der Genehmigung
    III Schaden
    IV Ergebnis
B Anspruch des B gegen F bei Wahl der Erfüllung, § 179 I Alt. 1
    I   Anspruchsvoraussetzungen
    II Anspruchsinhalt
    III Ergebnis
C Anspruch des B gegen F auf Schadensersatz aus c.i.c., §§ 280 I, 311 II, III, 241 II
    I   Anwendbarkeit
    II Ergebnis
D Anspruch des B gegen F auf Schadensersatz aus § 823 II i.V.m. § 263 I StGB
    I   Anwendbarkeit

Lösung

1. Teil Ansprüche des T gegen B

A Anspruch des T gegen B auf Zahlung von 26.000,– Euro aus Kaufvertrag, § 433 II

T könnte gegen B einen Anspruch auf Zahlung von 26.000,– Euro aus einem Kaufvertrag, § 433 II, haben. Ein direkter vertraglicher Kontakt zwischen T und B hat nicht stattgefunden. T könnte jedoch von F vertreten worden sein mit der Folge, dass der Vertrag gem. § 164 II 1, III für ihn zustande kam.

    Hierfür müsste zunächst F eine eigene Willenserklärung abgegeben haben. In Anbetracht der Verhandlungen, die zwischen F und B stattgefunden hatten, und des Fehlens jeder Willenserklärung des T selbst, die F lediglich überbracht haben könnte, ist dies hier zu bejahen. F müsste weiter im Namen des T gehandelt haben

(Offenkundigkeit). Hier gab F an, er sei auf Werbetour für T, und trat nach dem Sachverhalt explizit in dessen Namen auf. Offenkundigkeit ist damit ebenfalls gegeben. Schließlich müsste F mit Vertretungsmacht gehandelt haben. Eine Vollmacht (§ 166 II 1) zum Verkauf des Futtermittels hatte T dem F nie erteilt. Auch ist nicht erkennbar, dass T ein Auftreten des F in seinem Namen in der Vergangenheit geduldet hatte oder ein solches Auftreten hätte erwarten und verhindern können. Damit kann die Vertretungsmacht nicht auf einer Duldungs- oder einer Anscheinsvollmacht beruhen. Schließlich war F weder im Laden oder Warenlager des T beschäftigt, noch handelte es sich um ein gewöhnliches Geschäft, weshalb auch eine Vertretungsmacht gem. § 56 HGB ausscheidet. F handelte mithin ohne Vertretungsmacht.

Eine Genehmigung des vollmachtlosen Handelns, §§ 177 I, 184, hat nicht stattgefunden; vielmehr hat T die Genehmigung ausdrücklich verweigert. Seine Aussage, er genehmige „unter keinem in Betracht kommenden Aspekt", umfasst auch den Kaufvertrag (§§ 133, 157).

Mangels Vertretungsmacht kam ein Vertrag zwischen T und B mithin nicht zustande. Ein kaufvertraglicher Zahlungsanspruch steht T daher nicht zu.

B Anspruch des T gegen B auf Schadensersatz i.H.v. 28.000,– Euro aus §§ 989, 990 I, 249, 252

T könnte gegen B einen Anspruch auf Schadensersatz i.H.v. 28.000,– Euro aus §§ 989, 990 I, 249, 252 haben.

I Vindikationslage zur Zeit des Verbrauchs

Hierzu müsste zur Zeit der Schädigung, hier des Verbrauchs des Futters, eine Vindikationslage bestanden haben, also ein Anspruch aus § 985 gegeben gewesen sein, dem nicht die Einwendung des § 986 entgegenstand.

B war zur Zeit der Verfütterung unmittelbarer Besitzer (§ 854 I) des Futters, einer Sache (§ 90). T müsste weiter dessen Eigentümer gewesen sein. Ursprünglich war die – als AG rechtsfähige (vgl. § 1 I 1 AktG) – X-AG Eigentümerin der Futtermittel. Sie könnte diese an T gem. § 929 S. 1 übereignet haben. Eine dingliche Einigung hat hier nach lebensnaher Betrachtung zwischen dem Vorstand (§ 78 AktG) oder einem anderen Vertreter der X-AG einerseits und dem F als Vertreter mit insoweit bestehender Vertretungsmacht (§ 164) oder als Bote des T andererseits stattgefunden. Durch die Überlassung der Futtermittel seitens der X-AG an den F, der insoweit als weisungsgebundener Arbeitnehmer des T nur dessen Besitzdiener (§ 855) war,[1] hat T als Arbeitgeber unmittelbaren Besitz erworben[2] und die X-AG jeden Besitz verloren. Eine Übergabe liegt damit ebenfalls vor. T hat mithin Eigentum an den Futtermitteln erlangt.

T könnte sein Eigentum aber durch die „Veräußerung" des F an B im Namen des T wieder verloren haben. Im Rahmen der dinglichen Einigung hat F zwar eine eigene Willenserklärung im Namen des T abgegeben, er handelte aber ohne Vertretungsmacht. T hat die Geschäfte des F „unter keinem in Betracht kommenden Aspekt" genehmigt, was auch die Übereignung erfasst (§§ 133, 157). Damit handelte F ohne Vertretungsmacht. Allerdings könnte der gute Glaube des B an das Bestehen einer solchen Vertretungsmacht geschützt sein. Ein solcher Gutglaubensschutz könnte sich aus § 366 I HGB ergeben. Ihrem Wortlaut nach schützt diese Norm aber nur den guten Glauben an die Verfügungsbefugnis (§ 185 I), nicht an die Vertretungsmacht. Zwar ist umstritten, ob diese Norm im Rahmen von Verfügungsgeschäften auch auf die Vertretungsmacht anzuwenden ist.[3] Jedoch ist F, der hier auf Veräußererseite aufgetreten ist, selbst kein Kaufmann i.S.d. §§ 1 ff. HGB. Damit scheidet eine analoge Anwendung des § 366 HGB aus.[4] B hat mithin kein Eigentum an dem Futtermittel erworben, vielmehr war T nach wie vor Eigentümer.

B hatte auch gegenüber T kein Recht zum Besitz. Mangels Eigentumserwerbs scheidet ein eigenes Recht zum Besitz aus. B hat aber auch kein Recht zum Besitz aus dem Kaufvertrag, da T die Genehmigung dieses von F als vollmachtlosem Vertreter geschlossenen Vertrags verweigert hat.

Eine Vindikationslage lag somit zur Zeit des Verbrauchs des Futtermittels vor.

II Rechtshängigkeit

T hatte gegen B noch nicht die Herausgabeklage aus § 985 erhoben, d. h. dem B noch keine entsprechende Klageschrift zustellen lassen (vgl. §§ 261 I 1, 253 ZPO). Damit fehlt es an der von § 989 vorausgesetzten Rechtshängigkeit.

---

1 Vgl. BAG, NJW 1999, 1049 (1051); LAG Berlin, NJW 1986, 2528 für Arbeitsmittel.
2 Vgl. nur BGHZ 8, 132.
3 Dazu MüKo-HGB/*Welter*, § 366 HGB Rn. 42 ff. m.w.N.
4 Vgl. *Baumbach/Hopt*, HGB, § 366 Rn. 4.

III Anfängliche Bösgläubigkeit oder nachträgliche Kenntnis

Gem. § 990 I ist der Schadensersatzanspruch auch gegeben, wenn Bösgläubigkeit (§ 932 II) bei Besitzerwerb (§ 990 I 1) oder spätere positive Kenntnis (§ 990 I 2) gegeben waren. Für beides gibt es jedoch keinerlei Anhaltspunkte.

IV Ergebnis

T hat daher keinen Anspruch gegen B auf Schadensersatz i.H.v. 28.000,– Euro aus §§ 989, 990 I.

C Anspruch des T gegen B auf Wertersatz i.H.v. 23.000,– Euro aus §§ 812 I 1 Alt. 2, 818 II

I Anwendbarkeit

Zunächst dürfte ein Anspruch aus §§ 812 I 1 Alt. 2, 818 II nicht aus systematischen Gründen ausgeschlossen sein. Ein solcher Ausschluss könnte sich hier daraus ergeben, dass zum Zeitpunkt des Verbrauchs ein Eigentümer-Besitzer-Verhältnis vorlag. Für das Eigentümer-Besitzer-Verhältnis gelten vorrangig die §§ 987 ff.

Allerdings schließt § 993 I Hs. 2 explizit nur Ansprüche auf Nutzungsherausgabe und Schadensersatz aus. Bei der Nutzungsherausgabe geht es um den *Ge*brauch; hier wird jedoch nach Ersatz für den *Ver*brauch gefragt. Der Verbrauch ist keine Nutzung.[5] Ein Bereicherungsanspruch wegen Verbrauchs stellt sich vielmehr als Fortsetzung der mit dem Verbrauch untergegangenen Vindikationsmöglichkeit dar. Ein solcher „Rechtsfortsetzungsanspruch" ist durch die §§ 987 ff. nicht ausgeschlossen.[6]

---

5 BGHZ 14, 7 (8).
6 Dazu *Baur/Stürner*, Sachenrecht, § 11 Rn. 37; *Grigoleit/Auer*, Schuldrecht III, Rn. 87; *Medicus/Petersen*, Bürgerliches Recht, Rn. 597, 727.

II Voraussetzungen der Eingriffskondiktion

1 Etwas erlangt

B müsste etwas erlangt haben. „Etwas" kann jeder vermögenswerte Vorteil sein. Hier hat B die Vorteile aus dem Verbrauch des Futtermittels, nämlich die Fütterung seiner Schweine, erlangt.[7]

2 In sonstiger Weise

Dies müsste auf Grundlage der h.M., die von einem grundsätzlichen Vorrang der Leistungskondiktion und einer korrespondierenden Subsidiarität der Nichtleistungskondiktionen ausgeht, „in sonstiger Weise", also nicht durch Leistung, geschehen sein. Leistung ist die bewusste, zweckgerichtete Mehrung fremden Vermögens; zu beurteilen ist das Vorliegen einer Leistung grds. aus objektivierter Empfängersicht. Aus Sicht des B liegt hier scheinbar eine Leistung des T, vertreten durch F, vor. Eine genaue Erfassung der Leistung sowie Wertungsgesichtspunkte[8] führen hier indes zu einem abweichenden Ergebnis.

Zum Ersten hat T hier aus Sicht des B zwar geleistet. Erlangt hatte B hierdurch aber nur den Besitz des Futtermittels; eine Übereignung hat mangels Vertretungsmacht des F nicht stattgefunden, B hatte also kein Eigentum erlangt. Die Vorteile, die B erlangt hat und um deren Ausgleich nach den Regeln der ungerechtfertigten Bereicherung es hier geht, beruhen aber genaugenommen allein auf dem Verbrauch des Futters. Der Verbrauch gehört zu den Befugnissen des Eigentümers (§ 903 S. 1); bloßer Besitz gestattet keinen Verbrauch. Da T nach wie vor Eigentümer war, wurden die hier in Frage stehenden Vorteile unmittelbar aus dem

---

7 Vertretbar ist es auch, darauf abzustellen, dass B eigene Futterreserven geschont bzw. Aufwendungen erspart hat (vgl. BGHZ 14, 7 (9)); allerdings sollte dieser Gesichtspunkt richtigerweise erst bei der Frage nach einer Entreicherung eine Rolle spielen. Ebenso noch vertretbar, wenn auch nicht ganz überzeugend, ist die Argumentation, B habe durch Verfütterung auch Eigentum erlangt, da das Futtermittel mit seinen Schweinen verbunden bzw. in den Schweinen in verarbeiteter Form enthalten sei (§§ 947/950).
8 Die Argumente werden üblicherweise bei den Fällen der §§ 946 ff. i.V.m. § 951 I 1 vorgebracht. Hier liegt zwar kein Eigentumsverlust nach §§ 946 ff. vor, sofern man nicht Verbindung/Verarbeitung annimmt (s. vorige Fn.). Der Verbrauch hat aber faktisch die gleiche Folge und § 951 schließt für andere als die in §§ 946 ff. geregelten Fälle des Eingriffs in fremdes Eigentum die Eingriffskondiktion nicht aus.

Vermögen des T und somit nicht durch Leistung erlangt. Es liegt also schon gar keine Konkurrenz von Leistung und Eingriff vor.[9]

Zum Zweiten hat hier T als Entreicherter das Futter nicht selbst durch Leistung in den Verkehr gebracht, da F als Vertreter ohne Vertretungsmacht gehandelt hat.[10] Beschränkt man den Vorrang der Leistungskondiktion aber auf Fälle des Inverkehrbringens durch Leistung seitens des Entreicherten,[11] kommt hier eine Eingriffskondiktion in Betracht.

Zum Dritten macht die h.L. eine Ausnahme vom Subsidiaritätsgrundsatz in Fällen, in denen gutgläubiger Erwerb an sonstigen Wertungen der Rechtsordnung, insbesondere an § 935, scheitert.[12] Hier steht zwar kein gutgläubiger Erwerb vom Nichtberechtigten im Raum, da F im Namen des T und nicht im eigenen Namen auftrat. Die Situation ist aber wertungsmäßig vergleichbar: Wenn F in eigenem Namen gehandelt hätte, wäre gutgläubiger Erwerb gem. § 932 am Abhandenkommen (§ 935 I) gescheitert. Denn F war ursprünglich nur Besitzdiener des T, unmittelbarer Besitzer war also allein T. Damit läge ein unfreiwilliger Verlust des unmittelbaren Besitzes vor.[13] Die gesetzlichen Wertungen sehen nun aber für den Vertreter ohne Vertretungsmacht keinen Gutglaubensschutz vor: § 177 will den vollmachtlos Vertretenen gerade schützen; der einzig in Betracht kommende Gutglaubensschutz (§ 366 HGB analog für guten Glauben an Vertretungsmacht) greift nicht.

Im Ergebnis ist daher anzunehmen, dass eine Eingriffskondiktion nicht aus Gründen der Subsidiarität ausgeschlossen ist.

---

9 Vgl. *Medicus/Petersen*, Bürgerliches Recht, Rn. 727: Vorrang nur für das durch Leistung Erlangte.
10 Vgl. BGH, NJW-RR 1991, 343 (345).
11 Zu diesem Gesichtspunkt *Larenz/Canaris*, Schuldrecht II/2, § 70 III 2 d (S. 216).
12 S. dazu etwa *Grigoleit/Auer*, Schuldrecht III, Rn. 447 f.; *Thomale/Zimmermann*, AcP 217 (2017), 246, (266 ff.); Staudinger/*S. Lorenz*, § 812 Rn. 63. Vgl. aber auch BGHZ 55, 176 – Jungbullenfall; arg. dort: § 935 will den Eigentümer einer gestohlenen Sache schützen; der kraft Gesetzes eintretende Eigentumsverlust (§§ 946–950) soll hieran nichts ändern. Im Jungbullenfall wurde die Frage allerdings unter dem Merkmal des rechtlichen Grundes erörtert. Dies setzt aber die Ausnahme von der Subsidiarität voraus; anders hingegen BGHZ 40, 272 (279).
13 So die h.M. Andere fragen sich, ob der Besitzdiener im Außenverhältnis mit einem Besitzmittler zu vergleichen ist, und schließen in solchen Konstellationen ein Abhandenkommen aus. Dazu *Baur/Stürner*, Sachenrecht, § 52 Rn. 39.

3 Auf Kosten des T

Die Vermögensverschiebung müsste auf Kosten des T geschehen sein. Es müsste also ein Eingriff in den Zuweisungsgehalt eines dem T zustehenden Rechts erfolgt sein. Hier hat der Verbrauch in die Rechtsstellung des T als Eigentümer (§ 903 S. 1) eingegriffen.

4 Ohne rechtlichen Grund

Ein rechtlicher Grund für diesen Eingriff dürfte nicht gegeben sein. Hier hat B zwar einen Vertrag mit dem F als *falsus procurator* geschlossen; T hat diesen Vertrag aber nicht genehmigt. Auch ein sonstiger rechtlicher Grund ist nicht erkennbar; im Übrigen ist auf die Wertungen zu verweisen, die schon für eine Ausnahme vom Vorrang der Leistungskondiktion sprechen.

5 Zwischenergebnis

Die Voraussetzungen einer Eingriffskondiktion sind mithin gegeben.

III Anspruchsinhalt

Aufgrund des Verbrauchs des Futtermittels ist dessen Herausgabe unmöglich. Geschuldet ist daher gem. § 818 II Wertersatz. Die Bestimmung des im Rahmen von § 818 II zu ersetzenden Werts ist umstritten.[14]

Nach einer Ansicht ist der Wert der ersparten Aufwendungen zu ersetzen.[15] Hier war B bereit, für das Futtermittel 26.000,– Euro zu zahlen; er hätte also jedenfalls auch sonst für diesen Betrag Futtermittel eingekauft und verfüttert und hat damit wohl mindestens diesen Betrag erspart.

Nach der wohl h.M. ist stets der objektive Wert zu ersetzen, für den die ersparten Aufwendungen nur ein Anhaltspunkt sind.[16] Wendet man dies auf den vorliegenden Fall an, stellt sich die Frage, welche Handelsstufe entscheidend sein soll: Der Einkaufspreis für Händler (hier: 23.000,– Euro) oder der Abgabepreis an Erwerber, also Mastbetriebe (26.000,– Euro, wenn man auf den von B gezahlten

---

14 S. etwa Jauernig/*Stadler*, § 818 Rn. 20 ff.
15 Vgl. BGHZ 55, 128 (131 ff.).
16 *Fikentscher/Heinemann*, Schuldrecht, Rn. 1516; *Grigoleit/Auer*, Schuldrecht III, Rn. 135; Jauernig/*Stadler*, § 818 Rn. 21; Staudinger/*S. Lorenz*, § 818 Rn. 26.

Preis abstellt; 28.000,– Euro, wenn man auf den Preis abstellt, den ein Abnehmer des T zu zahlen bereit gewesen wäre).

Vorzugswürdig erscheint es, eine Pflicht zum Ersatz des objektiven Werts anzunehmen, da dies dem bereicherungsrechtlichen Ausgleichsgedanken am besten entspricht; dabei sollte hier auf den Einkaufspreis für Händler abgestellt werden, da der Abgabepreis auch eine Intermediärleistung des Handels beinhaltet, die T hier nicht erbracht hat (a.A. gut vertretbar).[17]

Damit schuldet B dem T Ersatz i.H.v. 23.000,– Euro.

IV Einrede der Entreicherung, § 818 III

B beruft sich darauf, er habe den Kaufpreis gezahlt. Dies kann als Erheben der Entreicherungseinrede verstanden werden. Diese Einrede wäre indes nur gegeben, „soweit [B] nicht mehr bereichert ist" (§ 818 III).

Die Kaufpreiszahlung diente überhaupt erst der Erlangung des Futtermittels. Sie stellt also keine nachträgliche Entreicherung dar. Dass aber nur die nachträgliche Entreicherung beachtlich ist, folgt aus dem Wortlaut des § 818 III („... nicht mehr bereichert ist."). Daher ist der Zweck des § 818 III, das Vertrauen in die „Beständigkeit" des Verbrauchs als des bereicherungsrechtlich abzuwickelnden Vorgangs zu schützen,[18] hier nicht tangiert. Im Übrigen hätte die Kaufpreiszahlung auch dem Vindikationsanspruch nicht (etwa nach §§ 994 ff.) entgegengesetzt werden können. Da die Eingriffskondiktion diesen fortsetzt, kann die Einrede hier ebenso wenig greifen.[19] B soll (und kann, s. sogleich) sich an denjenigen halten, auf dessen Vertretungsmacht er sich verlassen hat; ob diese Ansprüche werthaltig sind (was hier der Fall wäre), ist unerheblich.[20]

V Keine Treuwidrigkeit

Die Geltendmachung des Anspruchs verstößt auch nicht gegen Treu und Glauben (§ 242), zumal B angesichts der ungewöhnlichen Umstände bei T hätte rückfragen können.[21]

---

17 Vgl. dazu auch Staudinger/*S. Lorenz*, § 818 Rn. 26 ff.; *Prütting*, AcP 216 (2016), 459 ff.

18 Vgl. *Larenz/Canaris*, Schuldrecht II/2, § 73 I 5 a (S. 303).

19 BGHZ 14, 7 (10); *Grigoleit/Auer*, Schuldrecht III, Rn. 62; *Larenz/Canaris*, Schuldrecht II/2, § 73 I 5 a (S. 302).

20 Vgl. BGHZ 14, 7 (10).

21 Vgl. BGHZ 14, 7 (10 f.).

VI Ergebnis

T kann somit von B Wertersatz in Höhe von 23.000,– Euro (26.000,– Euro bzw. 28.000,– Euro vertretbar, s.o.) verlangen.

2. Teil Ansprüche des B gegen F

A Anspruch des B gegen F bei Wahl des Schadensersatzes auf Schadensersatz i.H.v. 23.000,– Euro aus § 179 I Alt. 2

B könnte, wählt er im Rahmen des § 179 I den Schadensersatz, gegen F einen Anspruch auf Schadensersatz i.H.v. 23.000,– Euro haben.

I F Vertreter ohne Vertretungsmacht

F hat, wie bereits ausgeführt, als Vertreter ohne die erforderliche Vertretungsmacht des T gehandelt.

II Verweigerung der Genehmigung

T hat die Genehmigung des Handelns des F unter jedem rechtlichen Gesichtspunkt verweigert.

III Schaden

B hat an F zum Erwerb des Futtermittels 26.000,– Euro gezahlt. Er muss aber aufgrund der Eingriffskondiktion zudem 23.000,– Euro an T zahlen (s.o.; ggf. 26.000,– Euro oder 28.000,– Euro). Er hat mithin einen Schaden i.H.v. 23.000,– Euro.

IV Ergebnis

Wählt B Schadensersatz, hat er gegen F einen Anspruch auf Ersatz von 23.000,– Euro aus § 179 I Alt. 2.

B Anspruch des B gegen F bei Wahl der Erfüllung, § 179 I Alt. 1

I Anspruchsvoraussetzungen

Die Anspruchsvoraussetzungen sind gegeben (s. soeben).

II Anspruchsinhalt

Wählt der Vertragspartner des *falsus procurator* Erfüllung, muss der *falsus procurator* leisten, als wäre er Vertragspartner.[22] Hier hat F jedoch nicht nur ohne Vertretungsmacht den Kaufvertrag abgeschlossen, sondern in Erfüllung des Kaufvertrags auch Futter geliefert, an dem er dem B aber kein Eigentum verschaffte. Diese Lieferung muss berücksichtigt werden, da sich Inhalt und Abwicklung des Erfüllungsverlangens wie bei Wirksamkeit des Vertrags bestimmen.[23]

Richtigerweise ist eine solche Situation so zu behandeln, wie sie im Falle eines Vertrags zwischen *falsus procurator* und Vertragspartner zu behandeln wäre. Dann läge hier, wo F dem B Besitz, aber kein Eigentum verschafft hatte, ein Rechtsmangel i.S.d. § 435 S. 1 vor.[24] Damit sind die Rechtsbehelfe des § 437 eröffnet.

Nacherfüllung (§§ 437 Nr. 1, 439 I) in Gestalt einer „Beseitigung des Mangels" (§ 439 I Alt. 1) ist nach endgültiger Verweigerung der Genehmigung unmöglich, § 275 I. Die „Lieferung einer mangelfreien Sache" (§ 439 I Alt. 2) ist rein tatsächlich noch möglich, da hier von einer Gattungsschuld, § 243 I, auszugehen ist.[25] Rechtlich ist indes zu überlegen, ob die Futterlieferung ein absolutes Fixgeschäft war, was zu Unmöglichkeit führen müsste. Dann wären beide Formen der Nacherfüllung unmöglich, sodass ein Rücktritt gem. §§ 437 Nr. 2, 326 V bzw. ein Anspruch auf Schadensersatz statt der Leistung gem. §§ 437 Nr. 3, 280 I, 283 ohne Fristsetzung gegeben wären; das für den Schadensersatzanspruch erforderliche

---

22 *Stadler*, Allgemeiner Teil, § 17 Rn. 7: Der *falsus procurator* wird nicht Vertragspartner; es entsteht vielmehr ein gesetzliches Schuldverhältnis, dessen Inhalt durch den Vertrag bestimmt wird.
23 Vgl. *Wolf/Neuner*, Allgemeiner Teil, § 51 Rn. 22; *Leipold*, BGB I, § 26 Rn. 11; MüKo/*Schubert*, § 179 Rn. 39.
24 Nach a.A., der der BGH (NJW 2007, 3777 [3779 Rn. 27 m.w.N.]) folgt, handelt es sich bei mangelnder Eigentumsverschaffung nicht um einen Rechtsmangel; stattdessen liege ein Fall der Nichterfüllung vor. Wie hier *Canaris*, JZ 2003, 831, 832; *Fikentscher/Heinemann*, Schuldrecht, Rn. 910; Jauernig/*Berger*, § 435 Rn. 5.
25 S. zur Frage, ob bei einer Stückschuld die Nachlieferung ausgeschlossen ist, BeckOK/*Faust*, § 439 Rn. 47 f.

Verschulden des F wäre zu bejahen, da F mindestens *dolus eventualis* hatte, dass ihm die Eigentumsverschaffung unmöglich sein würde. Allerdings fehlen hier Anhaltspunkte für ein absolutes Fixgeschäft. Damit könnte B von F die Übergabe und Übereignung von Futtermittel in der ursprünglich vereinbarten Menge verlangen.

Diesem Anspruch könnte indes die dilatorische Einrede aus §§ 439 V, 348, 346 II 1 Nr. 2 Var. 1 entgegenstehen. In diesem Fall könnte B zugleich Wertersatz i.H.v. 23.000,– Euro für das verbrauchte Futter anbieten müssen. Allerdings ist der Wert des verbrauchten Futters richtigerweise mit 0 anzusetzen, da B dem T insoweit Wertersatz schuldet.

III Ergebnis

Nach hier vertretener Ansicht hat B gegen F einen Anspruch auf Nachlieferung, der nicht gehemmt ist bis zum Zug-um-Zug-Angebot von Wertersatz.

Die Ansprüche A. und B. können nur alternativ geltend gemacht werden.

C Anspruch des B gegen F auf Schadensersatz aus c.i.c., §§ 280 I, 311 II, III, 241 II

B könnte des Weiteren gegen F einen Schadensersatzanspruch aus c.i.c. haben. Voraussetzung ist, dass die Regeln über die c.i.c. neben § 179 überhaupt anwendbar sind.

I Anwendbarkeit

Nach wohl h.M. stellt § 179 eine abschließende Regelung für das Handeln eines Vertreters ohne Vertretungsmacht dar.[26] Dies ergebe sich auch daraus, dass das Rechtsinstitut der c.i.c. ursprünglich auf einer Verallgemeinerung des § 179 beruhte.

Eine Gegenansicht nimmt an, bei Fehlen der Vertretungsmacht hafte der Vertreter, wie auch der wirksam Vertretene aus c.i.c. haften würde.[27] Demnach könnte man hier eine Verletzung vorvertragsähnlicher Pflichten durch F durchaus

---

26 S. etwa MüKo/*Schubert*, § 177 Rn. 58 m.w.N.; a.A. wohl *Wolf/Neuner*, Allgemeiner Teil, § 51 Rn. 40, nach dem ein Anspruch aus c.i.c. aber i.d.R. am mangelnden Vorliegen der Tatbestandsvoraussetzungen scheitert.
27 *Flume*, Allgemeiner Teil II, 3. Aufl. 1979, § 47 3 a (S. 805); Staudinger/*Schilken*, § 179 Rn. 20.

bejahen, wobei allerdings überlegenswert ist, wie auch sonst bei der Vertreterhaftung die Inanspruchnahme besonderen Vertrauens zu fordern, woran es hier fehlen würde.[28] Allerdings nimmt auch diese Ansicht wohl keine parallele Haftung aus c.i.c. an, wenn der Schaden nicht über den nach § 179 I ersatzfähigen hinausgeht.[29] Da hier mangels anderer Hinweise kein Schaden gegeben ist, der über das hinausgeht, was B über § 179 I ersetzt bekommen würde, wäre demnach auch nach dieser Ansicht keine Haftung anzunehmen.

Damit ist nach beiden Ansichten eine Haftung aus c.i.c. zu verneinen (a.A. vertretbar).

II Ergebnis

B hat somit keinen Anspruch auf Schadensersatz gegen F aus c.i.c., §§ 280 I, 311 II, III, 241 II.

D Anspruch des B gegen F auf Schadensersatz aus § 823 II i.V.m. § 263 I StGB

B könnte gegen F auf Schadensersatz aus § 823 II i.V.m. § 263 I StGB haben. Dazu müsste diese Anspruchsgrundlage zunächst anwendbar sein.

I Anwendbarkeit

Nach einer Ansicht scheidet eine deliktsrechtliche Verschuldenshaftung neben § 179 aus.[30] Damit wäre ein Anspruch des B gegen F aus § 823 II i.V.m. § 263 I StGB nicht gegeben.

Nach der Gegenansicht besteht die Haftung nach den allgemeinen Regeln, insbesondere nach den §§ 823 ff., neben § 179 fort.[31] Hier hat F den B darüber getäuscht, dass er dem B Eigentum verschaffen könnte und die Zahlung an ihn Erfüllungswirkung für den Kaufpreiszahlungsanspruch aus einem entsprechenden Kaufvertrag mit T haben würde. B hat sich demgemäß geirrt und auf dieser

---

28 Vgl. *Wolf/Neuner*, Allgemeiner Teil, § 51 Rn. 40.
29 Soergel/*Leptien*, § 179 Rn. 23: „Für den Schaden, der gerade durch den Nichteintritt der Vertretungswirkungen infolge des Vertretungsmangels verursacht wird, wird die Haftung des vollmachtlosen Vertreters aus culpa in contrahendo [...] durch die Regelung des § 179 verdrängt"; vgl. auch *Prölss*, JuS 1986, 169 (172): „praktisch irrelevant".
30 MüKo/*Schubert*, § 177 Rn. 58 m.w.N.
31 Soergel/*Leptien*, § 179 Rn. 22.

Grundlage an F gezahlt, also eine Vermögensverfügung vorgenommen. Da er dem T bereicherungsrechtlich haftet, ist ein Schaden eingetreten. Dies alles nahm F zumindest billigend in Kauf. Er wollte sich auch durch die Zahlung bereichern. Allerdings würde der Schaden auch hier nicht über das hinausgehen, was B nach § 179 erlangen kann.

Vorzugswürdig erscheint die erste Ansicht. Denn § 179 sieht für den Fall eines *falsus procurator* besondere Ansprüche des anderen Teils vor, ist daher eine spezielle Regelung. Außerdem droht die Gefahr, dass der spezielle Haftungsausschlussgrund des § 179 III umgangen würde.[32] Die allgemeinen Regeln bringen zudem üblicherweise keine weitergehenden Ansprüche.

II Ergebnis

B hat daher keinen Anspruch gegen F aus § 823 II i.V.m. § 263 I StGB.

E Anspruch des B gegen F auf Herausgabe des gezahlten Kaufpreises aus § 812 I

I Anwendbarkeit

Ob ein Anspruch auf Herausgabe einer dem *falsus procurator* überlassenen, an den vermeintlichen Vertragspartner gerichteten Leistung nach den Regeln des Bereicherungsrechts besteht, wird kaum diskutiert. Man wird wohl annehmen müssen, dass ein solcher Anspruch von § 179 I, nicht aber von § 179 III, verdrängt wird[33] (a.A. vertretbar).

II Ergebnis

B hat nach hier vertretener Ansicht keinen Anspruch gegen F auf Herausgabe des gezahlten Kaufpreises aus § 812.

---

32 MüKo/*Schubert*, § 177 Rn. 58.
33 Vgl. OLG Hamburg, VersR 1979, 834 sub 1; Soergel/*Leptien*, § 179 Rn. 22.

3. Teil Ansprüche des T gegen F

A Anspruch des T gegen F auf Schadensersatz i.H.v. 28.000,– Euro aus §§ 280 I, 241 II

T könnte gegen F einen Anspruch auf Schadensersatz i.H.v. 28.000,– Euro aus §§ 280 I, 241 II haben.

I Schuldverhältnis

Ein Schuldverhältnis liegt in Gestalt eines Arbeitsverhältnisses (vgl. § 611) vor, da F bei T angestellter Fahrer ist.

II Pflichtverletzung

Durch die Veräußerung von Futtermittel an B hat F seine arbeitsvertraglichen Pflichten verletzt (vgl. § 241 II).

III Vertretenmüssen

Diese Pflichtverletzung hat der vorsätzlich handelnde F auch zu vertreten (vgl. § 276 I 1).

IV Schaden

T konnte das Futter nicht mehr an seinen Abnehmer für 28.000,– Euro weiterveräußern. Der hierin liegende entgangene Gewinn ist zu ersetzen (§ 252).

Auf den Schadensersatzanspruch könnte indes angerechnet werden, dass T zugleich von B Wertersatz i.H.v. 23.000,– Euro verlangen kann. Richtig ist, dass in den 28.000,– Euro auch der Wertersatz enthalten ist. T kann also sicher die auf den Wert entfallenden 23.000,– Euro insgesamt nur einmal verlangen. Die Verpflichtung des B zur Leistung von Wertersatz besteht aber nur im Interesse des T; sie hat nicht den Zweck, den F zu entlasten. Eine Anrechnung ist daher, solange B nicht an T Wertersatz geleistet hat, ausgeschlossen.

V Arbeitsrechtliche Haftungsbegrenzung?

Die Haftung könnte indes nach den Sonderregeln der arbeitsrechtlichen Haftungsbegrenzung ausscheiden oder eingeschränkt sein. Eine solche Haftungsbegrenzung wird bejaht, soweit fahrlässiges Handeln des Arbeitnehmers in Rede steht. Hier hat F indes vorsätzlich gehandelt, wobei er auch den Schaden zumindest billigend in Kauf nahm. In einem solchen Fall kommt dem Arbeitnehmer die arbeitsrechtliche Haftungsbegrenzung nicht zugute.[34]

VI Ergebnis

T hat damit einen Anspruch gegen F auf Schadensersatz i.H.v. 28.000,– Euro aus §§ 280 I, 241 II. F und B haften dem T dabei i.H.v. 23.000,– Euro als Gesamtschuldner (vgl. § 421).

B Anspruch des T gegen F auf Herausgabe von 26.000,– Euro aus §§ 687 II 1, 681 S. 2, 667

T könnte des Weiteren gegen F einen Anspruch auf Herausgabe von 26.000,– Euro aus §§ 687 II 1, 681 S. 2, 667 haben.

I Anwendbarkeit

Dies würde voraussetzen, dass sich F ein Geschäft des T ohne Auftrag angemaßt hat. Zwar ist eine Haftung aus angemaßter Eigengeschäftsführung neben einer Vertragsverletzung nicht von vornherein ausgeschlossen, aber nicht jede einzelne Überschreitung (arbeits-)vertraglicher Befugnisse stellt ein „auftragsloses" Geschäft i.S.d. §§ 677 ff. dar.[35]

Gegen eine Anwendung der §§ 677 ff. im vorliegenden Fall spricht, dass F der Zugriff auf das Futter überhaupt erst durch seine Arbeitnehmerstellung ermöglicht wurde.

Für eine Anwendung der §§ 677 ff. kann jedoch angeführt werden, dass die *Veräußerung* des Futters ein Geschäft des T ist und damit für F objektiv fremd. Die Veräußerung ist weit entfernt von dem Arbeitsfeld eines Fahrers; die Pflicht,

---

34 Vgl. BAGE 101, 107 = NJW 2003, 377.
35 BGH, NJW-RR 1989, 1255 (1256 f.).

fremdes Gut nicht (wenn auch im Namen des Eigentümers) gegen Zahlung an sich zu veräußern, ist keine spezifisch arbeitsvertragliche Pflicht.

Daher ist die Anwendbarkeit der §§ 677 ff. zu bejahen (a.A. vertretbar).

II Geschäftsanmaßung

F müsste sich ein Geschäft des T angemaßt haben. Hier wusste F, dass er zur Veräußerung des Futters nicht berechtigt war. Allerdings hat F nicht im eigenen Namen, sondern im Namen des T gehandelt, also an sich nach außen hin die Stellung des T als Geschäftsherrn zum Ausdruck gebracht.

Gegen die Annahme einer Geschäftsanmaßung in einem solchen Fall spricht, dass § 687 II gerade den Fall regeln will, in dem jemand ein fremdes Geschäft als eigenes abschließt, also etwa eine fremde Sache im eigenen Namen verkauft.[36] T könnte, wenn er den Kaufpreis an sich ziehen wollte, den Kaufvertrag ohne Weiteres genehmigen; man könnte also Spezialität des § 177 beim *falsus procurator* annehmen.

Allerdings kann das Handeln in fremdem Namen genauso in den Kreis der dem Geschäftsherrn zugewiesenen Geschäfte eingreifen, wie dies ein Handeln in eigenem Namen getan hätte.[37] Eine Genehmigung brächte für den Geschäftsherrn den Nachteil, dass sie auch die Entgegennahme der Gegenleistung durch den *falsus procurator* erfassen würde (dann rechtsvernichtende Einrede der Erfüllung, § 362 I i.V.m. §§ 362 II, 185 II 1 Fall 1) oder einer Geltendmachung des Zahlungsanspruchs die Einrede des Rechtsmissbrauchs entgegenstünde (§ 242). Spezialität des § 177 könnte damit verneint werden, dass er anders als §§ 687 II 1, 681 S. 2, 667 nicht unmittelbar auf das Erlangte abstellt. Folgt man dem, wäre der Anspruch hier gegeben.

Nicht zuletzt aus Gründen der Prävention erscheint es vorzugswürdig, auch im vorliegenden Fall eine Geschäftsanmaßung zu bejahen (a.A. gut vertretbar).

III Erlangtes

Erlangt hat F aus dem Geschäft den von B gezahlten Kaufpreis i.H.v. 26.000,– Euro. Dass F damit einen Erlös erzielt hat, der über dem Einkaufspreis liegt, kommt dem T zugute, da bei § 687 II die Gewinnherausgabe geschuldet ist.[38] Ein

---

36 RGZ 138, 45 (49).
37 Vgl. MüKo/*Schäfer*, § 687 Rn. 14.
38 BGHZ 82, 299 (308).

weitergehender Anspruch wegen des dem T entgangenen Gewinns kommt umgekehrt nicht in Betracht, den § 687 II ist ein Herausgabe-, kein Schadensersatzanspruch.

IV Ergebnis

T hat gegen F einen Anspruch auf Herausgabe von 26.000,– Euro aus §§ 687 II 1, 681 S. 2, 667.

C Anspruch des T gegen F auf Schadensersatz i.H.v. 28.000,– Euro aus §§ 989, 990 I

T könnte gegen F einen Anspruch auf Schadensersatz i.H.v. 28.000,– Euro aus §§ 989, 990 I haben.

I Anwendbarkeit

Dazu müssten die §§ 987 ff. anwendbar sein. Dem könnte entgegenstehen, dass hier eine vertragliche Sonderbeziehung zwischen T und F existierte, deren Regime eine Abwicklung nach den gesetzlichen Regeln der §§ 987 ff. ausschließen könnte.

Ein Vorrang der Abwicklung nach vertraglichen Sonderregeln ist anerkannt für den rechtmäßigen Eigen- und Fremdbesitzer.[39] Hier lag zwar kein rechtmäßiger Besitz des F vor, denn F war vor der Veräußerung lediglich Besitzdiener – dies aber „rechtmäßig" und auf Grundlage des Arbeitsvertrags als Sonderbeziehung.

Daher ist von einem Vorrang der vertraglichen Regelungen auszugehen (a.A. vertretbar).[40]

---

[39] Nach einer teilweise vertretenen Ansicht liegt in einem solchen Fall schon keine Vindikationslage vor, sind also die §§ 985 ff. insgesamt unanwendbar. Nach h.M. sind bei Bestehen einer vertraglichen Sonderbeziehung lediglich die §§ 987 ff. unanwendbar; vgl. *Baur/Stürner*, Sachenrecht, § 11 Rn. 33; MüKo/*Raff*, Vor §§ 987 Rn. 37 m.w.N.

[40] Will man dem nicht folgen, so ist zu diskutieren, ob sich F durch die Verhandlung mit B zum Eigenbesitzer aufgeschwungen hat. Auch insoweit wäre wieder problematisch, ob das Handeln als *falsus procurator* ein solches Aufschwingen darstellen kann. Wird dies bejaht, ist ein Eigentümer-Besitzer-Verhältnis gegeben, da dem F kein Recht zur Besitzergreifung zusteht. Kenntnis beim Besitzergreifen (§ 990 I 1) liegt dann ebenfalls vor, sodass der Anspruch gegeben ist.

II Ergebnis

Nach hier vertretener Auffassung hat T gegen F keinen Anspruch auf Schadensersatz i.H.v. 28.000,– Euro aus §§ 989, 990 I.

D Anspruch des T gegen F auf Schadensersatz i.H.v. 28.000,– Euro aus § 823 I/II i.V.m. §§ 242/246 StGB/§ 826

T könnte gegen F weiter einen Anspruch auf Schadensersatz i.H.v. 28.000,– Euro aus § 823 I/II i.V.m. §§ 242/246 StGB/§ 826 haben.

I Anwendbarkeit

Deliktsrechtliche Ansprüche sind nur dann ausgeschlossen, wenn man die §§ 987 ff. nicht ohnehin – wie hier – wegen Vorrangs vertraglicher Abwicklungsverhältnisse ausschließt. Geht von einer Anwendbarkeit der §§ 987 ff. aus, liegt aber im bewussten Aufschwingen zum Eigenbesitzer wohl ein Fall schuldhaft begangener verbotener Eigenmacht[41] (§ 858 I), sodass deliktsrechtliche Ansprüche gem. § 992 nicht ausgeschlossen sind.

II Anspruchsvoraussetzungen

Das Futtermittel ist infolge des Verbrauchs durch B untergegangen. Durch die unberechtigte Veräußerung des dem T gehörenden Futtermittels hat F adäquat kausal die Gefahr eines Verbrauchs geschaffen. Dies geschah auch rechtswidrig und mit bedingtem Vorsatz. Die Voraussetzungen des § 823 I sind mithin gegeben.

Zudem hat F – je nach Beurteilung der Gewahrsamsverhältnisse während der Fahrt – das Futtermittel gestohlen (§ 242 I StGB) oder unterschlagen (§ 246 I, II StGB). Das Handeln in fremdem Namen mag zwar eine Selbstzueignungsabsicht ausschließen; jedenfalls ist aber Drittzueignungsabsicht gegeben. Untreue (§ 266 I) liegt hingegen mangels besonderer Vermögensbetreuungspflicht nicht vor. Damit ist eine Haftung auch aus § 823 II begründet.

Schließlich ist, da F nicht von einer Genehmigung seines Handelns seitens des T ausgehen konnte und wohl auch einen höheren Weiterveräußerungserlös

---

41 Nach h.M. muss die verbotene Eigenmacht schuldhaft begangen worden sein (s. etwa Staudinger/*Gursky*, § 992 Rn. 10 m.w.N.; a.A. MüKo/*Raff*, § 992 Rn. 5).

des T billigend in Kauf nahm, auch eine vorsätzliche sittenwidrige Schädigung zu bejahen.

III Ergebnis

T hat mithin gegen F weiter einen Anspruch auf Schadensersatz i.H.v. 28.000,– Euro aus § 823 I/II i.V.m. §§ 242/246 StGB/§ 826.

E Anspruch des T gegen F aus § 816 I 1

Ein Anspruch des T gegen F aus § 816 I 1 scheidet aus, da F zwar Nichtberechtigter war, aber weder im eigenen Namen verfügt hat noch überhaupt eine wirksame Verfügung vorliegt, hat doch T die Genehmigung versagt.

Fall 11 Eigentumserwerb an beweglichen Sachen und EBV

Rechtsgeschäftlicher Eigentumserwerb vom Nichtberechtigten – Verarbeitung – Eigentümer-Besitzer-Verhältnis – Verfügung eines Nichtberechtigten

Sachverhalt

Das B-Museum in Berlin stellt seit einigen Jahren eines von weltweit sechs Exemplaren der kanadischen Münze „Big Maple Leaf" aus. Hierbei handelt es sich um eine 100 kg schwere Goldmünze mit einem Nennwert von 1 Mio. kanadischer Dollar (ca. 650.000,– Euro) und einem dem Materialwert entsprechenden Verkehrswert von 4 Mio. Euro. Dass das B-Museum diese seltene Münze ausstellen kann, hat es L, einem besonders engagierten Mitglied des Kuratoriums des B-Museums, zu verdanken. Denn L, der passionierter Hobby-Numismatiker ist, war seit einiger Zeit der Ansicht, die Münze gehöre unbedingt in das B-Museum. Da diesem die finanziellen Mittel fehlen, hatte L die Münze im Jahr 2012 im eigenen Namen von E erworben; anschließend hatte er namens des B-Museums, für das er als Kuratoriumsmitglied vertretungsberechtigt ist, mit sich selbst im eigenen Namen einen Vertrag über die entgeltliche Überlassung der Münze als „Dauerleihgabe" geschlossen. L ist die Angelegenheit so wichtig, dass er die Münze selbst bei E abholt und ins Museum bringt.

Im Jahr 2014 verkauft L die Münze an den Mäzen N, um einen weiteren Münzkauf finanzieren zu können. Da das kostbare Stück weiter im Museum ausgestellt werden soll, tritt L zwecks Übereignung seinen Herausgabeanspruch gegen das B-Museum gleichzeitig mit der dinglichen Einigung an N ab. 2017 bricht A, Mitglied der wegen ihrer kriminellen Machenschaften berüchtigten Berliner Großfamilie R, in das B-Museum ein und entwendet die Münze mithilfe einer Schubkarre. Wegen der Seltenheit der Münze und des großen medialen Aufsehens, das der Fall erregt, ist die Münze auf dem Kunstmarkt aber so gut wie unverkäuflich. A schmilzt die Münze daher ein und gießt daraus 100 Goldbarren zu je 1 kg. Da er davon ausgeht, zum Besitz der Goldbarren nicht berechtigt zu sein, versteckt er sie in einem geheimen Zwischenstockwerk seiner Villa in Berlin-Neukölln.

Anfang 2019 wird A schließlich enttarnt. 50 Goldbarren hat er noch in seinem Besitz, die übrigen 50 hat er inzwischen an im Einzelnen unbekannte Dritte für einen Erlös von insgesamt 2 Mio. Euro veräußert. Gleichzeitig stellt sich heraus, dass E bereits seit 2011 unerkannt geschäftsunfähig ist. Der nun zu seinem Be-

https://doi.org/10.1515/9783110591798-022

treuer in allen Vermögensangelegenheiten bestellte B verlangt von A die Herausgabe der noch vorhandenen Goldbarren sowie Ersatz für den Verlust der 50 schon veräußerten Goldbarren.

Kann B im Namen des E die noch vorhandenen Goldbarren vindizieren und wegen der Veräußerung der übrigen Goldbarren Zahlung von 2 Mio. Euro verlangen?

Gliederung der Lösung

A Anspruch des E gegen A auf Herausgabe der 50 noch vorhandenen Goldbarren aus § 985
  I Besitz des A
  II Eigentum des E
    1 Übereignung der Münze von E an L gem. § 929 S. 1
    2 Übereignung der Münze von L an N gem. §§ 929 S. 1, 931, 934 Alt. 1
      a) Einigung
      b) Mittelbarer Besitz des L
        aa) Besitzmittlungsverhältnis
        bb) Besitzmittlungswille
        cc) Zwischenergebnis
      c) Abtretung des Herausgabeanspruchs
      d) Guter Glaube des N
      e) Kein Ausschluss des gutgläubigen Erwerbs gem. § 935 I 1
        aa) Abhandenkommen
        bb) Ausnahme des § 935 II
        cc) Zwischenergebnis
      f) Zwischenergebnis
    3 Eigentumserwerb des A an den Goldbarren gem. § 950 I 1
      a) Herstellung einer neuen Sache durch Verarbeitung oder Umbildung eines Stoffes
      b) Ausnahme wegen Zerstörung der Münze?
      c) Verarbeitungswert nicht erheblich geringer als Wert des Ausgangsstoffes
      d) Zwischenergebnis
    4 Zwischenergebnis
  III Kein Besitzrecht des A
  IV Durchsetzbarkeit des Anspruchs
  V Ergebnis
B Anspruch des E gegen A auf Schadensersatz i.H.v. 2 Mio. Euro aus §§ 989, 990 I 1
  I Vindikationslage im Zeitpunkt des schädigenden Ereignisses
  II Bösgläubigkeit des A
  III Untergang, Verschlechterung oder sonstige Unmöglichkeit der Herausgabe
  IV Verschulden
  V Schaden
  VI Ergebnis
C Anspruch des E gegen A auf Zahlung von 2 Mio. Euro gem. § 816 I 1
  I Anwendbarkeit

Lösung

A Anspruch des E gegen A auf Herausgabe der 50 noch vorhandenen Goldbarren aus § 985

B kann namens des E aus § 985 Herausgabe der 50 noch bei A vorhandenen Goldbarren verlangen, wenn E Eigentümer und A unberechtigter Besitzer der Goldbarren ist.

I Besitz des A

A lagert die Goldbarren in seiner Villa und ist somit gem. § 854 I deren unmittelbarer Besitzer.

II Eigentum des E

E müsste Eigentümer der Goldbarren sein. Die Goldbarren wurden aus dem eingeschmolzenen Gold der Münze gegossen. Daher könnte sich das Eigentum an der Münze als Eigentum an den Goldbarren fortsetzen. Ursprünglicher Eigentümer der Münze war E.

1 Übereignung der Münze von E an L gem. § 929 S. 1

E könnte sein Eigentum durch Übereignung an L gem. § 929 S. 1 verloren haben. Hierzu müsste zunächst eine wirksame dingliche Einigung zwischen den Parteien zustande gekommen sein. E war im Zeitpunkt des Erwerbs durch L im Jahr 2012 bereits gem. § 104 Nr. 2 geschäftsunfähig, weshalb seine zur Einigung erforderliche Willenserklärung gem. § 105 I unwirksam ist. Mangels wirksamer Einigung hat E daher sein Eigentum an der Münze nicht gem. § 929 S. 1 an L verloren.

2 Übereignung der Münze von L an N gem. §§ 929 S. 1, 931, 934 Alt. 1

L könnte die Münze gem. §§ 929 S. 1, 931, 934 Alt. 1 an N übereignet haben.

a) Einigung

L und N haben sich laut Sachverhalt über den Eigentumsübergang geeinigt.

b) Mittelbarer Besitz des L

L müsste mittelbarer Besitzer der Münze gewesen sein. Hierzu sind gem. § 868 ein Besitzmittlungsverhältnis zwischen dem unmittelbaren und dem mittelbaren Besitzer sowie der Wille des unmittelbaren Besitzers erforderlich, den Besitz für den mittelbaren Besitzer auszuüben (Besitzmittlungswille).[1]

aa) Besitzmittlungsverhältnis

Ein Besitzmittlungsverhältnis mit dem unmittelbaren Besitzer der Münze, dem B-Museum, könnte sich aus einem Mietvertrag, § 535, ergeben. Hierzu müsste ein wirksamer Mietvertrag zwischen L und dem B-Museum zustande gekommen sein.

Hier hat L beim Abschluss des Mietvertrags eine Willenserklärung für sich selbst als Vermieter sowie als Vertreter des B-Museums für dieses als zukünftigem Mieter abgegeben. Er könnte hierdurch die in § 181 normierten Beschränkungen seiner Vertretungsmacht überschritten haben. Es handelt sich bei dem Abschluss des Mietvertrags um ein Rechtsgeschäft, das L im Namen des Vertretenen, hier des B-Museums, mit sich im eigenen Namen abgeschlossen hat, und somit um ein Insichgeschäft i.S.d. § 181. Der Abschluss des Mietvertrags bringt für das B-Mu-

---

[1] *Vieweg/Werner*, Sachenrecht, § 2 Rn. 29.

seum eine Entgeltpflicht erst zur Entstehung und stellt damit weder nur die Erfüllung einer bereits bestehenden Verbindlichkeit noch ein rechtlich lediglich vorteilhaftes Rechtsgeschäft[2] dar. Eine Gestattung des Mietvertragsschlusses durch das B-Museum ist ebenfalls nicht ersichtlich. Der Mietvertrag ist damit entsprechend § 177 I i.V.m. § 181 schwebend unwirksam.

Das Bestehen eines wirksamen Vertragsverhältnisses ist indes keine zwingende Voraussetzung für mittelbaren Besitz. Vielmehr begründet auch ein unwirksamer Vertrag mittelbaren Besitz, sofern der mittelbare Besitzer gegenüber dem unmittelbaren Besitzer einen Herausgabeanspruch hat.[3] Hier kommt ein Anspruch des L gegen das B-Museum aus § 812 I 1 Alt. 1 in Betracht. Das B-Museum hat den Besitz an der Münze erlangt, indem L ihr diese zwecks Erfüllung seiner vermeintlichen Besitzverschaffungspflicht aus dem Mietvertrag, § 535 I 1, übergab. Es handelt sich hierbei mithin um eine Leistung i.S.d. § 812 I 1 Alt. 1. Sie erfolgte mangels wirksamen Mietvertrags ohne rechtlichen Grund. Somit hatte L gegen das B-Museum einen Herausgabeanspruch aus § 812 I 1 Alt. 1, der ein Besitzmittlungsverhältnis zwischen L und dem B-Museum begründete.

bb) Besitzmittlungswille

Vom Besitzmittlungswillen des B-Museums kann ausgegangen werden.

cc) Zwischenergebnis

L war somit gem. § 868 mittelbarer Besitzer der Münze.

c) Abtretung des Herausgabeanspruchs

L müsste den Herausgabeanspruch gem. § 398 an N abgetreten haben. Hierzu ist gem. § 398 S. 1 ein Abtretungsvertrag notwendig. Dieser muss inhaltlich hinreichend bestimmt sein, was voraussetzt, dass die abzutretende Forderung zumindest bestimmbar ist.[4] Die unrichtige Bezeichnung bestimmter Merkmale der

---

2 Nach heute allgemeiner Ansicht ist § 181 nur auf rechtlich nachteilige Rechtsgeschäfte anzuwenden, vgl. *Bork*, Allgemeiner Teil, Rn. 1593; *Leipold*, BGB I, § 27 Rn. 9.
3 H.M., siehe etwa BGH, NJW 1955, 499; 1986, 2438 (2439); *Vieweg/Werner*, Sachenrecht, § 2 Rn. 29; anders wohl noch RGZ 86, 262 (265); 98, 131 (134); noch nicht einmal das Bestehen eines Herausgabeanspruchs für erforderlich hält *Wieling*, Sachenrecht, § 6 II 1 b.
4 BGH, NJW 1953, 21; 1974, 1130; 1995, 1668 (1669).

Forderung schadet nicht, solange die Forderung noch identifizierbar ist.[5] Die Identifikation des Rechtsgrundes ist zur wirksamen Abtretung nur dann erforderlich, wenn Verwechslungsgefahr besteht, d.h. wenn Gegenstand und Inhalt der abzutretenden Forderung sowie die Person des Schuldners zur zweifelsfreien Bestimmung der Forderung nicht ausreichen.[6] Hier hat L dem N seinen Anspruch auf Herausgabe der Münze gegen das B-Museum abgetreten. Dass dieser Anspruch sich mangels Wirksamkeit nicht aus dem Mietvertrag, sondern aus § 812 I 1 Alt. 1 ergab, ist für die Wirksamkeit der Abtretung unschädlich. Somit hat L dem N seinen Herausgabeanspruch wirksam abgetreten.

d) Guter Glaube des N

N dürfte die fehlende Berechtigung des L weder gekannt noch grob fahrlässig verkannt haben, §§ 934, 932 II. Hier bestehen keine Anhaltspunkte dafür, dass N in diesem Sinne bösgläubig war.

e) Kein Ausschluss des gutgläubigen Erwerbs gem. § 935 I 1

Der gutgläubige Erwerb dürfte nicht gem. § 935 I 1 ausgeschlossen sein.

aa) Abhandenkommen

Der gutgläubige Erwerb gem. §§ 932 ff. ist grundsätzlich gem. § 935 I 1 ausgeschlossen, wenn die Sache dem unmittelbaren Besitzer abhandengekommen ist. Abhandengekommen ist eine Sache dann, wenn der unmittelbare Besitzer den Besitz ohne oder gegen seinen Willen verloren hat.[7] Hier könnte die Weggabe der Münze durch E an L ein Abhandenkommen darstellen. Denn E war im fraglichen Zeitpunkt geschäftsunfähig. Die Regeln über die Geschäftsfähigkeit sind auf den Realakt der Besitzaufgabe grundsätzlich zwar nicht anwendbar.[8] Regelmäßig verfügt ein Geschäftsunfähiger allerdings nicht über die zur Fassung eines natürlichen Besitzaufgabewillens erforderliche Einsichts- und Urteilsfähigkeit.[9]

---

5 MüKo/*Roth/Kieninger*, § 398 Rn. 67.
6 BeckOGK/*Lieder*, § 398 Rn. 115; MüKo/*Roth/Kieninger*, § 398 Rn. 66.
7 *Vieweg/Werner*, Sachenrecht, § 5 Rn. 36.
8 MüKo/*Oechsler*, § 935 Rn. 7.
9 BeckOGK/*Klinck*, § 935 Rn. 11.

Davon ist auch hier mangels gegenteilig zu deutender Anhaltspunkte im Sachverhalt auszugehen. Die Münze ist E daher abhandengekommen.

bb) Ausnahme des § 935 II

§ 935 I könnte indes unanwendbar sein. Denn gem. § 935 II findet I auf bestimmte Gegenstände keine Anwendung. Bei der Münze könnte es sich um Geld i.S.d. § 935 II handeln. Der Begriff des Geldes umfasst grundsätzlich jedes zum Umlauf im öffentlichen Zahlungsverkehr staatlich bestimmte Zahlungsmittel.[10] Sammlermünzen, denen objektiv keine Funktion als Zahlungsmittel zukommt, sondern die als Anlage- und Sammelobjekte dienen, stellen allerdings kein Geld i.S.d. § 935 II dar.[11] Die Anwendung des § 935 I ist mithin nicht durch § 935 II ausgeschlossen.

cc) Zwischenergebnis

Der gutgläubige Erwerb ist gem. § 935 I ausgeschlossen.

f) Zwischenergebnis

N hat von L nicht gem. §§ 929 S. 1, 931, 934 Alt. 1 Eigentum an der Münze erworben.

3 Eigentumserwerb des A an den Goldbarren gem. § 950 I 1

A könnte aber durch das Einschmelzen der Goldmünze und das Gießen des Goldes zu Goldbarren gem. § 950 I 1 Eigentum an diesen erworben haben. Hierzu müsste er durch Verarbeitung oder Umbildung eines Stoffes eine neue Sache hergestellt haben und die durch die Verarbeitung erzielte Wertsteigerung dürfte nicht erheblich geringer als der Wert des Ausgangsstoffes sein.

a) Herstellung einer neuen Sache durch Verarbeitung oder Umbildung eines Stoffes

Die einzelnen Tatbestandsmerkmale des § 950 I 1 lassen sich nur schwer voneinander abgrenzen. Der Begriff des Stoffes ist in einem weiten Sinne zu verste-

---

10 Palandt/*Herrler*, § 935 Rn. 11.
11 BGH, NJW 2013, 2888 Rn. 5 ff.

hen. Hierunter fällt jede Sache, die sich weiterverarbeiten und umbilden lässt.[12] Die Umbildung, die als Oberbegriff auch die Verarbeitung umfasst,[13] setzt eine willensgesteuerte menschliche Einwirkung auf den Ausgangsstoff voraus.[14] Eine solche ist vorliegend mit dem Einschmelzen der Münze und dem Gießen des Goldes in Barrenform gegeben. Entscheidend ist für den Tatbestand der Verarbeitung aber, dass der Vorgang eine neue Sache hervorbringt. Ob eine neue Sache vorliegt, bestimmt sich maßgeblich nach der Verkehrsanschauung.[15] Hierbei können mehrere Indizien, namentlich eine erhebliche Substanzveränderung, eine neue Bezeichnung des Verarbeitungsprodukts sowie eine gegenüber dem Ausgangsstoff veränderte Funktion herangezogen werden.[16] Diese Indizien sprechen im vorliegenden Fall sämtlich dafür, dass die Goldbarren neue Sachen i.S.d. § 950 I 1 darstellen. Zwar erfüllte auch schon die Goldmünze weniger die Funktion eines Zahlungsmittels als die eines Anlageobjekts; insofern entspricht sie funktional den Goldbarren. Diese können allerdings nicht mehr, wie die Münze zuvor, als Kunstgegenstand und Ausstellungsstück dienen.

b) Ausnahme wegen Zerstörung der Münze?

In Literatur und Rechtsprechung wird teilweise angenommen, durch das Einschmelzen von Metallgegenständen könne keine neue Sache entstehen.[17] Denn hierbei handle es sich um die Zerstörung der Ausgangssache, die nicht als Herstellung einer neuen Sache begriffen werden könne.[18] Folgte man dem, wäre im vorliegenden Fall die Anwendung des § 950 ausgeschlossen.

Nach anderer Ansicht soll auch die Zerstörung einer Sache einen Verarbeitungsvorgang darstellen können, sofern nur ein Verarbeitungsprodukt entsteht, das eine andere Funktion erfüllt als der Ausgangsstoff.[19] Danach kommt eine Entstehung neuer Sachen durch das Herstellen fungibler Goldbarren aus der Münze in Betracht.

---

12 BeckOGK/*Schermaier*, § 950 Rn. 6.
13 *Westermann/Gursky/Eickmann*, Sachenrecht, § 53 Rn. 4.
14 *Wieling*, Sachenrecht, § 11 II 4 a.
15 *Vieweg/Werner*, Sachenrecht, § 6 Rn. 18.
16 NomosKommentar/*Mauch*, § 950 Rn. 1; *Vieweg/Werner*, Sachenrecht, § 6 Rn. 18.
17 OLG Stuttgart, WM 2011, 809, juris-Rn. 19 ff. im Hinblick auf das Einschmelzen von Feinsilber und das anschließende Herstellen von Silberbarren; Palandt/*Herrler*, § 950 Rn. 3; Schulze/*Schulte-Nölke*, § 950 Rn. 4.
18 Schulze/*Schulte-Nölke*, § 950 Rn. 4; vgl. MüKo/*Füller*, § 950 Rn. 9.
19 BeckOGK/*Schermaier*, § 950 Rn. 12.

Eine Zerstörung im Sinne der physischen Vernichtung der Sachsubstanz[20] liegt beim Einschmelzen schon nicht vor. Wollte man schon wesentliche Substanzveränderungen – eine solche stellt das Einschmelzen zweifellos dar – unter den Begriff der Zerstörung fassen und vom Tatbestand der Verarbeitung ausschließen, so stünde dies in erheblichem Widerspruch dazu, dass Substanzveränderungen gemeinhin als Indiz gerade für das Vorhandensein einer neuen Sache angesehen werden und Verarbeitungsvorgänge eben typischerweise mit Substanzveränderungen einhergehen. Der Ansicht, durch Einschmelzen von Metall könne keine neue Sache entstehen, kann allenfalls zugestanden werden, dass das Einschmelzen allein häufig noch nicht den Abschluss des Verarbeitungsvorgangs bilden wird. Dass die Herstellung einer neuen Sache mit dem Einschmelzen des Metalls als einem Zwischenschritt ausgeschlossen sei, vermag aber nicht zu überzeugen. Die Goldbarren stellen daher neue Sachen i.S.d. § 950 I 1 dar.

c) Verarbeitungswert nicht erheblich geringer als Wert des Ausgangsstoffes

Der Wert der Verarbeitung dürfte gem. § 950 I 1 Hs. 2 auch nicht erheblich geringer sein als der Wert des Ausgangsstoffes. Der Wert der Verarbeitung ergibt sich aus der Differenz des Wertes der neu hergestellten Sache abzüglich des Wertes des Ausgangsstoffes,[21] wobei die jeweiligen Verkehrswerte maßgeblich sind.[22] Der Verkehrswert der Goldbarren bemisst sich nach dem Materialwert und beträgt daher hier 4 Mio. Euro.

Schwieriger festzustellen ist indes der Wert des Ausgangsstoffes. Insbesondere ist umstritten, worin bei einem Verarbeitungsvorgang mit mehreren Zwischenschritten wie dem hier vorliegenden der Ausgangsstoff zu sehen ist.

Einerseits wird vertreten, dass als Ausgangswert der Wert des Rohmaterials anzusetzen sei, wenn, wie hier, die ursprüngliche Sache in den Zustand eines verarbeitungsfähigen Rohmaterials zurückversetzt werde.[23] Demnach wäre hier der Wert des eingeschmolzenen Goldes anzusetzen. Auch in eingeschmolzenem Zustand behält Gold indes seinen Materialwert. Nach dieser Auffassung betrüge der Wert des Ausgangsstoffes mithin 4 Mio. Euro. Der Wert der Verarbeitung be-

---

20 So die gängige Definition der Zerstörung i.S.d. § 93, vgl. nur BeckOGK/*Mössner*, § 93 Rn. 22; Staudinger/*Stieper*, § 93 Rn. 16.
21 RGZ 144, 236 (240); BGHZ 18, 226 (228); 56, 88 (90 f.).
22 Soergel/*Henssler*, § 950 Rn. 10.
23 *Wieling*, Sachenrecht, § 11 II 4 c.

trüge demnach mangels durch das Gießen zu Goldbarren erzielten Wertzuwachses null.

Die Gegenansicht sieht den Wert des Ausgangsstoffes im Wert der ursprünglichen Sache in dem Zustand, in der der Verarbeiter sie vorfindet,[24] zumindest dann, wenn es sich bei der Umformung zunächst zum Rohmaterial und anschließend in eine neue Sache um einen einheitlichen Arbeitsvorgang handelt.[25] Danach wäre hier der Wert der Münze maßgeblich. Diese hat laut Sachverhalt einen Verkehrswert von 4 Mio. Euro. A kann die Münze allerdings wegen ihrer Seltenheit und der durch den Diebstahl verursachten Aufmerksamkeit nicht absetzen. Man könnte daher davon ausgehen, dass ihr Verkehrswert mangels realistischer Veräußerungsmöglichkeiten bei null anzusetzen sei.

Abgesehen davon, dass A auch bei fehlender Möglichkeit zur Veräußerung der Münze die – anschließend auch genutzte – Möglichkeit zur Umformung und Veräußerung des Goldes zum Materialwert hatte, wäre eine solche Betrachtung aber auch vor dem Hintergrund der Zweckrichtung des § 950 I 1 nicht gerechtfertigt. Die Vorschrift dient dem Ausgleich zwischen dem Interesse des Stoffeigentümers am Erhalt der Rechte an seiner Sache und dem Interesse des Verarbeiters an der Rentabilität seiner wertsteigernden Verarbeitungsmaßnahmen. Ausdruck des vom Gesetzgeber gefundenen Interessenausgleichs ist gerade die in § 950 I 1 normierte Abhängigkeit des Eigentumserwerbs des Verarbeiters von der Erzielung einer bestimmten Wertsteigerung.[26] Dieser Zweckrichtung der Vorschrift würde man nicht gerecht, wenn man nicht den Wert des Ausgangsstoffes in der Hand des Stoffeigentümers, sondern in der des Verarbeiters betrachtete. Insofern wäre, sofern man den Wert der Münze für maßgeblich hält, zu dessen Bestimmung der Materialwert i.H.v. 4 Mio. Euro anzusetzen.

Einer Streitentscheidung bedarf es nicht. Der Verkehrswert des Ausgangsstoffes beträgt nach beiden Ansichten 4 Mio. Euro. Die Goldbarren sind ebenfalls 4 Mio. Euro wert, sodass der Wert der Verarbeitung null beträgt und mithin erheblich geringer ist als der Wert des Ausgangsstoffes.

24 BeckOK/*Kindl*, § 950 Rn. 7; *Baur/Stürner*, Sachenrecht, § 53 Rn. 19; Staudinger/*Wiegand*, § 950 Rn. 12; *Westermann/Eickmann/Gursky*, Sachenrecht, § 53 Rn. 8.
25 Staudinger/*Wiegand*, § 950 Rn. 12; BeckOK/*Kindl*, § 950 Rn. 7.
26 Vgl. Prot. III S. 240 f.; MüKo/*Füller*, § 950 Rn. 11.

d) Zwischenergebnis

A ist nicht gem. § 950 I 1 Eigentümer der Goldbarren geworden. Vielmehr setzt sich das Eigentum des E an der Goldmünze auch an den aus ihr hergestellten Goldbarren fort.

4 Zwischenergebnis

E ist nach wie vor Eigentümer der Goldbarren.

III Kein Besitzrecht des A

A ist gegenüber E zum Besitz der Goldbarren nicht gem. § 986 I 1 berechtigt.

IV Durchsetzbarkeit des Anspruchs

Der Anspruch ist durchsetzbar; insbesondere handelt es sich beim Einschmelzen der Münze zu Goldbarren nicht um eine ein Zurückbehaltungsrecht gem. §§ 1000 S. 1, 994, 996 begründende Verwendung.

V Ergebnis

E hat gegen A einen Anspruch auf Herausgabe der 50 noch bei A vorhandenen Goldbarren aus § 985.

B Anspruch des E gegen A auf Schadensersatz i.H.v. 2 Mio. Euro aus §§ 989, 990 I 1

B kann namens des E einen Schadensersatzanspruch aus §§ 989, 990 I 1 gegen A i.H.v. 2 Mio. Euro geltend machen, wenn E dieser Anspruch zusteht.

I Vindikationslage im Zeitpunkt des schädigenden Ereignisses

Zunächst müsste im Zeitpunkt des schädigenden Ereignisses, hier der Veräußerung der Goldbarren, eine Vindikationslage bestanden haben. E war Eigentümer aller 100 Goldbarren und A war deren Besitzer ohne Recht zum Besitz, s.o. Eine Vindikationslage war somit gegeben.

II Bösgläubigkeit des A

§ 989 setzt voraus, dass der Herausgabeanspruch im Zeitpunkt des schadensbegründenden Ereignisses bereits rechtshängig ist. Unabhängig von der Rechtshängigkeit des Herausgabeanspruchs haftet der Besitzer gem. § 990 I 1, wenn er
bei Besitzerwerb nicht in gutem Glauben war. Vorliegend hat A den Besitz an der
Münze erlangt, indem er sie aus dem B-Museum entwendete. Er hatte zu diesem
Zeitpunkt positive Kenntnis bzgl. seiner fehlenden Besitzberechtigung. Auch nach
der Herstellung der Goldbarren ging A laut Sachverhalt davon aus, zu deren Besitz
nicht berechtigt zu sein.[27] A haftet somit gem. § 990 I 1.

III Untergang, Verschlechterung oder sonstige Unmöglichkeit der Herausgabe

Gem. § 989 ist der Schaden zu ersetzen, der durch den Untergang oder die Verschlechterung der Sache oder dadurch entsteht, dass die Sache aus sonstigen
Gründen nicht an den Eigentümer herausgegeben werden kann. Im vorliegenden
Fall kann A die Goldbarren infolge der Besitzüberlassung an im Einzelnen unbekannte Dritte nicht herausgeben.[28]

IV Verschulden

A müsste die Unmöglichkeit der Herausgabe verschuldet haben. Es handelt sich
hierbei um ein echtes Verschulden, das vorliegt, wenn der Besitzer nicht die zur
Bewahrung der Sache vor Schaden erforderliche Sorgfalt eines ordentlichen und
verständigen Menschen angewendet hat.[29] Die durch freiwillige Veräußerung der
Sache an Dritte verursachte Unmöglichkeit der Herausgabe begründet stets Verschulden.[30] Hier hat A die Goldbarren vorsätzlich veräußert. Er hat mithin die
Unmöglichkeit der Herausgabe verschuldet.

---

27 Es kommt hier daher nicht auf die umstrittene Frage, ob der nachträgliche Eintritt der Gutgläubigkeit (*bona fides superveniens*) die Haftung gem. § 990 I 1 entfallen lässt, an; vgl. hierzu
BeckOK/*Fritzsche*, § 990 Rn. 23; MüKo/*Raff*, § 990 Rn. 17.
28 Der Besitzverlust genügt zur Tatbestandsverwirklichung; es bedarf keiner Unmöglichkeit
i.S.d. Leistungsstörungsrechts, vgl. Staudinger/*Gursky*, § 989 Rn. 10.
29 *Vieweg/Werner*, Sachenrecht, § 8 Rn. 22.
30 Staudinger/*Gursky*, § 989 Rn. 18; einschränkend MüKo/*Raff*, § 989 Rn. 11; Soergel/*Stadler*,
§ 989 Rn. 12.

V Schaden

Der durch die Unmöglichkeit der Herausgabe verursachte Schaden besteht im Verkehrswert der veräußerten Goldbarren i.H.v. 2 Mio. Euro.

VI Ergebnis

E hat gegen A einen Anspruch auf Zahlung von Schadensersatz i.H.v. 2 Mio. Euro aus §§ 989, 990 I 1, den B namens des E gegenüber A geltend machen kann.

C Anspruch des E gegen A auf Zahlung von 2 Mio. Euro gem. § 816 I 1

E könnte gegen A einen Anspruch auf Zahlung von 2 Mio. Euro gem. § 816 I 1 haben.

I Anwendbarkeit

Hierzu müsste § 816 I 1 zunächst anwendbar sein. Die §§ 987 ff. stellen hinsichtlich der Schadensersatz-, Nutzungsersatz- und Verwendungsersatzansprüche zwischen Eigentümer und unberechtigtem Besitzer grundsätzlich eine abschließende Sonderregelung dar.[31] § 816 I 1 regelt allerdings keinen Nutzungs- oder Schadensersatz, sondern die Herausgabe des Erlöses aus der wirksamen Verfügung durch den Nichtberechtigten. Die Ausschlusswirkung des § 993 I Hs. 2 beansprucht daher von vornherein keine Geltung.[32] § 816 I 1 ist somit anwendbar.

II Verfügung eines Nichtberechtigten

A müsste als Nichtberechtigter über die Goldbarren verfügt haben. Hier hat A die Goldbarren an Dritte veräußert. Darin liegen jeweils Verfügungen eines Nichtberechtigten. Hieran ändert sich auch nichts, soweit B die Veräußerungen möglicherweise nachträglich gem. §§ 185 II 1, 164 I 1 genehmigt hat (hierzu sogleich III).[33]

---

31 *Vieweg/Werner*, Sachenrecht, § 8 Rn. 49.
32 *Baur/Stürner*, Sachenrecht, § 11 Rn. 36.
33 Vgl. BeckOK/*Wendehorst*, § 816 Rn. 14; Staudinger/*S. Lorenz*, § 816 Rn. 9.

III Wirksamkeit gegenüber E

Die Veräußerungen der Goldbarren müssten E gegenüber jeweils wirksam sein. Im vorliegenden Fall könnte A die Goldbarren jeweils wirksam gem. §§ 929 S. 1, 932 I 1 an die Erwerber übereignet haben. Von Einigung, Übergabe und gutem Glauben der jeweiligen Erwerber kann ausgegangen werden. Allerdings steht § 935 I einem gutgläubigen Erwerb weiterhin entgegen. Die Übereignungen könnten aber durch Genehmigung des B gem. §§ 185 II 1, 164 I 1 wirksam geworden sein. Ausdrücklich hat B die Übereignungen zwar nicht genehmigt. In der Geltendmachung des Anspruchs auf Zahlung i.H.v. 2 Mio. Euro könnte allerdings eine konkludente Genehmigung liegen. Die Geltendmachung eines Anspruchs auf Erlösherausgabe kann grundsätzlich als Genehmigung der Verfügung ausgelegt werden,[34] zumindest dann, wenn der Genehmigende die Unwirksamkeit gekannt hat oder wenigstens mit ihr gerechnet hat[35] oder wenn der Vindikationsanspruch gegen den Dritten offensichtlich uninteressant ist.[36] Hier kann man davon ausgehen, dass B, auf dessen Kenntnis es gem. § 166 I ankommt, mit der Möglichkeit der Unwirksamkeit der Übereignungen der Goldbarren durch A an Dritte gerechnet hat. Zumindest ist der Vindikationsanspruch gegenüber den im Einzelnen unbekannten Dritten wirtschaftlich wertlos und damit aus Sicht des E völlig uninteressant. Indem er den Erlös i.H.v. 2 Mio. Euro herausverlangte, hat B die Übereignungen daher konkludent genehmigt. Diese sind demnach gem. §§ 185 II 1, 164 I 1 wirksam geworden.

IV Rechtsfolge

A ist gem. § 816 I 1 zur Herausgabe des durch die Verfügung Erlangten verpflichtet. Hierunter ist das als Gegenleistung für die Verfügung Erbrachte zu verstehen,[37] hier also die jeweiligen Kaufpreiszahlungen i.H.v. insgesamt 2 Mio. Euro. Soweit dies möglich ist, hat A erlangtes Bargeld herauszugeben; im Übrigen hat er den Wert der erhaltenen Kaufpreiszahlungen gem. § 818 II zu ersetzen.

---

34 *Wandt*, Gesetzliche Schuldverhältnisse, § 11 Rn. 30; wohl auch *Baur/Stürner*, Sachenrecht, § 11 Rn. 36; im Einzelnen aber str.; in der Rspr. bisher nur bei Klageerhebung bejaht, siehe etwa RGZ 106, 44 (45); 115, 31 (34); BGH, NJW 1960, 860.
35 St. Rspr. des BGH, s. etwa BGH, NJW 2004, 2736 (2738); 2004, 2745 (2747); Schulze/*Wiese*, § 816 Rn. 7.
36 JurisPK/*Martinek*, § 816 Rn. 19.
37 BGH, NJW 1997, 190 (191); a.A. *Medicus/Petersen*, Bürgerliches Recht, Rn. 723.

V Ergebnis

E hat gegen A einen Anspruch auf Zahlung von 2 Mio. Euro aus § 816 I 1.

D Anspruch des E gegen A auf Schadensersatz i.H.v. 2 Mio. Euro aus § 992 i.V.m. § 823 I

E könnte ein Anspruch auf Schadensersatz i.H.v. 2 Mio. Euro aus § 992 i.V.m. § 823 I gegen A zustehen.

I Vindikationslage im Zeitpunkt des schädigenden Ereignisses

Im Zeitpunkt der Weiterveräußerung der Goldbarren bestand eine Vindikationslage, s. o.

II Besitzerlangung durch Straftat oder verbotene Eigenmacht

A müsste den Besitz gem. § 992 durch eine Straftat oder verbotene Eigenmacht erlangt haben. Hier hat A den Besitz an der Goldmünze durch einen Diebstahl gem. § 242 I StGB, mithin durch eine Straftat, erlangt.

III Voraussetzungen des § 823 I

§ 992 enthält eine Rechtsgrundverweisung auf das Deliktsrecht.[38] Die Voraussetzungen des § 823 I müssten daher vorliegen. Die Verfügung eines Nichtberechtigten stellt dann eine tatbestandliche Eigentumsverletzung dar, wenn sie gegenüber dem Berechtigten wirksam ist.[39] Das gilt auch, wenn die Verfügung erst durch Genehmigung des Berechtigten gem. § 185 II 1 wirksam wird.[40] Hier wurden die Übereignungen der Goldbarren an Dritte jeweils durch Genehmigung des B gem. §§ 185 II 1, 164 I 1 wirksam. Eine Eigentumsverletzung liegt mithin vor. A handelte bei der Veräußerung der Goldbarren rechtswidrig sowie vorsätzlich und somit schuldhaft. Die Voraussetzungen eines Anspruchs gem. § 823 I liegen mithin vor.

---

38 Allgemeine Ansicht, s. nur *Vieweg/Werner*, Sachenrecht, § 8 Rn. 18.
39 MüKo/*Wagner*, § 823 Rn. 222; Staudinger/*Hager*, § 823 Rn. B 65.
40 BGH, DB 1976, 814 f.; NJW 1991, 695 (696); Jauernig/*Teichmann*, § 823 Rn 10; MüKo/*Wagner*, § 823 Rn 222; Staudinger/*Hager*, § 823 Rn. B 65.

IV Ergebnis

E hat gegen A einen Anspruch auf Zahlung von Schadensersatz i.H.v. 2 Mio. Euro aus § 992 i.V.m. § 823 I.

E Anspruch des E gegen A auf Schadensersatz i.H.v. 2 Mio. Euro aus §§ 687 II 1, 678

E könnte gegen A einen Anspruch auf Zahlung von Schadensersatz i.H.v. 2 Mio. Euro aus §§ 687 II 1, 678 haben.

I Voraussetzungen

Hierzu müsste A bei der Veräußerung der Goldbarren ein fremdes Geschäft als sein eigenes geführt haben. Die Veräußerung einer fremden Sache stellt ein objektiv fremdes Geschäft dar.[41] A wollte die Vorteile aus der Veräußerung in Gestalt des Kaufpreises für sich selbst erzielen und handelte daher mit Eigengeschäftsführungswillen. A müsste auch Kenntnis bezüglich seiner fehlenden Berechtigung zur Veräußerung der Goldbarren gehabt haben. Laut Sachverhalt ging A davon aus, dass er zum Besitz der Goldbarren nicht berechtigt sei. Erst recht muss daher davon ausgegangen werden, dass er auch um seine fehlende Berechtigung zur Veräußerung der Goldbarren wusste. Die Voraussetzungen des § 687 II 1 liegen mithin vor.

II Rechtsfolge

Bei § 687 II 1 handelt es sich um eine Rechtsfolgenverweisung auf das Recht der Geschäftsführung ohne Auftrag.[42] Gem. § 678 ist A zum Ersatz des aus der angemaßten Eigengeschäftsführung entstehenden Schadens verpflichtet. Der Schaden ist hier in Höhe des objektiven Verkehrswertes der Goldbarren, d.h. i.H.v. 2 Mio. Euro, anzusetzen.

---

41 RGZ 138, 45 (48 f.); Jauernig/*Mansel*, § 677 Rn. 3.
42 Staudinger/*Bergmann*, § 687 Rn. 42.

III Ergebnis

E hat gegen A einen Anspruch auf Zahlung von Schadensersatz i.H.v. 2 Mio. Euro aus §§ 687 II 1, 678.

F Anspruch des E gegen A auf Zahlung von 2 Mio. Euro aus §§ 687 II 1, 681 S. 2, 667

E könnte gegen A auch einen Anspruch auf Zahlung von 2 Mio. Euro aus §§ 687 II 1, 681 S. 2, 667 haben.

I Voraussetzungen

Die Anspruchsvoraussetzungen liegen vor, s.o. unter E. I.

II Rechtsfolge

Geschuldet ist die Herausgabe des durch die Eigengeschäftsführung Erlangten. Bei der Veräußerung einer fremden Sache ist dies der erzielte Erlös,[43] hier i.H.v. 2 Mio. Euro.

III Ergebnis

E hat gegen A einen Anspruch auf Zahlung von 2 Mio. Euro aus §§ 687 II 1, 681 S. 2, 667.

---

43 Näher BeckOGK/*Hartmann*, § 687 Rn. 83 ff.

Fall 12 Rückerwerb des Nichtberechtigten

Übereignung beweglicher Sachen – Erwerb vom Nichtberechtigten – Rückerwerb des Nichtberechtigten – Verwendungs- und Nutzungsersatz im Eigentümer-Besitzer-Verhältnis

Sachverhalt

E ist Eigentümer eines Jaguar Mark VIII aus dem Jahr 1956 und hat diesen Wagen, der in Deutschland steht, an seinem Zweitwohnsitz in England zugelassen. Als er den Wagen dem L für zwei Wochen leiht, lässt er versehentlich die englischen Fahrzeugpapiere im Handschuhfach liegen. L findet die Papiere und wittert eine Chance, zu Geld zu kommen. Er fälscht die englischen Papiere so, dass er selbst als Eigentümer erscheint, und reicht sie mit einem ebenfalls gefälschten Kaufvertrag und weiteren Unterlagen bei der Kfz-Zulassungsstelle seines deutschen Heimatorts ein, um den Wagen in Deutschland auf sich anzumelden. Die Kfz-Zulassungsstelle bemerkt die Fälschungen nicht, zieht daher (wie von der Fahrzeug-Zulassungsverordnung vorgesehen) die englischen Papiere ein und stellt dem L eine deutsche Zulassungsbescheinigung Teil I („Fahrzeugschein") und Teil II („Fahrzeugbrief") aus.

Auf eine Chiffre-Anzeige des L hin meldet sich Oldtimerliebhaber A. L und A vereinbaren ein abendliches Treffen in einem alten Flugzeughangar auf dem weitläufigen Gelände einer verlassenen Kaserne. A ist von dem Wagen und dem sehr günstigen Preis begeistert. Da L auch tadellose Papiere vorlegen kann, werden sie handelseinig. Wie von L schon vorab verlangt, zahlt A den Kaufpreis in bar und nimmt den Wagen sofort auf seinem Anhänger mit. A ist so glücklich über seinen Kauf, dass er aus den Umständen keinerlei Verdacht schöpft.

A lässt den Wagen auf sich zu und stellt ihn in seine Garage. Einige Monate später zeigen sich Schäden an der Chromumrandung des Kühlergrills, die schnell behoben werden müssen, damit sich kein Rost bildet. Die Reparatur kostet den A 2.000,– Euro.

Kurz darauf benötigt A zur Finanzierung eines weiteren Oldtimerkaufs Geld. Nach dringendem Bitten erhält er von seinem Freund B ein Darlehen. Zur Sicherung des Rückzahlungsanspruchs übereignet A dem B den Jaguar. Da B über keinen geeigneten Stellplatz verfügt, verwahrt A den Wagen vereinbarungsgemäß in seiner Garage für B; A übergibt dem B aber die Zulassungsbescheinigung Teil II. B gerät seinerseits bald in Geldnöte. Er verkauft daher die Darlehensrückzahlungsforderung gegen A an seine Kollegin C, tritt sie ihr ab und übereignet ihr den

https://doi.org/10.1515/9783110591798-023

Wagen unter Abtretung seines Herausgabeanspruchs gegen A und Übergabe der Zulassungsbescheinigung Teil II. Nachdem A das Darlehen getilgt hat, einigt er sich mit C darüber, dass nunmehr wieder er Eigentümer des Wagens sei.

E, der von L vergeblich die Rückgabe des Wagens verlangt hatte, hat inzwischen den Wagen bei A ausfindig gemacht und will ihn vindizieren. A meint, er habe von allem nichts gewusst und auch nichts wissen können, da L perfekte deutsche Papiere vorgelegt habe; im Übrigen habe er den Wagen von der „rechtmäßigen" Eigentümerin C erworben. Zumindest müsse ihm E die 2.000,– Euro für die Reparatur des Kühlergrills ersetzen. E hingegen ist der Auffassung, dass A weder von L noch von C Eigentum erlangt habe. Dass die Reparatur in seinem Interesse gewesen sei, sei unerheblich, da A aus den Umständen des Geschäfts mit L Verdacht hätte schöpfen müssen. Im Übrigen hätte A – was stimmt – mit dem Wagen durch Vermietung Einnahmen von 3.000,– Euro erzielen können, weshalb eine Zurückbehaltung treuwidrig sei.

Bitte prüfen Sie, ob und ggf. gegen Zahlung welchen Betrags (ggf. Hilfsgutachten) E den Wagen bei A vindizieren kann. Fragen des Internationalen Privatrechts sind nicht zu prüfen.

Gliederung der Lösung

bb) Sache im mittelbaren Besitz des B

cc) Gutgläubigkeit des C

dd) Kein Abhandenkommen des Wagens

ee) Teleologische Reduktion des § 934 Alt. 1

c) Zwischenergebnis

5 Rückfall des Eigentums an E infolge des Rückerwerbs durch A

a) Übereignung von C an A gem. § 929 S. 1, S. 2

aa) Einigung

bb) Wagen im Besitz des A

cc) Einigung über Eigenbesitz des A

dd) Zwischenergebnis

b) Rückfall des Eigentums an E

aa) Streitstand

bb) Streitentscheidung

6 Zwischenergebnis

V Recht des A zum Besitz, § 986 I 1

1 Eigenes Recht zum Besitz aus § 1000 S. 1

2 Abgeleitetes Recht zum Besitz

3 Zwischenergebnis

VI Zurückbehaltungsrecht gem. § 1000 S. 1

1 Verwendung

2 Vindikationslage zur Zeit der Reparatur

3 Ersatzfähigkeit der Verwendung

a) Gem. § 994 I 1

aa) Notwendige Verwendung

bb) Vor Eintritt der in § 990 bestimmten Haftung

cc) Zwischenergebnis

b) Gem. §§ 994 II, 683 S. 1, 670

aa) Berechtigte GoA

bb) Voraussetzungen des § 670

cc) Zwischenergebnis

4 Ausschluss des Verwendungsersatzanspruchs analog § 1002

5 Zwischenergebnis

6 Ausschluss des Zurückbehaltungsrechts gem. § 242

a) Nutzungsersatzanspruch gem. §§ 990 I 1, 987

b) Rechtsmissbräuchlichkeit der Geltendmachung des Zurückbehaltungsrechts

c) Zwischenergebnis

VII Zurückbehaltungsrecht gem. § 273 II i.V.m. §§ 683 S. 1, 670

VIII Ergebnis

Lösung

Anspruch des E gegen A auf Herausgabe des Jaguars aus § 985

E könnte gegen A einen Anspruch auf Herausgabe des Jaguars aus § 985 haben. Dazu müsste A Besitzer und E Eigentümer des Wagens sein und A dürfte kein Recht zum Besitz haben.

I Anwendbarkeit

Die Vindikation dürfte nicht wegen einer verdrängenden vertrag(srecht)lichen Regelung ausgeschlossen sein. Da L als Entleiher die Sache dem A, einem Dritten, überlassen hat, könnte dem Verleiher E gegen A der Anspruch aus § 604 IV zustehen. Allerdings geht die ganz h.M. davon aus, dass vertragliche Rückgabeansprüche die Vindikation nicht verdrängen, sondern vertraglicher Anspruch und Vindikation nebeneinanderstehen.[1] Jedenfalls aber fehlt es hier an einem Vertrag gerade zwischen E und A. § 604 IV steht daher der Anwendung einem Anspruch aus § 985 nicht entgegen.[2]

II Sache

Der Jaguar ist ein körperlicher Gegenstand und damit gem. § 90 eine Sache.

III Besitz des A

Der Wagen steht in der Garage des A und befindet sich damit gem. § 854 I in seinem unmittelbaren Besitz.

IV Eigentum des E

E müsste auch Eigentümer des Wagens sein.

---

1 A.A. *Wolff/Raiser*, Sachenrecht, S. 320.
2 MüKo/*Häublein*, § 604 Rn. 7.

1 Ursprüngliche Eigentumslage

Ursprünglich war E Eigentümer des Jaguars.

2 Verlust durch Übereignung von L an A

E hat das Eigentum zunächst ebenso wenig dadurch verloren, dass er den Wagen L überließ, wie durch die Zulassung des Jaguars auf L durch die deutsche Kfz-Zulassungsstelle. Er könnte das Eigentum aber durch eine Übereignung des Wagens seitens L an A verloren haben.

a) Erwerb vom Berechtigten gem. § 929 S. 1

L könnte den Jaguar gem. § 929 S. 1 an A übereignet haben. Hierzu sind zunächst Einigung und Übergabe erforderlich. E und A haben sich bei ihrem abendlichen Treffen auf einen Eigentumserwerb des A geeinigt. Indem A den Wagen auf seinem Anhänger mitnahm, erlangte er auf Veranlassung des L und unter dessen vollständigem Besitzverlust unmittelbaren Besitz am Jaguar, sodass auch eine Übergabe gegeben ist. Allerdings war L nicht Eigentümer des Wagens. Deshalb konnte A nicht von L gem. § 929 S. 1 Eigentum erlangen.

b) Erwerb vom Nichtberechtigten gem. §§ 929 S. 1, 932 I 1

A könnte jedoch gem. §§ 929 S. 1, 932 I 1 von L als Nichtberechtigtem das Eigentum erlangt haben. Der Erwerb vom Nichtberechtigten setzt zunächst voraus, dass bis auf die Berechtigung alle Tatbestandsmerkmale des Erwerbs vom Berechtigten – bei § 932 I 1 Einigung und Übergabe gem. § 929 S. 1 – gegeben waren. Zudem müssten die zusätzlichen Voraussetzungen des Erwerbs vom Nichtberechtigten – hier gem. § 932 I 1 die Gutgläubigkeit des Erwerbers – vorgelegen haben.

aa) Einigung und Übergabe

Wie bereits gesehen, haben L und A sich geeinigt und hat L den Wagen an A übergeben.

bb) Gutgläubigkeit

A müsste gutgläubig i.S.d. § 932 II gewesen sein, d. h. er dürfte weder positive Kenntnis noch grob fahrlässige Unkenntnis von der fehlenden Berechtigung des L gehabt haben.

A wusste nichts vom fehlenden Eigentum des L, hatte er doch aus den außergewöhnlichen Umständen des Fahrzeugkaufs nicht einmal einen Verdacht geschöpft. Positive Kenntnis hatte er daher nicht. Allerdings könnte er die fehlende Eigentümerstellung des E grob fahrlässig verkannt haben. Grob fahrlässig verhält sich, wer die im Verkehr erforderliche Sorgfalt nach den gesamten Umständen in ungewöhnlich hohem Maße verletzt, also dasjenige unbeachtet lässt, was im gegebenen Falle jedem hätte einleuchten müssen.[3]

Zur im Verkehr erforderlichen Sorgfalt gehört es bei einem Gebrauchtwagenkauf, sich von der Ordnungsmäßigkeit der Fahrzeugpapiere zu überzeugen.[4] Dieser Anforderung hat A genügt, indem er sich die – durch die deutsche Kfz-Zulassungsstelle ausgestellten, d. h. echten – Fahrzeugpapiere vorlegen ließ. Allerdings bewirkt die Überprüfung der Fahrzeugpapiere bei Übereinstimmung von ausgewiesenem Halter und Veräußerer nicht stets Gutgläubigkeit.[5] Vielmehr können die Gesamtumstände des Geschäfts besondere Nachforschungsobliegenheiten begründen. Vorliegend bot L den Wagen mittels Chiffre-Anzeige, also anonym, zum Verkauf an; die Übereignung fand abends auf dem weitläufigen Gelände einer verlassenen Kaserne unter Barzahlung eines sehr günstigen Preises und sofortiger Übergabe des Wagens statt. Auch konnte der Veräußerer lediglich ganz neue Fahrzeugpapiere vorlegen; beim Kauf eines raren Oldtimers werden regelmäßig aber Papiere mit übergeben, die die Vorbesitzer ausweisen. Diese Umstände sind so ungewöhnlich, dass sich dem A das fehlende Eigentum des L hätte aufdrängen müssen. A verkannte somit die fehlende Eigentümerstellung des L in grob fahrlässiger Weise und war daher bösgläubig i.S.d. § 932 II.

c) Zwischenergebnis

Mangels Eigentümerstellung des L hat A das Eigentum am Jaguar nicht gem. § 929 S. 1, mangels Gutgläubigkeit auch nicht gem. §§ 929 S. 1, 932 I 1 von L erworben.

---

3 BGH, NJW 1953, 1139.
4 BGH, NJW 2013, 1946 Rn. 13.
5 BeckOK/*Kindl*, § 932 Rn. 17; vgl. auch *Baur/Stürner*, Sachenrecht, § 52 Rn. 26.

3 Verlust durch Übereignung von A an B

E könnte sein Eigentum aber durch einen Eigentumserwerb des B von A verloren haben.

a) Erwerb vom Berechtigten gem. §§ 929 S. 1, 930

A könnte den Wagen als Berechtigter gem. §§ 929 S. 1, 930 an B übereignet haben. Die erforderliche Einigung liegt vor. Die fehlende Übergabe könnte durch die Vereinbarung eines Besitzkonstituts i.S.d. § 930 ersetzt worden sein. Dazu müssten A und B ein Rechtsverhältnis vereinbart haben, das B den mittelbaren Besitz verschaffte. Vorliegend haben A und B einen Verwahrungsvertrag i.S.d. § 688 geschlossen, der B gem. § 695 einen Herausgabeanspruch gegen A verschaffte. A hatte auch den Willen, den Wagen für B zu besitzen, sodass B vermöge des Verwahrungsvertrags mittelbaren Besitz gem. § 868 erlangte. A war aber nicht Eigentümer des Wagens geworden, sodass ein Eigentumserwerb des B vom Berechtigten nach §§ 929 S. 1, 930 ausscheidet.

b) Erwerb vom Nichtberechtigten gem. §§ 929 S. 1, 930, 933

B könnte das Eigentum am Jaguar vom Nichtberechtigten A nach §§ 929 S. 1, 930, 933 erworben haben.

aa) Einigung und Besitzkonstitut

Einigung und Vereinbarung eines Besitzkonstituts liegen wie gesehen vor.

bb) Übergabe

Gem. § 933 tritt der Eigentumserwerb vom Nichtberechtigten erst ein, sobald die Sache dem Erwerber vom Veräußerer übergeben wird. Hierzu ist – wie bei der Übergabe i.S.d. § 929 S. 1 – erforderlich, dass der Erwerber auf Veranlassung des Veräußerers Besitz der Sache erlangt und dass der Veräußerer seinerseits jeglichen Besitz verliert.[6] Zwar hat B mit Abschluss des Verwahrungsvertrags mittel-

---

6 *Baur/Stürner*, Sachenrecht, § 51 Rn. 18.

baren Besitz am Jaguar erlangt. Allerdings ist A weiterhin unmittelbarer Besitzer des Wagens geblieben, sodass eine Übergabe nicht vorliegt.[7]

c) Zwischenergebnis

Mangels Eigentümerstellung des A hat B das Eigentum am Jaguar nicht gem. §§ 929 S. 1, 930, mangels Übergabe auch nicht gem. §§ 929 S. 1, 930, 933 von A erworben.

4 Verlust durch Übereignung von B an C

E könnte sein Eigentum am Jaguar dadurch verloren haben, dass B diesen wirksam an C übereignete.

a) Erwerb vom Berechtigten gem. §§ 929 S. 1, 931

In Betracht kommt ein Erwerb vom Berechtigten B gem. §§ 929 S. 1, 931. B und C haben sich über den Eigentumserwerb geeinigt und B hat C seinen Herausgabeanspruch aus § 695 S. 1 gem. § 398 an C abgetreten. Er war allerdings nicht Eigentümer des Wagens, weshalb kein wirksamer Erwerb gem. §§ 929 S. 1, 931 stattgefunden hat.

b) Erwerb vom Nichtberechtigten gem. §§ 929 S. 1, 931, 934 Alt. 1

C könnte das Eigentum an dem Jaguar aber gem. §§ 929 S. 1, 931, 934 Alt. 1 erworben haben.

aa) Einigung und Abtretung des Herausgabeanspruchs

Dingliche Einigung und Abtretung des Herausgabeanspruchs liegen vor.

---

7 Die Übergabe der Zulassungsbescheinigung Teil II ist unerheblich. Die Zulassungsbescheinigung ist kein Traditionspapier.

bb) Sache im mittelbaren Besitz des B

Für einen redlichen Erwerb gem. § 934 Alt. 1 müsste Veräußerer B mittelbarer Besitzer des Wagens gewesen sein. B war aufgrund des mit A geschlossenen Verwahrungsvertrags gem. § 868 mittelbarer Besitzer des Jaguars.

cc) Gutgläubigkeit des C

C dürfte gem. § 934 Alt. 1 zur Zeit der Abtretung nicht bösgläubig i.S.d. § 932 II gewesen sein. Positive Kenntnis von der fehlenden Berechtigung des B hatte C nicht. Allerdings war in der Zulassungsbescheinigung Teil II nicht B, sondern A als Halter ausgewiesen. Dies könnte eine Sorgfaltswidrigkeit besonderen Ausmaßes darstellen, die eine grob fahrlässige Unkenntnis begründet. Bei einer Sicherungsübereignung findet aber regelmäßig keine Umschreibung der Fahrzeugpapiere statt; üblich ist vielmehr die Übergabe nur der Zulassungsbescheinigung Teil II an den Sicherungseigentümer.[8] Da C wusste, dass der Wagen B von A zur Sicherheit übereignet worden war, ergibt sich daraus, dass im Fahrzeugbrief A als Eigentümer eingetragen war, kein Sorgfaltspflichtverstoß. Mithin war C nicht bösgläubig i.S.d. § 932 II.

dd) Kein Abhandenkommen des Wagens

Der gutgläubige Erwerb gem. §§ 929 S. 1, 931, 934 Alt. 1 könnte gem. § 935 I 1 ausgeschlossen sein. Hierzu müsste der Wagen dem E im Vorfeld des Übereignungsvorgangs zwischen B und C abhandengekommen sein. Abhandenkommen ist der unfreiwillige Verlust des unmittelbaren Besitzes.[9] E hat den unmittelbaren Besitz an seinem Jaguar jedoch dadurch verloren, dass er dem L den Wagen willentlich überließ. L wiederum hat den Jaguar dem A im Zuge der (unwirksamen) Übereignung an diesen freiwillig übergeben, sodass auch der Ausschlusstatbestand des § 935 I 2 nicht erfüllt ist. Der gutgläubige Erwerb ist somit nicht gem. § 935 I ausgeschlossen.

---

8 MüKo/*Oechsler*, § 932 Rn. 53.
9 *Baur/Stürner*, Sachenrecht, § 52 Rn. 37.

ee) Teleologische Reduktion des § 934 Alt. 1

Die bisherige Prüfung führt zu dem Ergebnis, dass C gem. § 934 Alt. 1 gutgläubig Eigentum erwirbt, ohne dass dies äußerlich durch einen Übergang des unmittelbaren Besitzes ersichtlich wäre. Insofern weicht die Vorschrift von § 933 ab, der einen solchen „heimlichen" gutgläubigen Erwerb gerade nicht zulässt. Das nach dem Gesetzeswortlaut gefundene Ergebnis könnte daher wegen mangelnder innerer Konsistenz der gesetzlichen Regeln im Wege einer teleologischen Reduktion zu korrigieren sein. Die Abweichung beruht aber auf einer bewussten Entscheidung des Gesetzgebers.[10] Eine den Erfolg des gutgläubigen Erwerbs rechtfertigende Parallele beider Tatbestände ist darin zu sehen, dass der Veräußerer den Besitz an der Sache vollständig verlieren muss, damit der Erwerber Eigentümer wird.[11] Eine allgemeine Wertung, dass ein „heimlicher", d. h. ohne körperliche Übergabe erfolgender, gutgläubiger Eigentumserwerb nicht möglich sei, lässt sich § 933 nicht entnehmen. Das Ergebnis der bisherigen Prüfung, d. h. der gutgläubige Eigentumserwerb durch C, bedarf daher keiner Korrektur.

c) Zwischenergebnis

B hat den Wagen wirksam gem. §§ 929 S. 1, 931, 934 Alt. 1 an C übereignet. E hat sein Eigentum somit verloren.

5 Rückfall des Eigentums an E infolge des Rückerwerbs durch A

E könnte das Eigentum an dem Jaguar durch die Rückübereignung von C an A aber wiedererlangt haben. Hierzu müsste C den Wagen wirksam an A übereignet haben und dieser Eigentumserwerb müsste als Rückerwerb des Nichtberechtigten den erneuten Eigentumserwerb des zuvor Berechtigten E mit sich bringen.

a) Übereignung von C an A gem. § 929 S. 1, S. 2

C könnte dem A den Wagen gem. § 929 S. 1, S. 2 übereignet haben.

---

10 Ausführlich *Lohsse*, AcP 206 (2006), 527 ff.
11 Str., BGHZ 50, 45 (49 f.); *Baur/Stürner*, Sachenrecht, § 52 Rn. 20.

aa) Einigung

Hierzu müsste zunächst eine dingliche Einigung vorliegen. Laut Sachverhalt haben sich A und C nach Tilgung des Darlehens darüber geeinigt, dass A wieder Eigentümer des Wagens sei.

bb) Wagen im Besitz des A

A war, da der Jaguar nach wie vor in seiner Garage stand, im Zeitpunkt der Einigung dessen unmittelbarer (Fremd-)Besitzer.

cc) Einigung über Eigenbesitz des A

Zum Ersatz des Merkmals der Übergabe wird teilweise zusätzlich zur dinglichen Einigung eine Willensübereinkunft der Parteien darüber verlangt, dass der Veräußerer seinen Eigenbesitzwillen aufgibt und der Erwerber seinerseits Eigenbesitzwillen begründet.[12] Der Gegenansicht zufolge bedarf es zur Übereignung nach § 929 S. 2 außer der Einigung keiner weiteren Voraussetzungen.[13] Eine Übereinkunft über den Eigenbesitzwechsel ist vorliegend jedenfalls konkludent in der dinglichen Einigung enthalten. Einer Streitentscheidung bedarf es deshalb nicht.

dd) Zwischenergebnis

C hat den Wagen gem. § 929 S. 2 an A übereignet.

b) Rückfall des Eigentums an E

Die bisherige Prüfung kommt zum Ergebnis, dass A, der ursprünglich Nichtberechtigter war, zum Eigentümer wurde, indem er dem B und dieser der gutgläubigen C den Wagen übereignete und anschließend selbst Eigentum von der nun berechtigten C erwarb. Dieses Ergebnis könnte im Hinblick auf den Zweck des gutgläubigen Erwerbs korrekturbedürftig sein.

---

12 MüKo/*Oechsler*, § 929 Rn. 81.
13 Dazu jurisPK/*Beckmann*, § 929 Rn. 58.

aa) Streitstand

Vielfach wird vertreten, dass im Falle einer Rückabwicklung des gutgläubigen Erwerbs aus schuldrechtlichen Gründen, etwa aus Leistungsstörungs- oder Bereicherungsrecht oder einem zwischen den Parteien bestehenden Sicherungsverhältnis, der ursprünglich Nichtberechtigte nicht Eigentümer der Sache wird, sondern das Eigentum *ipso iure* auf den ursprünglichen Eigentümer zurück fällt.[14] Der gutgläubige Erwerb diene bei einem in den Verhältnissen angelegten Rückerwerb nicht dem Schutz des Veräußerers und dürfe daher nicht dazu führen, dass dieser im Zuge der Rückabwicklung Eigentümer werde.[15] Dieser Ansicht nach wäre hier infolge der Übereignung des Jaguars von C an A nicht dieser, sondern wieder E Eigentümer des Wagens geworden.

Die Gegenansicht erblickt hierin einen Verstoß gegen das Abstraktionsprinzip und will nur schuldrechtliche Ansprüche, insbesondere solche des Delikts- und Bereicherungsrechts, gewähren.[16] Durch den gutgläubigen Erwerb erlange der Erwerber vollwertiges Eigentum, das er nach den Regeln über den Erwerb vom Berechtigten weiterübertragen könne. Allenfalls ausnahmsweise komme eine Korrektur gem. § 242 in Betracht. Dieser Ansicht zufolge wäre E infolge des Rückerwerbs durch A nicht Eigentümer geworden, sondern A.

bb) Streitentscheidung

Ausgangspunkt der Lösung des Problems muss eine Betrachtung der Interessen der Beteiligten sein. Der Gutglaubenserwerb dient dem Verkehrsschutz. Er lässt das Eigentumsinteresse des Berechtigten zurücktreten, soweit die berechtigten Interessen des Erwerbers dies gebieten.[17] Der Schutz des gutgläubigen Erwerbers gebietet aber nicht, dass dieser seinerseits gerade an den ursprünglich Nichtberechtigten rückübereignen kann. Der Nichtberechtigte wiederum ist allenfalls dann schutzwürdig, wenn er tatsächlich als Teilnehmer am Rechtsverkehr in Erscheinung tritt, d.h. dann, wenn sein Eigentumserwerb nicht mit der ursprünglichen Veräußerung im Zusammenhang steht. Ist die Rückübereignung aber von vornherein, wie im Falle der Sicherungsübereignung, im Ausgangsgeschäft angelegt, so ist er nicht schutzwürdig. In diesem Fall ist es nicht sachgerecht, die Interessen des ursprünglichen Eigentümers zurücktreten zu lassen und ihm das

---

14 *Baur/Stürner*, Sachenrecht, § 52 Rn. 34; *Wellenhofer*, Sachenrecht, § 8 Rn. 37; *Wieling*, Sachenrecht, § 10 V 2; *Hoffmann*, AcP 215 (2015), 794 (809 ff.); BeckOGK/*Klinck*, § 932 Rn. 75.
15 BeckOGK/*Klinck*, § 932 Rn. 75.
16 MüKo/*Oechsler*, § 932 Rn. 25; Staudinger/*Wiegand*, § 932 Rn. 120; *Lüke*, Sachenrecht, Rn. 218.
17 BeckOGK/*Klinck*, § 932 Rn. 75.

Insolvenzrisiko des Nichtberechtigten aufzubürden. Die erste Ansicht ist daher vorzugswürdig. E ist infolge des Rückerwerbs des Nichtberechtigten A *ipso iure* Eigentümer des Jaguars geworden (a.A. vertretbar).

6 Zwischenergebnis

E ist Eigentümer des Wagens.

V Recht des A zum Besitz, § 986 I 1

A dürfte nicht zum Besitz des Jaguars berechtigt sein.

1 Eigenes Recht zum Besitz aus § 1000 S. 1

A könnte wegen der Reparaturen an dem Wagen ein eigenes Recht zu dessen Besitz aus § 1000 S. 1 zustehen. Die wortlautgleichen Rechtsfolgen des § 986 I 1 und des § 1000 S. 1 deuten darauf hin, dass dieser ein Recht zum Besitz gewährt.[18] Richtigerweise gewährt § 1000 S. 1 aber lediglich eine dilatorische Einrede. Ihre Geltendmachung führt zur Verurteilung Zug um Zug, wohingegen eine Vindikationsklage abzuweisen ist, wenn dem Besitzer ein Recht zum Besitz i.S.d. § 986 I 1 zusteht. § 1000 S. 1 gewährt über die Verweigerung der Herausgabe hinaus keine weiteren Rechte.[19] A hat also eigenes Recht zum Besitz.

2 Abgeleitetes Recht zum Besitz

Ein abgeleitetes Recht zum Besitz i.S.d. § 986 I 1 Alt. 2 steht A ebenfalls nicht zu. Es würde den Eigentumserwerb des E *ipso iure* konterkarieren, wenn A aus seinem Sicherungsvertrag mit C ein Besitzrecht zustünde, welches auf dem Eigentum der C beruht. Auch von L kann A kein Besitzrecht ableiten, da jener gegenüber E nicht zur Weitergabe des Wagens berechtigt war.

3 Zwischenergebnis

A hat kein Recht zum Besitz gem. § 986 I 1.

---

18 So im Ergebnis die st. Rspr. des BGH, s. nur BGH, NJW 1995, 2627 (2628).
19 Jauernig/*Berger*, § 986 Rn. 8; MüKo/*Baldus*, § 986 Rn. 45; Staudinger/*Gursky*, § 986 Rn. 28.

VI Zurückbehaltungsrecht gem. § 1000 S. 1

A könnte aber ein Zurückbehaltungsrecht aus § 1000 S. 1 wegen der von ihm an dem Jaguar vorgenommenen Reparaturen haben. Dazu müsste ihm gegen E ein Verwendungsersatzanspruch aus §§ 994 ff. zustehen.

1 Verwendung

Die Reparatur müsste eine Verwendung i.S.d. §§ 994 ff. darstellen. Verwendungen sind freiwillige Vermögensopfer, die der Wiederherstellung, Erhaltung oder Verbesserung der Sache dienen.[20] Vorliegend ließ A den Kühlergrill reparieren, um die Bildung von Rost zu verhindern. Die Reparatur diente mithin zur Erhaltung des Jaguars. Es handelt sich bei der Reparatur somit um eine Verwendung.

2 Vindikationslage zur Zeit der Reparatur

Zum Zeitpunkt der Reparatur müsste eine Vindikationslage vorgelegen haben. Als A die Reparatur des Kühlergrills vornehmen ließ, war E noch Eigentümer des Wagens; A war dessen unberechtigter Besitzer. Eine Vindikationslage lag somit vor.

3 Ersatzfähigkeit der Verwendung

Die Reparatur müsste einen Ersatzanspruch aus §§ 994, 996 begründen.

a) Gem. § 994 I 1

In Betracht kommt zunächst ein Ersatzanspruch gem. § 994 I 1.

aa) Notwendige Verwendung

Hierzu müsste es sich bei der Reparatur um eine notwendige Verwendung handeln. Notwendig ist eine Verwendung, die zur Erhaltung oder ordnungsgemäßen Bewirtschaftung der Sache objektiv erforderlich ist.[21] Vorliegend drohte ohne die

---

20 BGH, NJW 2002, 3478 (3479); *Baur/Stürner*, Sachenrecht, § 11 Rn. 14.
21 *Baur/Stürner*, Sachenrecht, § 11 Rn. 15; Staudinger/*Gursky*, § 994 Rn. 2 m.w.N.

sofortige Reparatur die Bildung von Rost, mit der Gefahr der weiteren Schädigung des Wagens. Die Reparatur war daher zur Erhaltung des Wagens objektiv erforderlich und somit eine notwendige Verwendung.

bb) Vor Eintritt der in § 990 bestimmten Haftung

Nach § 994 I 1 kann der Besitzer, wie sich aus § 994 II ergibt, für eine solche Verwendung aber nur dann Ersatz verlangen, wenn er sie vor Rechtshängigkeit und vor dem Eintritt der in § 990 bestimmten Haftung vorgenommen hat.[22] Der Herausgabeanspruch war zwar vorliegend nicht rechtshängig; A könnte beim Erwerb des Besitzes aber bösgläubig i.S.d. § 990 I 1 gewesen sein. Diesbezüglich ist der Maßstab des § 932 II anwendbar, wobei es auf die Kenntnis oder grob fahrlässige Unkenntnis in Bezug auf das fehlende Besitzrecht ankommt.[23] Vorliegend verkannte A bei Besitzerwerb grob fahrlässig die fehlende Eigentümerstellung des L und mithin auch das Fehlen einer von L abgeleiteten eigenen Besitzberechtigung gegenüber E. Er war damit von Anfang an bösgläubig und hat die Reparatur mithin erst nach dem Eintritt der in § 990 I 1 bestimmten Haftung vorgenommen.

cc) Zwischenergebnis

Ein Verwendungsersatzanspruch nach § 994 I 1 besteht nicht.

b) Gem. §§ 994 II, 683 S. 1, 670

A könnte aber einen Verwendungsersatzanspruch aus §§ 994 II, 683 S. 1, 670 haben. Hierzu müssten die Voraussetzungen eines Aufwendungsersatzanspruchs aus Geschäftsführung ohne Auftrag – mit Ausnahme des Fremdgeschäftsführungswillens[24] – vorliegen.

---

22 *Baur/Stürner*, Sachenrecht, § 11 Rn. 18.
23 S. dazu etwa *Fervers*, AcP 217 (2017), 34 (38 ff.); MüKo/*Raff*, § 990 Rn. 3.
24 S. etwa *Lüke*, Sachenrecht, Rn. 332.

aa) Berechtigte GoA

Die Reparatur müsste gem. § 683 S. 1 dem Interesse und dem wirklichen oder mutmaßlichen Willen des E entsprochen haben. Eine zur Verhinderung weiterer drohender Rostschäden vorgenommene Reparatur entspricht dem objektiven Interesse des E. Mangels entgegenstehender Anhaltspunkte ist sie daher auch vom mutmaßlichen Willen des E gedeckt.[25] Die Voraussetzungen des § 683 S. 1 sind gegeben.

bb) Voraussetzungen des § 670

A durfte die Reparatur, die objektiv zur Erhaltung des Jaguars erforderlich war, auch für erforderlich halten.

cc) Zwischenergebnis

Die Voraussetzungen eines Verwendungsersatzanspruchs gem. §§ 994 II, 683 S. 1, 670 sind gegeben.

4 Ausschluss des Verwendungsersatzanspruchs analog § 1002

Der Verwendungsersatzanspruch des A könnte wegen des zwischenzeitlichen Eigentumserwerbs der C analog § 1002 ausgeschlossen sein. Die Vorschrift dient dem Dispositionsschutz des Eigentümers. Dieser kann sich gem. § 1001 S. 2 durch die Rückgabe der wiedererlangten Sache vor Verwendungsersatzansprüchen schützen. Werden diese erst nachträglich geltend gemacht, so ist dem Eigentümer diese Möglichkeit genommen, wenn er inzwischen im durch die vorbehaltlose Herausgabe begründeten Vertrauen darauf, der Besitzer werde keinen Verwendungsersatz geltend machen, Dispositionen über die Sache getroffen hat.[26] Mit diesem Fall ist die zwischenzeitliche Übereignung an einen Dritten indes nicht vergleichbar, da sich in dieser Situation die Frage nach möglichen Verwendungsersatzansprüchen für den unberechtigten Besitzer überhaupt nicht stellt und dem Eigentümer gegenüber kein Rechtsschein gesetzt wird. Mangels vergleichbarer Interessenlage ist § 1002 daher nicht analog anwendbar.

---

25 Vgl. etwa BGH, NJW-RR 1989, 970.
26 BeckOGK/*Spohnheimer*, § 1002 Rn. 2.

5 Zwischenergebnis

Die Voraussetzungen des Zurückbehaltungsrechts aus § 1000 S. 1 liegen vor.

6 Ausschluss des Zurückbehaltungsrechts gem. § 242

Die Geltendmachung des Zurückbehaltungsrechts könnte aber gem. § 242 ausgeschlossen sein, wenn sie eine unzulässige Rechtsausübung darstellte. Dies ist dann der Fall, wenn dem E gegen A seinerseits ein Nutzungsersatzanspruch entgegensteht, nach Verrechnung der Nutzungs- und Verwendungsersatzansprüche ein Saldo zugunsten des E verbleibt und die Geltendmachung des Zurückbehaltungsrechts in diesem Fall rechtsmissbräuchlich ist.

a) Nutzungsersatzanspruch des E gegen A gem. §§ 990 I 1, 987

In Betracht kommt ein Nutzungsersatzanspruch aus §§ 990 I 1, 987. A war von Anfang an bösgläubig i.S.d. § 990 I 1, sodass alle während seines Besitzes gezogenen Nutzungen in Betracht kommen. A hat aber tatsächlich keine Nutzungen gezogen. Allerdings könnte er dem E den infolge des Unterlassens der Vermietung entgangenen Mietzins i.H.v. 3.000,– Euro gem. §§ 990 I 1, 987 II ersetzen müssen.

Mieteinnahmen sind mittelbare Sachfrüchte i.S.d. § 99 III und somit Nutzungen i.S.d. § 100.[27] A müsste die Vermietung entgegen den Regeln einer ordnungsgemäßen Wirtschaft unterlassen haben. Maßgeblich ist hierbei ein objektiver Maßstab. Regelmäßig ist das Ziehen einer bestimmten Nutzung dann im Rahmen einer ordnungsgemäßen Bewirtschaftung geboten, wenn der Besitz diese Nutzung objektiv ermöglicht.[28] Das Ziehen von mittelbaren Sachfrüchten, etwa durch Vermietung, ist dem Besitzer aber nicht immer zumutbar. Denn der unberechtigte Besitzer kann jederzeit vom Eigentümer auf Herausgabe in Anspruch genommen werden und riskiert dann, vom Mieter seinerseits auf Schadensersatz in Anspruch genommen zu werden.[29] Ein Wagen wird aber – etwa im Vergleich zu Immobilien – in aller Regel für kurze Zeiträume vermietet und ist recht leicht zu ersetzen, sodass das Haftungsrisiko des Besitzers gering ist. Vorliegend war die Vermietung des Wagens daher im Rahmen einer ordnungsgemäßen Wirtschaft geboten.

---

27 MüKo/*Stresemann*, § 99 Rn. 6.
28 Vgl. *Baur/Stürner*, Sachenrecht, § 11 Rn. 13.
29 Staudinger/*Gursky*, § 987 Rn. 39.

A müsste die Vermietung des Wagens schuldhaft unterlassen haben. Die Voraussetzungen des Verschuldens sind hier sehr gering. Es gilt der Maßstab des § 276 I mit der Modifikation, dass die Kenntnis von der durch § 987 II auferlegten Pflicht zum Ziehen der Nutzungen unterstellt wird.[30] Dies führt dazu, dass der Besitzer sich schon dann schuldhaft verhält, wenn er Nutzungen nicht zieht, wenn dies objektiv möglich ist.[31] Diese Voraussetzung ist vorliegend erfüllt. A hat E daher die nicht erzielten Mieteinnahmen i.H.v. 3.000,– Euro nach §§ 990 I 1, 987 II zu ersetzen.

b) Rechtsmissbräuchlichkeit der Geltendmachung des Zurückbehaltungsrechts

Die Geltendmachung des Zurückbehaltungsrechts nach § 1000 S. 1 durch A müsste rechtsmissbräuchlich sein. Dies ist grundsätzlich dann der Fall, wenn ein entgegenstehender Nutzungsersatzanspruch des Eigentümers den Verwendungsersatzanspruch des Besitzers übersteigt.[32] Vorliegend übersteigt der Nutzungsersatzanspruch des E den Verwendungsersatzanspruch des A um 1.000,– Euro. Die Geltendmachung des Zurückbehaltungsrechts stellt daher eine nach § 242 unzulässige Rechtsausübung dar.

c) Zwischenergebnis

A kann dem Herausgabeanspruch des E kein Zurückbehaltungsrecht aus § 1000 S. 1 entgegenhalten.

VII Zurückbehaltungsrecht gem. § 273 II

Der Verwendungsersatzanspruch des A ist nach § 1001 S. 1 noch nicht fällig, weshalb ein Zurückbehaltungsrecht aus § 273 II nicht besteht.

VIII Ergebnis

Der Herausgabeanspruch des E aus § 985 besteht und ist durchsetzbar.

---

30 Staudinger/*Gursky*, § 987 Rn. 34.
31 *Baur/Stürner*, Sachenrecht, § 11 Rn. 13.
32 RG, JW 1928, 2437 (2438); BGH, JR 1952, 472 (473); a.A. MüKo/*Raff*, § 1000 Rn. 4.

Fall 13 Einreden gegen Bürgschaft und Hypothek, Wettlauf der Sicherungsgeber

Bürgschaftsvertrag – Einreden des Eigentümers gegen die Hypothek – Einredefreier Erwerb der Hypothek kraft öffentlichen Glaubens – Wettlauf der Sicherungsgeber

Sachverhalt

K betreibt in Dortmund eine gut gehende Fabrik für Kinderspielzeug; seine Ehefrau F erledigt neben ihrem Hauptberuf als Krankenschwester, aus dem sie ein Monatseinkommen von netto 2.800,– Euro hat, die Buchhaltung und erhält am Jahresende einen vom Geschäftserfolg abhängigen Sonderbonus, der durchaus nicht unerheblich ist. Um lukrative Aufträge nicht ablehnen zu müssen, möchte K für die Fabrik eine zusätzliche Spritzgießmaschine anschaffen. Nach eingehender Besprechung mit der in finanziellen Angelegenheiten gewandteren F entschließt er sich im Juni 2019 zum Kauf einer Maschine des Herstellers V. In der Niederlassung des V wird K von dem Angestellten A beraten. K wählt aufgrund dieser Beratung eine Spritzgießmaschine vom Typ „V-SGM 5000" zum Preis von 150.000,– Euro.

K will den Kaufpreis erst am 15. 11. 2020 bezahlen, aber sofort das Eigentum an der Maschine erhalten. V steht diesem Geschäft zunächst kritisch gegenüber, erklärt sich aber schließlich dazu bereit, falls K ihm anderweitig ausreichend Sicherheit bietet.

Es gelingt dem K, seinen Bruder B und seine Frau F davon zu überzeugen, für dieses Geschäft als Sicherheit einzuspringen: Nachdem K und V Mitte Juni 2019 den Kaufvertrag über die Maschine geschlossen haben, bestellt B dem V eine erstrangige Briefhypothek über 150.000,– Euro an seinem Grundstück zur Sicherung der Kaufpreisforderung des V gegen K und übergibt V den Hypothekenbrief. V vereinbart mit B jedoch, dass er aus der Hypothek nicht vor dem 1. 1. 2021 vorgehen werde; diese Abrede wird von den beiden auf dem Hypothekenbrief vermerkt.

F, die aufgrund ihrer Kenntnis der Finanzdaten vom Geschäftsmodell des K voll überzeugt ist und auf weitere hohe Bonuszahlungen hofft, verbürgt sich schriftlich für die Forderung des V gegen K unter Verzicht auf die Einrede der Vorausklage. Ihr war zwar unwohl bei dem Gedanken, für eine so hohe Summe bürgen zu müssen, aber da sie bisher vom Geschäftserfolg des K profitiert hatte, erklärte sie sich schließlich dazu bereit.

https://doi.org/10.1515/9783110591798-024

Nach Bestellung dieser Sicherheiten übereignet V die Maschine Mitte Juli 2019 an K. V, der dringend Geld braucht, tritt die Kaufpreisforderung gegen Auszahlung von 96 % ihres Nennwerts mit der Hypothek unter notarieller Beurkundung an die Bank H ab und übergibt der H den Hypothekenbrief.

Im September 2019 beschließt K, der F und dem Stress des Fabrikantenlebens zu entfliehen und an einem verborgenen Ort ein neues Leben zu beginnen. K veräußert die Fabrik samt Inventar an einen ahnungslosen Dritten und setzt sich mit seinem gesamten Vermögen in die Südsee ab.

Variante 1

Kurz darauf kommt heraus, dass A den K bei der Beratung arglistig über bestimmte Eigenschaften der Maschine getäuscht hatte, von deren Vorhandensein K dann ausgegangen war. V und die H-Bank hatten von diesem Verhalten des A keinerlei Kenntnis. Die H-Bank will im November 2019 zu ihrem Geld kommen. F und B entgegnen, wegen dieser Täuschung könne die H-Bank doch wohl gar nichts verlangen; B meint überdies, vor dem 1.1.2021 könne die H-Bank gar nichts fordern.

Welche Ansprüche hat die H-Bank gegen F und B?

Variante 2

Die Beratung des K durch A war tadellos; V hatte mit B keinerlei Absprachen über die Geltendmachung der Hypothek getroffen. Nachdem K spurlos verschwunden ist, zahlt F, die mittlerweile durch eine Erbschaft zu Geld gekommen ist, im November 2019 die 150.000,– Euro an die H-Bank.

F will wissen, ob sie Ansprüche gegen B hat.

Gliederung der Lösung

Variante 1
A Anspruch der H-Bank gegen F auf Zahlung von 150.000,– Euro aus dem Bürgschaftsvertrag, § 765 I
  I   Anspruch der H-Bank aus eigenem Recht
  II Anspruch aus von V an die H-Bank abgetretenem Recht gem. §§ 765 I, 398, 401 I
    1 Bestehen der Kaufpreisforderung zugunsten des V
    2 Abtretungsvertrag in der vorgeschriebenen Form
    3 Bestehen einer Bürgschaft

4 Mitübergang der Rechte aus der Bürgschaft

5 Zwischenergebnis

III Durchsetzbarkeit des Anspruchs

  1 Einrede der Anfechtbarkeit, § 770 I

    a) Anfechtungsgrund

    b) Anfechtungsfrist

    c) Geltendmachung

  2 Einrede des Rücktrittsrechts analog § 770 I i.V.m. §§ 437 Nr. 2, 323 I, 326 V, 434 I 1

    a) Mangel

    b) Entbehrlichkeit der Fristsetzung

    c) Kein Ausschluss des Rücktritts gem. §§ 438 IV 1, 218 I 2

    d) Geltendmachung

  3 Zwischenergebnis

IV Ergebnis

B Anspruch der H-Bank gegen B auf Duldung der Zwangsvollstreckung gem. § 1147

 I Bestehen einer Hypothek zugunsten der H-Bank

  1 Wirksame Bestellung der Hypothek zugunsten des V

  2 Erwerb der Hypothek gem. §§ 1153 I, 401 I durch H

  3 Zwischenergebnis

 II Durchsetzbarkeit des Anspruchs

  1 Einrede der Anfechtbarkeit gem. §§ 1137 I 1 Alt. 2, 770 I

  2 Einrede des Rücktrittsrechts gem. §§ 1137 I 1 Alt. 2, 770 I analog, 437 Nr. 2, 323 I, 326 V, 434 I 1

  3 Einrede der Stundung der Hypothek

  4 Zwischenergebnis

 III Ergebnis

Variante 2

Anspruch der F gegen B auf Duldung der Zwangsvollstreckung wegen eines Betrags von 150.000,– Euro aus § 1147 i.V.m. §§ 774 I 1, 412, 401 I

 I Befriedigung der Hauptschuld

 II Übergang der Hauptschuld und der Hypothek

 III Korrektur der Rechtsfolge

  1 Streitstand

  2 Streitentscheidung

 IV Ergebnis

Lösung

Variante 1

A Anspruch der H-Bank gegen F auf Zahlung von 150.000,– Euro aus dem Bürgschaftsvertrag, § 765 I

Die H-Bank könnte gegen F einen Anspruch auf Zahlung von 150.000,– Euro aus dem Bürgschaftsvertrag haben, § 765 I.

I Anspruch der H-Bank aus eigenem Recht

Die H-Bank hat selbst mit F keinen Bürgschaftsvertrag geschlossen. Ein Anspruch aus eigenem Recht kommt daher nicht in Betracht.

II Anspruch aus von V an die H-Bank abgetretenem Recht gem. §§ 765 I, 398, 401 I

Die H-Bank könnte allerdings infolge der Abtretung der Kaufpreisforderung durch V gem. §§ 398, 401 I den Bürgschaftsanspruch erworben haben. Hierzu müsste ein Kaufpreisanspruch des V bestehen, durch eine Bürgschaft gesichert sein, der Kaufpreisanspruch von V an die H-Bank abgetreten worden sein und diese Abtretung müsste den Mitübergang des Bürgschaftsanspruchs bewirkt haben.

1 Bestehen der Kaufpreisforderung zugunsten des V

Durch den Abschluss des Kaufvertrags zwischen V und K ist der Kaufpreisanspruch des V gegen K zunächst wirksam begründet worden, § 433 II. Der Anspruch ist auch nicht nach § 142 I untergegangen. Eine Anfechtung der Erklärung des K etwa wegen arglistiger Täuschung nach § 123 I Alt. 1 erscheint zwar möglich, ist aber mangels Anfechtungserklärung nach § 143 I noch nicht erfolgt. Im Zeitpunkt der Abtretung bestand der Kaufpreisanspruch des V daher.

2 Einigung über die Abtretung in der vorgeschriebenen Form

V und die H-Bank müssten einen auf die Abtretung der Kaufpreisforderung gerichteten Vertrag (§ 398)[1] geschlossen haben. Die erforderlichen Willenserklärungen liegen nach dem Sachverhalt vor. Allerdings könnte der Vertrag wegen Nichteinhaltung der erforderlichen Form nach § 125 S. 1 unwirksam sein.

Grundsätzlich ist die Abtretung von Forderungen formlos möglich (vgl. §§ 398 ff.). Die Abtretung hypothekarisch gesicherter Forderungen bedarf allerdings zu ihrer Wirksamkeit nach § 1154 einer besonderen Form. Bei der Briefhypothek muss gem. § 1154 I 1 Hs. 1 grundsätzlich die Erklärung des Abtretenden schriftlich erfolgen und der Hypothekenbrief übergeben werden. Im vorliegenden Fall liegt zwar keine schriftliche Erklärung des V vor. Der Abtretungsvertrag zwischen V und der H-Bank wurde aber notariell beurkundet. Die notarielle Beurkundung ersetzt gem. § 126 IV die Schriftform. V hat der H-Bank auch den Hypothekenbrief übergeben. Der Abtretungsvertrag ist somit nicht gem. § 125 S. 1 unwirksam.

3 Bestehen einer Bürgschaft

V und F müssten einen Bürgschaftsvertrag zur Sicherung der Kaufpreisforderung abgeschlossen haben. Eine dahingehende Einigung von V und F liegt vor.

Der Vertrag dürfte nicht mangels Wahrung der Form des § 766 S. 1 gem. § 125 S. 1 nichtig sein. § 766 S. 1 verlangt für die Erklärung des Bürgen Schriftform. Laut Sachverhalt hat F eine schriftliche Bürgschaftserklärung abgegeben. § 125 S. 1 steht der Wirksamkeit des Bürgschaftsvertrags mithin nicht entgegen.

Die Bürgschaft könnte indes sittenwidrig und daher gem. § 138 I unwirksam sein. Die Bürgschaft eines Angehörigen des Hauptschuldners ist dann sittenwidrig, wenn sie den Bürgen wirtschaftlich krass überfordert und hierdurch die Vermutung begründet wird, dass der Bürge die Mithaftung ohne rationale Bewertung der mit ihr verbundenen wirtschaftlichen Risiken allein aus emotionaler Verbundenheit zum Hauptschuldner übernommen und der Gläubiger dies ausgenutzt hat.[2] Eine krasse wirtschaftliche Überforderung liegt grundsätzlich vor, wenn der Bürge voraussichtlich noch nicht einmal die laufenden Zinsen aus dem

---

1 N.B.: Dieser Vertrag ist ein verfügender („dinglicher") Vertrag. Er ist von dem der Abtretung zugrundeliegenden schuldrechtlichen Rechtsgeschäft – hier ein Forderungskauf, § 453, zu 96% des Nennwerts – zu unterscheiden. Es gelten das Trennungs- und Abstraktionsprinzip.
2 St. Rspr. des BGH, s. nur BGH, NJW 2005, 971 (972); dazu z.B. *Looschelders*, Schuldrecht Besonderer Teil, § 50 Rn. 957 ff.

pfändbaren Teil seines laufenden Einkommens aufbringen kann.[3] Das monatliche Einkommen der F i.H.v. 2.800,– Euro genügt allerdings bei Zugrundelegung marktüblicher Zinsen auf eine Darlehenssumme von 150.000,– Euro jedenfalls, um die Zinsen zu begleichen.[4] Im Übrigen ließe sich die Vermutung der Sittenwidrigkeit vorliegend widerlegen. Denn F hat die Bürgschaft auch deshalb übernommen, weil sie sich hiervon wirtschaftlichen Erfolg des K sowie ihre eigene Beteiligung daran versprach. Sie handelte somit nicht allein aus emotionaler Verbundenheit gegenüber K. Die Bürgschaft ist daher nicht nach § 138 I unwirksam.

Der Bürgschaftsanspruch aus § 765 I bestand damit zugunsten des V.

4 Mitübergang der Rechte aus der Bürgschaft

Gem. § 401 I gingen mit der Abtretung der gesicherten Kaufpreisforderung (s. o. 2.) die Rechte aus der Bürgschaft, damit insbesondere der Anspruch gegen den Bürgen, § 765 I, auf die H-Bank als neue Gläubigerin über.

5 Zwischenergebnis

Die H-Bank hat einen Anspruch gegen F auf Erfüllung der Kaufpreisverbindlichkeit des K i.H.v. 150.000,– Euro aus der Bürgschaft, §§ 765 I, 398, 401 I.

III Durchsetzbarkeit des Anspruchs

F könnten allerdings Einreden gegen den Anspruch zustehen. Solche Einreden könnte sie, auch soweit sie bereits vor der Abtretung des Kaufpreiszahlungsanspruchs an die H-Bank bestanden, gem. §§ 412, 404 auch der H-Bank entgegensetzen.

Einreden des K gegen die Kaufpreisforderung, die F gem. § 768 geltend machen könnte, sind nicht ersichtlich.[5] Von den „eigenen" Einreden der F als Bürgin

---

3 BGH, WM 1999, 1556 (1559); BGHZ 146, 37 (42); BGH, NJW 2002, 2705 (2706); 2005, 973 (975); 2009, 2671 (2672 Rn. 18).
4 Selbst bei einem Zins von 4% könnte F, die K keinen Unterhalt gewährt, mit ihrem Monatseinkommen die monatlichen Zinsen i.H.v. 500,– Euro noch tragen, vgl. § 850c ZPO i.V.m. der Pfändungsgrenzenbekanntmachung 2017, BGBl. I, S. 750.
5 N.B.: K steht insbesondere keine „Einrede der Anfechtbarkeit" zu. Der Anfechtungsberechtigte kann die Anfechtung erklären, aber nicht vor deren Erklärung seine Leistung unter Berufung auf die Anfechtbarkeit zurückhalten.

scheidet die Einrede der Vorausklage (§ 771) aus, da F auf diese gem. § 773 I Nr. 1 – mangels anderslautender Hinweise wirksam – verzichtet hat. In Betracht kommen aber die Einreden der Anfechtbarkeit und des Rücktrittsrechts.

1 Einrede der Anfechtbarkeit, § 770 I

F könnte die Einrede der Anfechtbarkeit gem. § 770 I zustehen. Dies setzt voraus, dass der Hauptschuldner, hier K, die Hauptschuld gem. § 142 I durch Anfechtung beseitigen könnte.

a) Anfechtungsgrund

In Betracht kommt eine Anfechtung wegen arglistiger Täuschung gem. § 123 I Alt. 1. K müsste zur Abgabe der seinerseits zum Kaufvertragsschluss erforderlichen Willenserklärung durch arglistige Täuschung bestimmt worden sein. Im vorliegenden Fall wurde K arglistig über bestimmte Eigenschaften der Druckmaschine getäuscht.[6] Urheber der Täuschung war aber A, nicht V. Die Anfechtung empfangsbedürftiger Willenserklärungen wegen arglistiger Täuschung ist gem. § 123 II 1 eingeschränkt, wenn nicht der Erklärungsempfänger, sondern ein Dritter den Erklärenden getäuscht hat. Der Begriff des Dritten ist jedoch eng auszulegen; nicht erfasst ist jede Person, deren Verhalten dem Erklärungsempfänger wegen besonders enger Beziehungen zwischen beiden oder wegen sonstiger besonderer Umstände billigerweise zugerechnet werden muss,[7] die demnach im Lager des Erklärungsempfängers steht.[8] A ist als Angestellter des V bei der Beratung der Kunden zur Vorbereitung von Kaufverträgen des V tätig und steht damit im Lager des V. Er ist somit kein Dritter i.S.d. § 123 II 1. Die Beschränkungen des § 123 II 1 greifen daher nicht. Der Anfechtungsgrund des § 123 I Alt. 1 ist mithin gegeben.

b) Anfechtungsfrist

Anfechtbar ist die Willenserklärung des Hauptschuldners nur, wenn auch die Anfechtungsfrist für diesen noch nicht abgelaufen ist. Bei arglistiger Täuschung

---

6 Eine Anfechtung wegen Eigenschaftsirrtums (§ 119 II) kommt zwar in Betracht, wird aber nach h.M. dann, wenn sie sich wie hier auf Eigenschaften der Kaufsache bezieht, vom Mängelgewährleistungsrecht verdrängt.
7 BGH, NJW 1989, 2879 (2880); 1996, 1051.
8 *Bork*, Allgemeiner Teil, Rn. 879; *Leipold*, BGB I, § 19 Rn. 11.

beträgt die Anfechtungsfrist gem. § 124 I, II 1 Alt. 1 ein Jahr nach Entdecken der Täuschung. Hier hat K die Täuschung, wenn überhaupt, dann nach dem September 2019 entdeckt. Im November 2019 ist die Jahresfrist daher noch nicht abgelaufen.

c) Geltendmachung

K könnte seine den Kaufvertrag begründende Willenserklärung noch anfechten. F steht somit die Einrede der Anfechtbarkeit gem. § 770 I zu. Indem F äußerte, die H-Bank könne wegen der Täuschung doch wohl gar nichts verlangen, hat sie die Einrede auch geltend gemacht.

2 Einrede des Rücktrittsrechts analog § 770 I i.V.m. §§ 437 Nr. 2, 323 I, 326 V, 434 I 1

F könnte zusätzlich die Einrede des Rücktrittsrechts des Hauptschuldners analog § 770 I zustehen. § 770 I findet analog Anwendung, wenn und solange dem Hauptschuldner ein sonstiges Gestaltungsrecht zusteht, durch dessen Ausübung er den Untergang der Hauptschuld bewirken könnte.[9]

a) Mangel

Die Einrede des Rücktrittsrechts setzt voraus, dass K von dem Kaufvertrag zurücktreten könnte. Im vorliegenden Fall könnte K ein Rücktrittsrecht gem. §§ 437 Nr. 2, 323 I, 326 V, 434 I zustehen. Hierzu müsste die Maschine zunächst einen Sachmangel i.S.d. § 434 aufweisen. Primär maßgeblich für den Mangelbegriff ist die Vereinbarung der Parteien über die Sollbeschaffenheit der Kaufsache, § 434 I 1. Die Beschaffenheitsvereinbarung ist ein Rechtsgeschäft, auf das die §§ 145 ff. Anwendung finden.[10] Im vorliegenden Fall hat V selbst mit K keine Beschaffenheitsvereinbarung getroffen. Allerdings könnten ihm die Aussagen des A über die angeblichen Eigenschaften der Spritzgießmaschine gem. § 164 I zurechenbar sein. Dazu müsste A eine Willenserklärung im Namen des V und im Rahmen seiner Vertretungsmacht abgegeben haben. Die Beschreibung bestimmter Eigenschaften des Kaufgegenstandes im Rahmen einer Kaufberatung ist als Angebot auf Ab-

---

9 *Oetker/Maultzsch*, Vertragliche Schuldverhältnisse, § 13 Rn. 78; vgl. Staudinger/*Horn*, § 770 Rn. 20.
10 NomosKommentar/*Büdenbender*, § 434 Rn. 17.

schluss einer Beschaffenheitsvereinbarung i.S.d. § 434 I 1 auszulegen, §§ 133, 157. Dass A namens des V handelte, ergab sich, da er den K in der Niederlassung des V beriet, aus den Umständen, § 164 I 2. A wurde von V zur Beratung der Kunden in seiner Niederlassung eingesetzt und war demnach zu verbindlichen Aussagen über die Eigenschaften der Kaufgegenstände befugt (vgl. auch § 56 HGB); er handelte also mit Vertretungsmacht. Die Aussagen des A zu der von K schließlich gekauften Spritzgießmaschine sind V daher gem. § 164 I zurechenbar. Sie sind mithin Teil der zwischen V und K bestehenden Beschaffenheitsvereinbarung i.S.d. § 434 I 1 geworden. Da die Druckmaschine die beschriebenen Eigenschaften nicht aufweist, ist sie gem. § 434 I 1 mangelhaft.

b) Entbehrlichkeit der Fristsetzung

Das Rücktrittsrecht müsste auch bereits ausübbar sein. Ein Rücktritt ist grundsätzlich erst nach Fristsetzung möglich, soweit diese nicht entbehrlich ist, § 323 I. Ist die Pflicht zur Erbringung der mangelfreien Leistung nach § 275 ausgeschlossen, so bedarf es gem. § 326 V keiner Fristsetzung. Die Lieferung einer Druckmaschine des Typs „V-SGM 5000" mit den von A beschriebenen Eigenschaften ist objektiv unmöglich, sodass die Leistungspflicht des V nach § 433 I 1 gem. § 275 I Alt. 2 ausgeschlossen ist. Eine Fristsetzung ist damit gem. § 326 V entbehrlich.

c) Kein Ausschluss des Rücktritts gem. §§ 438 IV 1, 218 I 2

Schließlich müsste die Ausübung des Rücktrittsrechts auch noch möglich sein. Das Erlöschen des Rücktrittsrechts bestimmt sich nach §§ 438 IV 1, 218 I. Wenn der Leistungsanspruch gem. § 275 I ausgeschlossen ist, erlischt das Rücktrittsrecht gem. §§ 438 IV 1, 218 I 2 dann, wenn der Primärleistungsanspruch, sein Fortbestehen vorausgesetzt, verjährt wäre. Vorliegend ist der Anspruch auf Übergabe und Übereignung der Kaufsache erst im Juni 2019 entstanden. Dieser Anspruch verjährt gem. §§ 195, 199 I in drei Jahren ab dem Schluss des Jahres, in dem der Vertrag geschlossen wurde, also in drei Jahren ab Ende 2019. Er wäre somit im November 2019 noch nicht verjährt. Mithin könnte K sein Rücktrittsrecht noch wirksam ausüben.

d) Geltendmachung

F kann dem Bürgschaftsanspruch der H-Bank mithin analog § 770 I auch die Einrede des Rücktrittsrechts des K entgegensetzen. Indem F äußerte, die H-Bank könne wegen der Täuschung doch wohl gar nichts verlangen, hat sie die Einrede auch geltend gemacht.

3 Zwischenergebnis

F stehen gegen den Anspruch der H-Bank aus der Bürgschaft, §§ 765 I, 398, 401 I, die Einreden der Anfechtbarkeit gem. § 770 I und des Rücktrittsrechts analog § 770 I zu.

IV Ergebnis

Die H-Bank hat gegen F einen Anspruch auf Zahlung von 150.000,– Euro aus der Bürgschaft, §§ 765 I, 398, 401 I, der aber bis zum Ablauf der Anfechtungs- bzw. Rücktrittsfrist einredebehaftet und damit derzeit nicht durchsetzbar ist.

B Anspruch der H-Bank gegen B auf Duldung der Zwangsvollstreckung aus § 1147

Die H-Bank könnte gegen B einen Anspruch auf Duldung der Zwangsvollstreckung aus § 1147 haben.

I Bestehen einer Hypothek zugunsten der H-Bank

Hierzu müsste die H-Bank Gläubigerin einer das Grundstück des B belastenden Hypothek sein. B hat unmittelbar zugunsten der H-Bank keine Hypothek bestellt. Die H-Bank könnte die Hypothek aber von V erworben haben.

1 Wirksame Bestellung der Hypothek zugunsten des V

Zunächst müsste B zugunsten des V eine Hypothek bestellt haben. In Betracht kommt hier die Bestellung einer Briefhypothek gem. §§ 1113 I, 873 I, 1117 I. Hierzu sind eine zu sichernde Forderung, die Einigung über die Bestellung der Hypothek sowie ihre Eintragung und schließlich die Übergabe des Hypothekenbriefes erforderlich. Die zu sichernde Forderung in Gestalt des Kaufpreiszahlungsanspruchs des V gegen K aus dem Kaufvertrag, § 433 II, bestand. Von der wirksamen Einigung und der Eintragung der Hypothek ist auszugehen. B hat V den Hypothekenbrief übergeben.

Die Hypothekenbestellung dürfte nicht wegen Sittenwidrigkeit gem. § 138 I unwirksam sein. Die Bestellung von dinglichen Sicherungsrechten durch Angehörige führt jedoch, anders als die Angehörigenbürgschaft, nicht zu einer nur durch die Höhe des gesicherten Anspruchs beschränkten persönlichen Haftung des Sicherungsgebers mit seinem ganzen Vermögen, sondern zu einer auf einen bestimmten Vermögensgegenstand beschränkten Haftung. Dies schließt eine krasse wirtschaftliche Überforderung des sicherungsgebenden Angehörigen von vornherein aus, weshalb die Grundsätze, nach denen die Sittenwidrigkeit einer Angehörigenbürgschaft von der Rechtsprechung beurteilt wird, nicht auf dingliche Sicherungsrechte wie die Hypothek übertragbar sind.[11] Andere Umstände, die eine Sittenwidrigkeit begründen könnten, sind nicht ersichtlich.[12] Die Hypothekenbestellung ist daher nicht gem. § 138 I unwirksam.

B hat wirksam eine Hypothek zugunsten des V bestellt.

2 Erwerb der Hypothek gem. §§ 1153 I, 401 I durch H

Die H-Bank könnte die Hypothek von V erworben haben. Hierzu müsste V die durch die Hypothek gesicherte Kaufpreisforderung wirksam an die H-Bank abgetreten haben. Die Abtretung war im vorliegenden Fall nach §§ 398, 1154 I 1 wirksam (s.o.). Die H-Bank hat die Hypothek somit nach §§ 1153 I, 401 I erworben.

3 Zwischenergebnis

Die H-Bank ist Gläubigerin einer Hypothek, die das Grundstück des B belastet. Ihr steht daher aus § 1147 ein Anspruch auf Duldung der Zwangsvollstreckung gegen B zu.

II Durchsetzbarkeit des Anspruchs

Dem B könnten gegen den Anspruch allerdings Einreden zustehen.

---

11 BGH, NJW 2002, 2633.
12 Auch wenn die mittlerweile gewohnheitsrechtlich verfestigten Regeln über die Angehörigeninterzession bei Realsicherheiten nicht greifen, kann die Sicherheitenbestellung im Einzelfall noch sittenwidrig sein. Dies setzt aber voraus, dass besondere Umstände vorliegen.

1 Einrede der Anfechtbarkeit gem. §§ 1137 I 1 Alt. 2, 770 I

B könnte gem. §§ 1137 I 1 Alt. 2, 770 I die Einrede der Anfechtbarkeit des gesicherten Anspruchs zustehen.

K kann seine auf Abschluss des Kaufvertrags gerichtete Willenserklärung im vorliegenden Fall wegen arglistiger Täuschung nach § 123 I Alt. 1 anfechten und damit die Hauptverbindlichkeit zu Fall bringen (s. o.). Die Einrede könnte ein Bürge nach §§ 412, 404 auch dem neuen Gläubiger entgegenhalten. Gem. § 1137 I 1 Alt. 2 steht die Einrede mithin dem Hypothekenschuldner B grundsätzlich auch nach Abtretung der Hypothek an die H-Bank zu.

Allerdings könnte die Einrede gem. §§ 1138 Alt. 2, 892 I 1 durch einredefreien Erwerb kraft des öffentlichen Glaubens des Grundbuchs untergegangen sein. Hierzu dürfte die Einrede der Anfechtbarkeit trotz Eintragungsfähigkeit nicht im Grundbuch eingetragen gewesen sein und die H-Bank dürfte von der Einrede im Zeitpunkt der Abtretung keine positive Kenntnis gehabt haben. Die dem Eigentümer gem. § 1137 zustehenden Einreden können zu seinem Schutz in das Grundbuch eingetragen werden.[13] Mangels entgegenstehender Hinweise im Sachverhalt ist davon auszugehen, dass die Einrede der Anfechtbarkeit vorliegend nicht ins Grundbuch eingetragen wurde. Die H-Bank hatte vom täuschenden Verhalten ausweislich des Sachverhalts nichts gewusst.[14] Daher hat sie die Hypothek gem. §§ 1138 Alt. 1, 892 I 1 frei von der Einrede der Anfechtbarkeit erworben.

B steht gegen die H-Bank somit nicht die Einrede der Anfechtbarkeit zu.

2 Einrede des Rücktrittsrechts gem. §§ 1137 I 1 Alt. 2, 770 I analog, 437 Nr. 2, 323 I, 326 V, 434 I 1

Auch die Einrede des Rücktrittsrechts ist im vorliegenden Fall gem. §§ 1138 Alt. 2, 892 I 1 durch einredefreien Erwerb der H-Bank kraft des öffentlichen Glaubens des Grundbuchs untergegangen.

3 Einrede der Stundung der Hypothek

B könnte allerdings berechtigt sein, die mit V vereinbarte Stundung der Hypothek bis zum 1.1.2021 einredeweise geltend zu machen.

---

13 MüKo/*Lieder*, § 1138 Rn. 19.
14 Es braucht daher hier nicht auf die Formulierung des § 892 I 1 abgestellt zu werden, nach der die Unkenntnis des Erwerbers vermutet wird.

Hierzu müssten V und B zunächst eine Stundung der Hypothek vereinbart haben. Dies setzt eine vertragliche Einigung darüber voraus, dass die Hypothek innerhalb eines bestimmten Zeitraums nicht geltend gemacht wird.[15] Vorliegend haben B und V vereinbart, dass V aus der Hypothek nicht vor dem 1.1.2021 vorgehen wird. Hierbei handelt es sich um eine Stundungsvereinbarung, die zugunsten des Eigentümers eine Einrede gegen die Hypothek begründet.

Gem. § 1157 S. 1 kann eine Einrede gegen die Hypothek auch einem neuen Hypothekengläubiger entgegengesetzt werden. Dies gilt gem. §§ 1157 S. 2, 892 I 1 allerdings dann nicht, wenn der neue Gläubiger die Hypothek insoweit kraft des öffentlichen Glaubens des Grundbuchs einredefrei erworben hat. Einredefreier Erwerb setzt voraus, dass die grundsätzlich eintragungsfähige Stundung der Hypothek nicht im Grundbuch eingetragen war und der neue Hypothekengläubiger im Zeitpunkt der Abtretung keine Kenntnis vom Bestehen der Einrede hat. Die Eintragungsfähigkeit von Einreden gegen die Hypothek ergibt sich daraus, dass § 1157 S. 2 auch auf §§ 894 ff. verweist, das Grundbuch also bei Nichteintragung einer Einrede gegen die Hypothek falsch ist, sodass ein Berichtigungsanspruch besteht. Im vorliegenden Fall war die Stundung nicht ins Grundbuch eingetragen worden. Im Grundsatz führt dies dazu, dass der öffentliche Glaube des Grundbuchs den guten Glauben des Erwerbers an das Nichtbestehen der Einrede schützt.

Dem öffentlichen Glauben des Grundbuchinhalts könnte indes der Inhalt des Hypothekenbriefs entgegenstehen. Gem. § 1140 S. 1 wird der öffentliche Glaube des Grundbuchs zerstört, soweit sich aus dem Hypothekenbrief die Unrichtigkeit des Grundbuchs ergibt. Hier war die Stundung der Hypothek bis zum 1.1.2021 auf dem Hypothekenbrief vermerkt worden. Mithin kommt ein Untergang der Einrede der Stundung durch einredefreien Erwerb kraft des öffentlichen Glaubens des Grundbuchs gem. §§ 1157 S. 2, 892 I 1 nicht in Betracht.

B steht die Einrede der Stundung zu. Er hat sich hierauf auch berufen, indem er vorbrachte, vor dem 1.1.2021 könne die H-Bank gar nichts fordern.

4 Zwischenergebnis

B kann gegen den Anspruch der H-Bank auf Duldung der Zwangsvollstreckung aus § 1147 die Einrede der Stundung geltend machen. Der Anspruch ist mithin bis zum 1.1.2021 nicht durchsetzbar.

---

15 *Braun/Schultheiß*, JuS 2013, 871 (874); vgl. *Baur/Stürner*, Sachenrecht, § 38 Rn. 67.

III Ergebnis

Der H-Bank steht gegen B ein Anspruch auf Duldung der Zwangsvollstreckung gem. § 1147 zu, der aber bis zum 1.1.2021 einredebehaftet und damit nicht durchsetzbar ist.

Variante 2

Anspruch der F gegen B auf Duldung der Zwangsvollstreckung wegen eines Betrags von 150.000,– Euro aus § 1147 i.V.m. §§ 774 I 1, 412, 401 I

F könnte gegen B einen Anspruch auf Duldung der Zwangsvollstreckung aus § 1147 i.V.m. §§ 774 I 1, 412, 401 I haben.

Hauptschuld, Bürgschaftsvertrag und Hypothek sind wie in Variante 1 wirksam zustande gekommen. Die Zahlung von 150.000,– Euro durch F an die H-Bank müsste gem. § 774 I 1 den Übergang der Kaufpreisforderung und gem. §§ 412, 401 I der akzessorischen Hypothek auf F bewirkt haben.

I Befriedigung der Hauptschuld

F hat durch die Zahlung von 150.000,– Euro an die H-Bank die dieser nach Abtretung durch V zustehende Kaufpreisforderung befriedigt.

II Übergang der Hauptschuld und der Hypothek

Gem. § 774 I 1 geht die durch die Bürgschaft gesicherte Forderung auf den Bürgen über, soweit er den Gläubiger befriedigt. Vorliegend ist F mithin Gläubigerin des Kaufpreiszahlungsanspruchs der H-Bank gegen K geworden. Gem. §§ 412, 401 I gehen bei einem gesetzlichen Forderungsübergang (*cessio legis*) wie bei einer rechtsgeschäftlichen Abtretung die zur Sicherung der Forderung bestehenden Sicherungsrechte mit der Forderung auf den neuen Gläubiger über. Mithin ist F auch Gläubigerin der Hypothek geworden. Damit stünde F an sich ein Anspruch auf Duldung der Zwangsvollstreckung wegen eines Betrags von 150.000,– Euro gegen B zu.

III Korrektur der Rechtsfolge

Diese Rechtsfolge könnte indes der rechtsfortbildenden Korrektur bedürfen. Denn bei strikter Anwendung der gesetzlichen Regeln hat beim Zusammentreffen der akzessorischen Kreditsicherheiten Bürgschaft und Hypothek derjenige Sicherungsgeber die volle Regressmöglichkeit, der als erster den Gläubiger befriedigt. Dies ergibt sich aus der vollumfänglichen *cessio legis*, die für die Bürgschaft aus § 774 I 1, für die Hypothek aus § 1143 I 1 folgt, jeweils i.V.m. §§ 412, 401 I, die den Mitübergang der anderen Sicherheit anordnen. Wer als erster den Gläubiger befriedigt, ist aber kein Kriterium, das für die Regressmöglichkeit ausschlaggebend sein sollte, und zudem normalerweise eine Frage des Zufalls; unter informierten Sicherungsgebern könnte es gar zu einem merkwürdigen „Wettlauf" kommen.[16]

1 Streitstand

Zur Korrektur des „Wettlaufs der Sicherungsgeber" wurden verschiedene Ansätze entwickelt.

Zum einen wird vorgeschlagen, den „Wettlauf" durch die einseitige Privilegierung des Bürgen zu verhindern.[17] Der Bürge habe, da er – anders als ein Hypothekenschuldner – mit seinem gesamten gegenwärtigen und künftigen Vermögen hafte, einen besonderen Schutz verdient.[18] Dieser Schutz sei auch im Gesetz angelegt. So werde der Bürge gem. § 776 im Falle der Aufgabe einer Sicherheit durch den Gläubiger in der Höhe frei, in welcher die Geltendmachung der Sicherheit zur Befriedigung des Gläubigers geführt hätte. Hieraus könne man entnehmen, dass der Bürge nach der Wertung des Gesetzgebers im Verhältnis zu anderen Sicherungsgebern grundsätzlich nur subsidiär haften solle.[19] Eine solche subsidiäre Haftung des Bürgen entspreche regelmäßig auch dem Willen der Parteien.[20] Nach diesem Ansatz soll stets der Bürge schadlos bleiben, unabhängig

---

16 Das reine „Prioritätsprinzip", wie es sich aus der wortlautgetreuen Anwendung der gesetzlichen Regelungen ergibt, wird allenfalls vereinzelt noch für sachgerecht gehalten, siehe etwa *Becker*, NJW 1971, 2151 (2153 f.); *Mertens/Schröder*, Jura 1992, 305 (308 ff.). Die weit überwiegende Meinung ist sich darin einig, dass es einer Korrektur bedürfe, siehe die Nachweise in den nachfolgenden Fn.
17 Staudinger/*Horn*, § 774 Rn. 68; *Baur/Stürner*, Sachenrecht, § 38 Rn. 103.
18 Staudinger/*Horn*, § 774 Rn. 68.
19 Staudinger/*Horn*, § 774 Rn. 68.
20 *Baur/Stürner*, Sachenrecht, § 38 Rn. 103.

davon, welcher Sicherungsgeber den Gläubiger zuerst befriedigt. Soweit der Bürge zuerst gezahlt hat, soll er gegenüber dem Hypothekenschuldner in voller Höhe Regress verlangen können; soweit er vom Bürgschaftsgläubiger nicht in Anspruch genommen wurde oder nicht gezahlt habe, soll auch der Hypothekenschuldner ihn nicht in Anspruch nehmen können. Folgt man dem, so könnte F hier in voller Höhe, also wegen eines Betrags von 150.000,– Euro, von B Duldung der Zwangsvollstreckung verlangen.

Die Gegenansicht will ebenfalls unabhängig davon, wer zuerst leistet, zwischen den konkurrierenden Sicherungsgläubigern einen Ausgleich analog §§ 774 II, 426 I schaffen.[21] § 776 sei nur im Verhältnis zwischen dem Gläubiger und dem Bürgen anwendbar und zudem nur dann, wenn der Gläubiger das Rückgriffsrecht des Bürgen treuwidrig vereitelt habe.[22] Zudem ordne § 776 weder an, dass der Bürge ein Rückgriffsrecht habe – dies sei vielmehr Voraussetzung der Vorschrift – noch in welcher Höhe ein solches Rückgriffsrecht bestehe.[23] Auch dass der Bürge mit seinem gesamten Vermögen hafte, rechtfertige keine generelle Bevorzugung. Der Bürge trage zwar ein anderes Risiko als der dingliche Sicherungsgeber. Er sei deshalb aber nicht zwangsläufig schutzbedürftiger.[24] Denn auch die Haftung des Bürgen sei im Regelfall durch die Höhe des gesicherten Anspruchs begrenzt; zudem könnten auch einzelne Vermögensgegenstände – gerade Grundstücke – nahezu das gesamte Vermögen des Sicherungsgebers darstellen.[25] Soweit nichts anderes vereinbart sei, stehe der Bürge grundsätzlich auf gleicher Stufe mit anderen Sicherungsgebern. Daher sei im Ausgangspunkt ein anteiliger Ausgleich analog §§ 774 II, 426 geboten. Nach dieser Ansicht könnte F hier von B Duldung der Zwangsvollstreckung nur wegen des hälftigen Betrags verlangen, also nur wegen eines Betrags von 75.000,– Euro.

2 Streitentscheidung

Bürgschaft und Hypothek dienen dem gleichen wirtschaftlichen Zweck, eine Verbindlichkeit zu besichern; sie unterscheiden sich allein darin, welche Vermögensgegenstände hierzu zur Verfügung gestellt werden.[26] Aufgrund des daraus

---

21 BGHZ 108, 179 (183 ff.); BGH, NJW 1992, 3228 (3229); ZIP 2001, 914 (917); 2009, 166; MüKo/ *Habersack*, § 774 Rn. 30; *Schmolke*, JuS 2009, 784 (787); *Musielak*, JA 2015, 161 (166); BeckOK/*Rohe*, § 774 Rn. 15.
22 MüKo/*Habersack*, § 774 Rn. 30; *Musielak*, JA 2015, 161 (166).
23 MüKo/*Habersack*, § 774 Rn. 30; *Musielak*, JA 2015, 161 (166).
24 BeckOGK/*Madaus*, § 774 Rn. 82.
25 BeckOGK/*Madaus*, § 774 Rn. 82.
26 Vgl. MüKo/*Habersack*, § 774 Rn. 30.

folgenden Interessengleichlaufs ist es ein Gebot der Gerechtigkeit, zwischen dem Bürgen und dem Hypothekenschuldner einen Ausgleich nach gleichen Teilen zu schaffen, soweit keiner der Sicherungsgeber durch vertragliche Abrede den Nachrang seiner Rückgriffansprüche anerkannt hat.[27] Die analoge Anwendung der §§ 774 II, 426 I 1 ist daher vorzugswürdig. Im Grundsatz sind Bürge und Hypothekenschuldner einander mithin zu hälftigem Ausgleich verpflichtet. F hat mithin gegen B einen Anspruch auf Duldung der Zwangsvollstreckung nur wegen eines um die Hälfte, d.h. auf 75.000,– Euro, gekürzten Betrags.

IV Ergebnis

F hat gegen B einen Anspruch auf Duldung der Zwangsvollstreckung wegen eines Betrags von 75.000,– Euro aus § 1147 i.V.m. §§ 774 I 1, 412, 401 I.

---

27 *Schmolke*, JuS 2009, 784 (787); *Musielak*, JA 2015, 161 (166).

Fall 14 Dingliches Vorkaufsrecht

Dingliches Vorkaufsrecht – Gutgläubiger Erwerb – Umfang der Vormerkungswirkungen

Sachverhalt

E betreibt im Erdgeschoss eines Stadthauses ein Geschäft. Sie ist als Eigentümerin des Hausgrundstücks im Grundbuch eingetragen. Unmittelbar neben dem Haus befindet sich das Haus des M, der ebenfalls im Erdgeschoss ein Geschäft betreibt.

E denkt daran, das Geschäft aufzugeben und wegzuziehen, M hingegen will expandieren. Da E sich schon jetzt ein neues Schiff leisten möchte, verkauft und bestellt sie M in notarieller Urkunde ein dingliches Vorkaufsrecht an ihrem Grundstück. Das Vorkaufsrecht wird vereinbarungsgemäß eingetragen.

Einige Jahre später schließt E ihr Geschäft. Sie macht dem Kaufinteressenten K ein notariell beurkundetes Angebot zum Kauf des Grundstücks für 2 Mio. Euro, das K wenig später in notarieller Urkunde annimmt. Ihr Angebot stellt E unter die aufschiebende Bedingung einer Nichtausübung des Vorkaufsrechts durch M. E und K einigen sich sodann vor dem Notar über den Eigentumswechsel, K zahlt und wird als neuer Eigentümer eingetragen. Da E sofort nach dem Notartermin weggezogen ist, teilt K dem M den Kaufvertrag mit.

Kurz darauf stellt sich – für alle Beteiligten überraschend – heraus, dass X wahrer Eigentümer des Grundstücks ist. M mailt der E acht Wochen und einen Tag nach der Mitteilung, er wolle das Grundstück erwerben, und fragt, was er von wem verlangen kann, um Eigentümer des Grundstücks zu werden. K will eigentlich „das Haus unbedingt behalten" und nur kooperieren, wenn er sein Geld wiederbekommt.

Gliederung der Lösung

A Anspruch des M gegen E auf Übergabe und Übereignung des Grundstücks aus einem Kaufvertrag, § 433 I 1

   I Kaufvertrag zwischen M und E

      1 Bestehen eines Vorkaufsrechts

         a) Einigung und Eintragung, §§ 873 I, 1094 I

         b) Erwerb kraft des öffentlichen Glaubens des Grundbuchs, § 892 I 1

         c) Zwischenergebnis

      2 Eintritt des Vorkaufsfalls

https://doi.org/10.1515/9783110591798-025

Lösung

A Anspruch des M gegen E auf Übergabe und Übereignung des Grundstücks aus einem Kaufvertrag, § 433 I 1

M könnte gegen E einen Anspruch auf Übergabe und Übereignung des Grundstücks aus einem Kaufvertrag, § 433 I 1, haben.

I Kaufvertrag zwischen M und E

Hierzu müsste zwischen M und E ein Kaufvertrag zustande gekommen sein. Eine vertragliche Einigung über den Kauf des Grundstücks liegt zwischen M und E nicht vor. Der Kaufvertrag könnte aber infolge der Ausübung eines bestehenden Vorkaufsrechts durch M zustande gekommen sein, §§ 1098 I 1, 464 II.

1 Bestehen eines Vorkaufsrechts

Hierzu müsste zunächst ein Vorkaufsrecht zugunsten des M bestanden haben. Ein Vorkaufsrecht kann rein schuldrechtlichen Charakter oder dinglichen Charakter haben. Das schuldrechtliche Vorkaufsrecht gem. §§ 463 ff. und das dingliche Vorkaufsrecht gem. §§ 1094 ff. sind voneinander zu unterscheiden; mit der Bestellung eines dinglichen Vorkaufsrechts ist nicht zwangsläufig, gewissermaßen als „minus", ein schuldrechtliches Vorkaufsrecht verbunden.[1] Vorliegend kommt wegen der Eintragung im Grundbuch vornehmlich ein dingliches Vorkaufsrecht gem. §§ 1094 ff. in Betracht.

a) Einigung und Eintragung, §§ 873 I, 1094 I

Die nach § 873 I erforderliche Einigung zwischen M und E ist gegeben. Sie ist auch nicht gem. § 125 S. 1 formunwirksam, da die von der früheren Rechtsprechung geforderte notarielle Form[2] gewahrt ist. Das dingliche Vorkaufsrecht wurde ins Grundbuch eingetragen.

---

[1] BGH, NJW 2014, 622 (623 Rn. 8 ff.).
[2] BGH, NJW-RR 1991, 205 (206); aufgegeben von BGH, NJW 2016, 2035; a.A. das RG und die h.L., siehe nur RGZ 110, 327 (335); 125, 261 (262 f.); MüKo/*Westermann*, § 1094 Rn. 7; Soergel/*Stürner*, § 1094 Rn. 7.

b) Erwerb kraft des öffentlichen Glaubens des Grundbuchs, § 892 I 1

Wie bei allen Verfügungen über Grundstücke ist auch für die Bestellung eines dinglichen Vorkaufsrechts gem. § 873 I grundsätzlich erforderlich, dass der Berechtigte die Bestellung vornimmt. Hier war E nicht Eigentümerin des Grundstücks und damit nicht Berechtigte. Der Berechtigte X hat die Bestellung des Vorkaufsrechts nicht genehmigt. M könnte daher das Vorkaufsrecht nur gem. § 892 I 1 erworben haben.

Es handelt sich bei der Bestellung des Vorkaufsrechts durch E zugunsten des M um ein Rechts- und Verkehrsgeschäft. E als Verfügende war durch ihre Eintragung als Eigentümerin im Grundbuch legitimiert. M hatte von der fehlenden Berechtigung der E keine Kenntnis, und es war kein Widerspruch gegen die Eigentümerstellung der E im Grundbuch eingetragen. Die Voraussetzungen des Erwerbs kraft des öffentlichen Glaubens des Grundbuchs gem. § 892 I 1 liegen somit vor.

c) Zwischenergebnis

M hat mithin ein dingliches Vorkaufsrecht am Grundstück des X redlich erworben, §§ 873 I, 1094 I, 892 I 1.

2 Eintritt des Vorkaufsfalls

Der Vorkaufsfall müsste eingetreten sein. Gem. §§ 1098 I 1, 463 ist hierzu erforderlich, dass der Vorkaufsverpflichtete mit einem Dritten einen Kaufvertrag über das Grundstück schließt.

a) Kaufvertrag zwischen E und K

Der zwischen E und K geschlossene Kaufvertrag könnte den Vorkaufsfall begründen. Dazu müsste er zunächst wirksam zustande gekommen sein. E und K haben sich über den Kauf des Grundstücks durch K geeinigt, §§ 145 ff. Durch den Austausch der einzeln beurkundeten Willenserklärungen wird die Form des § 311b I 1 gem. § 128 gewahrt. Der Kaufvertrag ist somit nicht gem. § 125 S. 1 formunwirksam und daher insgesamt wirksam.

b) Auslösen des Vorkaufsfalls durch den Nichtberechtigten E

Das dingliche Vorkaufsrecht verpflichtet gem. § 1094 I den Eigentümer des belasteten Grundstücks. Dies ist vorliegend nicht E, sondern X. Es stellt sich daher die Frage, ob auch der nichtberechtigte Besteller des Vorkaufsrechts den Vorkaufsfall durch Abschluss eines Kaufvertrags auslösen kann.

Hierfür spricht, dass das dingliche Vorkaufsrecht den Berechtigten umfassend vor einem Eigentumserwerb durch einen Dritten schützen soll. Der nichtberechtigte Bucheigentümer kann einem Dritten aber Eigentum verschaffen, solange der Dritte redlich ist. Würde ein zwischen dem Nichtberechtigten und einem Dritten geschlossener Kaufvertrag nicht als Vorkaufsfall gelten, so wäre das redlich erworbene dingliche Vorkaufsrecht für den Berechtigten daher weitgehend wertlos. Jedenfalls solange der Nichtberechtigte einem Dritten in Erfüllung des Kaufvertrags Eigentum an dem Grundstück verschaffen kann, muss dieser Kaufvertrag daher einen Vorkaufsfall darstellen.[3] Die als Eigentümerin eingetragene E konnte daher trotz ihrer fehlenden Berechtigung durch den Abschluss eines Kaufvertrags mit K den Vorkaufsfall auslösen.

c) Wegfall des Vorkaufsfalls durch Ausübung des Vorkaufsrechts

Allerdings könnte der Vorkaufsfall durch die Mitteilung des M an E, er wolle das Grundstück erwerben, entfallen. Denn E und K haben ihren Kaufvertrag unter der aufschiebenden Bedingung geschlossen, dass M das Vorkaufsrecht nicht ausübt. Die Mitteilung des M könnte demnach die Wirkung des Kaufvertrags gem. § 158 II beseitigen. Vor derartigen Vereinbarungen, die das Vorkaufsrecht aushöhlen, schützt § 465 den Berechtigten. Die Bedingung wirkt in Anwendung dieser Vorschrift nicht im Verhältnis zwischen E und M und beseitigt somit nicht den Vorkaufsfall.

d) Zwischenergebnis

Mit Abschluss des Kaufvertrags zwischen E und K ist gem. §§ 1098 I 1, 463 der Vorkaufsfall eingetreten.

---

3 So auch *Schurig*, Das Vorkaufsrecht im Privatrecht, 1975, S. 150 f.

3 Ausübung des Vorkaufsrechts, §§ 1098 I 1, 464 I

M müsste sein Vorkaufsrecht wirksam ausgeübt haben.

a) Erklärung gegenüber dem Vorkaufsverpflichteten

§ 464 I 1 setzt hierzu eine Erklärung gegenüber dem Vorkaufsverpflichteten vor-
aus. Vorkaufsverpflichtet ist grundsätzlich der wahre Eigentümer, hier also X.
Auch im Hinblick auf die Erklärung nach § 464 I muss indes E gegenüber M als
Vorkaufsverpflichtete gelten, solange – was noch zu prüfen sein wird – M redlich
Eigentum von E erwerben kann. Dies rechtfertigt sich einerseits aus dem
Rechtsgedanken des § 893, andererseits daraus, dass der Vorkaufsberechtigte nur
unzureichend geschützt wäre, wenn er zur Ausübung seines Vorkaufsrechts eine
Erklärung gegenüber einer ihm unbekannten und für ihn regelmäßig auch nicht
ermittelbaren Person abgeben müsste. Richtiger Empfänger der Erklärung nach
§ 464 I 1 ist daher E.

Die Mitteilung des M, das Grundstück erwerben zu wollen, ist gem. §§ 133, 157
als Ausübung des Vorkaufsrechts i.S.d. § 464 I 1 auszulegen.

b) Formunwirksamkeit, § 125 S. 1

Die per E-Mail gegenüber K abgegebene Erklärung des M könnte gem. § 125 S. 1
formunwirksam sein. Hierzu müsste sie der gesetzlich vorgeschriebenen Form
ermangeln.

aa) Streitstand

Gem. § 464 I 2 bedarf die Erklärung nicht der für den Kaufvertrag bestimmten
Form. Die Formbedürftigkeit eines Vertrags, durch den sich jemand zum *Erwerb*
eines Grundstücks verpflichtet, bestand indes bei Erlass des BGB noch nicht;
formbedürftig war seinerzeit nur ein Vertrag, durch den sich jemand zur *Übertragung* des Grundstückseigentums verpflichtete.[4] Deshalb gehen einige Autoren
von einer durch die analoge Anwendung des § 311b I 1 zu schließenden plan-

---

[4] Das Erfordernis der notariellen Beurkundung auch solcher Verträge, durch die sich ein Teil zum
Erwerb eines Grundstücks verpflichtete, wurde mit der Neufassung des § 313 S. 1 a.F. durch das
Gesetz vom 30.5.1973, BGBl. I, S. 501, eingeführt.

widrigen Regelungslücke aus.[5] Legt man dies zugrunde, konnte durch die E-Mail des M an E das Vorkaufsrecht nicht formwirksam ausgeübt werden.

Die Gegenansicht betont dagegen, dass der Gesetzgeber sich bei Erlass des Schuldrechtsmodernisierungsgesetzes bewusst für die Formfreiheit der Ausübungserklärung entschieden habe.[6] Der Schutz des Vorkaufsverpflichteten werde in ausreichendem Maße durch die Formbedürftigkeit des das Vorkaufsrecht begründenden Schuldvertrags gewährleistet.[7] Demnach sei die Ausübungserklärung nicht formbedürftig. Demzufolge wäre die in der E-Mail des M an E enthaltene Erklärung nicht formunwirksam.

bb) Streitentscheidung

Der klare Wortlaut des § 464 I 2, den der Gesetzgeber im Rahmen der Schuldrechtsreform bewusst unverändert ließ, lässt eine analoge Anwendung des § 311b I 1 nicht zu. Vorzugswürdig ist es daher, für die Ausübungserklärung nach § 464 I 1 keine besondere Form zu verlangen. Die Erklärung des M ist mithin nicht gem. § 125 S. 1 formunwirksam.

c) Rechtzeitige Ausübung des Vorkaufsrechts

M müsste das Vorkaufsrecht rechtzeitig ausgeübt haben. Gem. §§ 1098 II, 469 II 1 muss das Vorkaufsrecht innerhalb von zwei Monaten nach Zugang der Mitteilung des Vorkaufsfalles an den Berechtigten ausgeübt werden. Hierbei lösen die Mitteilung durch den dritten Käufer (§ 469 I 2) sowie durch einen neuen Eigentümer des Grundstücks (§ 1099 I) den Fristbeginn ebenso aus wie die Mitteilung durch den Vorkaufsverpflichteten. Vorliegend ist K jedenfalls Dritter i.S.d. § 469 I 2,[8] sodass seine Mitteilung an M den Beginn der Zwei-Monats-Frist auslöst.

Laut Sachverhalt hat M acht Wochen und einen Tag nach der Mitteilung des K der E gegenüber sein Vorkaufsrecht ausgeübt. Die Frist des § 469 II 1 ist somit gewahrt.

---

5 *Wufka*, DNotZ 1990, 339 (351 ff.); MüKo/*Einsele*, § 125 Rn. 27.
6 BT-Drucks. 14/6857, S. 62. Ausführlich Staudinger/*Schumacher*, § 311b I Rn. 91 ff.
7 S. auch Staudinger/*Schermaier*, § 1094 Rn. 33.
8 Im Übrigen ist K auch Eigentümer, dazu unten.

d) Zwischenergebnis

M hat sein Vorkaufsrecht wirksam ausgeübt.

4 Zwischenergebnis

Gem. §§ 1098 I 1, 464 II ist ein Kaufvertrag über das Grundstück zwischen E und M zustande gekommen. Zugunsten des M ist mithin ein Anspruch auf Übergabe und Übereignung des Grundstücks gegen E aus § 433 I 1 entstanden.

II Untergang des Anspruchs gem. § 275 I Alt. 1

Der Anspruch könnte wegen subjektiver Unmöglichkeit gem. § 275 I Alt. 1 untergegangen sein.

1 Anspruch auf Übergabe

Der Anspruch aus § 433 I 1 richtet sich zum ersten auf Übergabe, d. h. auf Einräumung des Besitzes an dem Grundstück. Inzwischen ist K im Besitz des Grundstücks, will es laut Sachverhalt unbedingt behalten und ist somit zur Herausgabe nicht bereit. Die Übergabe des Grundstücks an M ist dem E daher unmöglich. Der Anspruch des M gegen E auf Übergabe des Grundstücks ist somit nach § 275 I Alt. 1 untergegangen.

2 Anspruch auf Übereignung

§ 433 I 1 verpflichtet den Schuldner zum zweiten zur Übereignung des Kaufgegenstandes. Bei einem Grundstück sind zur Übereignung gem. §§ 873 I, 925 I Einigung in Form der Auflassung und Eintragung erforderlich. Zu prüfen ist daher, ob E das Herbeiführen von Auflassung und Eintragung gem. § 275 I Alt. 1 subjektiv unmöglich geworden ist.

a) Abgabe der Auflassungserklärung

Die im Rahmen der Auflassung erforderliche Willenserklärung des Erwerbers kann und muss dieser stets selbst abgeben. E müsste die korrespondierende Willenserklärung des Veräußerers abgeben können.

aa) Erwerb von E als Berechtigter gem. §§ 873 I, 925 I

E könnte eine zum Eigentumserwerb des M führende Auflassungserklärung abgeben, wenn sie Berechtigte wäre.

Ursprünglich war X Eigentümer des Grundstücks. Er könnte sein Eigentum aber an K verloren haben. Da K allerdings nicht von X, sondern von E erworben hat, kann er Eigentum nur kraft des öffentlichen Glaubens des Grundbuchs gem. §§ 873 I, 925 I, 892 I 1 erworben haben. E hat das Grundstück an K aufgelassen und K wurde im Grundbuch als Eigentümer eingetragen. Im Zeitpunkt der Eintragung war E als Bucheigentümerin durch das Grundbuch legitimiert. K hatte keine positive Kenntnis von Es fehlender Eigentümerstellung. Schließlich war gegen die Berechtigung der E auch kein Widerspruch eingetragen. Damit sind die Voraussetzungen eines Erwerbs des K kraft des öffentlichen Glaubens des Grundbuchs gegeben.

Mithin ist K Eigentümer des Grundstücks. E ist somit nicht Berechtigte. Hieran vermag auch die etwaige relative Unwirksamkeit der Übereignung an K im Verhältnis zu M gem. §§ 1098 II, 883 II allein nichts zu ändern, da hierdurch allenfalls X, nicht aber E, als Berechtigter gälte. Ein Eigentumserwerb des M von E als Berechtigter ist damit unmöglich.

bb) Erwerb von E als Nichtberechtigter gem. §§ 873 I, 925 I, 892 I 1

Der Anspruch des M auf Abgabe der Auflassungserklärung ist aber nur dann gem. § 275 I Alt. 1 ausgeschlossen, wenn auch ein Eigentumserwerb des M von E als Nichtberechtigter gem. §§ 873 I, 925 I, 892 I 1 unmöglich ist.

Ein Eigentumserwerb des M von E als Nichtberechtigter würde voraussetzen, dass M keine positive Kenntnis von der fehlenden Eigentümerstellung der E hat. Im vorliegenden Fall hat M aber mittlerweile erfahren, dass X ursprünglich Eigentümer des Grundstücks war. Er weiß somit auch, dass E, selbst soweit die Veräußerung an K gem. §§ 1098 II, 883 II ihm gegenüber unwirksam wäre, nicht Berechtigte wäre. Ein Eigentumserwerb des M von der Nichtberechtigten E ist damit bei wortlautgetreuer Anwendung der §§ 1098 II, 883 II nicht möglich.

Der Vormerkungsschutz des Vorkaufsrechts könnte aber in analoger Anwendung der §§ 1098 II, 883 II insofern zu erweitern sein, als er andere Erwerbshindernisse als die vorkaufswidrige Verfügung im Verhältnis zum Vorkaufsberechtigten beseitigen könnte, so etwa die nach dem redlichen Erwerb des Vorkaufsrechts eingetretene Kenntnis des Vorkaufsberechtigten.

(1) Bestehen eines Vorkaufsrechts zugunsten des M

M hat von E wirksam ein Vorkaufsrecht erworben, s. o.

(2) Zeitliche Reichweite des Vormerkungsschutzes des Vorkaufsrechts

Der Vormerkungsschutz des Vorkaufsrechts gem. §§ 1098 II, 883 II müsste in zeitlicher Hinsicht Wirkung entfalten. Das Vorkaufsrecht schützt den Vorkaufsberechtigten vor jeder vorkaufswidrigen Übereignung an einen Dritten, die nach der Entstehung des Vorkaufsrechts erfolgt.[9] Andere Verfügungen werden dagegen nach h.M. nur dann als gem. §§ 1098 II, 883 II relativ unwirksam angesehen, wenn sie nach Eintritt des Vorkaufsfalles erfolgen.[10] Im vorliegenden Fall hat M erst nach Eintritt des Vorkaufsfalles Kenntnis von der fehlenden Berechtigung des E erlangt, sodass der Vormerkungsschutz des Vorkaufsrechts nach allen Ansichten in zeitlicher Hinsicht Wirkung entfaltet.

(3) Sachliche Reichweite des Vormerkungsschutzes

Der Vormerkungsschutz des Vorkaufsrechts müsste über den Wortlaut der §§ 1098 II, 883 II hinaus nicht nur vor vorkaufswidrigen Verfügungen, sondern auch vor sonstigen Erwerbshindernissen, hier dem Eintritt der Kenntnis von der Nichtberechtigung des Bestellers, schützen. Hierfür spricht, dass die Möglichkeit des redlichen Erwerbs des Vorkaufsrechts für den Berechtigten praktisch wertlos wäre, wenn die Durchsetzbarkeit des Auflassungsanspruchs vom Fortbestand der Gutglaubensvoraussetzungen abhinge.[11] Das Vorkaufsrecht konserviert daher, ebenso wie die Vormerkung, die bei Entstehen des Vorkaufsrechts bestehende Redlichkeit des Vorkaufsberechtigten.[12] Hier hatte M bei Eintragung der Vormerkung noch keine Kenntnis von der fehlenden Berechtigung der E. Die spätere Kenntniserlangung schadet der Möglichkeit des Eigentumserwerbs von E nicht, §§ 1098 II, 883 II analog.

---

9 MüKo/*Westermann*, § 1098 Rn. 7.
10 BGHZ 60, 275 (293 f.); a.A. *Wieling*, Sachenrecht, § 25 V d.
11 Vgl. für die Vormerkung Staudinger/*Gursky*, § 883 Rn. 219.
12 Ganz h.M., vgl. für die Vormerkung nur BGHZ 28, 182 (187 f.); 57, 341 (343 f.); BGH, NJW 1981, 446 (447).

(4) Zwischenergebnis

Ein Eigentumserwerb des M auf der Grundlage einer Auflassungserklärung der E ist somit nicht unmöglich. Der Anspruch des M gegen E auf Abgabe der Auflassungserklärung aus § 433 I 1 ist daher nicht gem. § 275 I Alt. 1 untergegangen.

b) Abgabe der Bewilligung gem. § 19 GBO

Die Eintragung setzt gem. §§ 13, 19, 20 GBO einen Antrag und eine korrespondierende Bewilligung sowie den Nachweis der Auflassung voraus. Den Antrag kann M selbst stellen, § 13 I 2 Alt. 2 GBO. Die Auflassung kann, wie soeben gesehen, noch zwischen E und M erfolgen und dann auch grundbuchförmlich nachgewiesen werden (§ 29 I 1 Alt. 1 GBO). Den Anforderungen der §§ 13, 20 GBO kann also genügt werden, sie stehen mithin einer Eintragung des M nicht im Wege.

Bewilligen muss gem. § 19 GBO der Betroffene. Betroffener i.S.d. § 19 GBO ist grundsätzlich derjenige, der als Rechtsinhaber voreingetragen ist, vgl. § 39 I GBO. Im vorliegenden Fall ist K als Eigentümer des Grundstücks eingetragen. E kann mithin durch ihre Bewilligung nicht mehr die Eintragung des M als Eigentümer ins Grundbuch herbeiführen. Der Anspruch des M gegen E auf Bewilligung der Eintragung des M als Eigentümer im Grundbuch ist daher gem. § 275 I Alt. 1 untergegangen.

3 Zwischenergebnis

Der Anspruch des M gegen E auf Übergabe und Übereignung des Grundstücks aus § 433 I 1 ist teilweise, nämlich im Hinblick auf die Übergabe und die Abgabe der Bewilligung, gem. § 275 I Alt. 1 ausgeschlossen, besteht hinsichtlich der Abgabe der Auflassungserklärung durch E aber fort.

III Ergebnis

M hat gegen E aus § 433 I 1 einen Anspruch auf Abgabe der Auflassungserklärung.

B Anspruch des M gegen K auf Abgabe der grundbuchrechtlich erforderlichen Bewilligung aus §§ 1098 II, 888 I

M könnte gegen K einen Anspruch auf Abgabe der nach § 19 GBO erforderlichen Bewilligung aus §§ 1098 II, 888 I haben.

I Vormerkungswirkung zugunsten des M

Das Vorkaufsrecht des M hat zu seinen Gunsten Dritten gegenüber gem. § 1098 II die Wirkungen einer Vormerkung.

II Unwirksamkeit des Eigentumserwerbs des K im Verhältnis zu M

Der Eigentumserwerb des K müsste im Verhältnis zu M gem. §§ 1098 II, 883 II unwirksam sein. Bei der Übereignung des Grundstücks von E an K handelt es sich um eine den Übereignungsanspruch des M vereitelnde Verfügung i.S.d. § 883 II. Sie ist mithin in Anwendung dieser Vorschrift im Verhältnis zwischen K und M relativ unwirksam.

III Erforderlichkeit der Bewilligung der Eintragung des M zu dessen Eigentumserwerb

Die Bewilligung der Eintragung des M müsste zu dessen Eigentumserwerb erforderlich sein, § 888 I. Die Eintragung ist gem. § 873 I zwingende Voraussetzung des Eigentumserwerbs des M. Die hierzu erforderliche Bewilligung muss grundbuchrechtlich vom Berechtigten abgegeben werden. Mithin ist die Bewilligung der Eintragung des M als Eigentümer des Grundstücks durch K zum Eigentumserwerb des M erforderlich.

IV Einrede des K gem. § 1100 S. 1

K könnte gem. § 1100 S. 1 zur Verweigerung der Bewilligung berechtigt sein, bis ihm der Kaufpreis erstattet wurde. Dies setzt voraus, dass er den Kaufpreis an E „berichtigt", d. h. bezahlt hat. Vorliegend hat K den Kaufpreis entrichtet. Ihm steht daher die Einrede gem. § 1100 S. 1 zu. Diese Einrede hat K auch schon geltend gemacht, indem er erklärte, nur kooperieren zu wollen, wenn er sein Geld wiederbekomme.

V Ergebnis

M hat gegen K aus §§ 1098 II, 888 I einen Anspruch auf Abgabe der Bewilligung nach § 19 GBO, der allerdings bis zur Erstattung des Kaufpreises an K gehemmt ist.

C Anspruch des M gegen K auf Herausgabe des Grundstücks

M könnte gegen K einen Anspruch auf Herausgabe des Grundstücks haben.

I Anspruchsgrundlage

Die Anspruchsgrundlage für diesen Herausgabeanspruch ist unklar, § 1100 S. 1 setzt sein Bestehen aber voraus.[13]

II Anspruchsvoraussetzungen

Der Anspruch setzt voraus, dass der Anspruchssteller Vorkaufsberechtigter und der Anspruchsgegner Besitzer des Grundstücks ist. Beide Voraussetzungen sind hier gegeben.

III Einrede des K gem. § 1100 S. 1

Auch die Herausgabe des Grundstücks kann K gem. § 1100 S. 1 bis zur Erstattung des Kaufpreises verweigern. Diese Einrede hat K ebenfalls erhoben.

IV Ergebnis

M hat gegen K einen Anspruch auf Herausgabe des Grundstücks, der gem. § 1100 S. 1 bis zur Erstattung des Kaufpreises an K gehemmt ist.

---

13 Soergel/*Stürner*, § 1100 Rn. 2; Staudinger/*Schermaier*, § 1100 Rn. 8.

Fall 15 Schlüsselgewalt

Schlüsselgewalt – Geschäft für den, den es angeht – Rechtsbehelfe in der Zwangsvollstreckung – Vollstreckung gegen Ehegatten

Sachverhalt

M und F sind verheiratet und haben in einem Ehevertrag Gütertrennung vereinbart. Sie bewohnen in Hamburg eine gut ausgestattete Maisonettewohnung in bester Lage. M und F trinken beide gerne einen Espresso. Nach einiger Zeit geht die Espressomaschine, die sie sich zu Beginn ihres Zusammenlebens gemeinsam gekauft hatten, wegen Materialermüdung kaputt. F kauft deshalb im Onlineshop der V-GmbH (V) eine neue Espressomaschine zum Preis von 480,– Euro, nachdem ihr ein Servicemitarbeiter der V-GmbH telefonisch zugesichert hatte, die Maschine könne ausreichend Wasserdampf für das Aufschäumen einer ganzen Kanne Milch produzieren. Der Kaufpreis ist in 12 Monatsraten à 40,– Euro zu zahlen; V behält sich das Eigentum bis zur vollständigen Kaufpreiszahlung vor.

Als F nach sechs Monaten feststellt, dass die Espressomaschine bauartbedingt nicht im zugesicherten Umfang Milch aufschäumen kann, erklärt sie eine Minderung in Höhe von 80,– Euro, was angemessen ist. Kurz darauf wird sie von ihrem Arbeitgeber für einige Monate nach Shanghai entsandt und vergisst hierüber die Zahlung der weiteren Kaufpreisraten.

V verlangt nunmehr von M die Bezahlung von 240,– Euro. M, der F zu ihrer Rückkehr ohnehin mit einer besseren Espressomaschine überraschen will, erklärt daraufhin, er widerrufe den gesamten Vertrag, da er selbst nie über das Widerrufsrecht belehrt worden sei. Jedenfalls werde er aufgrund der Minderung nicht mehr als 160,– Euro bezahlen.

V meint, die Widerrufsfrist sei abgelaufen, da sie – was stimmt – den Vertrag mit F seinerzeit schriftlich abgeschlossen und gegenüber der F alle vorgeschriebenen Angaben gemacht habe. Die Minderung sei unberechtigt. Da sie nur F, nicht aber M etwas zugesichert habe, könne sich jedenfalls M auch nicht auf die Minderung berufen.

1. Was kann V von M verlangen?
2. F, der die ausstehenden Kaufpreisraten wieder eingefallen sind, zahlt 160,– Euro per online-Banking an V. Wegen der aus ihrer Sicht fehlenden 80,– Euro erwirkt V einen Mahn- und später einen Vollstreckungsbescheid gegen F, die nunmehr jede Gegenwehr unterlässt, da sie für immer in Shanghai bleiben und M zum Nachkommen bewegen will. V will wissen, ob sich M, der ja aus

https://doi.org/10.1515/9783110591798-026

seinem Vermögen überhaupt nichts gezahlt habe, gegen eine Pfändung und Vollstreckung in die Espressomaschine wehren könnte.

Auf §§ 739, 766, 767, 771 ZPO wird hingewiesen.

Gliederung der Lösung

Frage 1 Anspruch der V gegen M
Anspruch der V gegen M auf Zahlung des Restkaufpreises i.H.v. 240,– Euro aus Kaufvertrag, § 433 II
I   Kaufvertrag zwischen V und M
II Haftung des M für Verbindlichkeiten der F gem. § 1357 I 2
   1 Verbindlichkeit der F
   2 Mithaftung des M
III Fortbestand der Kaufpreiszahlungsverbindlichkeit
   1 Teilweises Erlöschen durch Erfüllung
   2 Vollständiges Erlöschen durch Widerruf
   3 Teilweises Erlöschen durch Minderung
IV Ergebnis

Frage 2 Vollstreckung in die Espressomaschine
A Vollstreckungserinnerung gem. § 766 I 1 ZPO
I   Zulässigkeit
   1 Statthafter Rechtsbehelf
   2 Erinnerungsbefugnis
   3 Sonstige Zulässigkeitsvoraussetzungen
II Begründetheit
   1 Verstoß gegen §§ 808 f. ZPO
   2 Verstoß gegen § 811 I Nr. 1 ZPO
III Ergebnis
B Vollstreckungsabwehrklage gem. § 767 I ZPO
I   Zulässigkeit
   1 Statthafter Rechtsbehelf
   2 Prozessführungsbefugnis
[II Begründetheit]
III Ergebnis
C Drittwiderspruchsklage gem. § 771 I ZPO
I   Zulässigkeit
   1 Statthafter Rechtsbehelf
   2 Sonstige Zulässigkeitsvoraussetzungen
II Begründetheit
   1 Recht des M
   2 Mithaftung des M
III Ergebnis

[D Leistungsklage gem. § 253 I ZPO
 I   Zulässigkeit
 II Begründetheit
 III Ergebnis]

Lösung

Frage 1 Anspruch der V gegen M

Anspruch der V gegen M auf Zahlung des Restkaufpreises i.H.v. 240,– Euro aus Kaufvertrag, § 433 II

Die V, als GmbH rechtsfähig (§ 13 GmbHG), könnte gegen M einen Anspruch auf Zahlung von 240,– Euro aus einem Kaufvertrag, § 433 II, haben.

I Kaufvertrag zwischen V und M

Ein solcher Anspruch würde bestehen, wenn V und M einen Kaufvertrag geschlossen hätten. Hier sind V und M indes nicht unmittelbar miteinander in Kontakt getreten. M könnte aber durch F als Stellvertreterin gem. § 164 vertreten worden sein mit der Folge, dass ihn die Rechte und Pflichten aus einem von F mit V geschlossenen Vertrag treffen würden.

F hat beim Abschluss des Kaufvertrags nicht etwa als Botin des M gehandelt, sondern eine eigene Willenserklärung abgegeben. Diese Willenserklärung müsste sie aber auch für den M abgegeben haben (Offenkundigkeit). Dies ist hier weder ausdrücklich geschehen, noch war es aus den Umständen erkennbar (vgl. § 164 I 2). Eine Ausnahme vom Offenkundigkeitserfordernis macht die h.M. allerdings dann, wenn es sich um ein sogenanntes „Geschäft für den, den es angeht", handelt. Diese Ausnahme wird damit begründet, dass es bei derartigen Geschäften dem anderen Teil gleichgültig sei, mit wem er kontrahiere. Bei schuldrechtlichen Geschäften wird ein Geschäft für den, den es angeht, jedoch überwiegend nur für Bargeschäfte des täglichen Lebens akzeptiert, da bei Kreditgeschäften die Person des Schuldners für den anderen Teil immer relevant sei. Hier hatten V und F jedoch Ratenzahlung vereinbart. Daher liegt kein Bargeschäft des täglichen Lebens vor, sodass nicht nach der Figur des „Geschäfts für den, den es angeht", auf Offenkundigkeit verzichtet werden kann. Damit sind die Voraussetzungen des § 164 nicht erfüllt. F war also nicht Stellvertreterin des M, sodass der Vertrag nicht zwischen V und M zustande kam. Mithin haftet M nicht schon als Vertragspartner.

II Haftung des M für Verbindlichkeiten der F gem. § 1357 I 2

Eine Haftung des M für eine von F begründete Verbindlichkeit könnte sich jedoch aus § 1357 I 2 ergeben.

1 Verbindlichkeit der F

F hat als Käuferin der Kaffeemaschine gegenüber der V als Verkäuferin eine Kaufpreiszahlungsverbindlichkeit, § 433 II, über ursprünglich 480,– Euro begründet. Der Kaufvertrag ist auch nicht gem. § 507 II 1 nichtig, da es sich zwar um ein Teilzahlungsgeschäft (§ 506 III) zwischen der V als Unternehmerin (§ 14 I) und der F als Verbraucherin (§ 13) handelte, der Vertrag aber unter Beachtung von §§ 506 I 1, 492 I schriftlich geschlossen wurde und V alle erforderlichen Angaben gemacht hatte.[1]

2 Mithaftung des M

Für diese haftet auch M, wenn die Voraussetzungen des § 1357 I 2 gegeben sind.

Zunächst müsste zwischen F und M eine wirksame Ehe bestehen. Dies ist hier nach dem Sachverhalt der Fall. Gem. § 1357 III dürften F und M des Weiteren nicht getrennt leben. Entscheidender Zeitpunkt hierfür ist der Zeitpunkt des Vertragsschlusses. Zu diesem Zeitpunkt lebten M und F beide in Hamburg in einer gemeinsamen Wohnung.[2] Mithin ist § 1357 I nicht gem. § 1357 III ausgeschlossen.

Der Kauf der Espressomaschine müsste auch ein Geschäft zur angemessenen Deckung des Lebensbedarfs i.S.d. § 1357 I 1 sein. Lebensbedarf ist alles, was zur Führung des Haushalts notwendig ist und zum Familienunterhalt i.S.d. §§ 1360, 1360a im weiteren Sinne zählt. Dies kann für den Kauf einer Espressomaschine zum häuslichen Gebrauch bejaht werden. Allerdings könnte sich aus dem Umstand etwas anderes ergeben, dass es sich vorliegend um ein Ratenzahlungsgeschäft, mithin ein Kreditgeschäft, handelte. Geldkreditgeschäfte, namentlich die Aufnahme eines Darlehens, werden nach h.M. von § 1357 nicht erfasst. Bei Warenkreditgeschäften ist dies hingegen grundsätzlich zu bejahen; Warenkreditgeschäfte sind gerade der Hauptanwendungsfall des § 1357. Die Tatsache, dass es

---

1 Dass der Vertrag auch gem. § 507 II 2 „gültig" geworden wäre, ist daher hier nicht relevant. Eventuell greift auch § 507 I 2; der Sachverhalt enthält hierzu keine Angaben.
2 Im Übrigen begründet eine Auswärtstätigkeit trotz fehlender häuslicher Gemeinschaft solange kein Getrenntleben, wie keiner der Ehegatten die eheliche Lebensgemeinschaft ablehnt, vgl. § 1567 I.

sich um ein Kreditgeschäft handelte, ist aber auf der Ebene der Angemessenheit zu berücksichtigen.

Die Angemessenheit ist nach der für Dritte erkennbaren Lebensführung der Ehegatten zu beurteilen, auch wenn die wirklichen Vermögens- und Einkommensverhältnisse zu einer anderen Beurteilung führen würden. Hier ist zwar über die wirklichen Vermögens- und Einkommensverhältnisse von M und F wenig bekannt. Für Dritte erkennbar ist aber, dass M und F in einer schönen Wohnung in bester Lage in einer Großstadt leben, die als teuer bekannt ist. Hinzu kommt, dass F angesichts ihrer Abordnung nach Shanghai eine gehobene berufliche Position innehaben könnte. Die Lebensführung, auf die hieraus zu schließen ist, lässt den Erwerb einer Kaffeemaschine für 480,– Euro mit Monatsraten von 40,– Euro angemessen erscheinen.

Eine Mithaftung des M dürfte schließlich nicht ausgeschlossen sein. Dies wäre gem. § 1357 I 2 a.E. dann der Fall, wenn es sich um ein erkennbares Eigengeschäft der F gehandelt hätte. Bei einer Espressomaschine kann dies nicht angenommen werden. § 1357 I 2 findet gem. § 1357 II 1, 2 gegenüber Dritten auch dann keine Anwendung, wenn ein Ehegatte die Befugnis des anderen zur Besorgung von Lebensbedarfsgeschäften ausgeschlossen hat und dies im Güterrechtsregister (§ 1412) eingetragen war. Hier fehlt es schon an der Erklärung einer Beschränkung. Danach ist die Geltung des § 1357 I 2 nicht ausgeschlossen.

Somit haftet M für die Kaufpreisverbindlichkeit der F.

III Fortbestand der Kaufpreiszahlungsverbindlichkeit

Die Verpflichtung des M könnte jedoch ganz oder teilweise erloschen sein, wenn die Kaufpreisverbindlichkeit ganz oder teilweise nicht mehr fortbestehen würde.

1 Teilweises Erlöschen durch Erfüllung

F hat bereits sechs Monatsraten, mithin einen Betrag von 240,– Euro, an die V gezahlt. In dieser Höhe ist im Verhältnis von V und F Erfüllung gem. § 362 I eingetreten.

Diese teilweise Erfüllung müsste aber auch zugunsten des M wirken. Dies hängt davon ab, in welcher Weise die Haftung des mithaftenden Ehegatten von der Verbindlichkeit des Ehegatten abhängt, der unmittelbar verpflichtet wurde. Nach einer Ansicht haften die Ehegatten aufgrund des § 1357 I 2 als Gesamtschuldner,[3] sodass grundsätzlich die §§ 431 ff. gelten. Gem. § 422 I 1 wirkt die Erfüllung zugunsten aller Gesamtschuldner. Auf der Grundlage dieser Ansicht ist auch M durch die bereits gezahlten Raten freigeworden.

Eine andere Ansicht beschreibt die Mithaftung des anderen Ehegatten als akzessorische Haftung.[4] Auch bei Annahme von Akzessorietät, also Abhängigkeit in Umfang und Fortbestand, wirkt die Erfüllung zugunsten des anderen Ehegatten. Damit führt auch diese Ansicht zu einem Freiwerden des M in Höhe der gezahlten Raten. Eine Entscheidung zwischen den beiden Ansichten kann mithin unterbleiben.

M ist also jedenfalls i.H.v. 240,– Euro von der Haftung freigeworden.

2 Vollständiges Erlöschen durch Widerruf

M könnte jedoch in vollem Umfang von der Haftung freigeworden sein, wenn er den Kaufvertrag widerrufen hätte mit der Folge, dass F an ihre Willenserklärung nicht mehr gebunden war und damit die kaufvertraglichen Primärpflichten erloschen waren, sodass auch die Haftung des M für den Kaufpreiszahlungsanspruch endete. Ein wirksamer Widerruf wandelt den Vertrag in ein Rückabwicklungsverhältnis um, was zum Erlöschen der vertraglichen Primärpflichten führt und die in §§ 355 III 1, 357 ff. aufgeführten Pflichten entstehen lässt.[5] Hier hat jedoch nicht die Vertragspartnerin F, sondern der mithaftende Ehegatte M den Widerruf erklärt. Ob der Widerruf durch den mithaftenden Ehegatten möglich ist, ist umstritten.[6]

Nach einer Meinung kann zwar jeder Ehegatte Rechtsdurchsetzungshandlungen (Mahnung, Fristsetzung) mit Wirkung auch für den anderen vornehmen; Gestaltungsrechte, die dem Schutz der Privatautonomie oder der Sicherung der Entscheidungsfreiheit dienen, wie z.B. Anfechtung, Rücktritt oder Widerruf, kann aber nur der kontrahierende Ehegatte – dann mit Wirkung für den anderen – ausüben. Begründet wird dies damit, dass diese Gestaltungsrechte nur um der Privatautonomie des kontrahierenden Ehegatten willen bestehen.[7] Demnach konnte M hier den Vertrag nicht wirksam widerrufen.

3 *Dethloff*, Familienrecht, § 4 Rn. 67; *Schwab*, Familienrecht, Rn. 195; MüKo/*A. Roth*, § 1357 Rn. 38.
4 *Chr. Berger*, FamRZ 2005, 1129 (1132).
5 *Bülow/Artz*, Verbraucherprivatrecht, Rn. 117 f. m.w.N. zum dogmatischen Streitstand.
6 Guter Überblick bei *Schwab*, Familienrecht, Rn. 197 (mit zwei weiteren Auffassungen als hier diskutiert).
7 *H. Roth*, FamRZ 1979, 361, 366 f.; *Chr. Berger*, FamRZ 2005, 1129 (1131 f.).

Nach der Gegenmeinung ist ein Widerruf durch den mithaftenden Ehegatten möglich. Dieser werde nach § 1357 I 2 berechtigt, müsse also auch alle Gestaltungsrechte ausüben können.[8] Auf der Grundlage dieser Meinung wäre ein Widerruf durch M grundsätzlich möglich.

Einer Streitentscheidung bedarf es indes nur, wenn hier tatsächlich ein Widerrufsrecht bestand. Ein solches könnte sich hier aus §§ 312g, 312c, 355 und §§ 506 I 1, 495 I, 355 ergeben. Dies würde voraussetzen, dass die Widerrufsfrist noch nicht abgelaufen ist.

Gem. § 355 II 1 beträgt die Widerrufsfrist 14 Tage. Gem. § 356 II Nr. 1 lit. a beginnt sie mit Erhalt der Ware. F hat die Espressomaschine bei lebensnaher Betrachtung schon vor über sechs Monaten erhalten. Da die V der F alle erforderlichen Angaben gemacht hatte, war der Fristbeginn auch nicht gem. § 356 III 1 aufgeschoben. Die Widerrufsfrist ist im Verhältnis von V und F mithin abgelaufen. Diese Angaben könnten aber zusätzlich auch gegenüber M zu machen gewesen sein, jedenfalls soweit es um seine Haftung geht. Tatsächlich wird teilweise die Einhaltung der jeweiligen Form- und Informationsvorschriften gegenüber beiden Ehegatten für erforderlich gehalten.[9] Damit kommt hier, wo eine Unterrichtung auch des M nicht erfolgt ist, ein Widerruf durch M noch in Betracht. Überwiegend wird indes angenommen, die Einhaltung der Form- und Informationsanforderungen gegenüber dem Handelnden wirke auch gegenüber dem anderen Ehegatten.[10] Begründet wird dies damit, die Form- und Informationsvorschriften sähen ausschließlich die Einhaltung gegenüber dem Verbraucher vor; darunter sei der nach außen auftretende Ehegatte zu verstehen, der erst durch den Vertragsschluss den anderen Ehegatten mitverpflichtet bzw. mitberechtigt.[11] Folgt man dem, hatte M hier kein Widerrufsrecht.

Vorzugswürdig erscheint die letztgenannte Ansicht. Denn der andere Teil könnte trotz Einhaltung aller gesetzlichen Vorgaben sonst kaum je sicher sein, dass ein Vertrag nicht noch lange nach Ablauf der eigentlichen Widerrufsfrist widerrufen werden kann. Demnach war die Widerrufsfrist auch gegenüber M abgelaufen. Hatte M aber kein Widerrufsrecht mehr, braucht der Streit, ob der mithaftende Ehegatte überhaupt widerrufen kann, nicht entschieden zu werden, da in keinem Fall ein Widerruf möglich ist.

---

8 *Dethloff*, Familienrecht, § 4 Rn. 68; *Schwab*, Familienrecht, Rn. 198; MüKo/*A. Roth*, § 1357 Rn. 34, 41; BeckOK/*Hahn*, § 1357 Rn. 30; abweichend *Bülow/Artz*, Verbraucherprivatrecht, Rn. 126: Widerruf nur der Mitverpflichtung.

9 Vgl. LG Würzburg, NJW-RR 1988, 1324; *Brox*, FS Mikat, 1989, S. 841 (850); *Michael Schmidt*, FamRZ 1991, 629.

10 Jauernig/*Budzikiewicz*, § 1357 Rn. 3.

11 *Schanbacher*, NJW 1994, 2335 (2336 f.); MüKo/*A. Roth*, § 1357 Rn. 33.

Die Haftung des M ist also nicht infolge eines Widerrufs erloschen.

3 Teilweises Erlöschen durch Minderung

Die (Rest-)Kaufpreiszahlungspflicht könnte über die Teilerfüllung hinaus infolge einer Minderung in Höhe weiterer 80,– Euro erloschen sein.

F als Käuferin hat die Minderung i.S.d. § 441 I 1 erklärt. Sie müsste aber auch zur Minderung berechtigt gewesen sein. Ein Minderungsrecht könnte sich hier aus §§ 437 Nr. 2, 441 ergeben. Ein Kaufvertrag liegt vor. Die Zusicherung durch den Servicemitarbeiter ist als Beschaffenheitsvereinbarung anzusehen, bei der der Servicemitarbeiter für die V-GmbH als Stellvertreter gem. § 164 handelte. Die Espressomaschine wies die versprochene Beschaffenheit nicht auf. Somit war sie mangelhaft i.S.d. § 434 I 1. Die Minderung verlangt weiter, dass die Voraussetzungen eines Rücktritts gegeben waren (vgl. § 441 I 1: „Statt zurückzutreten, …"). Hier existiert eine Espressomaschine des von der F gekauften Typs mit der vereinbarten Beschaffenheit nicht; Nachlieferung und – bei lebensnaher Betrachtung – Nachbesserung waren also unmöglich. Daher war ein Rücktritt gem. §§ 437 Nr. 2, 326 V ohne Fristsetzung möglich. Die Minderung hatte nach dem Sachverhalt auch die zutreffende Höhe. Damit ist die Kaufpreisforderung in Höhe weiterer 80,– Euro erloschen, sie betrug mithin noch 160,– Euro.

Diese Minderung müsste auch zugunsten des M wirken. Geht man für das Verhältnis von Hauptverbindlichkeit und Mithaftung von Akzessorietät aus, ist dies ohne Weiteres anzunehmen. Nimmt man hingegen an, die Ehegatten seien Gesamtschuldner, so kommt es darauf an, ob die Minderung eine Tatsache ist, die nur in der Person eines Gesamtschuldners eintritt und daher gem. § 425 I nur für diesen wirkt. Die Minderung erfasst die Kaufpreisverbindlichkeit in ihrem Bestand und ist Folge eines Mangels, der auch im Verhältnis zu M gegeben war, da M aus dem Kaufvertrag zwischen V und F auch in vollem Umfang wie F berechtigt war, also ebenfalls die vereinbarte Beschaffenheit verlangen konnte. Die Geltendmachung verschiedener Mangelrechtsbehelfe durch M und F, z. B. Minderung und Rücktritt, kommt nicht in Betracht. Auch bei Annahme gesamtschuldnerischer Haftung ist daher eine Gesamtwirkung der Minderung anzunehmen. Somit wirkt die Minderung auch zugunsten des M.

IV Ergebnis

Die V hat gegen M einen Anspruch auf Zahlung von (nur noch) 160,– Euro.

Frage 2 Vollstreckung in die Espressomaschine

A Vollstreckungserinnerung gem. § 766 I 1 ZPO

Möglicherweise könnte M mit einer Vollstreckungserinnerung gem. § 766 I 1 ZPO erreichen, dass die Zwangsvollstreckung *in die Espressomaschine* für unzulässig erklärt wird. Hierfür müsste eine Vollstreckungserinnerung zulässig und begründet sein.

I Zulässigkeit

1 Statthafter Rechtsbehelf

Die Vollstreckungserinnerung ist statthaft, wenn sich der Erinnerungsführer gegen die Art und Weise der Zwangsvollstreckung wehrt, also formelle Mängel rügt. Hier kommt ein Verstoß gegen die Regeln über die Gewahrsamsvoraussetzungen, §§ 808 f. ZPO, oder die Unpfändbarkeit von Haushaltsgegenständen, § 811 I Nr. 1 ZPO, in Betracht. Sowohl die Regeln über die Gewahrsamsvoraussetzungen als auch die Regeln über die Unpfändbarkeit sind Regeln, die die Art und Weise der Zwangsvollstreckung betreffen.

2 Erinnerungsbefugnis

M müsste erinnerungsbefugt sein. Stets erinnerungsbefugt ist der Schuldner, gegen den sich eine Vollstreckungsmaßnahme richtet, sofern er nicht lediglich die Verletzung einer drittschützenden Norm rügt. Vollstreckt wird aber hier aus dem Vollstreckungsbescheid, der sich gegen F richtet; M ist also Dritter.

Dritten steht die Erinnerungsbefugnis zu, wenn sie wie ein Schuldner behandelt werden oder eine drittschützende Norm verletzt wird. Hier könnte M geltend machen, dass sich die Espressomaschine in seinem (Mit-)Gewahrsam befindet[12] und (auch) zu seinem Haushalt gehört.[13] Er ist also erinnerungsbefugt.

---

12 Vgl. dazu OLG Hamburg, NJW 1992, 3308; Musielak/Voit/*Lackmann*, ZPO, § 766 Rn. 19.
13 Vgl. dazu etwa OLG Hamm, OLGZ 1984, 368; Musielak/Voit/*Lackmann*, ZPO, § 766 Rn. 19.

3 Sonstige Zulässigkeitsvoraussetzungen

Mangels weiterer Angaben ist davon auszugehen, dass die sonstigen Zulassungsvoraussetzungen gegeben sind bzw. erfüllt werden können.

II Begründetheit

Die Vollstreckungserinnerung ist begründet, wenn die Pfändung der Espressomaschine tatsächlich gegen formelle Regeln der Zwangsvollstreckung verstößt.

1 Verstoß gegen §§ 808 f. ZPO

Da M jedenfalls Mitgewahrsam an der Espressomaschine hat und zu deren Herausgabe nicht bereit ist, kommt eine Pfändung durch Wegnahme oder Anlegung eines Pfandsiegels an sich nicht in Betracht (§§ 808 f. ZPO).

Allerdings könnte gem. § 739 ZPO nur die F als Gewahrsamsinhaberin gelten, sodass sich M nicht auf seinen Mitgewahrsam berufen könnte. Hierfür müssten die Voraussetzungen des § 1362 erfüllt sein. Die V ist Gläubigerin der Ehefrau des M. Da F und M verheiratet sind, wird gem. § 1362 I 1 zugunsten der V als Gläubigerin der F widerleglich (§ 292 ZPO) vermutet, dass die im Mitbesitz von M und F – und selbst die im Alleinbesitz von M[14] – befindlichen beweglichen Sachen, also auch die Espressomaschine, der F als Schuldnerin gehören. Diese Vermutung ist auch nicht gem. § 1362 I 2 ausgeschlossen, da M und F jedenfalls nicht im Rechtssinne getrennt leben, besteht doch der Wunsch nach (Wieder-)Herstellung der häuslichen Gemeinschaft fort (vgl. § 1567 I 1). Die Voraussetzungen der Eigentumsvermutung des § 1362 I 1 sind also zugunsten der V gegeben. Damit gilt – unwiderleglich – gem. § 739 ZPO auch nur die F als Gewahrsamsinhaberin.

Somit verstößt eine Pfändung durch Wegnahme oder Anlegung eines Pfandsiegels nicht gegen §§ 808 f. ZPO; die Vollstreckungserinnerung ist also insoweit unbegründet.[15]

2 Verstoß gegen § 811 I Nr. 1 ZPO

Die Espressomaschine ist ein dem persönlichen Gebrauch im Haushalt von M und F dienendes Haushaltsgerät. Man wird auch noch annehmen können, dass sie

---

14 Hier wird aber fortdauernder Mitbesitz anzunehmen sein.
15 Vgl. auch *Dethloff*, Familienrecht, § 4 Rn. 82.

dem Bedarf für eine der Berufstätigkeit und Verschuldung angemessene, bescheidene Lebens- und Haushaltsführung entspricht (a.A. vertretbar). Dann ist die Espressomaschine an sich unpfändbar.

Die Pfändung könnte jedoch gem. § 811 II 1 ZPO zulässig sein, weil V wegen einer durch Eigentumsvorbehalt gesicherten Geldforderung aus dem Verkauf der Espressomaschine vollstreckt. Ein Fall des § 811 I Nr. 1 ZPO liegt vor. Die V hat der F die Espressomaschine auch unter – einfachem – Eigentumsvorbehalt veräußert. Sie vollstreckt des Weiteren gerade wegen der gesicherten Kaufpreisforderung. Zwar besteht an sich keine Restkaufpreisforderung mehr, da sie infolge von Erfüllung und Minderung erloschen ist. Im Vollstreckungsbescheid ist aber eine entsprechende Restkaufpreisforderung tituliert; allein hierauf kommt es an. Mithin sind die Voraussetzungen des § 811 II 1 ZPO gegeben.

Die Espressomaschine ist daher nicht unpfändbar, die Vollstreckungserinnerung also auch insoweit nicht begründet.

III Ergebnis

Eine Vollstreckungserinnerung des M wäre zulässig, aber unbegründet.

B Vollstreckungsabwehrklage gem. § 767 I ZPO

Möglicherweise könnte M mit einer Vollstreckungsabwehrklage gem. § 767 I ZPO erreichen, dass die Zwangsvollstreckung *aus dem Vollstreckungsbescheid* für unzulässig erklärt wird.

I Zulässigkeit

1 Statthafter Rechtsbehelf

Wenn sich M darauf beruft, dass die titulierte Forderung infolge der Minderung erloschen ist, ist die Vollstreckungsabwehrklage an sich statthaft.

2 Prozessführungsbefugnis

M müsste aber auch dazu befugt sein, die Vollstreckungsabwehrklage zu erheben. Hier richtet sich der Titel, dessen Vollstreckbarkeit beseitigt werden soll, gegen F. M könnte also nur klagen, wenn eine Prozessstandschaft für F zulässig wäre.

Gesetzlich ist eine Prozessstandschaft des anderen Ehegatten für die Gegenwehr gegen einen Titel, der mit dem materiellen Recht nicht im Einklang steht, nicht vorgesehen. Für eine gewillkürte Prozessstandschaft fehlen jegliche Hinweise; sie dürfte im Übrigen auch unzulässig sein (a.A. vertretbar).

Damit fehlt dem M schon die Prozessführungsbefugnis. Die Vollstreckungsabwehrklage ist also unzulässig.

[II Begründetheit

Die Vollstreckungsabwehrklage wäre im Übrigen auch unbegründet. Zwar ist die (geminderte) Kaufpreiszahlungsschuld an sich durch Erfüllung erloschen, der Titel also materiellrechtlich unzulässig. Die Erfüllung fand aber schon vor Zustellung des Vollstreckungsbescheids statt und hätte durch Einspruch noch geltend gemacht werden können. Damit ist diese Einwendung gem. § 796 II ZPO ausgeschlossen.]

III Ergebnis

Eine Vollstreckungsabwehrklage des M wäre unzulässig [und im Übrigen auch unbegründet].

C Drittwiderspruchsklage gem. § 771 I ZPO

M könnte aber eventuell mit einer Drittwiderspruchsklage gem. § 771 ZPO erreichen, dass die Zwangsvollstreckung in die Espressomaschine für unzulässig erklärt wird.

I Zulässigkeit

1 Statthafter Rechtsbehelf

Die Drittwiderspruchsklage ist statthaft, wenn der Kläger Dritter, also nicht Vollstreckungsschuldner, ist und sich auf ein Recht am Gegenstand der Zwangsvollstreckung beruft. Hier ist F alleinige Vollstreckungsschuldnerin, M also Dritter. Wenn er sich darauf beruft, dass die Espressomaschine in seinem Miteigentum steht, ist die Drittwiderspruchsklage statthaft.

2 Sonstige Zulässigkeitsvoraussetzungen

Wenn M sich auf sein Miteigentum beruft, ist er ohne Weiteres prozessführungsbefugt. Mangels weiterer Angaben ist davon auszugehen, dass auch die sonstigen Zulässigkeitsvoraussetzungen gegeben sind bzw. erfüllt werden können.

II Begründetheit

1 Recht des M

Die Drittwiderspruchsklage ist begründet, wenn dem M ein „die Veräußerung hinderndes Recht" i.S.d. § 771 I ZPO zusteht.

Die Bedeutung dessen, was ein „die Veräußerung hinderndes Recht" ist, ist durch Auslegung zu bestimmen. Strenggenommen gibt es keine Rechte, die in der Lage sind, eine Veräußerung zu hindern. Entscheidend muss sein, ob „die Veräußerung der den Vollstreckungsgegenstand bildenden Sache durch den Schuldner dem berechtigten Dritten gegenüber sich als rechtswidrig darstellen würde",[16] also ob die Zwangsvollstreckung einen Übergriff auf Vermögen darstellt, das nicht für die Titelforderung haftet.[17]

Demnach ist hier zu fragen, ob ein Recht des M an der Espressomaschine besteht, welches bewirkt, dass diese nicht für die Titelforderung der V gegen F haftet. Zu prüfen ist somit die Rechtslage an der Espressomaschine.

Ursprünglich war die V Eigentümerin der Espressomaschine.[18] Die V könnte ihr Eigentum jedoch an M und F als Miteigentümer verloren haben, als sie auf die Bestellung der F hin die Maschine dieser zukommen ließ. Einem Miteigentumserwerb des M steht, anders als die V meint, jedenfalls nicht entgegen, dass nur die F Zahlungen erbracht hat. Denn für die Frage des Eigentumserwerbs ist es unerheblich, aus wessen Vermögen der Kaufpreis gezahlt wird.

Möglicherweise ergibt sich Miteigentum schon daraus, dass es sich um ein Lebensbedarfsgeschäft i.S.d. § 1357 I handelte. In der Tat wurde früher verbreitet angenommen, dass es gem. § 1357 I zum Miteigentumserwerb des nicht handelnden Ehegatten komme, § 1357 I also auch „dingliche" Wirkung habe. Zur Begründung wurde ausgeführt, der Haftungsgemeinschaft müsse eine Erwerbsgemeinschaft gegenüberstehen; der Miteigentumserwerb sei Ausgleich für die

---

16 RGZ 116, 363 (366); BGHZ 55, 20 (26).
17 MüKoZPO/*K. Schmidt/Brinkmann*, § 771 Rn. 16
18 Der Sachverhalt enthält keine Hinweise auf einen Eigentumsvorbehalt eines Lieferanten der V.

gesetzlich angeordnete Haftung des nicht handelnden Ehegatten.[19] Auf der Grundlage dieser Ansicht wäre hier, wo der Erwerb der Espressomaschine als Lebensbedarfsgeschäft anzusehen ist (s. o.), Miteigentum des M ohne Weiteres zu bejahen.

Die heute ganz h.M. lehnt eine solche „dingliche" Wirkung des § 1357 I hingegen ab. § 1357 sei für die dingliche Rechtslage bedeutungslos, er betreffe nur die schuldrechtliche Seite. Denn über die sachenrechtliche Zuordnung dürften allein die §§ 929 ff. entscheiden. Eine „dingliche" Wirkung des – bei allen Güterständen geltenden – § 1357 I widerspreche dem ehelichen Güterrecht. Gütertrennung und Zugewinngemeinschaft, die als Gütertrennung mit späterem Ausgleich charakterisiert werden könne, gingen davon aus, dass die Eheschließung ohne Einfluss auf die dingliche Rechtslage sein solle. Für die Gütergemeinschaft sei eine eigenständige Anordnung von Miteigentum durch § 1357 nicht sinnvoll.[20] Nach dieser Ansicht ergibt sich Miteigentum nicht schon aus § 1357 I.

Eine Streitentscheidung kann indes unterbleiben, wenn auch nach der letztgenannten Ansicht, die die §§ 929 ff. entscheiden lassen will, M hier Miteigentum an der Espressomaschine erworben hat. Dann müsste eine Einigung, gerichtet auf Verschaffung bzw. Erwerb des Miteigentums von M und F, vorgelegen haben. Dies würde voraussetzen, dass F insoweit als Stellvertreterin des M gehandelt hat. F hat – beim Rechtserwerb typisch, gleich ob nur für sich selbst oder in Gemeinschaft mit anderen – eine eigene Willenserklärung abgegeben. Diese müsste eigentlich offenkundig zugleich im Namen des M abgegeben worden sein. Hier war für einen Außenstehenden nicht erkennbar, dass auch M Eigentum erwerben sollte; dies kann allein aus dem Innenverhältnis, insbesondere der Ersatzbeschaffung für die gemeinsame Wohnung, geschlossen werden. Allerdings kann dem Veräußerer gleichgültig sein, ob er an F oder – mit Zustimmung der F – an F und M überträgt. Daher kann nach den Regeln über das Geschäft für den, den es angeht, auf Offenkundigkeit verzichtet werden.[21] Eine Vertretungsmacht der F ergibt sich, wenn nicht schon aus einer konkludent erteilten Innenvollmacht, jedenfalls aus § 1357 I. Insbesondere ist hier anzunehmen, dass von M und F ein Ersatz des alten Geräts gewollt war; da dieses aufgrund der seinerzeitigen gemeinsamen Anschaffung im Miteigentum gestanden hatte, ging der Wille von M und F auch bei der Espressomaschine dahin, Miteigentum zu erwerben (a.A. vertretbar). Damit ist eine entsprechende Einigung gegeben. Die Übergabe an F reicht für eine Übereignung an M und F aus, ist doch F entweder als Besitzmit-

---

19 So z.B. OLG Schleswig, FamRZ 1989, 88; LG Münster, MDR 1989, 270; *G. Lüke*, AcP 178 (1978), 1 (20).
20 So z.B. BGHZ 114, 74; *Walter*, JZ 1981, 601 (607 f.); *Dethloff*, Familienrecht, § 4 Rn. 69.
21 Vgl. *Dethloff*, Familienrecht, § 4 Rn. 70.

lerin des M oder als Geheißperson auf Erwerberseite anzusehen. Damit haben M und F auch nach den allgemeinen Regeln der §§ 929 ff., hier nach § 929 S. 1, Miteigentum erworben; eines Rückgriffs auf § 1362 und einer Streitentscheidung bedarf es nicht.

Aufgrund seines Miteigentums steht dem M also ein die Veräußerung hinderndes Recht zu.

2 Mithaftung des M

Das Berufen auf sein Miteigentum könnte M jedoch gem. § 242 versagt sein, da er aus § 1357 I 2 für die Kaufpreisverbindlichkeit der F mithaftet.

Nach h.M. verstößt es gegen Treu und Glauben, wenn derjenige, der materiellrechtlich für die titulierte Forderung haftet, gegen die Zwangsvollstreckung interveniert. Beispielsfälle sind die Haftung des persönlich haftenden Gesellschafters, des Bürgen und eines gesamtschuldnerisch haftenden Interzessionars. Ob auch die von § 1357 I 2 angeordnete Mithaftung des anderen Ehegatten der Interventionsklage entgegensteht, ist noch nicht höchstrichterlich entschieden. Die instanzgerichtliche Rechtsprechung hat dies, soweit ersichtlich, bislang nicht angenommen.[22] In der Sache spricht aber einiges dafür,[23] wird doch die Mithaftung des anderen Ehegatten auch als gesamtschuldnerische oder akzessorische Haftung verstanden.

Im vorliegenden Fall ist jedoch materiellrechtlich die Restkaufpreisverbindlichkeit infolge von Erfüllung und Minderung erloschen. Dass ein anderslautender Vollstreckungsbescheid erging, hat nach heute h.M. keine Änderung der materiellen Rechtslage zur Folge. M wäre es zwar versagt, sich gegenüber der V auf die abweichende materielle Rechtslage zu berufen, wenn ihn die Rechtskraft des Vollstreckungsbescheids binden würde. Nach h.M. findet aber keine Rechtskrafterstreckung zwischen Ehegatten statt.[24] Die Rechtskraft des allein gegenüber F ergangenen Vollstreckungsbescheids wirkt daher nicht auch gegen M. Daher haftet M weder materiellrechtlich für die titulierte Forderung noch muss er sich aus Gründen der Rechtskraft so behandeln lassen, als sei dies der Fall. Ihm kann also die Drittwiderspruchsklage nicht gem. § 242 verwehrt sein.

---

22 S. etwa LG Aachen, NJW-RR 1987, 712 (713); OLG Schleswig, FamRZ 1989, 88.

23 So ohne nähere Auseinandersetzung auch *Lackmann*, Zwangsvollstreckungsrecht, 11. Aufl. 2018, Rn. 611.

24 *F. Baur*, FS Beitzke, 1979, S. 111 (113); MüKo/*A. Roth*, § 1357 Rn. 53.

III Ergebnis

Eine Drittwiderspruchsklage des M wäre zulässig und begründet.

[D Leistungsklage gem. § 253 I ZPO

Möglicherweise könnte sich M auch mit einer Leistungsklage gegen die V, gerichtet auf Unterlassung der Vollstreckung aus dem Vollstreckungsbescheid und Herausgabe der vollstreckbaren Ausfertigung aus § 826, wehren.

I Zulässigkeit

Eine solche Klage könnte zwar F erheben, nicht jedoch M im eigenen Namen, da eine Prozessstandschaft hier nicht zulässig wäre (a.A. vertretbar).

II Begründetheit

Nach der Rechtsprechung kann aus § 826 zwar tatsächlich auf Unterlassung der Vollstreckung und Herausgabe des Vollstreckungstitels geklagt, mithin mithilfe dieser Vorschrift die Rechtskraft durchbrochen werden.[25] Ein solcher Anspruch, der der F zustünde, würde aber eine über die bloße Unrichtigkeit des Titels hinausgehende Sittenwidrigkeit verlangen; es müsste also „die offenbare Lüge den Sieg über die gerechte Sache" davontragen.[26] Dies ist hier, wo die V die Minderung nicht anerkennen will und F sich bei Anwendung der gebotenen Sorgfalt ohne Weiteres gegen Mahn- und Vollstreckungsbescheid hätte wehren können, nicht der Fall.

III Ergebnis

Die Leistungsklage des M wäre schon unzulässig, jedenfalls aber unbegründet.]

---

25 BGHZ 101, 383; 103, 46; st. Rspr.
26 BGHZ 40, 130 (134).

Fall 16 Erbfolge

*Testament – Ehegattenerbrecht – Erbschein – Gutgläubiger Erwerb – Erbschafts-
besitzer – Herausgabeansprüche*

Sachverhalt

V war Zeit seines Lebens den Frauen zugetan. So verliebte er sich Hals über Kopf
auf einer Busreise durch die USA im Sommer 1999 in die A und heiratete sie noch
während der Reise in Las Vegas. Wieder daheim angekommen, kehrte in das
Eheleben bald der Alltag ein. Der freiheitsliebende V zog schon Anfang 2002
wieder aus der gemeinsamen Wohnung aus. Nachdem er erfuhr, dass die A ihre
Reisen nunmehr mit anderen männlichen Begleitern verbrachte, beschloss er
endgültig, sich von A scheiden zu lassen, und stellte im Oktober 2016 einen
Scheidungsantrag, welcher der A auch zugestellt wurde.

Zur mündlichen Verhandlung sollte es jedoch nicht mehr kommen: Nachdem
V in einem Winterurlaub auf einer Skihütte dem Glühwein zugesprochen hatte
und danach eine schwarze Piste zu bewältigen versuchte, übersah er eine
Baumgruppe und erlag auf tragische Weise am 10.1.2017 im Krankenhaus seinen
schweren Verletzungen.

Die einzige Verwandte des V, seine Schwester S, hielt sich für die rechtmäßige
Erbin. S zog in die Villa am Starnberger See ein und übernahm auch die übrige
Habe des V. Durch das zuständige Nachlassgericht wurde ihr auf ihren Antrag hin
formell ordnungsgemäß ein Erbschein erteilt. S verkaufte ein Gemälde aus der
Erbschaft an den Kunsthändler K für 5.000,– Euro, was auch dem wahren Wert
entsprach. K, ein guter Freund des Verstorbenen, wusste, dass das Gemälde aus
dem Nachlass des V stammte.

Nachdem S in sämtlichen regionalen Zeitungen eine Todesanzeige geschaltet
hatte, um ihrer Trauer über den plötzlichen Tod ihres Bruders Ausdruck zu ver-
leihen, meldete sich eine Frau E bei S und stellte sich als das uneheliche Kind des
V vor. Ein ordnungsgemäßes Vaterschaftsanerkenntnis des V besteht. E ist mit den
Geschäften der S nicht einverstanden und bittet sie zudem, ihr sofort das
Grundstück zu übergeben.

Bei einem Streit zwischen den beiden Frauen in der Villa des V geht eine Vase
zu Bruch, aus der ein Schriftstück fällt. Es handelt sich um ein Testament, in dem
V seinen gesamten Besitz der B vermacht. Mit B hatte der V die letzten Wochen vor
seinem Unfall zusammengelebt. Das Testament stammt angesichts der
schwungvollen Linienführung eindeutig aus Vs Hand. Auffällig ist, dass das

https://doi.org/10.1515/9783110591798-027

Testament offenbar später von V durchgestrichen wurde (der handschriftliche Vermerk „bitch!" bestätigt dies), jedoch die Streichungen mit Tipp-Ex wieder übertüncht wurden. Aus wessen Hand das Tipp-Ex stammt, lässt sich nicht mehr aufklären.

1. Kann E von K Herausgabe des Gemäldes verlangen?
2. Kann E von S Herausgabe des Grundstücks am Starnberger See verlangen?
3. Kann E von S Herausgabe der 5.000,– Euro verlangen, die S aus dem Verkauf des Bildes erzielt hat?

Fragen des internationalen Privatrechts sind nicht zu prüfen.

Gliederung der Lösung

Frage 1 Ansprüche der E gegen K auf Herausgabe des Gemäldes
A Anspruch der E gegen K auf Herausgabe des Gemäldes aus § 985
  I Anspruchsvoraussetzungen
    1 Eigentum der E
      a) Erbenstellung der E
        aa) Kein Ausschluss der gesetzlichen Erbfolge
        bb) Gesetzliche Erbfolge gem. § 1924
        cc) Kein Ehegattenerbrecht der A
        dd) Zwischenergebnis
      b) Veräußerung S an K
        aa) Gutgläubiger Erwerb gem. §§ 929 S. 1, 932 I 1, II
        bb) Gutgläubiger Erwerb gem. §§ 929 S. 1, 2366
      c) Zwischenergebnis
    2 Zwischenergebnis
  II Ergebnis
B Anspruch der E gegen K auf Herausgabe des Gemäldes aus § 861 I
  I Anspruchsvoraussetzungen
  II Ergebnis
C Anspruch der E gegen K auf Herausgabe des Gemäldes aus § 1007 I
D Anspruch der E gegen K auf Herausgabe des Gemäldes aus § 1007 II
E Anspruch der E gegen K auf Herausgabe des Gemäldes aus § 812 I 1 Alt. 2 (Eingriffskondiktion)

Frage 2 Ansprüche der E gegen S auf Herausgabe des Grundstücks
A Anspruch der E gegen S auf Herausgabe des Grundstücks aus § 2018
  I Anspruchsvoraussetzungen
  II Ergebnis
B Anspruch der E gegen S auf Herausgabe des Grundstücks aus § 985
  I Anspruchsvoraussetzungen
  II Ergebnis

Lösung

Frage 1 Ansprüche der E gegen K auf Herausgabe des Gemäldes

A Anspruch der E gegen K auf Herausgabe des Gemäldes aus § 985

E könnte gegen K einen Anspruch auf Herausgabe des Gemäldes aus § 985 haben.

I Anspruchsvoraussetzungen

Der Anspruch setzt Eigentum des Anspruchstellers und nichtberechtigten (§ 986) Besitz des Anspruchsgegners voraus.

1 Eigentum der E

Ursprünglicher Eigentümer war V. E könnte jedoch nach dem Tod des V als seine Alleinerbin im Wege der Gesamtrechtsnachfolge gem. § 1922 I Eigentümerin geworden sein (sub a). Darüberhinaus darf sie ihr Eigentum nicht durch die Veräußerung des Bildes von S an K verloren haben (sub b).

a) Erbenstellung der E

In Betracht kommt hier allein eine Stellung als gesetzliche Erbin gem. § 1924 I.

aa) Kein Ausschluss der gesetzlichen Erbfolge

Die gesetzliche Erbfolge kommt jedoch nur zum Zuge, wenn der Erblasser nicht durch Verfügung von Todes wegen die Erben bestimmt hat (§ 1937). Hier könnte V die B durch Testament (§§ 2064 ff.) zur gewillkürten Erbin bestimmt haben.

Der Sachverhalt enthält keine Hinweise darauf, dass das Testament von V nicht wirksam errichtet worden sein könnte (insb. §§ 2229 ff.). Jedoch könnte der V das Testament gem. § 2255 widerrufen haben. Dies setzt objektiv eine Vernichtung oder Veränderung durch den Erblasser und subjektiv einen Aufhebungswillen voraus. Das Durchstreichen erfüllt die Anforderungen an ein Verändern. Aus dem handschriftlichen Vermerk kann auch entnommen werden, dass V selbst diese Bemerkung sowie die Durchstreichungen vorgenommen hat.[1] Subjektiv wird gem. § 2255 S. 2 der Aufhebungswille vermutet, wenn feststeht, dass der Erblasser persönlich die Veränderung vorgenommen hat. Dies ist hier der Fall. Damit liegt an sich ein Widerruf des Testaments vor.

Im Übertünchen der Streichungen mit Tipp-Ex könnte allerdings ein Widerruf dieses Widerrufs liegen. § 2257 kennt indes nur den Widerruf eines gem. § 2254 durch Testament erfolgten Widerrufs. Ein Testamentswiderruf, der durch Vernichtung oder Veränderungen (§ 2255) oder durch Rücknahme aus der amtlichen Verwahrung (§ 2256) erfolgte, kann nach § 2257 nicht seinerseits widerrufen werden. In diesem Fall muss das widerrufene Testament vielmehr zur Wiederherstellung neu errichtet werden.[2] Das Übertünchen der Streichungen berührt demnach vorliegend die Wirksamkeit des Widerrufs nicht. Es kann daher auch dahingestellt bleiben, wer sie vorgenommen hat. Das Testament ist aufgrund der Streichungen gem. § 2255 unwirksam. Mangels wirksamen Testaments kommt mithin die gesetzliche Erbfolge zum Zuge.

bb) Gesetzliche Erbfolge gem. § 1924

Gem. § 1924 I sind erbberechtigt die Abkömmlinge des Erblassers (sog. Erben erster Ordnung). Im Erbrecht gilt nur die rechtliche Verwandtschaft (§§ 1589 ff.), nicht schon die biologische.[3] Die Frage der Vaterschaft bestimmt sich nach § 1592.[4] Hier ist die Fallgruppe des § 1592 Nr. 2 einschlägig. Das Verfahren gem.

---

1 Zum Erfordernis, dass der Erblasser selbst die Vernichtung oder Veränderung vorgenommen haben muss, s. z.B. *Frank/Helms*, Erbrecht, § 6 Rn. 8 f.; *Leipold*, Erbrecht, Rn. 336.
2 Jauernig/*Stürner*, § 2257 Rn. 1; *Frank/Helms*, Erbrecht, § 6 Rn. 15; *Leipold*, Erbrecht, Rn. 342.
3 *Frank/Helms*, Erbrecht, § 2 Rn. 3.
4 Anders als in der Frage der Mutterschaft (§ 1591, *„mater semper certa est"*; zur Ei- oder Embryonenspende *Frank/Helms*, Erbrecht, § 2 Rn. 6), können genetische und rechtliche Vaterschaft

§§ 1594 f. wurde laut Sachverhalt ordnungsgemäß durchgeführt. E erfüllt somit die grundsätzlichen Voraussetzungen für die gesetzliche Erbfolge gem. § 1924 I.[5] Als Erbin erster Ordnung schließt sie die S, die als Schwester lediglich Erbin zweiter Ordnung ist (§ 1925 I), von der Erbschaft vollständig aus.

cc) Kein Ehegattenerbrecht der A

Hier könnte gem. § 1931 neben E auch erbberechtigt sein. In diesem Fall wären A und E Miterben (§ 2032); E könnte also nur Leistung zur gesamten Hand fordern (§ 2039).

Grundsätzlich ist der Ehegatte neben Erben der ersten Ordnung zu einem Viertel erbberechtigt (§ 1931 I 1). Jedoch könnte das Ehegattenerbrecht der A vorliegend gem. 1933 S. 1 ausgeschlossen sein. In formeller Hinsicht setzt dieser Tatbestand die Rechtshängigkeit des Scheidungsantrags voraus (§ 124 S. 2 FamFG, §§ 261 I, 262 ZPO). Durch die Zustellung des Scheidungsantrags ist hier Rechtshängigkeit eingetreten.

Die materiellen Voraussetzungen der Scheidung, auf die § 1933 S. 1 verweist, bestimmen sich nach den §§ 1565 ff. Vorliegend ist das gem. § 1565 I 1 vorausgesetzte Scheitern der Ehe gem. § 1566 II unwiderlegbar zu vermuten, da A und V bereits länger als die dort geforderten drei Jahre getrennt gelebt haben. Damit liegen alle Tatbestandsmerkmale des § 1933 S. 1 vor. Ein Ehegattenerbrecht der A besteht also nicht.

dd) Zwischenergebnis

E wurde als Alleinerbin mit dem Erbfall gem. § 1922 I Alleineigentümerin des Bildes.

---

auseinanderfallen. Die Tatbestände für eine rechtliche Vater-Kind-Zuordnung sind in § 1592 Nrn. 1–3 abschließend aufgezählt; s. MüKo/*Wellenhofer*, § 1592 Rn. 1.

5 Die Tatsache, dass E nichteheliche Tochter ist, spielt keine Rolle. Unter der Rechtslage vor dem Inkrafttreten des Erbrechtsgleichstellungsgesetzes war das nichteheliche Kind in bestimmten Fällen auf einen bloßen Erbersatzanspruch beschränkt, §§ 1934a und b a.F. Für alle Erbfälle nach dem 1.4.1998 gilt jedoch die aktuelle Rechtslage, wonach nichteheliche Kinder den ehelichen erbrechtlich vollständig gleichgestellt sind (§ 227 I Nr. 1 EGBGB).

b) Veräußerung S an K

E könnte ihr Eigentum durch die Veräußerung des Gemäldes von S an K verloren haben. Da S nach dem oben Gesagten als Nichtberechtigte das Bild an K veräußerte, kommt dies allein bei einem gutgläubigen Erwerb des K in Betracht.

aa) Gutgläubiger Erwerb gem. §§ 929 S. 1, 932 I 1, II

Die von § 929 S. 1 für den Erwerb vom Berechtigten verlangte Einigung und Übergabe, auf die auch beim Erwerb vom Nichtberechtigten nicht verzichtet werden kann,[6] liegen vor. Auch bestehen keine Anhaltspunkte für eine Bösgläubigkeit des K.

Jedoch könnte dem gutgläubigen Erwerb hier § 935 I 1 im Wege stehen. Voraussetzung hierfür ist, dass das Bild der E „abhanden gekommen" war. Abhandenkommen bedeutet unfreiwilligen Verlust des unmittelbaren Besitzes beim Eigentümer oder beim Besitzmittler des Eigentümers. Zwar hat E niemals die tatsächliche Sachherrschaft am Bild i.S.v. § 854 I erlangt. Jedoch kommt ihr hier die Regelung des § 857 zugute. Nach dieser Vorschrift tritt der Erbe ungeachtet seiner tatsächlichen Sachherrschaft in die Besitzstellung des Erblassers ein.[7] Folge der Regelung ist insbesondere, dass ohne Willen des Erben ansichgenommene Sachen diesem gem. § 935 abhandengekommen sind.[8] Ein gutgläubiger Erwerb gem. §§ 929 S. 1, 932 I 1 scheidet damit aus.

bb) Redlicher Erwerb gem. §§ 929 S. 1, 2366

K könnte jedoch gem. § 2366 kraft öffentlichen Glaubens des Erbscheins das Eigentum erworben haben. § 2366 schützt den guten Glauben an die Richtigkeit des Erbscheins beim unmittelbaren rechtsgeschäftlichen Einzelerwerb von Erbschaftsgegenständen.[9] Die Vorschrift findet selbständig neben den sachenrechtlichen Tatbeständen der §§ 932–936 Anwendung.[10]

---

6 Vgl. § 932 I 1: „Durch eine *nach § 929 erfolgte* Veräußerung ..." (Hervorhebung hinzugefügt).
7 MüKo/*Grziwotz*, § 2366 Rn. 24.
8 Jauernig/*Berger*, § 857 Rn. 3.
9 Grundlegendes Prinzip ist, dass der Geschäftsverkehr sich auf die Richtigkeit des Erbscheins verlassen können soll („Richtigkeitsfunktion"). Der Gutglaubensschutz des § 2366 verstärkt damit die grundsätzliche Richtigkeitsvermutung des § 2365 zu einer Fiktion mit rechtsgestaltender Wirkung; dazu Erman/*Simon*, § 2366, Rn 1; vertiefend mit kleinen Fällen *Frank/Helms*, Erbrecht, § 16 Rn. 8 ff.
10 Erman/*Simon*, § 2366, Rn. 8.

Objektiv setzt § 2366 einen rechtsgeschäftlichen Einzelerwerbstatbestand sowie die Zugehörigkeit des Erwerbsgegenstands zum Nachlass voraus.[11] Weiters bedarf es eines erteilten und in Kraft befindlichen Erbscheins. Diese Voraussetzungen sind vorliegend gegeben.

Unerheblich ist dagegen, ob der Erbschein beim Erwerbsgeschäft vorgelegt wird oder ob der Erwerber den Erschein kennt.[12] Erforderlich ist nach h.M. allein das Bewusstsein beim Erwerber, einen Erbschaftsgegenstand zu erwerben.[13] Hier wusste K, dass das Gemälde dem V gehört hatte. Die Vorstellung des Erwerbers, einen Nachlassgegenstand zu erwerben, war damit gegeben.

Der gute Glaube ist bei § 2366 schließlich nur bei positiver Kenntnis von der Unrichtigkeit des Erbscheins (bzw. von einem darauf gestützten Rückgabeverlangen des Nachlassgerichts) ausgeschlossen.[14] Dafür bestehen bei K keine Anzeichen.

Nach alledem liegen also die Voraussetzungen für einen gutgläubigen Erwerb des K gem. § 2366 vor. Dieser ist mithin Eigentümer des Bildes geworden.

c) Zwischenergebnis

E hat ihr Eigentum durch die Übereignung von S an K verloren.

2 Zwischenergebnis

Mangels Eigentums der E sind die Voraussetzungen von § 985 nicht gegeben.

II Ergebnis

E kann von K nicht die Herausgabe des Bildes aus § 985 verlangen.

---

11 Umgekehrt bedeutet dies, dass der Schutz des guten Glaubens diese Tatsachen nicht umfasst; *Leipold*, Erbrecht, Rn. 658; Erman/*Simon*, § 2366, Rn. 7.
12 BGHZ 33, 314 (317); 40, 54 (60). Auch dies ergibt sich wiederum aus der Richtigkeitsfunktion des Erbscheins; Jauernig/*Stürner*, § 2366 Rn. 1; *Frank/Helms*, Erbrecht, § 16 Rn. 13; Erman/*Simon*, § 2366 Rn. 6.
13 *Frank/Helms*, Erbrecht, § 16 Rn. 13; *Leipold*, Erbrecht, Rn. 656, 658.
14 Zu beachten ist hier der Unterschied zu § 932, wo auch grob fahrlässige Unkenntnis zur Bösgläubigkeit führt.

B Anspruch E gegen K auf Herausgabe des Gemäldes aus § 861 I

E könnte einen Anspruch gegen K auf Herausgabe des Gemäldes gem. § 861 I
haben.

I Anspruchsvoraussetzungen

Diese Vorschrift setzt zunächst den Besitzentzug durch verbotene Eigenmacht
(§ 858) voraus. Aufgrund der Regelung des § 857 ist von einem Besitzverlust der E
ohne ihren Willen, mithin verbotener Eigenmacht, auszugehen.[15]

Weitere Voraussetzung des Anspruchs aus § 861 ist, dass gerade der Anspruchsgegner dem Anspruchsteller gegenüber fehlerhaft besitzt. Damit kommt
vorliegend der Umstand zum Tragen, dass es S war, welche die verbotene Eigenmacht begangen hat. Als Besitznachfolger durch Rechtsgeschäft muss K das
Handeln der S unter den Voraussetzungen des § 858 II 2 Alt. 2 gegen sich gelten
lassen. Die dort vorausgesetzte Kenntnis des Erwerbers von der Fehlerhaftigkeit
des Besitzes wäre vom Anspruchsteller zu beweisen. Nachdem vorliegend keine
Hinweise auf eine Kenntnis des K bestehen, ist diese Voraussetzung nicht gegeben.

II Ergebnis

E hat keinen Anspruch gegen K aus § 861 I.

C Anspruch der E gegen K auf Herausgabe aus § 1007 I

Ein Anspruch der E gegen K auf Herausgabe aus § 1007 I scheidet wegen Gutgläubigkeit des K aus.

D Anspruch der E gegen K auf Herausgabe aus § 1007 II

Ein Anspruch aus § 1007 II, für den das erforderliche Abhandenkommen vorliegt,
wäre zwar grundsätzlich auch bei einem gutgläubigen Besitzer gegeben. Jedoch

---

15 Vgl. *Leipold*, Erbrecht, Rn. 633; Jauernig/*Berger*, § 857 Rn. 3.

scheitert der Anspruch hier nach § 1007 II 1 a.E. daran, dass K Eigentum erworben hat.

E Anspruch der E gegen K aus § 812 I 1 Alt. 2 (Eingriffskondiktion)

Ein Anspruch aus § 812 I 1 Alt. 2 ist aufgrund der Subsidiarität der Eingriffskondiktion gegenüber der Leistungskondiktion ausgeschlossen. Da K das Bild durch Leistung der S empfangen hat, ist er vor einer Eingriffskondiktion der E geschützt.

Frage 2 Ansprüche der E gegen S auf Herausgabe des Grundstücks

A Anspruch der E gegen S auf Herausgabe des Grundstücks aus § 2018

E könnte gegen S einen Anspruch auf Herausgabe des Grundstücks aus § 2018 haben.

I Anspruchsvoraussetzungen

Anspruchsberechtigt ist nach § 2018 der wahre Erbe. Wie oben dargelegt, ist E Alleinerbin des V. Der Anspruch richtet sich gegen den Erbschaftsbesitzer, also denjenigen, der etwas aus der Erbschaft aufgrund eines ihm in Wirklichkeit nicht zustehenden Erbrechts erlangt hat (Legaldefinition des § 2018). Erforderlich ist die Erlangung des Besitzes in der Annahme, Erbe zu sein ("Erbrechtsanmaßung").[16] S hat als Schwester und vermeintliche Erbin des V, also in der Annahme eines Erbrechts, den Nachlass in unmittelbaren Besitz genommen und ist mithin Erbschaftsbesitzerin.

Der Anspruch richtet sich als Gesamtanspruch auf alle die aus der Erbschaft erlangten Gegenstände,[17] damit auch auf das Grundstück.

---

16 *Leipold*, Erbrecht, Rn. 639; Jauernig/*Stürner*, § 2018 Rn. 3; Erman/*Horn*, § 2018 Rn. 2.
17 Zum Anspruch aus § 2018 als Gesamtanspruch (im Gegensatz zum Einzelanspruch aus § 985) s. Jauernig/*Stürner*, § 2018 Rn. 4; *Frank/Helms*, Erbrecht, § 17 Rn. 2.

II Ergebnis

E kann von S Herausgabe des Grundstücks aus § 2018 verlangen.

B Anspruch der E gegen S auf Herausgabe des Grundstücks aus § 985

E könnte einen Anspruch gegen S auf Herausgabe des Grundstücks aus § 985 haben.

I Anspruchsvoraussetzungen

Der Vindikationsanspruch aus § 985 ist grundsätzlich neben den §§ 2018 ff. anwendbar.[18] Die Voraussetzungen des § 985 liegen im Übrigen vor: E ist als Erbin im Wege der Gesamtrechtsnachfolge Eigentümerin des Grundstücks geworden. S ist unmittelbare Besitzerin, ohne dass ihr ein Besitzrecht gem. § 986 zustünde.

II Ergebnis

E kann von S Herausgabe des Grundstücks aus § 985 verlangen.

C Anspruch der E gegen S auf Herausgabe des Grundstücks aus § 861 I

E könnte einen Anspruch gegen S auf Herausgabe des Grundstücks aus § 861 I haben.

I Anspruchsvoraussetzungen

Auch die Ansprüche aus den Vorschriften des Besitzschutzes sind grundsätzlich neben den §§ 2018 ff. anwendbar.[19] § 861 bezieht sich nach seinem Wortlaut sowohl auf bewegliche wie unbewegliche Sachen.[20] Der Tatbestand des § 861 I ist

18 BeckOK/*Müller-Christmann*, § 2018 Rn. 2. Allerdings bleiben dem Erbschaftsbesitzer gem. § 2029 die Vorzüge der §§ 2018 ff. gegenüber den §§ 987 ff. weitgehend erhalten; s. Staudinger/ *Gursky*, vor § 2018 Rn. 14 ff. Dies ist aber für den vorliegenden Fall unbeachtlich.
19 *Leipold*, Erbrecht, Rn. 638; BeckOK/*Müller-Christmann*, § 2018 Rn. 2.
20 Im Gegensatz zu den Ansprüchen aus § 1007 I bzw. II; dazu sogleich unter Frage 2 D.

erfüllt: S hat den unmittelbaren Besitz am Grundstück durch verbotene Eigenmacht (§ 858 i.V.m. § 857) erlangt und besitzt mithin gegenüber der E fehlerhaft.

II Ergebnis

E kann von S Herausgabe des Grundstücks aus § 861 I verlangen.

D Ansprüche der E gegen S auf Herausgabe des Grundstücks aus § 1007 I bzw. II

Ansprüche aus §§ 1007 I bzw. II sind ausgeschlossen, da diese Vorschriften auf unbewegliche Gegenstände nicht anwendbar sind.[21]

E Anspruch aus § 812 I 1 Alt. 2 (Eingriffskondiktion)

Der Anspruch aus Eingriffskondiktion wird bei der Besitzkondiktion nach ganz h.M. abgelehnt, um die Sonderregelung der Besitzschutzvorschriften nicht zu unterlaufen.[22]

Frage 3 Ansprüche der E gegen S auf Herausgabe des Verkaufserlöses i.H.v. 5.000,– Euro für das Gemälde

A Anspruch der E gegen S auf Herausgabe des Verkaufserlöses aus §§ 2018, 2019

E könnte einen Anspruch gegen S auf Herausgabe des Verkaufserlöses aus §§ 2018, 2019 haben.

I Anspruchsvoraussetzungen

Wie gesehen, finden die §§ 2018 ff. auf das Verhältnis zwischen E und S grundsätzlich Anwendung. Die in § 2019 normierte dingliche Surrogation führt dazu,

---

21 Vgl. Soergel/*Münch*, § 1007 Rn. 4.
22 MüKo/*Schwab*, § 812 Rn. 320; *Wandt*, Gesetzliche Schuldverhältnisse, § 11 Rn. 7.

dass der Wert des Nachlasses auch beim Wechsel einzelner Gegenstände erhalten bleibt.[23] Voraussetzung ist der rechtsgeschäftliche Erwerb des fraglichen Gegenstands mit Mitteln der Erbschaft. Dies ist hier gegeben: S hat den Verkaufserlös im Wege der Veräußerung des zur Erbschaft gehörenden Gemäldes erlangt. § 2019 erstreckt die Herausgabepflicht des Erbschaftsbesitzers auf die Ersatzstücke, hier also den Verkaufserlös i.H.v. 5.000,– Euro.

II Ergebnis

E kann von S Herausgabe des Verkaufserlöses i.H.v. 5.000,– Euro aus §§ 2018, 2019 verlangen.

B Anspruch der E gegen S auf Herausgabe des Verkaufserlöses aus § 816 I 1

E könnte zudem einen Anspruch gegen S auf Herausgabe des Verkaufserlöses gem. § 816 I 1 haben.

I Voraussetzungen

Der Anspruch aus § 816 I 1 ist wie die anderen Einzelansprüche grundsätzlich neben den §§ 2018 ff. anwendbar. Voraussetzung ist die Verfügung eines Nichtberechtigten, die gegenüber dem Berechtigten wirksam ist. Hier hat E durch die Veräußerung des Gemäldes von S an K gem. §§ 929 S. 1, 2366 das Eigentum hieran verloren. S handelte dabei als Nichteigentümerin und war auch sonst nicht zur Verfügung ermächtigt (§ 185). Der Anspruch gem. § 816 I 1 richtet sich auf das durch die betreffende Verfügung Erlangte, vorliegend also den Kaufpreis i.H.v. 5.000,– Euro.

II Ergebnis

E kann von S Herausgabe des Verkaufserlöses i.H.v. 5.000,– Euro aus § 816 I 1 verlangen.

---

23 Dies dient gleichermaßen dem Interesse des Erben als auch dem der Nachlassgläubiger am Erhalt des Sondervermögens. Zur dinglichen Surrogation *Löhnig*, JA 2003, 990.

Fallregister mit inhaltlichen Schwerpunkten

https://doi.org/10.1515/9783110591798-028

Sachregister

https://doi.org/10.1515/9783110591798-029